"十四五"职业教育国家规划教材

高等职业教育铁道工程技术专业系列教材

工程测量

尹辉增◎主编

李孟山◎主审

U0260562

中国铁道出版社有限公司

2024年·北京

内 容 简 介

本书依据测绘项目组织实施程序,按照项目教学方式规划编写。全书分为十个项目,分别为测量工作认识、测量工作准备、测量基本技能训练、小区域控制测量、数字地形图测绘及应用、线路中线施工测量、线路路基施工测量、桥涵施工测量、隧道施工测量和建筑施工测量。

本书可作为高职高专院校工程测量技术、铁道工程技术、道桥工程技术、建筑工程技术、隧道及地下工程技术等专业学习用书,也可作为从事以上专业的工程技术人员的参考用书。

图书在版编目(CIP)数据

工程测量/尹辉增主编．—3 版．—北京:中国铁道出版社有限公司,2022.4(2024.10 重印)

"十二五"职业教育国家规划教材　高等职业教育铁道工程技术专业系列教材

ISBN 978-7-113-28484-8

Ⅰ.①工… Ⅱ.①尹… Ⅲ.①工程测量-高等职业教育-教材 Ⅳ.①TB22

中国版本图书馆 CIP 数据核字(2021)第 212998 号

书　　名:**工程测量**

作　　者:尹辉增

策　　划:陈美玲

责任编辑:陈美玲　　　　编辑部电话:(010)51873240　　　电子邮箱:992462528@qq.com

封面设计:崔丽芳

责任校对:孙　玫

责任印制:高春晓

出版发行:中国铁道出版社有限公司(100054,北京市西城区右安门西街 8 号)

网　　址:https://www.tdpress.com

印　　刷:三河市宏盛印务有限公司

版　　次:2012 年 8 月第 1 版　2022 年 4 月第 3 版　2024 年 10 月第 3 次印刷

开　　本:787 mm×1 092 mm 1/16　印张:22.25　字数:559 千

书　　号:ISBN 978-7-113-28484-8

定　　价:58.00 元

第三版前言

　　2021年《工程测量》(第二版)荣获全国首届教材建设奖(职业教育与继续教育类)一等奖。随着国家职业教育改革的不断深入和近年来测绘新技术的迅速发展，本教材面临着新的修订需求。此次修订中国铁建股份有限公司各工程局技术人员和实习指导教师对本教材进行了全面审核，校企双方共同完善以真实生产项目、典型工作任务、案例等为载体组织教学单元，强化学生职业素养养成和专业技术积累，将专业精神、职业精神、工匠精神和劳模精神融入教材内容。第三版除了保持前期版本的特色外，主要作了以下的调整和修订：

　　(1)修订了部分项目内容。如项目5更新了与2017年新图示规范不符的一些地物符号，并加入了与RTK测图有关的一些内容；项目8和项目9更新了一些三角网控制测量的内容。

　　(2)融入了课程思政元素。通过引入中国北斗卫星导航系统的建设案例，引导学生树立远大理想和爱国主义情怀；通过展示2020珠峰高程测量的最新技术和装备，强化学生科技报国的使命担当。

　　(3)更新了相关标准规范。将书中所涉及的规范和标准重新进行梳理，对照《工程测量标准》(GB 50026—2020)和《铁路工程测量规范》(TB 10101—2018)，更新了相关技术指标，新增了相关新工艺、新标准。

　　(4)强化了职业素养和工匠精神的培养。在实训环节引入了中国铁建股份有限公司各工程局技术人员和技术能手参与教材的编写，更加强调团结协作、数据检核、精益求精和实训安全等职业素养内容；同时优化了各项目实训内容，使其更加贴近生产实际，强化了学生工匠精神的培养。

　　本书第三版由石家庄铁路职业技术学院教师联合编写，尹辉增担任主编，聂振钢、陈冉丽、边占新、周淑波担任副主编，石家庄铁路职业技术学院李孟山担任主审。编写分工如下：项目1由尹辉增、田华编写；项目2由聂振钢、王红军编写；项目3由陈冉丽、李笑娜编写；项目4由陈冉丽、刘排英编写；项目5由边占新、王鹏生编写；项目6由周淑波、孙玉梅编写；项目7由尹辉增、王鹏生编写；项目8、项目9由尹辉增编写；项目10由聂振钢编写。

　　中国铁建股份有限公司各工程局技术人员和实习指导教师在项目相关案例和实训编写过程中给予了很多帮助，在此一并感谢。对本书参考文献资料的作者表示由衷的感谢。

　　由于编者水平有限，不妥之处恳请读者批评指正。

编　者

2022年2月

第一版前言

工程测量是一门广泛应用于测绘、国土规划、土建等领域的专业技术,经过众多辛勤工作者多年的思考和沉积,逐步形成了一套完整的知识体系,相关的参考文献繁多。而随着职业技术教育应用型教学改革的推进,技术能力培养理念从"一技在手"向"学技终身"转变,为工作和生活培养技能。理念的更新促使工程测量技术的培养更加突出学习者可持续、主动性学习能力的培养。本书编写时以技能培养的具体项目为划分单元,以工程测量技术服务的施工项目为对象,分析项目施工流程,把握施工各环节的测量工作内容和重点,配合其他工种协调开展工作,使学习者能够快速适应施工现场环境,旨在抛砖引玉,希望对从事工程测量技术人员有所帮助。

本书通过对"工程测量"课程高职教学现状的调研和分析,总结多年国家示范专业教育教学改革成果和课程教学经验,参考了大量资料编写而成。全书分为 10 个项目:项目 1 测量工作认识,是入门知识,讲述了测量工作的基准、测量工作实质和原则等问题;项目 2 测量工作准备,介绍了测量工作实施前的准备工作和职业安全教育知识;项目 3 测量基本技能训练,介绍了空间点位的测量方法、仪器使用等知识;项目 4 小区域控制测量,介绍了常用控制测量方法和现代仪器的应用知识;项目 5 数字化地形图测绘及应用,介绍了地形图基本知识、数字化地形图测绘方法与手段、数字化地形图应用等知识;项目 6 线路中线施工测量,介绍了公路和铁路等线路的中线测量方法,重点阐述了中线逐桩坐标计算知识;项目 7 线路路基施工测量,介绍了路基施工测量程序和方法;项目 8 桥涵施工测量,介绍了桥涵施工测量程序和方法;项目 9 地下工程施工测量,主要介绍了隧道施工测量程序和方法;项目 10 建筑施工测量,介绍了不同建(构)筑物施工测量程序和方法。在每个项目学习后,提供了综合项目实训作为参考,对项目学习效果进行考核。

本书由石家庄铁路职业技术学院尹辉增任主编,聂振钢、边占新、陈冉丽、周淑波任副主编。编写分工如下:尹辉增编写项目 1、项目 7、项目 8、项目 9,聂振钢编写项目 2、项目 10,边占新编写项目 5,陈冉丽编写项目 3、项目 4,周淑波编写项目 6。另外,田华参与了项目 1 的编写,李笑娜参与了项目 3 的编写,李立增参与了项目 10 的编写,山东职业学院王兴强参与了项目 2 的编写,包头铁道职业技术学院张莉参与了项目 4 的编写,郑州铁路职业技术学院刘朝英参与了项目 5 的编写,天津城市建设学院易正晖参与了项目 7 的编写,河北交通职业技术学院刘柳参与了项目 8 的编写,南京铁道职业技术学院魏连峰参与了项目 9 的编写。

本书由石家庄铁路职业技术学院李孟山教授、战启芳教授主审,在编写过程中隋修志教授等人给予了很多帮助,在此一并感谢。对本书参考文献资料的作者表示由衷地感谢。

由于编者水平有限,不妥之处恳请读者批评指正。

编　者
2012 年 7 月

目录

项目 1　测量工作认识

项目描述

　　本项目主要介绍测量工作的基准,如测量坐标系建立、高程系统建立、测量方位的确定等,旨在引导初学者认识工程测量技术工作的原则、工作程序及相关工作内容,培养学生对测量工作的兴趣。本项目结合具体施工案例,按照工程施工的不同阶段介绍测量工作的内容,使学生掌握工程测量工作的基准、空间点位的表示方法和测量前的必要准备工作。

学习目标

1.素质目标
(1)培养学生的团队协作能力;
(2)培养学生在学习过程中的主动性、创新性意识;
(3)培养学生"自主、探索、合作"的学习方式;
(4)培养学生可持续的学习能力。
2.知识目标
(1)掌握测量工作的基准面和基准线的概念;
(2)掌握测量坐标系统的基本知识;
(3)掌握测量方位的确定方法;
(4)掌握大地高系统、正高系统和正常高系统的概念。
3.能力目标
(1)能理解和应用坐标系统知识;
(2)能理解和应用测量方位知识;
(3)能理解和应用高程系统知识。

相关案例——工程测量技术在线路工程案例中的应用

　　工程测量技术广泛应用于建筑工程、线路工程(如铁路、公路、输电线路和输油管道等)、桥梁工程、隧道工程、矿山开发、市政建设和水利工程等项目。以线路工程为例,铁路、公路在建造之前,为了确定一条最经济合理的路线,事先必须进行线路沿线的测量工作,由测量的成果绘制带状地形图,在地形图上进行线路设计,然后将设计路线的位置标定在地面上以便进行施工。待施工结束后,还要测绘竣工图,供日后扩建、改建和维修之用,对某些重要的建筑物在建成以后需要进行变形观测,以保证建筑物安全使用。

1. 规划设计阶段的测量

规划设计阶段的测量主要是为规划、设计、开发提供相应的地形、定位等数据。该阶段的测量工作主要是测绘,即按一定的手段和方法,使用测量仪器和工具,通过测量和计算,得到一系列测量数据,或把地球表面的地形缩绘成地形图。图1.0.1为某线路带状地形测量。

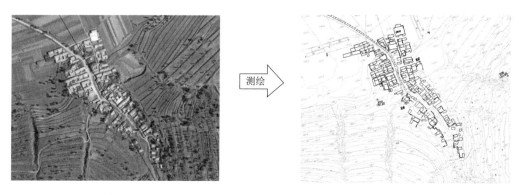

图1.0.1　某线路带状地形测量

2. 施工阶段的测量

主要任务是按照工程设计文件要求,把图纸上规划好的建筑物或设计数据标定在地面上,作为施工和安装的依据,该阶段的测量工作称为测设或放样。图1.0.2为某铁路施工测量。

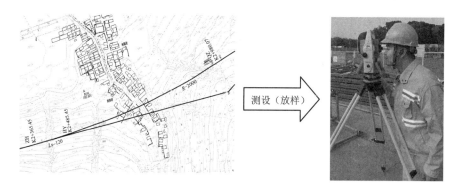

图1.0.2　某铁路施工测量

3. 运营管理阶段的测量

工程竣工后,为监视工程的状况,保证安全,需进行周期性的重复观测,即变形观测。图1.0.3为某大桥的变形监测。

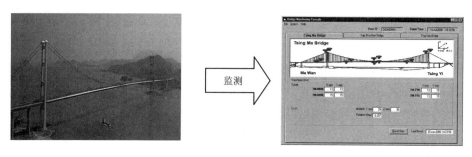

图1.0.3　某大桥的变形监测

问题导入

1. 从事工程测量技术工作,需要关心哪些知识?
2. 测量工作的载体是什么?
3. 测量工作基准是如何确定的?
4. 在测量工作中如何表示空间点位?

1.1　测量工作载体的认识

测量工作是在地球表面上进行的,地球作为测量工作的载体,了解其形状和大小是测量数据获取、数据计算处理等工作的前提。

1.1.1　地球的自然形体

现在人们对地球的形状已有了一个明确的认识:地球并不是一个正球体,而是一个两极稍扁,赤道略鼓的不规则球体。但得到这一正确认识却经过了相当漫长的过程。

古代印度人认为,大地被四头大象驮着,站在一只巨大的海龟身上(图 1.1.1)。我国东汉时期天文学家张衡认为:浑天如鸡卵,地如卵黄,居于内。天表有水,水包地,犹如卵壳裹黄。古希腊学者亚里士多德根据月食的影像分析认为,月球被地影遮住部分的边缘是圆弧形的,所以地球是球体或近似球体。

图 1.1.1　古印度认知的地球

随着生产技术的发展,人类活动范围的扩大和各种知识的积累,人们可运用几何方法、重力方法和空间技术,确定地球的形状、大小。

地球是一个不规则的几何体(图 1.1.2、图 1.1.3)。地球自然表面很不规则,有高山、丘陵、平原和海洋。其中最高的珠穆朗玛峰高出海水面达 8 848.86 m,最低的马里亚纳海沟低于海水面达 11 022 m。但是这样的高低起伏,相对于地球半径 6 371 km 来说还是很小的。因此,地球的表面是高低起伏、有微小变化的不规则的形体。

图 1.1.2　地球自然形体

图 1.1.3　地球的影像模型

1.1.2　大 地 体

假想静止不动的水面延伸穿过陆地,包围整个地球,形成一个封闭的曲面,这个封闭曲面称为水准面。

处于自由静止状态的水面称为水准面。水准面必然处处与重力方向(即铅垂线)垂直,否则水面就会流动而不能保持静止状态,所以说水准面是一个处处与重力方向(铅垂线)垂直的连续曲面。由于地球表面附近的空间或地球内部处处都存在重力作用,所以通过不同高度的点都有一个相应的水准面。因此,水准面有无数多个。

为了使测量成果具有共同的基准面,需要选择一个十分接近地球自然表面又能代表地球形状和大小的水准面作为统一的标准。地球上海洋的面积占地球总面积的71%,所以静止的海水面是地球上最大的水准面。由此可以设想有一个静止的平均海水面,向陆地延伸而形成一个封闭的曲面,这个曲面(水准面)称为大地水准面(图1.1.4),它所包围的形体称为大地体。大地水准面是地球的物理表面,是测量外业的基准面。

地球上任何一点都要同时受到两个力的作用:一是地球自转而产生的离心力;二是地心的引力。两者的合力就是作用于该点的重力(图1.1.5)。重力的作用线是铅垂线。

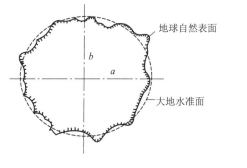
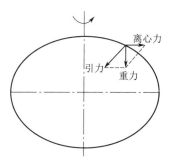

　　　　图1.1.4　大地水准面图　　　　　　　　图1.1.5　重力示意图

由于地球引力的大小与地球内部的质量有关,而地球内部的质量分布又不均匀,这就引起地面上各点的铅垂线方向呈不规则的变化,因而大地水准面实际上是一个有微小起伏的不规则曲面,人们把海水面所包围的地球形体视为地球的形状。地球是一个南北极稍扁,赤道稍长,形状近似于平均半径约为6 371 km的旋转椭球。

1.1.3　参考椭球体

大地水准面不是一个几何面,无法用数学公式把它精确地表达出来,因而也就不能确切地知道它的形状,也就无法在这个面上进行测量成果的计算。由此看来,必须寻找一个与大地体相近,并能用数学模型表示的规则形体,作为进行测量成果计算的基准面。

长期的测量实践研究已证明,大地体与以椭圆的短轴为旋转轴的旋转椭球体极为接近,而旋转椭球体是可以用数学公式严格表示的。因此世界各国通常均以旋转椭球体代表地球的形状,称为地球椭球。如图1.1.6所示,地球椭球的大小和形状以长半轴 a 和短半轴 b 或扁率 α 来表示。地球椭球体表面是地球的数学表面,是球面坐标系和测量内业的基准面。地球自然表面、大地水准面与椭球体表面三者关系见图1.1.7。

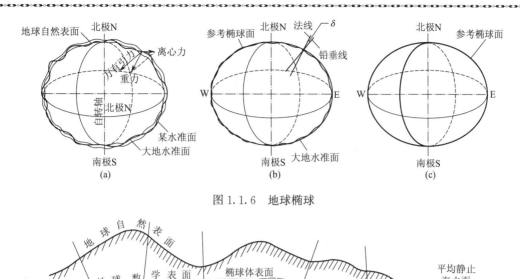

图 1.1.6　地球椭球

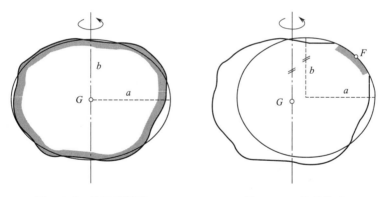

图 1.1.7　大地水准面与椭球面关系

在全球范围内与大地体最密合的椭球称为总地球椭球(图 1.1.8)。总地球椭球必须以全球范围的天文、大地测量和重力测量资料为根据才有可能确定,然而占地球面积71%的海洋面上的资料难以获得,所以许多国家只能根据本区域局部的测量资料推算出与本国或本区域大地水准面密切配合的地球椭球,作为测量计算的基准面,这种地球椭球称为参考椭球(图 1.1.9)。

图 1.1.8　总地球椭球　　　图 1.1.9　参考椭球

参考椭球确定后,即可进行椭球的定位与定向,如图 1.1.10 所示,在地面上选一点 P,设 P 点投影到大地水准面为 P_0 点,使 P_0 上的参考椭球面与大地水准面相切,此时过 P 点的铅垂线与 P_0 点的参考椭球面法线重合,切点 P_0 称为大地原点。同时要使参考椭球短轴与地球短轴相平行(不要求重合),达到本国范围内的大地水准面与参考椭球面十分接近。

我国大地原点选在我国中部陕西省泾阳县永乐镇(图 1.1.11)。

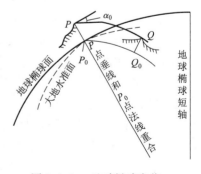

图 1.1.10　地球椭球定位

图 1.1.11　国家大地原点(陕西泾阳)

由此可见,参考椭球有许多个,而总地球椭球只有一个,参考椭球几何图形如图 1.1.12 所示。

我国从 1949 年起采用苏联的克拉索夫斯基椭球,其长、短半轴及扁率如下:

$$a = 6\ 378\ 245\ \text{m}$$
$$b = 6\ 356\ 863\ \text{m}$$
$$\alpha = 1/298.3$$

之后我国所采用的参考椭球为 1980 年国家大地测量参考系(1975 年国际椭球),其长、短半轴及扁率如下:

$$a = 6\ 378\ 140\ \text{m}$$
$$b = 6\ 356\ 755.3\ \text{m}$$
$$\alpha = 1/298.257$$

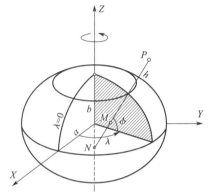

图 1.1.12　参考椭球几何图形

当前我国采用 2000 国家大地坐标系,其长、短半轴及扁率如下:

$$a = 6\ 378\ 137\ \text{m}$$
$$b = 6\ 356\ 752.314\ 14\ \text{m}$$
$$\alpha = 1/298.257\ 222\ 101$$

随着科学技术的不断进步和发展,尤其是人造卫星大地测量技术的运用和提高,已有可能实现全球统一的总地球椭球。

1.1.4　垂线偏差和大地水准面差距

大地水准面是一个处处与其铅垂线正交的曲面,由于地球的质量分布不均匀,大地水准面不可能是一个简单的几何曲面。所以,不论用一个总椭球面与大地水准面进行配合,还是用一个参考椭球面与部分的大地水准面进行配合,都不可能使两种曲面完全重合,因而只能寻求最佳的配合,使各处的差异达到最小,但差异总是存在。标志大地水准面与地球椭球面之间差异的量为垂线偏差和大地水准面差距。所谓垂线偏差,就是地面上一点向大地水准面作一铅垂线与该点向椭球面作一法线之间的夹角。而大地水准面的差距,是指大地水准面超出椭球面的高度(图 1.1.13)。

在控制测量中,都以参考椭球面作为计算的基准面,而在实际测量时都是以大地水准面(铅垂线)为准的,为此必须把以大地水准面为准的测量结果归化到参考椭球面上,然后才能进行计算。

综上所述,地球作为测量工作的载体,大地体描述了地球的形状,参考椭球表示大地体的大小,测量外业工作的基准线是铅垂线(重力方向线),测量外业工作的基准面是大地水准面;

测量内业计算的基准线是法线,测量内业计算的基准面是参考椭球面。

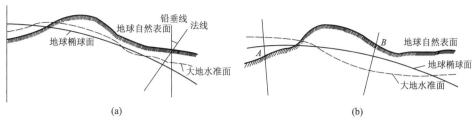

图 1.1.13　垂线偏差和大地水准面差距

1.1.5　用水平面代替水准面的限度

在普通测量中(在一定的测量精度要求和测区面积不大的情况)是将水准面近似地用平面来代替,也就是把较小一部分地球表面上的点投影到水平面上来决定其位置。但是,在多大面积范围内能容许以平面投影代替球面投影的问题就必须加以讨论。

(1)当水平距离为 10 km 时,以水平面代替水准面所产生的距离误差为距离 1/1 217 700。现在最精密距离丈量的容许误差为其长度的百万分之一,因此可得出结论,在半径为 10 km 的圆面积内进行长度测量时,可以不必考虑地球曲率,也就是说可以把水准面当作水平面看待,即把实际沿圆弧丈量所得距离作为水平面,其误差可忽略不计。

(2)由球面三角学知道,同一个空间多边形在球面上投影的各内角之和,较其在平面上投影的各内角之和大一个球面角超 ε,它的大小与图形面积成正比。对于面积为 100 km^2 的多边形,其 ε 值为 0.51″,由此地球曲率对水平角度的影响只有在最精密的测量中才需要考虑,一般的测量工作是不必考虑的。

综合以上两项分析表明:在面积 100 km^2 范围内,不论是进行水平距离或水平角度测量,都可以不顾及地球曲率影响;在精度要求较低的情况下,这个范围还可以相应扩大。

(3)用水平面代替水准面产生的高差误差 Δh 的大小与距离的平方成正比,当距离为 1 km 时,地球曲率对高差的影响 $\Delta h = 8$ cm。因此,地球曲率的影响对高差而言,即使在很短的距离内也必须加以考虑。

1.2　坐标系统建立

测量工作的实质是确定地面点的空间位置,通常是求出该点的二维球面坐标或投影到平面上的二维平面坐标以及该点到大地水准面的铅垂距离,也就是确定地面点的坐标和高程。

地面点的坐标通常可以选用下列坐标系统中的一种来确定。

1.2.1　大地坐标系

大地坐标表示地面点在旋转椭球面上的位置,用大地经度 L 和大地纬度 B 表示(图 1.2.1)。P 点的大地经度 L 就是包含 P 点的子午面和首子午面所夹的两面角;P 点的大地纬度 B 就是过 P 点的法线(与旋转椭球

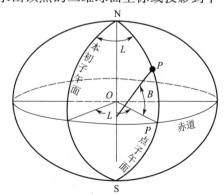

图 1.2.1　大地坐标

面垂直的线)与赤道面的交角。

1.2.2 高斯平面直角坐标系

大地坐标是球面上的坐标,直接应用于工程建设、规划、设计、施工等则很不方便,故需将球面上的元素按一定条件投影到平面上建立平面直角坐标系。地图投影学中有多种投影方法,我国采用高斯—克吕格投影,简称高斯投影。

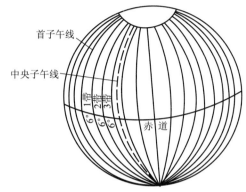

高斯投影的方法是将地球划分成若干带,然后将每带投影到平面上(图1.2.2)。投影带是从首子午线(通过英国格林尼治天文台的子午线)起,每经差6°划一带(称为六度带),自西向东将整个地球划分成经差相等的60个带。带号从首子午线起自西向东编,用阿拉伯数字1,2,3,…,60表示。位于各带中央的子午线称为各带的中央子午线。第一个六度带的中央子午线的经度为3°,任意带的中央子午线经度 L_0 可按式(1.2.1)计算。

$$L_0 = 6N - 3 \qquad (1.2.1)$$

图 1.2.2 高斯投影

式中 N——投影带的号数。

高斯投影属于一种正形投影,即投影后角度大小不变,长度会发生变化。其方法是设想用一个平面卷成一个空心椭圆柱,把它横着套在地球椭球外面,使椭圆柱的中心轴线位于赤道面内并且通过球心,使地球椭球上某6°带的中央子午线与椭圆柱面相切[图1.2.3(a)],在椭球面上的图形与椭圆柱面上的图形保持等角的条件下,将整个6°带投影到椭圆柱面上。然后将椭圆柱沿着通过南北极的母线切开并展开成平面,便得到6°带在平面上的投影[图1.2.3(b)],中央子午线经投影展开后是一条直线,其长度不变形。以此直线作为纵轴,即 x 轴;赤道经投影展开后是一条与中央子午线正交的直线,将它作为横轴,即 y 轴;两直线的交点作为原点,则组成高斯平面直角坐标系。纬圈 AB 投影在高斯平面直角坐标系内仍为曲线($A'B'$)。将投影后具有高斯平面直角坐标系的6°带一个个拼起来,便得到图1.2.4所示图形。

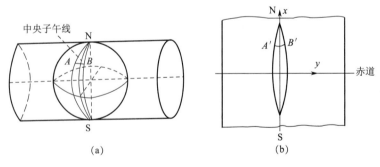

(a)   (b)

图 1.2.3 高斯平面直角坐标系的投影

我国位于北半球,x 坐标均为正值,而 y 坐标值有正有负。如图1.2.5(a)所示,$y_A = +137\ 680$ m,$y_B = -274\ 240$ m。为避免横坐标出现负值,故规定把坐标纵轴向西平移500 km。坐标纵轴西移后[图1.2.5(b)],$y_A = 500\ 000 + 137\ 680 = 637\ 680$ m;$y_B = 500\ 000 -$

274 240＝225 760 m。

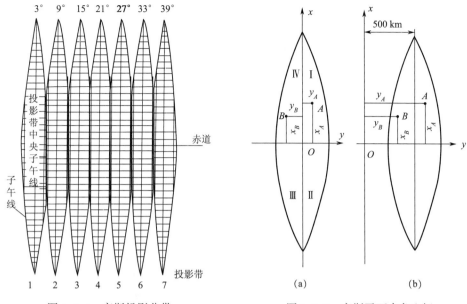

图 1.2.4 高斯投影分带 图 1.2.5 高斯平面直角坐标

为了根据横坐标能确定该点位于哪一个 6°带内,还应在横坐标值前冠以带号。例如,A 点位于第 20 带内,则其横坐标 y_A 为 20 637 680 m。

高斯投影中,离中央子午线近的部分变形小,离中央子午线愈远变形愈大,两侧对称。当测绘项目对投影变形要求更高时,可采用 3°带投影法。它是从东经 1°30′起,每经差 3°划分一带,将整个地球划分为 120 个带(图 1.2.6),每带中央子午线的经度 L_0'可按式(1.2.2)计算:

$$L_0' = 3n \tag{1.2.2}$$

式中 n ——3°带的号数。

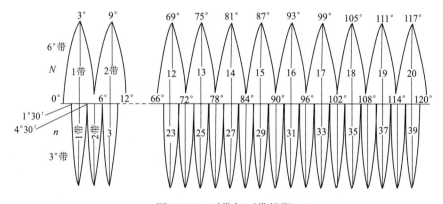

图 1.2.6 6°带与 3°带投影

1.2.3 独立平面直角坐标系

大地水准面虽是曲面,但当测量区域(如半径小于 10 km 的范围)较小时,可以用测区中心点 a 的切平面来代替曲面(图 1.2.7),地面点在投影面上的位置就可以用独立的平面直角坐标来确定。如图 1.2.8 所示,规定南北方向为纵轴,记为 x 轴,轴向北为正,向南为负;以东西方向为横轴,记为 y 轴,轴向东为正,向西为负。地面上某点 P 的位置可用 x_P 和 y_P 来表示。坐标系中象限按顺时针方向编号,x 轴与 y 轴互换,这与数学上的规定是不同的,目的是为了定向方便,而且可以将数学中的公式直接应用到测量计算中。原点 O 一般选在测区的西南角,使测区内各点均处于第一象限,坐标均为正值,以方便测量和计算。

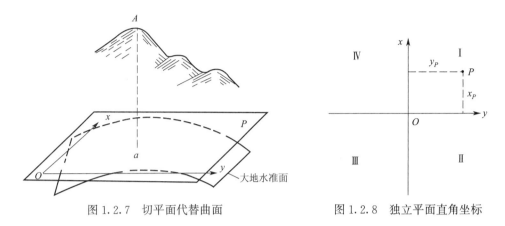

图 1.2.7　切平面代替曲面　　　　　　　图 1.2.8　独立平面直角坐标

1.2.4　我国采用的坐标系统

1. 北京 54 坐标系

北京 54 坐标系是我国目前广泛采用的大地测量坐标系。该坐标系采用的参考椭球是克拉索夫斯基椭球,该椭球并未依据当时我国的天文观测资料进行重新定位,而是由苏联西伯利亚地区的一等锁,经我国的东北地区传算过来的,该坐标系的高程异常是以苏联 1955 年大地水准面重新平差的结果为起算值,按我国天文水准路线推算出来的,而高程又是以 1956 年青岛验潮站的黄海平均海水面为基准。

2. 西安 80 大地坐标系

1978 年,我国决定重新对全国天文大地网施行整体平差,并且建立新的国家大地坐标系统,整体平差在新大地坐标系统中进行,这个坐标系统就是 1980 年西安大地坐标系统。

1980 年西安大地坐标系统所采用的地球椭球参数的四个几何和物理参数采用了 IAG 1975 年的推荐值,椭球的短轴平行于地球的自转轴(由地球质心指向 1968.0 JYD 地极原点方向),起始子午面平行于格林尼治平均天文子午面,椭球面同似大地水准面在我国境内符合最好。基准面采用 1985 国家高程基准。

3. WGS-84 坐标系

WGS-84 坐标系是 GPS 所采用的坐标系统,GPS 所发布的星历参数就是基于此坐标系统的。WGS-84 坐标系统的全称是 World Geodetic System-84(世界大地坐标系-84),它是一个地心坐标系统。WGS-84 坐标系的坐标原点位于地球的质心,Z 轴指向 BIH1984.0 定义的协议地球极方向,X 轴指向 BIH1984.0 的起始子午面和赤道的交点,Y 轴与 X 轴和 Z 轴构成右手系。

4. 2000 国家大地坐标系

随着社会的进步,国民经济建设、国防建设和社会发展、科学研究等对国家大地坐标系提出了新的要求,迫切需要采用原点位于地球质量中心的坐标系统(以下简称地心坐标系)作为国家大地坐标系。采用地心坐标系,有利于采用现代空间技术对坐标系进行维护和快速更新,测定高精度大地控制点三维坐标,并提高测图工作效率。

2000 国家大地坐标系是全球地心坐标系在我国的具体体现,其原点为包括海洋和大气的整个地球的质量中心。2000 国家大地坐标系采用的地球椭球参数如下:长半轴 $a=6\ 378\ 137$ m,扁率 $\alpha=1/298.257\ 222\ 101$,地心引力常数 GM=$3.986\ 004\ 418×10^{14}$ m³/s²,自转角速度 $\omega=7.292\ 115×10^{-5}$ rad/s。

5. 地方独立坐标系

为了满足工程的要求或工程施工方便,减少投影变形,应进行投影的中央子午线的变换;出于成果保密等原因,在按国家坐标系进行数据处理后,对所得的成果进行一定的平移和旋转,得出独立坐标系。例如广州坐标系,椭球参数和西安 80 坐标系相同,原点在人民公园。

1.3 测量方位确定

地面两点的相对位置,不仅与两点之间的距离有关,还与两点连成的直线方向有关。确定直线的方向称直线定向,即确定直线和某一参照方向(称标准方向)的关系。

1.3.1 标准方向的种类

在测量中经常采用的标准方向有三种,即真子午线方向、磁子午线方向、坐标纵轴方向。

1. 真子午线方向

过地球上某点及地球的北极和南极的半个大圆,称为该点的真子午线。真子午线方向是指向地球北极的方向,即通过该点的子午线指向北极的切线方向,又称真北方向。真子午线方向是用天文测量方法或用陀螺经纬仪来测定的。

地面上不同经度的任何两点,其真子午线方向是不平行的。两点真子午线方向间的夹角称为子午线收敛角。子午线收敛角可用如下公式近似计算:

$$\gamma=\rho \cdot \frac{S}{R}\tan \varphi \tag{1.3.1}$$

式中 ρ ——1 rad 对应秒值或分值,取 206 265″或 3 438′;

R ——地球的半径,取 6 371 km;

S ——高斯平面直角坐标系中两点的横坐标(y)之差;

φ ——两点的平均纬度。

2. 磁子午线方向

自由悬浮的磁针静止时,磁针北极所指的方向是磁子午线方向,又称磁北方向。磁子午线方向可用罗盘仪来测定。

由于地球南北极与地磁场南北极不重合,故真子午线方向与磁子午线方向也不重合,它们之间的夹角为 δ,称为磁偏角,如图 1.3.1 所示。磁子午线北端在真子午线以东为东偏,其符号为正;在西时为西偏,其符号为负。磁偏角 δ 的符号和大小因地而异,在我国,磁偏角 δ 的变化约在$+6°$(西北地区)到$-10°$(东北地区)。

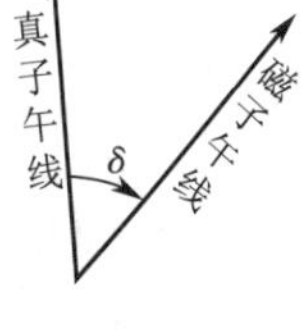

图 1.3.1 磁偏角

3. 坐标纵轴方向

由于地面上任何两点的真子午线方向和磁子午线方向都是不平行的,这会给直线方向的计算带来不便。采用坐标纵轴作为标准方向,在同一坐标系中任何点的坐标纵轴方向都是平行的,这给使用上带来极大方便。因此,在平面直角坐标系中,一般采用坐标纵轴作为标准方向。坐标纵轴方向又称坐标北方向。如图 1.3.2 所示,在 xOy 坐标系中,过 A、B、C 三点的坐标北方向是相互平行的。

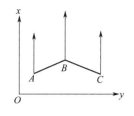

图 1.3.2   坐标北方向

前已述及,我国采用高斯平面直角坐标系,在每个 6°带或 3°带内都以该带的中央子午线作为坐标纵轴。如采用假定坐标系,则用假定的坐标纵轴(x 轴)。

1.3.2 方位角、象限角

直线定向是确定直线和标准方向的关系,这一关系常用方位角、象限角来描述。

1. 方位角

（1）方位角的定义

从标准方向的北端量起,沿着顺时针方向量到直线的水平角称为该直线的方位角,如图 1.3.3 所示。方位角的取值范围为 0°～360°。

当标准方向取为真子午线时,称真方位角,用 $A_\text{真}$ 来表示。当标准方向取为磁子午线时,称磁方位角,用 $A_\text{磁}$ 来表示。真方位角和磁方位角的关系为

$$A_\text{真} = A_\text{磁} + \delta \qquad (1.3.2)$$

在平面直角坐标系中,当标准方向取为坐标纵轴时,称坐标方位角,用 α 来表示(图 1.3.4)。

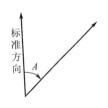

图 1.3.3   方位角定义

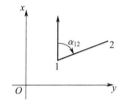

图 1.3.4   坐标方位角

（2）正、反方位角

若规定直线一端量得的方位角为正方位角,则直线另一端量得的方位角为反方位角,正、反方位角是不相等的。

对于真方位角,其正、反方位角的关系为

$$\alpha_{12} = \alpha_{21} + \gamma \pm 180° \qquad (1.3.3)$$

式中,γ 为直线两端点的子午线收敛角。

对于坐标方位角,由于在同一坐标系内坐标纵轴方向都是平行的,如图 1.3.5 所示,所以正反坐标方位角的关系为

$$\alpha_{12} = \alpha_{21} \pm 180° \qquad (1.3.4)$$

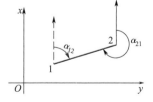

图 1.3.5   正反坐标方位角

2. 象限角

直线与标准方向所夹的锐角称象限角,象限角由标准方向的指北端或指南端开始向东或向西计量,其取值范围为 0°～90°,以角值前加上直线所指的象限的名称来表示,例如 $O1$ 象限角为北东 41°,如图 1.3.6 所示。

方位角与象限角之间的互换关系见表 1.3.1。

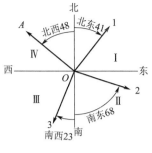

图 1.3.6　象限角

表 1.3.1　方位角和象限角关系

象限	方位角与象限角的关系
象限 Ⅰ	北东 $\alpha = R$
象限 Ⅱ	南东 $\alpha = 180° - R$
象限 Ⅲ	南西 $\alpha = R + 180°$
象限 Ⅳ	北西 $\alpha = 360° - R$

1.4　高程系统确定

1.4.1　国家高程系统组成

高程系统主要有大地高系统、正高系统和正常高系统。

1. 大地高系统

大地高系统是以地球椭球面为基准面的高程系统,与大地坐标系属同一系统。如图 1.4.1 所示,M 点的大地高是指 M 点沿过该点的参考椭球面法线到椭球面的距离。大地高随所选用的参考椭球不同而异。

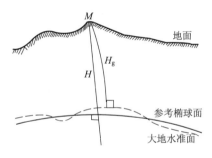

图 1.4.1　大地高系统和正高系统

大地高系统在工程测量中虽未得到广泛应用,但是它在与水准测量资料、重力测量资料等相结合研究大地水准面的形状方面,以及在结合高程异常资料以确定点的正常高方面,都具有重要意义。

2. 正高系统

正高系统是以大地水准面为基准面的高程系统。如图 1.4.1 所示,地面点 M 点的正高 H_g 是指 M 点沿该点的铅垂线至大地水准面的距离。由于地面点至大地水准面之间的水准的不平行性,所以地面点与大地水准面相垂直的铅垂线实际上是一条曲线,它受地球内部质量分布的影响。因此严格地说,正高是不能精确测定的。

3. 正常高系统

正常高系统与正高系统的不同在于,它所代表的不是地面到大地水准面的铅垂距离,而是由地面到一个与大地水准面十分相近的曲面的铅垂距离,这个曲面称为似大地水准面。由此看来,正常高系统是以似大地水准面为基准面的高程系统。

由于正高无法精确求得,因此大地水准面也不能精确测定(因为正高系统是以大地水准面作为基准面的高程系统)。但是正常高是可以精确求得的,似大地水准面则可以精确测定。

正常高系统是我国通用的高程系统。

4. 高程系统之间的转换关系

似大地水准面与参考椭球面之间的高程差,一般称为似大地水准面的高程异常。它可以应用天文重力水准测量方法测定,因此正常高 H_r 与大地高 H 之间可以相互转换:

$$H = H_r + \delta \tag{1.4.1}$$

式中　δ——似大地水准面的高程异常。

研究证明,正常高与正高之差,也就是似大地水准面与大地水准面之间的距离,在山岭地区最多也只有 2 m,而在平原地区则不过几个厘米,所以似大地水准面与大地水准面之间的差异一般不大。

大地水准面到地球椭球面的距离称为大地水准面差距,记为 h_g。

大地高与正高之间的关系可表示为 $H = H_g + h_g$。

1.4.2　地面点高程确定

我国曾采用青岛验潮站 1950—1956 年期间的验潮结果推算了黄海平均海面,称为"1956 年黄海平均高程面",以此建立了"1956 黄海高程系"。我国自 1959 年开始,全国统一采用 1956 黄海高程系。后来又利用该站 1952—1979 年期间的验潮结果,计算确定了新的黄海平均海面,称为"1985 国家高程基准"。我国自 1988 年 1 月 1 日起开始采用 1985 国家高程基准作为高程的统一基准。

1. 国家水准原点

国家水准原点即为国家高程控制网起算的水准测量基准点。其高程由选定的验潮站根据验潮资料确定的多年平均海面作为基准面,经精密水准测量而获得。根据 1956 年黄海高程系和 1985 国家高程基准确定的中国水准原点在青岛市观象山(图 1.4.2)。1956 年黄海平均海水面起算的青岛水准原点的高程是 72.289 m,1985 国家高程系统的水准原点的高程是 72.260 4 m。

图 1.4.2　中华人民共和国水准原点

2. 地面点高程表示

地面点到大地水准面的铅垂距离称为绝对高程,又称海拔。图 1.4.3 中 A、B 两点的绝对高程分别为 H_A、H_B。

　　当个别地区引用绝对高程有困难时,可采用假定高程系统,即采用任意假定的水准面为起算高程的基准面。图 1.4.3 中,地面点到某一假定水准面的铅垂距离称为假定高程或相对高程。例如,A、B 点的相对高程分别为 H'_A、H'_B。地面两点间绝对或相对高程之差称为高差,用 h 表示。如图 1.4.3 中,A、B 两点高差为

$$h_{AB}=H_B-H_A=H'_B-H'_A \tag{1.4.2}$$

可见两点间的高差与高程起算面无关。

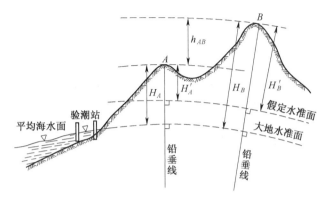

图 1.4.3　高程和高差

知识拓展——我国测量学的悠久历史

　　测量学是一门历史悠久的学科,是从人类生产实践中逐渐发展起来的。

　　我国早在两千多年前的夏商时代,为了治水就开始了水利工程测量工作。司马迁在《史记》中对夏禹治水有这样的描述:"陆行乘车,水行乘船,泥行乘橇,山行乘檋(jú),左准绳,右规矩,载四时,以开九州,通九道,陂九泽,度九山。"这里所记录的就是当时的工程勘测情景,准绳和规矩就是当时所用的测量工具,准是可揆(kuí)平的水准器,绳是丈量距离的工具,规是画圆的器具,矩则是一种可定平、测长度、高度、深度和画圆画矩形的通用测量仪器。早期的水利工程多为河道的疏导,以利防洪和灌溉,其主要的测量工作是确定水位和堤坝的高度。战国时期秦国李冰父子领导修建的都江堰水利工程,曾用一个石头人来标定水位,当水位超过石头人的肩时,下游将受到洪水的威胁;当水位低于石头人的脚背时,下游将出现干旱。这种标定水位的办法与现代水位测量的原理完全一样。北宋时沈括为了治理汴渠,测得"京师之地比泗州凡高十九丈四尺八寸六分",是水准测量的结果。

复习思考题

1.1　举例说明在日常生活中遇到的测量工作。

1.2　用自己的语言描述人类认识地球的过程。

1.3　空间点位表示的方法有哪些?我国采用的坐标系统有哪些?

1.4　高程系统有哪些?彼此间的关系如何?

1.5　地面点的绝对高程、相对高程和高差是如何定义的?

1.6　确定地球表面上一点的位置,常用哪两种坐标系?它们各自的定义是什么?

1.7　什么是水准面? 什么是大地水准面? 什么是大地体? 参考椭球体与大地体有什么区别?

1.8　什么叫绝对高程? 什么叫假定高程? 什么是高差? 什么是高斯投影、投影带、中央子午线?

1.9　高斯平面直角坐标是如何建立的? 在高斯平面直角坐标系中,x、y 的通用坐标值表示什么?

扫一扫

高程和高差　　　　　　　　　　　平面直角坐标系

项目 2　测量工作准备

 项目描述

　　测量工作准备项目主要介绍测量工作前的准备工作,包括测量工作的原则、测量前期的准备工作和测量误差的基本知识等。通过本项目的学习使学生掌握测量工作的原则,掌握在测量之前收集资料的内容,熟悉测量工作的基本过程,掌握测绘技术设计书的内容及测量误差的基本知识,并掌握测量过程中的必要安全常识。本项目旨在引导初学者认识工程测量技术工作的前期准备工作,是后续项目学习的必要准备基础。

 学习目标

　　1. 素质目标
　　(1)培养学生的团队协作能力;
　　(2)培养学生在学习过程中的主动性、创新性意识;
　　(3)培养学生"自主、探索、合作"的学习方式;
　　(4)培养学生可持续的学习能力;
　　(5)培育学生吃苦耐劳、工作认真细致的工匠精神。
　　2. 知识目标
　　(1)掌握测量工作的基本原则;
　　(2)掌握测量前期准备工作的流程和内容;
　　(3)掌握一般测量的安全知识;
　　(4)掌握测量误差的基本知识。
　　3. 能力目标
　　(1)能独立进行测量前期准备工作;
　　(2)能熟练掌握内外业的安全措施;
　　(3)能熟练运用误差传播理论进行中误差的计算。

 相关案例——向阳村数字化测图项目准备工作

　　1. 测量任务
　　为了更好的为乡村建设提供基础服务,现拟修建一条宽度为 6 m 的乡村道路,线路设计前需获取道路两侧各120 m 范围内比例尺为 1∶2000 的地形数据。
　　2. 测区概况
　　测区内地形地貌状况参见图 2.0.1 和图 2.0.2,测区内主要为平原地形,地形起伏不大。

海拔在 36～39 m 之间,测区内地物稀少,主要为农田种植农作物,有少量塑料大棚和村办企业分布在既有道路两侧,总体通视条件良好,有利于全站仪或 GNSS-RTK 作业。

图 2.0.1　某测区影像图

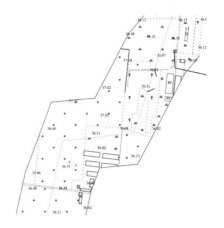

图 2.0.2　拟建线路的带状地形图

3.测量前的准备工作

(1)控制资料

地方测绘部门提供了测区内及周边控制资料,包括三等平面控制点 1 个,一级导线点 3 个;四等水准点 3 个。经现场调查,1 个一级导线点被破坏,其他控制点保存完好。控制资料成果采用 2000 国家大地坐标系,高程采用 1985 国家高程基准。

(2)地图资料

测区有 2001 年修测的 1∶2 000 比例尺地形图,可用作本次测量的参考用图。

(3)作业依据

①《工程测量标准》(GB 50026—2020);

②《国家基本比例尺地图图示　第 1 部分:1∶500、1∶1 000、1∶2 000 地形图图式》(GB/T 20257.1—2017);

③《全球定位系统(GPS)测量规范》(GB/T 18314—2009);

④《测绘成果质量检查与验收》(GB/T 24356—2009);

⑤本技术设计书及作业期间的补充技术规定。

 问题导入

1. 从事工程测量应该遵循什么原则?

2. 测量工作的前期准备工作有哪些?

3. 测量前应学习哪些安全知识?

2.1　测量工作的原则

测量工作一般分为测绘和测设,测绘是指为工程建设、规划等提供各种比例尺地形图的工作;测设是工程项目施工中指导点位施工放样的工作。无论是测绘工作还是测设工作,都应遵循"从整体到局部,先控制后碎部"的组织原则。

下面以地形图测绘项目介绍测量工作的程序和原则(图 2.1.1)。

第一步控制测量,先在测区内选择若干具有控制意义的点 $A,B,C,\cdots$ 作为控制点,以较精确的仪器和方法测定各控制点空间位置(坐标和高程)。

第二步碎部测量,在控制点安置仪器,依次测定各控制点周围的碎部点(房屋、道路、河流、电力线杆等)的平面位置和高程。

第三步地形图绘制,依据地面碎部点坐标绘制地形图。

这种"从整体到局部,先控制后碎部"的方法是组织测量工作应遵循的原则,它可以减少误差积累,保证测图精度,而且可以分幅测绘,加快测图进度。

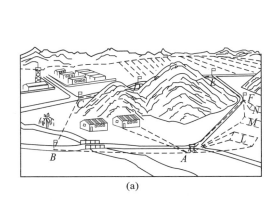
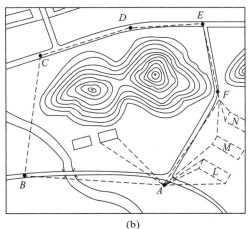

图 2.1.1　测量工作的程序和原则

2.2　施测前的准备工作

测量工作工序、环节较多,一般来说,测量工作包括收集资料、现场踏勘、技术设计、施测及成果检查验收等环节。

2.2.1　收集测绘资料及现场踏勘

第一是收集资料。测绘项目开始前应收集测区各种比例尺地形图、工程设计图、工程的相互关系图以及工程施工的技术设计资料等。同时还应收集测区现有控制点情况,以及气象、水文、地质、交通等方面的资料。这项工作进行得好坏,直接影响到后续测绘工作的实施。

第二是现场踏勘。对所收集的资料进行初步的研究之后,为了进一步判定已有资料的正确性和实用性,必须对测区进行详细的踏勘,了解测区的地形、水源、居民地,以及道路的分布情况等。

2.2.2　编制测绘技术设计

测绘技术设计是对测绘专业活动的技术要求进行设计,是指导测绘生产的主要技术依据。测绘技术设计包括以下内容。

1. 概述

说明项目来源、内容和目标、作业区范围和行政隶属、任务量、完成期限、项目承担单位和成果(或产品)接收单位等。

2. 作业区自然地理概况和已有资料情况

(1)作业区自然地理概况

根据测绘项目的具体内容和特点,需要说明与测绘作业有关的作业区自然地理概况,内容包括:

①作业区的地形概况、地貌特征:居民地、道路、水系、植被等要素的分布与主要特征,地形类别、困难类别、海拔高度、相对高差等。

②作业区的气候情况:气候特征、风雨季节等。

③其他需要说明的作业区情况等。

(2)已有资料情况

说明已有资料的数量、形式、主要质量情况(包括已有资料的主要技术指标和规格等)和评价;说明已有资料利用的可能性和利用方案等。

3. 引用文件

说明项目设计书编写过程中所引用的标准、规范或其他技术文件。文件一经引用,便构成项目设计书设计内容的一部分。

4. 成果(或产品)的主要技术指标和规格

说明成果(或产品)的种类及形式、坐标系统、高程基准、比例尺、分带、投影方法、分幅编号及其空间单元,数据基本内容、数据格式、数据精度以及其他技术指标等。

5. 设计方案

(1)软件和硬件配置要求

①硬件。规定对生产过程所需的主要测绘仪器、数据处理设备、数据存储设备、数据传输网络等设备的要求;其他硬件配置方面的要求(如对于外业测绘,可根据作业区的具体情况,规定对生产所需的主要交通工具、主要物资、通信联络设备以及其他必需的装备等要求)。

②软件。规定对生产过程中主要应用软件的要求。

(2)技术路线及工艺流程

说明项目实施的主要生产过程和这些过程之间的输入、输出接口关系。必要时可用流程图或其他形式清晰、准确的规定出生产作业的主要过程和接口关系。

(3)技术规定

①规定各专业活动的主要过程、作业方法和技术、质量要求。

②特殊的技术要求,采用新技术、新方法、新工艺的依据和技术要求。

(4)上交和归档成果(或产品)及其资料内容和要求

分别规定上交和归档的成果(或产品)内容、要求和数量,以及有关文档资料的类型、数量等,主要包括:

①成果数据:规定数据内容、组织、格式,存储介质、包装形式和标识及其上交和归档的数量等。

②文档资料:规定需上交和归档的文档资料的类型(包括技术设计文件、技术总结、质量检查验收报告、必要的文档簿、作业过程中形成的重要记录等)和数量等。

(5)质量保证措施和要求

①组织管理措施:规定项目实施的组织管理和主要人员的职责和权限。

②资源保证措施:对人员的技术能力或培训的要求;对软、硬件装备的需求等。

③质量控制措施:规定生产过程中的质量控制环节和产品质量检查、验收的主要要求。

④数据安全措施:规定数据安全和备份方面的要求。

6. 进度安排和经费预算(略)

7. 附录(略)

2.3　岗前安全教育

2.3.1　出测、收测前的准备

(1)针对生产情况,对进入测区的所有作业人员进行安全意识教育和安全技能培训。

(2)了解测区有关危害因素,包括动物、植物、微生物、流行传染病种、自然环境、人文地理、交通、社会治安等状况,拟订具体的安全防范措施。

(3)按规定配发劳动防护用品,根据测区具体情况添置必要的小组及个人的野外救生用品、药品、通信或特殊装备,并应检查有关防护用品及装备的安全可靠性。

(4)掌握人员身体健康情况,进行必要的身体健康检查,避免作业人员进入与其身体状况不适应的地区作业。

(5)组织赴疫区、污染区和有可能散发毒性气体地区作业的人员学习防疫、防污染、防毒知识,并注射相应的疫苗和配备防污染、防毒装具。对于发生高致病的疫区,应禁止作业人员进入。

(6)所有作业人员都应该熟练使用通信、导航定位等安全保障设备,掌握利用地图或地物、地貌等判定方位的方法。

(7)出测、收测前,应制定行车计划,对车辆进行安全检查,严禁疲劳驾驶。

2.3.2　饮食与住宿

1. 饮食

(1)禁止食用霉烂、变质和被污染过的食物,禁止食用不易识别的野菜、野果、野生菌菇等野生植物。禁止酒后生产作业。不接触和不食用死、病畜肉。禁止饮用异味、异色和被污染的地表水和井水。

(2)生熟食物应分别存放,并应防止动物侵害。

(3)使用煤气、天然气等灶具时应保证其连接件和管道完好,防止漏气和煤气中毒。禁止点燃灶具后离人。

2. 住宿

(1)室内住宿

①外业作业人员应尽量居住民房或招待所。对住宿的房屋应进行安全性检查,了解住宿环境和安全通道位置。禁止入宿存在安全隐患的房屋。

②注意用电安全。便携式发电机应置于通风条件下使用,做到人、机分开,专人管理。应防止发电机漏电和超负荷运行对人员造成伤害。

③使用煤油灯应安装防风罩,离开房间或休息时,应及时熄灭煤油灯或蜡烛。取暖使用柴灶或煤炉前应先进行检修,防止失火和煤气中毒。

④禁止在草料旁堆放油料、易燃物品,禁止在仓库、木料场、木质建筑以及其他易燃物体附近用火。

（2）野外宿营

①备好防寒、防潮、照明、通信等生活保障物品。

②搭设帐篷时应了解地形情况，选择干燥避风处，避开滑坡、觇标、枯树、大树、独立岩石、河边、干涸湖、输电设备及线路等危险地带，防止雷击、崩陷、山洪、高辐射等伤害。

③帐篷周围应挖排水沟。在草原、森林地区，周围应开辟防火道。

④治安情况复杂或野兽经常出没的地区，应设专人值勤。

2.3.3 外业作业环境

1. 一般要求

（1）应持有效证件和公函与有关部门进行联系。在进入军事要地、边境、少数民族地区、林区、自然保护区或其他特殊防护地区作业时，应事先征得有关部门同意，了解当地民情和社会治安等情况，遵守所在地的风俗习惯及有关的安全规定。

（2）进入单位、居民宅院进行测绘时，应先出示相关证件，说明情况再进行作业。

（3）遇雷雨天气应立刻停止作业，选择安全地点躲避，禁止在山顶、开阔的斜坡上、大树下、河边等区域停留，避免遭受雷电袭击。

（4）在高压输电线路、电网等区域作业时，应采取安全防范措施，应优先选用绝缘性能好的标尺等辅助测量设备，避免人员和标尺、测杆、棱镜支杆等测量设备靠近高压线路，防止触电。

（5）外业作业时，应携带所需的装备以及水和药品等用品，必要时应设立供应点，保证作业人员的饮食供给；野外一旦发生水、粮和药品短缺，应及时联系补给或果断撤离，以免发生意外。

（6）外业作业时，所携带的燃油应使用密封、非易碎容器单独存放、保管，防止暴晒。洒过易燃油料的地方要及时处理。

（7）进入沙漠、戈壁、沼泽、高山、高寒等人烟稀少地区或原始森林地区时，作业前须认真了解掌握该地区的水源、居民、道路、气象、方位等情况，并及时记入随身携带的工作手册中。应配备必要的通信器材，以保持个人与小组、小组与中队之间的联系；应配备必要的判定方位的工具，如导航定位仪器、地形图等。必要时请熟悉当地情况的向导带路。

（8）外业测绘必须遵守各地方、各部门相关的安全规定，如在铁路和公路区域测绘时应遵守交通管理部门的有关安全规定；进入草原、林区测绘时必须严格遵守《森林防火条例》《草原防火条例》及当地的安全规定；下井作业前须学习相关的安全规程，掌握井下工作的一般安全知识，了解工作地点的具体要求和安全保护规定。

（9）安全员必须随时检查现场的安全情况，发现安全隐患立即整改。

（10）外业测绘严禁单人夜间行动。在发生人员失踪时必须立即寻找，并应尽快报告上级部门，同时与当地公安部门取得联系。

2. 城镇地区

（1）在人、车流量大的街道上作业时，必须穿着色彩醒目的带有安全警示反光的马夹，并应设置安全警示标志牌（墩），必要时还应安排专人担任安全警戒员。迁站时要撤除安全警示标志牌（墩），并将器材纵向肩扛行进，防止发生意外。

（2）作业中骑用自行车时要遵守交通规则，严禁超速、逆行和撒把骑车。

3. 铁路、公路区域

（1）沿铁路、公路作业时，必须穿着色彩醒目的带有安全警示反光的马夹。

（2）在电气化铁路附近作业时，禁止使用铝合金标尺、镜杆，防止触电。

（3）在桥梁和隧道附近以及公路弯道和视线不清的地点作业时，应事先设置安全警示标志牌（墩），必要时安排专人担任安全指挥。

（4）工作休息时应离开铁路、公路路基，选择安全地点休息。

4. 沙漠、戈壁地区

（1）作业小组应配备容水器、绳索、地图资料、导航定位仪器、风镜、药品、色彩醒目的工作服和睡袋等。

（2）在距水源较远的地区作业时，应制定供水计划，必要时可分段设立供水站。

（3）应随时注意天气变化，防止沙漠寒潮和沙暴的侵袭。

5. 沼泽地区

（1）应配备必要的绳索、木板和长约 1.5 m 的探测棒。

（2）过沼泽地时，应组成纵队行进，禁止单人涉险。遇有繁茂绿草地带应绕道而行。发生陷入沼泽的情况时要冷静，及时采取妥善的救援、自救措施。

（3）应注意保持身体干燥清洁，防止皮肤溃烂。

6. 人烟稀少或草原、林区

（1）在人烟稀少或草原、林区作业时应携带手持导航定位仪器及地形图，着装要扎紧领口、袖口、衣摆和裤脚，防止蛇、虫等的叮咬。要特别注意配备防止蛇、虫叮咬的面罩及药品，并注射森林脑炎疫苗。

（2）行进路线及点位附近，均应留下能为本队人员所共同识别的明显标志。

（3）禁止夜间单人外出，特殊情况确需外出时，应两人以上。应详细报告自己的去向，并要携带电源充足的照明和通信器材，以保持随时联系；同时，宿营地应设置灯光引导标志。

7. 高原、高寒地区

（1）进入高海拔区域前要进行气候适应训练，掌握高原基本知识。

（2）应配带防寒装备和充足的给养，配置氧气袋（罐）及高原反应防治专用药品，注意防止感冒、冻伤和紫外线灼伤。在高海拔区域发生高原反应、感冒、冻伤等疾病时，应立即采取有效的治疗措施。

（3）在冰川、雪山作业时，应带雪镜，穿色彩醒目的防寒服。

（4）应按选定路线行进，遇无路情况，则应选择缓坡迂回行进。遇悬崖、绝壁、滑坡、崩陷、积雪较深及容易发生雪崩等危险地带时应该绕行，无安全防护保障不得强行通过。

8. 涉水渡河

（1）涉水渡河前，应观察河道宽度，探明河水深度、流速、水温及河床沙石等情况，了解上游水库和电站放水情况。根据以上情况选择安全的涉水地点，并做好涉水时的防护措施。

（2）水深在 0.6 m 以内、流速不超过 3 m/s，或者流速虽然较大但水深在 0.4 m 以内时允许徒涉。水深过腰，流速超过 4 m/s 的急流，应采取保护措施涉水过河，禁止独自一人涉水过河。

（3）遇较深、流速较大的河流，应绕道寻找桥梁或渡口。通过轻便悬桥或独木桥时，要检查木质是否腐朽，若可使用，应逐人通过，必要时应架防护绳。

（4）乘小船或其他水运工具时，应检查其安全性能，并雇用有经验的水手操纵，严禁超载。

（5）暴雨过后要特别注意山洪的到来，严禁在无安全防护保障的条件下和河流暴涨时渡河。

9. 水上

(1)作业人员应穿救生衣,避免单人上船作业。

(2)应选择租用配有救生圈、绳索、竹竿等安全防护救生设备和必要的通信设备的船只,行船应听从船长指挥。

(3)租用的船只必须满足平稳性、安全性要求,并具有营业许可证。雇用的船工必须熟悉当地水性并有载客的经验。

(4)风浪太大的时段不能强行作业。对水流湍急的地段要根据实地的具体情况采取相应安全防护措施后方可作业。

(5)海岛、海边作业时,应注意涨落潮时间,避免事故发生。

10. 地下管线

(1)无向导协助,禁止进入情况不明的地下管道作业。

(2)作业人员必须佩戴防护帽、安全灯,身穿安全警示工作服,配带通信设备,并保持与地面人员的通信畅通。

(3)在城区或道路上进行地下管线探测作业时,应在管道口设置安全隔离标志牌(墩),安排专人担任安全警戒员。打开窨井盖作实地调查时,井口要用警示栏圈围起来,必须有专人看管。夜间作业时,应设置安全警示灯。工作完毕必须清点人员,确保井下没有留人的情况下及时盖好窨井盖。

(4)对规模较大的管道,在下井调查或施放探头、电极导线时,严禁明火,并应进行有害、有毒及可燃气体的浓度测定,有害、有毒及可燃气体超标时应打开连续的三个井盖排气通风半小时以上,确认安全并采取保护措施后方可下井作业。

(5)禁止选择输送易燃、易爆气体管道作为直接法或充电法作业的充电点。在有易燃、易爆隐患环境下作业时,应使用具备防爆性能的测距仪、陀螺经纬仪和电池等设备。

(6)使用大功率电器设备时,作业人员应具备安全用电和触电急救的基础知识。工作电压超过 36 V 时,供电作业人员应使用绝缘防护用品,接地电极附近应设置明显警告标志,并设专人看管。雷电天气禁止使用大功率仪器设备作业。井下作业的所有电气设备外壳都应接地。

(7)进入企业厂区进行地下管线探测的作业人员,必须遵守该厂安全保护规定。

11. 高空

(1)患有心脏病、高血压、癫痫、眩晕、深度近视等高空禁忌症人员禁止从事高空作业。

(2)现场作业人员应配戴安全防护带和防护帽,不得赤脚。作业前,要认真检查攀登工具和安全防护带,保证完好。安全防护带要高挂低用,不能打结使用。

(3)应事先检查树、杆、梯、站台以及觇标等各部位结构是否牢固,有无损伤、腐朽和松脱,存在安全隐患的应经过维修后才能作业。到达工作位置后要选坚固的枝干、桩作为依托,并扣好安全防护带后再开始作业;返回地面时严禁滑下或跳下。高楼作业时,应了解楼顶的设施和防护情况,避免在楼顶边缘作业。

(4)传递仪器和工具时,禁止抛投。使用的绳索要结实,滑轮转动要灵活,禁止使用断股或未经检查过的绳索,以防脱落伤人。

(5)造(维修)标、拆标工作时,应由专人统一指挥,分工明确,密切配合。在行人通过的道路或居民地附近造(维修)标、拆标时,必须将现场围好,悬挂"危险"标志。禁止无关人员进入现场。作业场地半径不得小于 15 m。

2.3.4　测绘内业生产安全规范

1. 作业场所

(1)照明、噪声、辐射等环境条件应符合作业要求。

(2)计算机等生产仪器设备的放置,应有利于减少放射线对作业人员的危害。各种设备与建(构)筑物之间,应留有满足生产、检修需要的安全距离。

(3)作业场所中不得随意拉设电线,防止电线、电源漏电。通风、取暖、空调、照明等用电设施要有专人管理、检修。

(4)面积大于 $100~\mathrm{m}^2$ 的作业场所的安全出口应不少于两个。安全出口、通道、楼梯等应保持畅通并设有明显标志和应急照明设施。

(5)作业场所应按《中华人民共和国消防法》规定配备灭火器具,小于 $40~\mathrm{m}^2$ 的重点防火区域,如资料、档案、设备库房等,也应配置灭火器具。应定期进行消防设施和安全装置的检查,保证安全有效。

(6)作业场所应配置必要的安全(警告)标志。如配电箱(柜)标志、资料重地严禁烟火标志、严禁吸烟标志、紧急疏散示意图、上下楼梯警告线以及玻璃隔断提醒标志等,且保证标志完好清晰。

(7)禁止在作业场所吸烟以及使用明火取暖,禁止超负荷用电。使用电器取暖或烧水时,不用时要切断电源。

(8)严禁携带易燃易爆物品进入作业场所。

2. 安全操作

(1)仪器设备的安装、检修和使用,须符合安全要求。凡对人体可能构成伤害的危险部位都要设置安全防护装置。所有用电动力设备,必须按照规定埋设接地网,保持接地良好。

(2)仪器设备须有专人管理,并进行定期的检查、维护和保养,禁止仪器设备带故障运行。

(3)作业人员应熟悉操作规程,必须严格按有关规程进行操作。作业前要认真检查所要操作的仪器设备是否处于安全状态。

(4)禁止用湿手拉合电闸或开关电钮。饮水时,应远离仪器设备,防止泼洒造成电路短路。

(5)擦拭、检修仪器设备时应首先断开电源,并在电闸处挂置明显警示标志。修理仪器设备时一般不准带电作业,由于特殊情况而不能切断电源时,必须采取可靠的安全措施,并且须有两名电工现场作业。

(6)因故停电时,凡用电的仪器设备,应立即断开电源。

2.4　测量误差基本知识

在实际的测量工作中,大量实践表明,当对某一未知量进行多次观测时,不论测量仪器有多精密,观测进行得多么仔细,所得的观测值之间总是不尽相同。因此,在测量的结果中不可避免的含有误差,研究误差理论的目的是要对误差的来源、性质及其产生和传播的规律进行研究,以便解决测量工作中遇到的一些实际问题,提高测量结果精度。例如,在一系列的观测值中,如何确定观测量的最可靠值,如何评定测量的精度,以及如何确定误差的限度等。所有这些问题,运用测量误差理论均可得到解决。

2.4.1 测量误差及其来源

观测者使用某种仪器、工具,在一定的外界条件下进行测量所获得的数值称为观测值。由于观测中误差的存在而往往导致各观测值与其真实值(简称为真值)之间存在差异,这种差异称为测量误差(或观测误差)。用 L 代表观测值,X 代表真值,则误差:

$$\Delta = L - X \tag{2.4.1}$$

这种误差通常又称之为真误差。

观测误差来源于以下三个方面:观测者的视觉鉴别能力和技术水平;仪器、工具的精密程度;观测时外界条件的好坏。通常我们把这三个方面综合起来称为观测条件。观测条件将影响观测成果的精度:若观测条件好,则测量误差小,测量的精度就高;反之,则测量误差大,精度就低;若观测条件相同,则可认为精度相同。在相同观测条件下进行的一系列观测称为等精度观测;在不同观测条件下进行的一系列观测称为不等精度观测。

1. 测量误差的分类

测量误差按其性质可分为系统误差和偶然误差两类。

(1)系统误差

在相同的观测条件下,对某一未知量进行一系列观测,若误差的大小和符号保持不变,或按照一定的规律变化,这种误差称为系统误差。例如水准仪的视准轴与水准管轴不平行而引起的读数误差,与视线的长度成正比且符号不变;经纬仪因视准轴与横轴不垂直而引起的方向误差,随视线竖直角的大小而变化且符号不变;距离测量尺长不准产生的误差随尺段数成比例增加且符号不变。这些误差都属于系统误差。

系统误差主要来源于仪器工具上的某些缺陷和观测者的某些习惯,例如有些人习惯地把读数估读得偏大或偏小;也有来源于外界环境的影响,如风力、温度及大气折光等的影响。

系统误差的特点具有累积性,对测量结果影响较大,因此,应尽量设法消除或减弱它对测量成果的影响。方法有两种:一是在观测方法和观测程序上采取一定的措施来消除或减弱系统误差的影响。例如在水准测量中,保持前视和后视距离相等,以消除视准轴与水准管轴不平行所产生的误差;在测水平角时,采取盘左和盘右观测取其平均值,以消除视准轴与横轴不垂直所引起的误差。另一种是找出系统误差产生的原因和规律,对测量结果加以改正。例如在钢尺量距中,可对测量结果加尺长改正和温度改正,以消除钢尺长度的影响。

(2)偶然误差

在相同的观测条件下,对某一未知量进行一系列观测,如果观测误差的大小和符号没有明显的规律性,即从表面上看,误差的大小和符号均呈现偶然性,这种误差称为偶然误差。例如在水平角测量中照准目标时,可能稍偏左也可能稍偏右,偏差的大小也不一样;又如在水准测量或钢尺量距中估读毫米数时,可能偏大也可能偏小,其大小也不一样,这些都属于偶然误差。

产生偶然误差的原因很多,主要是由于仪器或人的感觉器官能力的限制,如观测者的估读误差、照准误差等,以及环境中不能控制的因素如不断变化着的温度、风力等外界环境所造成。

偶然误差在测量过程中是不可避免的,从单个误差来看,其大小和符号没有一定的规律性,但对大量的偶然误差进行统计分析,就能发现在观测值内部却隐藏着一种必然的规律,这给偶然误差的处理提供了可能性。

测量成果中除了系统误差和偶然误差以外,还可能出现错误(有时也称之为粗差)。错误产生的原因较多，可能由作业人员疏忽大意、失职而引起，如大数读错、读数被记录员记错、照错了目标等；也可能是仪器自身或受外界干扰发生故障引起的；还有可能是容许误差取值过小造成的。错误对观测成果的影响极大，所以在测量成果中绝对不允许有错误存在。发现错误的方法是：进行必要的重复观测，通过多余观测条件，进行检核验算；严格按照国家有关部门制定的各种测量规范进行作业等。

在测量的成果中，错误可以发现并剔除，系统误差能够加以改正，而偶然误差是不可避免的，它在测量成果中占主导地位，所以测量误差理论主要是处理偶然误差的影响。下面详细分析偶然误差的特性。

2.偶然误差的特性

偶然误差的特点具有随机性，所以它是一种随机误差。偶然误差就单个而言具有随机性，但在总体上具有一定的统计规律，是服从于正态分布的随机变量。

在测量实践中，根据偶然误差的分布，我们可以明显地看出它的统计规律。例如在相同的观测条件下，观测了 217 个三角形的全部内角。已知三角形内角之和等于 $180°$，这是三内角之和的理论值即真值 X，实际观测所得的三个内角之和即观测值 L。由于各观测值中都含有偶然误差，因此各观测值不一定等于真值，其差即真误差 Δ。以下分两种方法来分析：

(1)表格法

由式(2.4.1)计算可得 217 个内角和的真误差，按其大小和一定的区间(本例为 $d\Delta=3''$)，分别统计在各区间正负误差出现的个数 k 及其出现的频率 k/n($n=217$)，列于表 2.4.1 中。

表 2.4.1　三角形内角和真误差统计表

误差区间 d△	正误差		负误差		合计	
	个数 k	频率 k/n	个数 k	频率 k/n	个数 k	频率 k/n
$0''\sim3''$	30	0.138	29	0.134	59	0.272
$3''\sim6''$	21	0.097	20	0.092	41	0.189
$6''\sim9''$	15	0.069	18	0.083	33	0.152
$9''\sim12''$	14	0.065	16	0.073	30	0.138
$12''\sim15''$	12	0.055	10	0.046	22	0.101
$15''\sim18''$	8	0.037	8	0.037	16	0.074
$18''\sim21''$	5	0.023	6	0.028	11	0.051
$21''\sim24''$	2	0.009	2	0.009	4	0.018
$24''\sim27''$	1	0.005	0	0	1	0.005
$27''$以上	0	0	0	0	0	0
合　计	108	0.498	109	0.502	217	1.000

从表 2.4.1 中可以看出，该组误差的分布表现出如下规律：小误差出现的个数比大误差多；绝对值相等的正、负误差出现的个数和频率大致相等；最大误差不超过 $27''$。

实践证明，对大量测量误差进行统计分析，都可以得出上述同样的规律，且观测的个数越多，这种规律就越明显。

(2)直方图法

为了更直观地表现误差的分布，可将表 2.4.1 的数据用较直观的频率直方图来表示。以真误差的大小为横坐标,以各区间内误差出现的频率 k/n 与区间 $d\Delta$ 的比值为纵坐标,在每一区间上根据相应的纵坐标值画出一矩形,则各矩形的面积等于误差出现在该区间内的频率 k/n。如图 2.4.1 中有斜线的矩形面积,表示误差出现在 $+6''\sim+9''$ 之间的频率,等于0.069。显然,所有矩形面积的总和等于1。

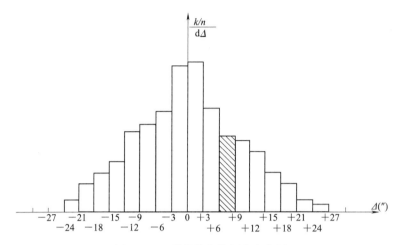

图 2.4.1　误差分布的频率直方图

可以设想,如果在相同的条件下,所观测的三角形个数不断增加,则误差出现在各区间的频率就趋向于一个稳定值。当 $n \to \infty$ 时,各区间的频率也就趋向于一个完全确定的数值——概率。若无限缩小误差区间,即 $d\Delta \to 0$,则图 2.4.1 各矩形的上部折线,就趋向于一条以纵轴为对称的光滑曲线(图 2.4.2),称为误差概率分布曲线,简称误差分布曲线,在数理统计中,它服从于正态分布,该曲线的方程式为

$$f(\Delta)=\frac{1}{\sigma\sqrt{2\pi}}\mathrm{e}^{-\frac{\Delta^2}{2\sigma^2}} \qquad (2.4.2)$$

式中,Δ 为偶然误差;$\sigma(>0)$ 为与观测条件有关的一个参数,称为误差分布的标准差,它的大小可以反映观测精度的高低,其定义为

$$\sigma=\lim_{n\to\infty}\sqrt{\frac{[\Delta\Delta]}{n}} \qquad (2.4.3)$$

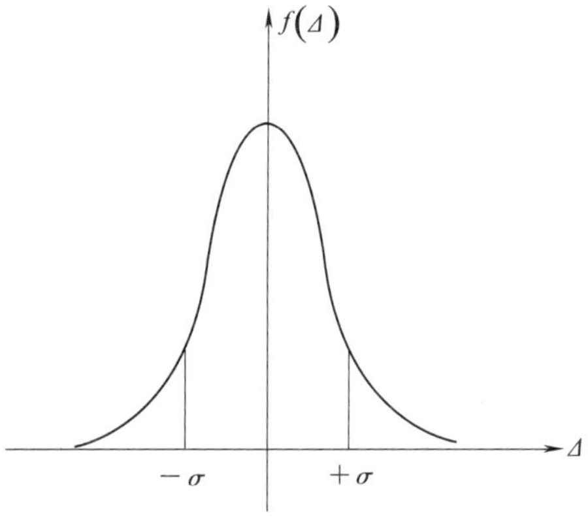

图 2.4.2　误差概率分布曲线

在图 2.4.1 中各矩形的面积是频率 k/n。由概率统计原理可知,频率(即真误差)出现在区间 $d\Delta$ 上的概率 $P(\Delta)$ 为

$$P(\Delta)=\frac{k/n}{d\Delta}d\Delta=f(\Delta)d\Delta \qquad (2.4.4)$$

根据上述分析,可以总结出偶然误差具有如下四个特性:

(1) 有限性:在一定的观测条件下,偶然误差的绝对值不会超过一定的限值;

(2) 集中性:即绝对值较小的误差比绝对值较大的误差出现的概率大;

(3) 对称性:绝对值相等的正误差和负误差出现的概率相同;

(4) 抵偿性:当观测次数无限增多时,偶然误差的算术平均值趋近于零,即

$$\lim_{n \to \infty} \frac{[\Delta]}{n} = 0 \qquad (2.4.5)$$

式中，$[\Delta] = \Delta_1 + \Delta_2 + \cdots + \Delta_n = \sum\limits_{i=1}^{n} \Delta_i$ 。

在数理统计中，也称偶然误差的数学期望为零，用公式表示为 $E(\Delta)=0$。

图 2.4.2 中的误差分布曲线，是对应着某一观测条件的，当观测条件不同时，其相应误差分布曲线的形状也将随之改变。例如图 2.4.3 中，曲线 Ⅰ、Ⅱ 为对应着两组不同观测条件得出的两组误差分布曲线，它们均属于正态分布，但从两曲线的形状中可以看出两组观测的差异。当 $\Delta=0$ 时，$f_1(\Delta) = \dfrac{1}{\sigma_1 \sqrt{2\pi}}$，

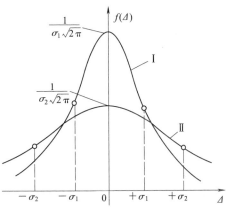

图 2.4.3   不同精度的误差分布曲线

$f_2(\Delta) = \dfrac{1}{\sigma_2 \sqrt{2\pi}}$、$\dfrac{1}{\sigma_1 \sqrt{2\pi}}$、$\dfrac{1}{\sigma_2 \sqrt{2\pi}}$ 是这两误差分布曲线的峰值，其中曲线 Ⅰ 的峰值较曲线 Ⅱ 的高，即 $\sigma_1 < \sigma_2$，故第 Ⅰ 组观测小误差出现的概率较第 Ⅱ 组的大。由于误差分布曲线到横坐标轴之间的面积恒等于 1，所以当小误差出现的概率较大时，大误差出现的概率必然要小。因此，曲线 Ⅰ 表现为较陡峭，即分布比较集中，或称离散度较小，因而观测精度较高。而曲线 Ⅱ 相对来说较为平缓，即离散度较大，因而观测精度较低。

2.4.2   评定精度的指标

研究测量误差理论的主要目的之一是要评定测量成果的精度。在图 2.4.3 中，从两组观测的误差分布曲线可以看出：凡是分布较为密集即离散度较小的，表示该组观测精度较高；而分布较为分散即离散度较大的，则表示该组观测精度较低。用分布曲线或直方图虽然可以比较出观测精度的高低，但这种方法即不方便也不实用。因为在实际测量问题中并不需要求出它的分布情况，而需要有一个数字特征能反映误差分布的离散程度，用它来评定观测成果的精度，就是说需要有评定精度的指标。在测量中评定精度的指标有下列几种。

1. 中误差

由式 2.4.3 定义的标准差是衡量精度的一种指标，但那是理论上的表达式。在测量实践中观测次数不可能无限多，因此实际应用中，以有限次观测个数 n 计算出标准差的估值（称为中误差）m，作为衡量精度的一种标准，计算公式为

$$m = \pm \hat{\sigma} = \pm \sqrt{\frac{[\Delta\Delta]}{n}} \qquad (2.4.6)$$

【例 2.1】   有甲、乙两组各自用相同的条件观测了六个三角形的内角，得三角形的闭合差（即三角形内角和的真误差）分别如下：

甲：$+3''$、$+1''$、$-2''$、$-1''$、$0''$、$-3''$；

乙：$+6''$、$-5''$、$+1''$、$-4''$、$-3''$、$+5''$。

试分析两组的观测精度。

【解】   用中误差公式（2.4.6）计算得

$$m_{甲}=\pm\sqrt{\frac{[\Delta\Delta]}{n}}=\pm\sqrt{\frac{3^2+1^2+(-2)^2+(-1)^2+0^2+(-3)^2}{6}}=\pm2.0''$$

$$m_{乙}=\pm\sqrt{\frac{[\Delta\Delta]}{n}}=\pm\sqrt{\frac{6^2+(-5)^2+1^2+(-4)^2+(-3)^2+5^2}{6}}=\pm4.3''$$

从上述两组结果中可以看出,甲组的中误差较小,所以观测精度高于乙组。而直接从观测误差的分布来看,也可看出甲组观测的小误差比较集中,离散度较小,因而观测精度高于乙组。所以在测量工作中,普遍采用中误差来评定测量成果的精度。

注意:在一组同精度的观测值中,尽管各观测值的真误差出现的大小和符号各异,而观测值的中误差却是相同的,因为中误差反映观测的精度,只要观测条件相同,则中误差不变。

在公式(2.4.2)中,如果令 $f(\Delta)$ 的二阶导数等于0,可求得曲线拐点的横坐标 $\Delta=\pm\sigma\approx m$。也就是说,中误差的几何意义即为偶然误差分布曲线两个拐点的横坐标。从图2.4.3也可看出,两条观测条件不同的误差分布曲线,其拐点的横坐标值也不同:离散度较小的曲线 I,其观测精度较高,中误差较小;反之离散度较大的曲线 II,其观测精度较低,中误差则较大。

2. 相对误差

真误差和中误差都有符号,并且有与观测值相同的单位,它们被称为"绝对误差"。绝对误差可用于衡量那些诸如角度、方向等其误差与观测值大小无关的观测值的精度。但在某些测量工作中,绝对误差不能完全反映出观测的质量。例如,用钢尺丈量长度分别为 100 m 和 200 m 的两段距离,若观测值的中误差都是 ±2 cm,不能认为两者的精度相等,显然后者要比前者的精度高,这时采用相对误差就比较合理。相对误差 K 等于误差的绝对值与相应观测值的比值。常用分子为1的分式表示,即

$$相对误差\ K=\frac{误差的绝对值}{观测值}=\frac{1}{T}$$

式中,当误差的绝对值为中误差 m 的绝对值时,K 称为相对中误差,即

$$K=\frac{|m|}{D}=\frac{1}{\dfrac{D}{|m|}} \tag{2.4.7}$$

在上段钢尺量距示例中,用相对误差来衡量,则两段距离的相对误差分别为 1/5 000 和 1/10 000,后者精度较高。在距离测量中还常用往返测量结果的相对较差来进行检核。相对较差定义为

$$\frac{|D_{往}-D_{返}|}{D_{平均}}=\frac{|\Delta D|}{D_{平均}}=\frac{1}{\dfrac{D_{平均}}{|\Delta D|}} \tag{2.4.8}$$

相对较差是真误差的相对误差,它反映的只是往返测的符合程度,显然,相对较差愈小,观测结果愈可靠。

3. 极限误差和容许误差

(1)极限误差

由偶然误差的有限性可知,在一定的观测条件下,偶然误差的绝对值不会超过一定的限值,这个限值就是极限误差。在一组等精度观测值中,绝对值大于 1 m(中误差)的偶然误差,其出现的概率为 31.7%;绝对值大于 2 m 的偶然误差,其出现的概率为 4.5%;绝对值大于 3 m 的偶然误差,出现的概率仅为 0.3%。

根据式(2.4.2)和式(2.4.4)有

$$P(-\sigma < \Delta < \sigma) = \int_{-\sigma}^{+\sigma} f(\Delta) \mathrm{d}\Delta = \frac{1}{\sigma\sqrt{2\pi}} \int_{-\sigma}^{+\sigma} \mathrm{e}^{-\frac{\Delta^2}{2\sigma^2}} \mathrm{d}\Delta \approx 0.683$$

上式表示真误差出现在区间$(-\sigma, +\sigma)$内的概率等于0.683,或者说误差出现在该区间外的概率为0.317。同法可得

$$P(-2\sigma < \Delta < 2\sigma) = \int_{-2\sigma}^{+2\sigma} f(\Delta) \mathrm{d}\Delta = \frac{1}{\sigma\sqrt{2\pi}} \int_{-2\sigma}^{+2\sigma} \mathrm{e}^{-\frac{\Delta^2}{2\sigma^2}} \mathrm{d}\Delta \approx 0.955$$

$$P(-3\sigma < \Delta < 3\sigma) = \int_{-3\sigma}^{+3\sigma} f(\Delta) \mathrm{d}\Delta = \frac{1}{\sigma\sqrt{2\pi}} \int_{-3\sigma}^{+3\sigma} \mathrm{e}^{-\frac{\Delta^2}{2\sigma^2}} \mathrm{d}\Delta \approx 0.997$$

上列三式的概率含义是:在一组等精度观测值中,绝对值大于σ的偶然误差,其出现的概率为31.7%;绝对值大于2σ的偶然误差,其出现的概率为4.5%;绝对值大于3σ的偶然误差,出现的概率仅为0.3%。

在测量工作中,要求对观测误差有一定的限值。若以1 m作为观测误差的限值,则将有近32%的观测会超过限值而被认为不合格,显然这样要求过分苛刻。而大于3 m的误差出现的机会只有3‰,在有限的观测次数中,实际上不大可能出现。所以可取3 m作为偶然误差的极限值,称极限误差,$\Delta_\text{极}=3$ m。

(2)容许误差

在实际工作中,测量规范要求观测中不容许存在较大的误差,可由极限误差来确定测量误差的容许值,称为容许误差,即$\Delta_\text{容}=3$ m。

当要求严格时,也可取两倍的中误差作为容许误差,即$\Delta_\text{容}=2$ m。

如果观测值中出现了大于所规定的容许误差的偶然误差,则认为该观测值不可靠,应舍去不用或重测。

2.4.3　误差传播定律

前面已经叙述了评定观测值的精度指标,并指出在测量工作中一般采用中误差作为评定精度的指标。但在实际测量工作中,往往会碰到有些未知量是不可能或者是不便于直接观测的,而由一些可以直接观测的量,通过函数关系间接计算得出,这些量称为间接观测量。例如用水准仪测量两点间的高差h,通过后视读数a和前视读数b来求得的$(h=a-b)$。由于直接观测值中都带有误差,因此未知量也必然受到影响而产生误差。说明观测值的中误差与其函数的中误差之间关系的定律,叫做误差传播定律,它在测量学中有着广泛的用途。

以下就四种常见的函数来讨论误差传播的情况。

1.倍数函数

设有函数

$$z = kx \tag{2.4.9}$$

式中,k为常数,x为直接观测值,其中误差为m_x,现在求观测值函数z的中误差m_z。

设x和z的真误差分别为Δ_x和Δ_z,由式(2.4.9)知它们之间的关系为

$$\Delta_z = k\Delta_x$$

若对x共观测了n次,则

$$\Delta_{z_i} = k\Delta_{x_i} \quad (i=1,2,\cdots,n)$$

将上式两端平方后相加,并除以 n,得

$$\frac{[\Delta_z^2]}{n}=k^2\frac{[\Delta_x^2]}{n} \tag{2.4.10}$$

按中误差定义可知

$$m_z^2=\frac{[\Delta_z^2]}{n}$$

$$m_x^2=\frac{[\Delta_x^2]}{n}$$

所以式(2.4.10)可写成

$$m_z^2=k^2m_x^2$$

或

$$m_z=km_x \tag{2.4.11}$$

即观测值倍数函数的中误差,等于观测值中误差乘倍数(常数)。

例如,用水平视距公式 $D=k \cdot l$ 求平距,已知观测视距间隔的中误差 $m_l=\pm1\text{ cm}$,$k=100$,则平距的中误差 $m_D=100 \cdot m_l=\pm1\text{ m}$。

2. 和差函数

设有函数

$$z=x\pm y \tag{2.4.12}$$

式中,x、y 为独立观测值,它们的中误差分别为 m_x 和 m_y,设真误差分别为 Δ_x 和 Δ_y,由式(2.4.12)可得

$$\Delta_z=\Delta_x+\Delta_y$$

若对 x、y 均观测了 n 次,则

$$\Delta_{z_i}=\Delta_{x_i}+\Delta_{y_i} \quad (i=1,2,\cdots,n)$$

将上式两端平方后相加,并除以 n 得

$$\frac{[\Delta_z^2]}{n}=\frac{[\Delta_x^2]}{n}+\frac{[\Delta_y^2]}{n}\pm2\frac{[\Delta_x\Delta_y]}{n}$$

式中,$[\Delta_x\Delta_y]$ 中各项均为偶然误差。根据偶然误差的特性,当 n 愈大时,式中最后一项将趋近于零,于是上式可写成

$$\frac{[\Delta_z^2]}{n}=\frac{[\Delta_x^2]}{n}+\frac{[\Delta_y^2]}{n} \tag{2.4.13}$$

根据中误差定义,可得

$$m_z^2=m_x^2+m_y^2 \tag{2.4.14}$$

即观测值和差函数的中误差平方,等于两观测值中误差的平方之和。

例如,在 $\triangle ABC$ 中,$\angle C=180°-\angle A-\angle B$,$\angle A$ 和 $\angle B$ 的观测中误差分别为 $3''$ 和 $4''$,则 $\angle C$ 的中误差 $m_C=\pm\sqrt{m_A^2+m_B^2}=\pm5''$。

3. 线性函数

设有线性函数

$$z=k_1x_1\pm k_2x_2\pm\cdots\pm k_nx_n \tag{2.4.15}$$

式中,$x_1,x_2,\cdots,x_n$ 为独立观测值;$k_1,k_2,\cdots,k_n$ 为常数,则综合式(2.4.9)和式(2.4.12)可得

$$m_z^2=(k_1m_1)^2+(k_2m_2)^2+\cdots+(k_nm_n)^2 \tag{2.4.16}$$

例如,有一函数 $z=2x_1+x_2+3x_3$,其中 x_1、x_2、x_3 的中误差分别为 ±3 mm、±2 mm、±1 mm,则 $m_z=\pm\sqrt{6^2+2^2+3^2}=\pm7.0''$。

4. 一般函数

设有一般函数

$$z=f(x_1,x_2,\cdots,x_n) \qquad (2.4.17)$$

式中,$x_1,x_2,\cdots,x_n$ 为独立观测值,已知其中误差为 $m_i(i=1,2,\cdots,n)$。

当 x_i 具有真误差 Δ_i 时,函数 z 则产生相应的真误差 Δ_z,因为真误差 Δ 是一微小量,故将式(2.4.17)取全微分,将其化为线性函数,并以真误差符号"Δ"代替微分符号"d",得

$$\Delta_z=\frac{\partial f}{\partial x_1}\Delta_{x_1}+\frac{\partial f}{\partial x_2}\Delta_{x_2}+\cdots+\frac{\partial f}{\partial x_n}\Delta_{x_n}$$

式中,$\frac{\partial f}{\partial x_i}$ 是函数对 x_i 取的偏导数并用观测值代入算出的数值,它们是常数,因此,上式变成了线性函数,按式(2.4.16)得

$$m_z^2=\left(\frac{\partial f}{\partial x_1}\right)^2m_1^2+\left(\frac{\partial f}{\partial x_2}\right)^2m_2^2+\cdots+\left(\frac{\partial f}{\partial x_n}\right)^2m_n^2 \qquad (2.4.18)$$

式(2.4.18)是误差传播定律的一般形式。前述的式(2.4.9)、式(2.4.12)、式(2.4.14)都可看成式(2.4.18)的特例。

【例 2.2】 某一斜距 $S=106.28$ m,斜距的竖角 $\delta=8°30'$,中误差 $m_S=\pm5$ cm,$m_\delta=\pm20''$,求改算后的平距的中误差 m_D。

【解】 $\qquad\qquad D=S\cdot\cos\delta$

全微分化成线性函数,并用"Δ"代替"d",得

$$\Delta_D=\cos\delta\cdot\Delta_S-S\sin\delta\cdot\Delta_S$$

应用式(2.4.18)后,得

$$m_D^2=\cos^2\delta\cdot m_S^2+(S\cdot\sin\delta)^2\left(\frac{m_\delta}{\rho'}\right)^2$$

$$=(\cos^2 8°30')^2\times(\pm5)^2+(10\,628\times\sin 8°30')^2\times\left(\frac{20}{206\,265}\right)^2$$

$$=24.45+0.02=24.47(\text{cm}^2)$$

$$m_D=4.9\text{ cm}$$

在上式计算中,单位统一为厘米,m_δ/ρ' 是将角值的单位由秒化为弧度。

给出几种常用的简单函数中误差的公式(表2.4.2),计算时可直接应用。

表 2.4.2　常用函数的中误差公式

函 数 式	函数的中误差
倍数函数 $z=kx$	$m_z=km_x$
和差函数 $z=x_1\pm x_2\pm\cdots\pm x_n$	$m_z=\pm\sqrt{m_1^2+m_2^2+\cdots+m_n^2}$
	若 $m_1=m_2=\cdots=m_n$ 时,$m_z=m\sqrt{n}$
线性函数 $z=k_1x_1\pm k_2x_2\pm\cdots\pm k_nx_n$	$m_z=\pm\sqrt{k_1^2m_1^2+k_2^2m_2^2+\cdots+k_n^2m_n^2}$

2.4.4 算术平均值及其中误差

设在相同的观测条件下对某量进行了 n 次等精度观测,观测值为 $L_1,L_2,\cdots,L_n$,其真值为 X,真误差为 $\Delta_1,\Delta_2,\cdots,\Delta_n$,写出观测值的真误差公式为

$$\Delta_i=L_i-X \quad (i=1,2,\cdots,n)$$

将上式相加后,得

$$[\Delta]=[L]-nX$$

故

$$X=\frac{[L]}{n}-\frac{[\Delta]}{n}$$

若以 x 表示上式中右边第一项的观测值的算术平均值,即

$$x=\frac{[L]}{n}$$

则

$$X=x-\frac{[\Delta]}{n} \tag{2.4.19}$$

式(2.4.19)右边第二项是真误差的算术平均值。由偶然误差的抵偿性可知,当观测次数 n 无限增多时,$[\Delta]/n\to0$,则 $x\to X$,即算术平均值就是观测量的真值。

在实际测量中,观测次数总是有限的。根据有限个观测值求出的算术平均值 x 与其真值 X 仅差一微小量 $[\Delta]/n$。故算术平均值是观测量的最可靠值,通常也称为最或是值。

由于观测值的真值 X 一般无法知道,故真误差 Δ 也无法求得。所以不能直接应用式(2.4.19)求观测值的中误差,而是利用观测值的最或是值 x 与各观测值之差 V 来计算中误差,V 被称为改正数,即

$$V=x-L \tag{2.4.20}$$

实际工作中利用改正数计算观测值中误差的实用公式称为白塞尔公式,即

$$m=\pm\sqrt{\frac{[VV]}{n-1}} \tag{2.4.21}$$

在求出观测值的中误差 m 后,就可应用误差传播定律求观测值算术平均值的中误差 M,推导如下:

$$x=\frac{[L]}{n}=\frac{L_1}{n}+\frac{L_2}{n}+\cdots+\frac{L_n}{n}$$

应用误差传播定律有

$$M_x^2=\left(\frac{1}{n^2}\right)^2m^2+\left(\frac{1}{n}\right)^2m^2+\cdots+\left(\frac{1}{n}\right)^2m^2=\frac{1}{n}m^2$$

$$M_x=\pm\frac{m}{\sqrt{n}} \tag{2.4.22}$$

由式(2.4.22)可知,增加观测次数能削弱偶然误差对算术平均值的影响,提高其精度。但因观测次数与算术平均值中误差并不是线性比例关系,所以,当观测次数达到一定数目后,即使再增加观测次数,精度却提高得很少。因此,除适当增加观测次数外,还应选用适当的观测仪器和观测方法,选择良好的外界环境,才能有效地提高精度。

【例 2.3】 对某段距离进行了 5 次等精度观测,观测结果列于表 2.4.2,试求该段距离的最或是值、观测值中误差及最或是值中误差。

【解】　计算见表 2.4.3。

表 2.4.3　等精度观测计算

序号	$L(\mathrm{m})$	$V(\mathrm{cm})$	$VV(\mathrm{cm})$	精度评定
1	251.52	-3	9	
2	251.46	$+3$	9	$m=\pm\sqrt{\dfrac{20}{4}}=2.2(\mathrm{mm})$
3	251.49	0	0	
4	251.48	-1	1	mm
5	251.50	$+1$	1	$M=\pm\dfrac{m}{\sqrt{n}}=\sqrt{\dfrac{[VV]}{n(n-1)}}=\sqrt{\dfrac{20}{5\times4}}=1(\mathrm{cm})$
6	$x=\dfrac{[L]}{n}=251.49$	$[V]=0$	$[VV]=20$	

最后结果可写成 $x=251.49\pm0.01(\mathrm{m})$。

知识拓展——李德仁院士：科学要为祖国服务

李德仁院士是国际著名摄影测量与遥感学家，是活跃在对地观测领域的战略科学家。他在 1985 年提出了用包括误差可发现性和可区分性在内的基于两个多维备选假设的扩展的可靠性理论来处理测量误差，科学地"解决了测量学上一个百年未解难题"。该成果获 1988 年联邦德国摄影测量与遥感学会最佳论文奖和汉沙航空测量奖。在他心里，一直有一个坚定的信念，"科学要为祖国服务的"。回国后，李德仁加快了研究步伐，带领团队持续开展基础理论和重大技术创新，引领我国测绘遥感行业实现跨越式发展。

复习思考题

2.1　研究测量误差的目的和任务是什么？

2.2　系统误差与偶然误差有什么区别？在测量工作中对这两种误差如何进行处理？

2.3　偶然误差有哪些特性？

2.4　我们用什么标准来衡量一组观测结果的精度？中误差与真误差有何区别？

2.5　什么是极限误差？什么是相对误差？

2.6　野外作业时的危险源有哪些？应分别怎样防范？

2.7　为什么测量作业开始前要编写技术设计？

2.8　结合项目案例，简要说明测量工作每个阶段包含哪些内容。

2.9　根据项目案例所描述的测区情况，编制安全实施方案。

2.10　分析项目案例已有资料情况，试说明测绘技术设计书应包含哪些内容。

2.11　参考项目案例情况，分析地形图测绘包含哪些误差。

项目 3　测量基本技能训练

项目描述

　　测量基本技能训练项目主要介绍测量的几项基本工作,包括点位高程测量、点位平面坐标测量、仪器使用与检校等测量基本知识,旨在培养学生的动手操作技能,重点是测量仪器的使用和测量方法的掌握。要求学生在掌握测量基本知识的前提下,熟练并规范地进行仪器操作,为后续线路施工测量、桥隧施工测量、房建施工测量以及数字化测图等专业知识的学习打下坚实的基础。

学习目标

　　1. 素质目标
　　(1)培养学生的团队协作能力;
　　(2)培养学生在学习过程中的主动性、创新性意识;
　　(3)培养学生"自主、探索、合作"的学习方式;
　　(4)培养学生可持续的学习能力。
　　2. 知识目标
　　(1)掌握点位高程测量的方法;
　　(2)掌握点位平面坐标测量的方法;
　　(3)掌握水准仪、经纬仪、测距仪和全站仪等的使用方法;
　　(4)掌握点位平面坐标的推算。
　　3. 能力目标
　　(1)能设计和制定点位高程测量项目和点位平面坐标测量项目的实施方案;
　　(2)能从事高程测量、角度测量及距离测量等工作;
　　(3)能分析和解决在点位高程测量和点位平面坐标测量过程中遇到的问题。

相关案例——2020 珠穆朗玛峰高程测量

　　2020 年 12 月 8 日,国家主席习近平同尼泊尔总统班达里互致信函,共同宣布珠穆朗玛峰最新高程——8 848.86 m。作为世界最高峰,珠穆朗玛峰(以下简称珠峰)又一次吸引了世人目光。

　　本次珠峰高程测量,主要采用的是 GNSS(全球导航卫星系统)测量、精密水准测量、光电测距、雷达测量、重力测量、天文测量、卫星遥感、似大地水准面精化等多种传统测量手段和现代测绘技术。精准测定过程主要分三步:

　　一是"引"。通过技术手段,从海平面原点引出珠峰山脚高程,即确定测量基准。测量基准主要有起算面和起算点：我国采用的起算面，是青岛验潮站 1952 年至 1979 年潮汐观测资料计算出的黄海平均海水平面(即 0 高程起算面)；起算点是青岛国家水准原点，高程为 72.260 4 m。目前，我国已建立以青岛国家水准原点为起点、覆盖全国的国家高程基准网。此次珠峰高程测量，就是从基准网中的日喀则市一等水准点进行起测的(图 3.0.1)。

图 3.0.1　珠峰测量示意图

二是"测"。测量出峰顶到已知控制点的高差。首先，从已知控制点将高程和坐标传递至珠峰脚下的 6 个交会点(对珠峰进行交会测量示意图如图 3.0.2 所示)，当测量觇标在峰顶架设完成后，6 个交会点的测量队员同时采用三角高程测量方法，通过观测觇标的水平角、垂直角和距离，按三角形勾股定理求取交会点与觇标的高差；采用交会测量方法，根据 6 个交会点的平

图 3.0.2　交会测量示意图

面坐标，通过测量 6 个交会点至觇标的方向和距离，推算觇标点的平面坐标。同时，登顶测量队员操作 GNSS 接收机，获取觇标点位的卫星观测数据，架设重力仪测量峰顶区域重力值，利用冰雪探测雷达对冰雪层厚度进行准确探测。

三是"算"。根据已测量数据，开展数据计算，最终得出珠峰高程。先在野外收集整理对珠峰 GNSS 观测、精密水准测量、三角高程测量、交会测量、雷达探测、天文测量和航空重力测量的各类数据，然后利用国家重要基础数据资料，构建精密数据模型，最后进行数据综合处理和严密计算。历时数月，完成全部计算工作，最终解算出准确的珠峰新高程——8 848.86 m (图 3.0.3)。

图 3.0.3　珠峰高程解算示意图

问题导入

1. 请思考图 3.0.1 中珠峰最高点及高程过渡点等点位平面坐标的确定方法。

2. 图 3.0.1 中各点位高程的测量方法有哪些？

3. 试思考点位平面坐标测量及高程测量所使用的仪器及操作方法。

3.1　点位高程测量

3.1.1　高程测量概述

1. 高程测量定义

高程测量是指确定地面点高程的测量工作。点的高程一般是指该点沿铅垂线方向到大地水准面的距离，又称海拔或绝对高程。高程测量的目的是获得未知点的高程，一般是通过测出已知点和未知点之间的高差，再根据已知点的高程推算出未知点的高程。在高程测量中，已知点指的就是水准点。

2. 高程测量方法

高程测量分为水准测量、三角高程测量、气压高程测量和卫星定位高程测量等。本项目着重介绍水准测量的原理、水准测量的仪器——水准仪的结构及使用、水准测量的施测方法及成果计算等内容。

3. 水准点及其等级

高程测量也是按照"从整体到局部，先控制后碎部"的原则来进行。即先在测区内设立一些高程控制点，用水准测量的方法精确测出它们的高程，然后根据这些高程控制点测量附近其他点的高程。这些高程控制点称为水准点，工程上常用 BM 来标记。

水准点的位置应选在土质坚硬、便于长期保存和使用方便的地点。水准点按其精度分为不同的等级。国家水准点分为四个等级，即一、二、三、四等水准点，按规范要求埋设永久性标石标记。永久性标记一般用混凝土标石制成，深埋到地面冻结线以下，在标石的顶面设有用不锈钢或其他不易锈蚀的材料制成的半球状标志[图 3.1.1(a)]。有些水准点也可设置在稳定的墙脚上，称为墙上水准点[图 3.1.1(b)]。地形测量中的图根水准点和一些施工测量使用的水准点，常采用临时性标志，一般用更简便的方法来设立，例如将木桩（桩顶钉一半圆球状铁钉）或大铁钉打入地面，也可在地面上突出的坚硬岩石或房屋四周水泥面、台阶等处用红油漆标记。

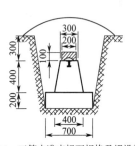

(a)二、三等水准点标石规格及埋设结构

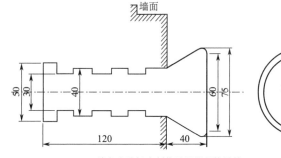

(b)墙角水准标志制作及埋设规格结构

图 3.1.1　高程控制点标志及标石埋设规格图（单位：mm）

埋设水准点后,应绘出水准点与附近固定建筑物或其他固定地物的关系图,在图上还要标明水准点的编号和高程,称为点之记(图 3.1.2),以便于日后寻找水准点的位置。

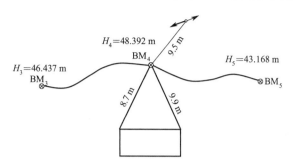

图 3.1.2　水准点的"点之记"

3.1.2　水准测量

1. 水准测量原理

水准测量的实质是测量两点之间的高差,它是利用水准仪所提供的一条水平视线来实现的。

如图 3.1.3 所示,欲测定 A、B 两点间的高差 h_{AB},可在 A、B 两点分别竖立带有分划的标尺——水准尺,并在 A、B 之间安置可提供水平视线的仪器——水准仪。利用水准仪提供的水平视线,分别读取 A 点水准尺上的读数 a 和 B 点水准尺上的读数 b,则 A、B 两点的高差为

$$h_{AB} = a - b \qquad (3.1.1)$$

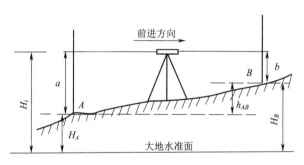

图 3.1.3　水准测量基本原理

如果 A 点是已知高程点,B 点是待求高程点,则 B 点高程为

$$H_B = H_A + h_{AB} = H_A + (a - b) \qquad (3.1.2)$$

如果水准测量是从 A 到 B 进行的,如图 3.1.3 中的箭头所示,读数 a 是在已知高程点上的水准尺读数,称为"后视读数",A 点称为后视点,读数 b 是在待求高程点上的水准尺读数,称为"前视读数",B 点称为前视点,则高差等于后视读数减去前视读数。高差 h_{AB} 的值可正可负,正值表示待测点 B 高于已知点 A,负值表示待测点 B 低于已知点 A。此外,高差的正负号又与测量前进的方向有关,测量由 A 向 B 进行,高差用 h_{AB} 表示;反之由 B 向 A 进行,高差用 h_{BA} 表示,高差 h_{AB} 与 h_{BA} 正负相反。所以,说明高差时必须表明其正负号,同时要说明测量前进的方向。

从图 3.1.3 中可以看出,B 点的高程也可以利用水准仪的视线高程 H_i(也称为仪器高程)来计算:

$$\left. \begin{array}{l} H_i = H_A + a \\ H_B = H_A + (a - b) = H_i - b \end{array} \right\} \qquad (3.1.3)$$

当两点相距较远或高差太大时,可进行分段连续测量,如图 3.1.4 所示,此时:

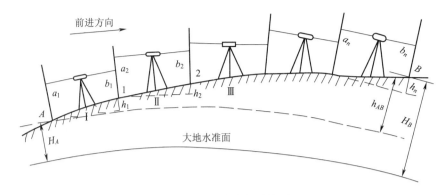

图 3.1.4　连续水准测量原理

$$h_1 = a_1 - b_1$$
$$h_2 = a_2 - b_2$$
$$\vdots$$
$$h_n = a_n - b_n$$
$$h_{AB} = \sum h = \sum a - \sum b \tag{3.1.4}$$

即两点的高差等于连续各段高差的代数和,也等于后视读数之和减去前视读数之和。通常要同时用两式分别进行计算,用来检核计算是否有误。

图 3.1.4 中置仪器的点 I,II,…称为测站。立标尺的点 1,2,…称为转点,它们在前一测站先作为待测高程的点,在下一测站又作为已知高程的点,可见转点起传递高程的作用。转点非常重要,在转点上产生任何差错,都会影响以后所有点的高程。

从以上可见:水准测量的基本原理是利用水准仪建立一条水平视线,借助水准尺来测定两点间的高差,从而由已知点的高程推算出未知点的高程。

2. 水准测量仪器

(1)水准仪的种类

水准仪是进行水准测量的主要仪器,它可以提供水准测量所必需的水平视线。目前常用的光学水准仪从构造上可分为两大类:利用水准管来获得水平视线的"微倾式水准仪"和利用补偿器来获得水平视线的"自动安平水准仪"。此外"电子水准仪"配合条形码标尺,利用数字化图像处理的方法,可自动显示高程和距离,使水准测量实现了自动化。

我国的水准仪按仪器精度分,有 DS_{05}、DS_1、DS_3、DS_{10} 四个等级。D、S 分别是"大地测量"和"水准仪"汉语拼音的第一个字母,下角数字 05、1、3、10 表示该仪器的精度。如 DS_3 型水准仪,表示该型号仪器进行水准测量每千米往返测高差中数偶然中误差 $\leqslant 3$ mm。DS_{05} 级和 DS_1 级水准仪称为精密水准仪,用于国家一、二等精密水准测量,DS_3 级和 DS_{10} 级水准仪称为普通水准仪,用于国家三、四等水准及普通水准测量。一般土木、建筑工程中常用 DS_3 水准仪,以下主要介绍此种型号水准仪的结构及其使用。

(2)DS_3 微倾式水准仪的构造

图 3.1.5 为在一般水准测量中使用较广的 DS_3 型微倾式水准仪,它由望远镜、水准器和基座三个主要部分组成。

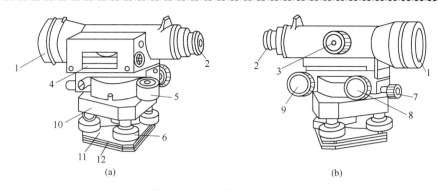

图 3.1.5　DS₃ 微倾式水准仪

1—物镜；2—目镜；3—物镜对光螺旋；4—管水准器；5—圆水准器；6—脚螺旋；
7—制动螺旋；8—微动螺旋；9—微倾螺旋；10—轴座；11—三角压板；12—底板

　　水准仪各部分的名称如图 3.1.5 所示。基座上有三个脚螺旋，调节脚螺旋可使圆水准器的气泡移至中央，使仪器粗略整平。望远镜和管水准器与仪器的竖轴联结成一体，竖轴插入基座的轴套内，可使望远镜和管水准器在基座上绕竖轴旋转。制动螺旋和微动螺旋用来控制望远镜在水平方向的转动。制动螺旋松开时，望远镜能自由旋转；旋紧时望远镜则固定不动。旋转微动螺旋可使望远镜在水平方向作缓慢的转动，但只有在制动螺旋旋紧时，微动螺旋才能起作用。旋转微倾螺旋可使望远镜连同管水准器作俯仰微量的倾斜，从而可使视线精确整平。因此这种水准仪称为微倾式水准仪。

　　下面先说明微倾式水准仪上主要的部件——望远镜和水准器的构造和性能。

　　①望远镜

　　望远镜可以提供视线，并可读出远处水准尺上的读数，主要由物镜、目镜、调焦透镜和十字丝分划板组成（图 3.1.6）。十字丝分划板上刻有两条互相垂直的长线，竖直的一条称为竖丝，横的一条称为中丝或横丝（有的仪器十字丝横丝为楔形丝），是为了瞄准目标和读取读数用的。在中丝的上下还对称地刻有两条与中丝平行的短横线，是用来测定距离的，称为视距丝。

　　十字丝交点与物镜光心的连线，称为视准轴（即视线），它是水准仪的主要轴线之一。水准测量是在视准轴水平时，用十字丝的中丝截取水准尺上的刻划进行读数的。

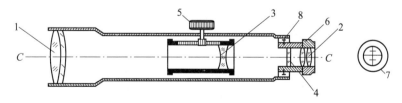

图 3.1.6　望远镜构造

1—物镜；2—目镜；3—调焦透镜；4—十字丝分划板；5—物镜调焦螺旋；
6—目镜调焦螺旋；7—十字丝放大像；8—分划板座螺丝

　　为了能准确地照准目标或读数，望远镜内必须能看到清晰的物像和十字丝。为此必须使物像落在十字丝分划板平面上，为了使离仪器不同距离的目标能成像于十字丝分划板平面上，望远镜内还必须安装一个调焦透镜。观测不同距离外的目标时，可旋转物镜调焦螺旋改变调焦透镜的位置，从而能在望远镜内清晰地看到十字丝和要观测的目标。

　　望远镜的成像原理如图 3.1.7 所示，目标 AB 经过物镜和调焦透镜的作用后，在十字丝平面上形成一倒立缩小的实像 ab，通过目镜，便可看清同时放大了的十字丝和目标影像 $a'b'$。

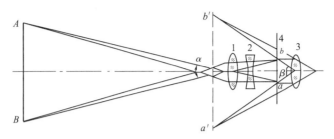

图 3.1.7　望远镜成像原理
1—物镜；2—调焦透镜；3—目镜；4—十字丝平面

通过目镜看到的目标影像的视角 β 与未通过望远镜直接观察该目标的视角 α 之比，称为望远镜的放大率 V，即 $V=\beta/\alpha$。DS$_3$ 水准仪望远镜放大率一般为 28 倍。

②水准器

水准器用来指示仪器视线是否水平或竖轴是否竖直，有管水准器和圆水准器两种。

a. 管水准器

管水准器又称水准管，是一个封闭的玻璃管，管的内壁在纵向磨成圆弧形，内盛酒精和乙醚的混合液，加热融闭后管内留有一个气泡（图 3.1.8）。管面上刻有间隔为 2 mm 的分划线，分划线的中点 O 称为水准管的零点。过零点与管内壁在纵向相切的直线 LL 称为水准管轴。当气泡的中心点与零点重合时，称气泡居中，此时水准管轴位于水平位置；若气泡不居中，则水准管轴处于倾斜位置。水准管 2 mm 的弧长所对圆心角 τ 称为水准管分划值（图 3.1.9），即气泡每移动一格时，水准管轴所倾斜的角值。用公式表示为

$$\tau''=\frac{2}{R}\rho'' \tag{3.1.5}$$

式中　R——水准管圆弧半径（mm）；
　　　ρ''——206 265''。

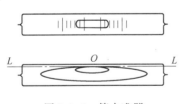

图 3.1.8　管水准器

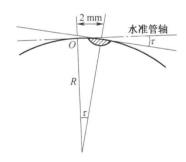

图 3.1.9　水准管分划值

水准管分划值的大小反映了仪器置平精度的高低。R 越大，τ 值越小，则水准管灵敏度越高。DS$_3$ 型水准管分划值一般为 20''/2 mm。

为了提高调整气泡居中的精度和速度，微倾式水准仪在水准管的上方安有符合棱镜系统，如图 3.1.10(a)所示。通过符合棱镜的折光作用，将气泡各半个影像反映在望远镜的观察窗中。当气泡居中时，两端气泡的影像就能符合，故这种水准器称为符合水准器，它是微倾式水准仪上普遍采用的水准器。如果两端影像错开，则表示气泡不居中[图 3.1.10(b)、(c)]，这时可旋转微倾螺旋使气泡影像符合[图 3.1.10(d)]。

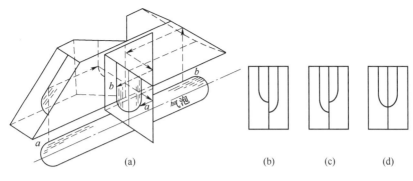

图 3.1.10　符合水准器

b. 圆水准器

如图 3.1.11 所示,圆水准器是一个封闭的圆形玻璃容器,顶面内壁是球面,球面中央有一圆圈,其圆心称为水准器零点。通过零点的球面法线,称为圆水准器轴。当圆水准器气泡居中时,圆水准器轴处于竖直位置。当气泡不居中时,气泡中心偏离零点 2 mm 的弧长所对圆心角的大小,称为圆水准器的分划值。DS$_3$ 水准仪圆水准器分划值一般为 $(8'\sim10')/2$ mm。由于它的精度较低,故只用于仪器的粗略整平。

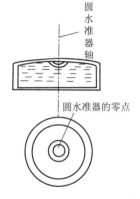

图 3.1.11　圆水准器

③基座

基座用于置平仪器,它支撑仪器的上部使其在水平方向上转动,并通过连接螺旋与三脚架连接。基座主要由轴座、脚螺旋、三角压板和底板构成(图 3.1.5)。调节三个脚螺旋可使圆水准器的气泡居中,使仪器粗略整平。

(3)水准尺和尺垫

水准尺是水准测量时使用的标尺,其质量好坏直接影响水准测量的精度。因此,水准尺一般用优质木材或合金制成,要求尺长稳定,刻划准确,最常用的有双面尺和塔尺两种。双面尺[图 3.1.12(a)]的长度一般为 3 m,每两根为一对。尺的两面均有刻划,一面为黑白相间称"黑面尺",另一面为红白相间称"红面尺",两面的刻划间隔均为 1 cm,并在分米处注记。两根尺的黑面都以尺底为零,而红面的尺底分别为 4 687 mm 和 4 787 mm,利用双面尺读数可对结果进行

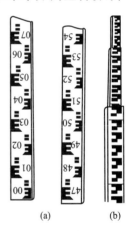

图 3.1.12　水准尺

检核。双面尺多用于三、四等及以下精度的水准测量。塔尺[图 3.1.12(b)]用两节或三节套接在一起,能伸缩,携带方便。一般尺长为 5 m,尺的底部为零点,尺面绘有 1 cm 或 5 mm 黑白相间的分格,米和分米处注有数字。因接合处容易产生误差,故多用于等外水准测量。

尺垫是在转点上放置水准尺用的,多用钢板或铸铁制成,一般为三角形,中央有一突出的半球体,下方有三个支脚,如图 3.1.13 所示。使用时把三个尖脚踩入土中,把水准尺立在突出的圆顶上。尺垫可使转点稳固,防止下沉。

(4)DS$_3$ 微倾式水准仪的使用

微倾式水准仪的使用包括安置仪器、粗略整平、瞄准水准尺、精平与读数等操作步骤。

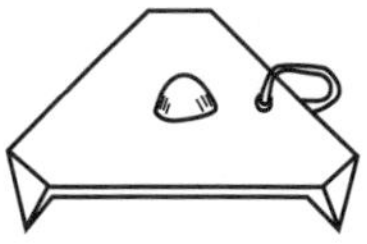

图 3.1.13　尺垫

①安置仪器

在测站上打开三脚架,调节架腿使高度适中,目估使架头大致水平,检查脚架腿是否安置稳固,脚架伸缩螺旋是否拧紧,然后打开仪器箱取出水准仪置于三脚架头上,一只手扶住仪器,以防仪器从架头滑落,另一只手用连接螺旋将仪器牢固地连接在三脚架头上。

②粗略整平

粗平是用脚螺旋使圆水准器的气泡居中,使仪器竖轴大致铅直,从而视准轴粗略水平。粗平时先用任意两个脚螺旋使气泡移到通过水准器零点并垂直于这两个脚螺旋连线的方向上,如图 3.1.14(a)所示,气泡未居中而位于 a 处,则先按图上箭头所指的方向用两手相对转动脚螺旋①和②,使气泡移到 b 的位置[图 3.1.14(b)],然后单独转动脚螺旋③使气泡居中。如有偏差可重复进行。在整平的过程中,气泡的移动方向与左手大拇指运动的方向一致。

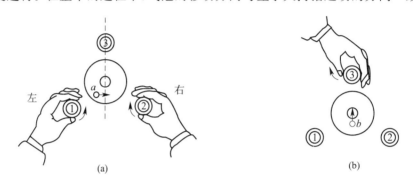

图 3.1.14　粗略整平

③瞄准水准尺

首先进行目镜调焦,即把望远镜对着明亮的背景,转动目镜调焦螺旋,使十字丝清晰。再松开制动螺旋,转动望远镜,用望远镜筒上的照门和准星瞄准水准尺,拧紧制动螺旋。然后从望远镜中观察,转动物镜调焦螺旋进行调焦,使目标清晰。最后转动微动螺旋,使竖丝对准水准尺,也可使尺像稍微偏离竖丝一些。当照准不同距离外的水准尺时,需重新调焦以使尺像清晰,十字丝可不必再调。

瞄准水准尺时必须消除视差。当眼睛在目镜端上下微微移动时,若发现十字丝与尺像有相对运动,即读数有改变,则表示有视差存在。产生视差的原因是目标成像的平面和十字丝平面不重合,即尺像没有落在十字丝平面上[图 3.1.15(a)、(b)]。由于视差存在会影响到读数的正确性,必须加以消除。消除的方法是重新仔细地进行目镜和物镜调焦。直到眼睛上下移动,读数不变为止[图 3.1.15(c)]。此时,从目镜端见到的十字丝与目标的像都十分清晰。

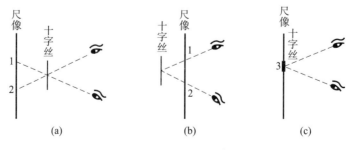

图 3.1.15　视差现象

④精平与读数

由于圆水准器的灵敏度较低,所以用圆水准器只能使仪器粗略整平。因此在每次读数前还必须用微倾螺旋使水准管气泡符合,使视线精确整平。方法是通过位于目镜左方的符合气泡观察窗看水准管气泡,右手转动微倾螺旋,使气泡两端的像吻合,即表示水准仪的视准轴已精确水平。这时,即可用十字丝的中丝在尺上读数。从尺上可直接读出米、分米和厘米数,并估读出毫米数,保证每个读数均为 4 位数,即使某位数是零也不可省略。不管是倒像望远镜还是正像望远镜,读数前都应先认清各种水准尺的分划特点,特别应注意与注记相对应的分米分划线的位置。从小往大,先估读毫米数,然后报出全部读数。如图 3.1.16 所示的水准尺中丝读数为 1 260 mm。

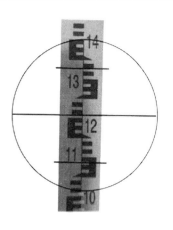

图 3.1.16　水准尺读数

精平和读数虽是两项不同的操作步骤,但在水准测量的实施过程中,两项操作应视为一个整体,即精平后再读数,读数后还要检查水准管气泡是否完全符合。

(5)其他水准仪

①自动安平水准仪

自动安平水准仪的特点是没有管水准器和微倾螺旋。在粗略整平之后,即在圆水准气泡居中的条件下,利用仪器内部的自动安平补偿器,就能获得视线水平时的正确读数,省略了精平过程,从而提高了观测速度和整平精度。

自动安平水准仪(图 3.1.17)是一种不用水准管而能自动获得水平视线的水准仪。由于微倾式水准仪在用微倾螺旋使气泡符合时要花一定的时间,且水准管灵敏度越高,整平需要的时间越长。在松软的土地上安置水准仪时,还要随时注意气泡有无变动。而自动安平水准仪是用设置在望远镜内的自动补偿器代替水准管,观测时,在用圆水准器使仪器粗略整平后,经过 1～2 s,即可直接读取水平视线读数。当仪器有微小的倾斜变化时,补偿器能随时调整,始终给出正确的水平视线读数。因此,它具有观测速度快、精度高等优点,被广泛应用在各种等级的水准测量中。

a. 自动安平原理

如图 3.1.18(a)所示,当视准轴线水平时,物镜位于 O,十字丝交点位于 A_0,读到的水平视线读数为 a_0。当望远镜视准轴倾斜了一个小角 α 时,十字丝交点由 A_0 移到 A,读数变为 a。显然 $AA_0 = f\alpha$(f 为物镜的等效焦距)。

图 3.1.17　自动安平水准仪

若在距十字丝分划板 s 处,安装一个光学补偿器 K,使水平光线偏转 β 角,以通过十字丝中心 A,则有 $AA_0 = s\beta$。故有

$$f \cdot \alpha = s \cdot \beta \qquad (3.1.6)$$

若上式的条件能得到保证,虽然视准轴有微小倾斜(一般倾斜角限值为 $\pm 10'$),但十字丝中心 A 仍能读出视线水平时的读数 a_0,从而达到自动补偿的目的。

还有另一种补偿器[图 3.1.18(b)],借助补偿器 K 将 A 移至 A_0 处,这时视准轴所截取尺上的读数仍为 a_0。这种补偿器是将十字丝分划板悬吊起来,借助重力,在仪器微倾的情况下,十字丝分划板回到原来的位置,安平的条件仍为式(3.1.6)。

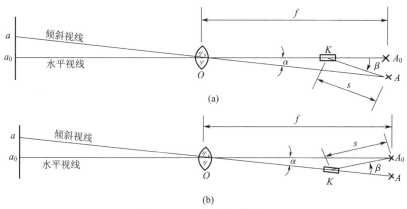

图 3.1.18　自动安平原理

b. 自动安平水准仪的使用

自动安平水准仪的使用方法较微倾式水准仪简便。安置好仪器后,只需用脚螺旋使圆水准器气泡居中,完成仪器的粗略整平,即可用望远镜照准水准尺直接读数。由于补偿器有一定的补偿范围,所以使用自动安平水准仪时,要防止补偿器贴靠周围的部件,保证其处于自由悬挂状态。有的仪器在目镜旁有一按钮,它可以直接触动补偿器。读数前可轻按此按钮,以检查补偿器是否处于正常工作状态,也可以消除补偿器有轻微的贴靠现象。如果每次触动按钮后,水准尺读数变动后又能恢复原有读数,则表示工作正常。如果仪器上没有这种检查按钮,则可用脚螺旋使仪器竖轴在视线方向稍作倾斜,若读数不变则表示补偿器工作正常。由于要确保补偿器处于工作范围内,使用自动安平水准仪时应特别注意圆水准器的气泡居中。

②电子水准仪

a. 电子水准仪的原理及使用

电子水准仪又称数字水准仪,是在自动安平水准仪的基础上发展起来的。它是以自动安平水准仪为基础,在望远镜光路中增加了分光镜和探测器(CCD),并采用条形码标尺和图像处理电子系统而构成的光机电测一体化的高科技产品。电子水准仪采用条形码标尺,各厂家标尺编码的条形码图案不相同,不能互换使用。人工完成照准和调焦之后,标尺条形码一方面被成像在望远镜分划板上,供目视观测,另一方面通过望远镜的分光镜,标尺条码又被成像在光电传感器(又称探测器)上,即线阵 CCD 器件上,供电子读数。因此,如果使用普通水准标尺(条形码标尺反面为普通标尺刻划),电子水准仪又可以像普通自动安平水准仪一样使用,不过这时的测量精度低于电子测量的精度。特别是精密电子水准仪,由于没有光学测微器,当成普通自动安平水准仪使用时,其精度更低。

图 3.1.19 是 DL-102C 电子水准仪,主要由:望远镜(包括目镜、物镜、物镜对光螺旋等)、整平装置(包括圆水准器、脚螺旋等)、显示窗、操作键盘(包括数字键和各种功能键)、串行接口、提手等辅助装置组成。电子水准仪的操作非常方便,只要将望远镜瞄准标尺并调焦后,按测量键,几秒后即显示中丝读数;再按测距键则马上显示视距;按存储键可把数据存入内存存储器,仪器自动进行检核和高差计算。观测时,不需要精确夹准标尺分划,也不用在测微器上读数,可直接由电子手簿(PCMCIA 卡)记录。

b. 条形码标尺

电子水准仪所使用的条形码标尺采用三种独立互相嵌套在一起的编码尺,如图 3.1.20 所示。这三种独立信息为参考码 R 和信息码 A 与信息码 B。参考码 R 为三道等宽的黑色码条，以中间码条的中线为准，每隔 3 cm 就有一组 R 码。信息码 A 与信息码 B 位于 R 码的上、下两边，下边 10 mm 处为 B 码，上边 10 mm 处为 A 码。A 码与 B 码宽度按正弦规律改变，其信号波长分别为 33 cm 和 30 cm，最窄的码条宽度不到 1 mm，上述三种信号的频率和相位可以通过快速傅立叶变换(FFT)获得。当标尺影像通过望远镜成像在十字丝平面上，经过处理器译释、对比、数字化后，在显示屏上即显示中丝在标尺上的读数或视距。

图 3.1.19　DL-102C 电子水准仪

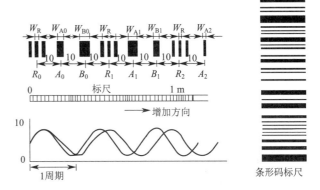

图 3.1.20　条形码标尺原理图

c. 电子水准仪的特点及应用

电子水准仪与传统仪器相比主要有以下特点：

ⓐ读数客观。不存在误读、误记问题，没有人为读数误差。

ⓑ精度高。视线高和视距读数都是采用大量条码分划图像经处理后取平均得出来的，因此削弱了标尺分划误差的影响。多数仪器都有进行多次读数取平均的功能，可以削弱外界条件影响。不熟练的作业人员也能进行高精度测量。

ⓒ速度快。由于省去了报数、听记、现场计算的时间以及人为出错的重测数量，测量时间与传统仪器相比可以节省1/3左右。

ⓓ效率高。只需调焦和按键就可以自动读数，减轻了劳动强度。视距还能自动记录、检核、处理，并能输入电子计算机进行后处理，可实现内外业一体化。

由于电子水准仪具有测量速度快、读数客观、精度高、测量数据便于输入计算机和容易实现水准测量内外业一体化等特点，大大减轻了外业劳动强度，使水准测量实现了自动化。自问世以来，在以下几方面显示出广阔的应用前景：

ⓐ快速水准测量(用钢瓦尺可进行二等精密水准测量)，其工作效率可提高30%～50%。

ⓑ自动沉降监测，如用微型马达驱动器附在电子水准仪上，能快速自动地检测建筑物的沉降，配以应用软件可实现内外业一体化。

ⓒ机器、转台等的精密工业测量。

ⓓ仪器与计算机相连，可实现实时、自动的连续高程测量。

ⓔ标准测量、地形测量、线路测量及施工放样等。

3. 水准测量方法

(1)水准测量方法

水准测量施测方法如图 3.1.21 所示，图中水准点 A 为已知点，高程为 51.903 m，B 为待定高程的点。施测步骤如下:首先在已知高程的起始点 A 上竖立水准尺,作为后视。在测量前进方向离起点适当距离处选择第一个转点 TP_1 放置尺垫,并将尺垫踩实放好,在尺垫上竖立水准尺作为前视。在离这两点大致等距离处Ⅰ点安置水准仪。水准仪到两根水准尺的距离应基本相等。仪器粗略整平后,先照准起始点 A 上的水准尺,消除视差,精平后读得后视读数 a_1 为 1 339 mm,记入水准测量记录手簿。然后照准转点 TP_1 上的水准尺,消除视差,精平后读得前视读数 b_1 为 1 402 mm,记入手簿,并计算出这两点间的高差为 $h_1 = a_1 - b_1 = -0.063$ m。此为一个测站的工作。

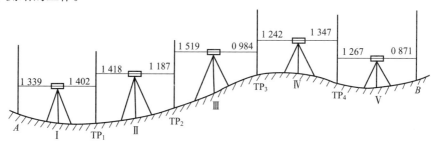

图 3.1.21　水准测量的施测方法

　　然后在 TP_1 上的水准尺不动,仅把尺面转向前进方向,在 A 点的水准尺和立于Ⅰ点的水准仪则向前转移,水准尺安置在合适的转点 TP_2 上,而水准仪则安置在离 TP_1、TP_2 两转点等距离的测站Ⅱ处。按与第Ⅰ站同样的步骤和方法读取后视读数和前视读数,并计算出高差。如此沿水准路线前进方向观测直到待定高程点 B。

　　每一测站可测得前、后视两点间的高差,各测站所得的高差代数和 $\sum h$,就是从起点 A 到终点 B 总的高差。终点 B 的高程用高差法计算,等于起点 A 的高程加上 A、B 间的高差。各转点的高程不需要计算。

　　为了节省手簿的篇幅,在实际工作中常把水准手簿格式简化成表 3.1.1 所示。这种格式实际上是把同一转点的后视读数和前视读数合并填在同一行内,两点间的高差则一律填写在该测站前视读数的同一行内。

表 3.1.1　水准测量记录手簿

观测日期		天气状况		仪器编号	
观测者		记录者		校核者	

点　号	水准尺读数(mm)		高差(mm)	高　　程	备　注
	后视	前视			
BM_A	1 339		−0 063	51.903	已知 A 点高程
TP_1	1 418	1 402	+0 231		
TP_2	1 519	1 187	+0 535		
TP_3	1 242	0 984	−0 105		
TP_4	1 267	1 347	+0 396		
BM_B		0 871		52.897	
$\sum$	6 785	5 791	+0 994		
计算检核	$\sum a - \sum b = +0\ 994$		$\sum h = +0\ 994$	$H_B - H_A = +0\ 994$	

（2）水准测量数据采集注意事项

①在已知水准点和待测高程点上，都不能放尺垫，应将水准尺直接立于标石或木桩上。

②水准尺要扶直，不能前后左右倾斜。

③在观测站未迁站前，后视尺的尺垫不能动。

④外业记录必须用铅笔在现场直接记录在手簿中，记录数据要端正、整洁，不得对原始记录进行涂改或擦拭。读错、记错的数据应划去，再将正确的数据记在上方，在相应的备注中注明原因。对于尾数读数有错误的记录，不论什么原因都不允许更改，而应将该测站的观测结果废去重测，重测记录前需加"重测"二字。

⑤有正、负意义的量，在记录时都应带上"＋""－"号，正号也不能省去。对于中丝读数，要求读记 4 位数，前后的 0 都要读记。

4. 水准测量误差分析

水准测量误差包括仪器误差、观测误差和外界条件的影响三个方面。

（1）仪器误差

①仪器校正后的残余误差。例如水准管轴与视准轴不平行，虽经校正仍然残存少量误差等。这种误差的影响与距离成正比，只要观测时注意使前、后视距离相等，便可消除或减弱此项误差的影响。

②水准尺误差。由于水准尺刻划不正确，或尺长变化、弯曲等，均会影响水准测量的精度，因此，水准尺需经过检验才能使用。至于尺的零点差，可在一水准测段中使测站为偶数的方法予以消除。

（2）观测误差

①水准管气泡居中误差。设水准管分划值为 τ''，居中误差一般为 $\pm 0.15\tau''$，采用符合式水准器时，气泡居中精度可提高一倍，故居中误差为

$$m=\pm\frac{0.15\tau''}{2\cdot\rho''}\cdot D \tag{3.1.7}$$

式中，$\rho''=206\ 265''$；D 为视线长。

②读数误差。在水准尺上估读毫米数时产生的误差，与人眼的分辨力、望远镜的放大倍率以及视线长度有关，通常按式（3.1.8）计算：

$$m_{\mathrm{v}}=\frac{60''}{V}\times\frac{D}{\rho''} \tag{3.1.8}$$

式中　V——望远镜的放大倍率；

　　　$60''$——人眼的极限分辨能力。

③视差影响。当存在视差时，十字丝平面与水准尺影像不重合，眼睛观察的位置不同则读出不同的读数，因而也会产生读数误差。

④水准尺倾斜影响。水准尺倾斜将尺上读数增大，如水准尺倾斜 $3'30''$，在水准尺上 1 m 处读数时，将会产生 2 mm 的误差；若读数大于 1 m，误差将超过 2 mm。

（3）外界条件的影响

①仪器下沉。由于仪器下沉，使视线降低，从而引起高差误差。若采用"后、前、前、后"观测程序，可减弱其影响。

②尺垫下沉。如果在转点发生尺垫下沉，则使下一站后视读数增大，这将引起高差误差。采用往返观测的方法，取成果的中数，可以减弱其影响。

③地球曲率及大气折光影响。地球曲率与大气折光影响之和为

$$f=0.43\times\frac{D^2}{R} \tag{3.1.9}$$

如果使前后视距离 D 相等,由公式(3.1.9)计算的 f 值则相等,地球曲率和大气折光的影响将得到消除或大大减弱。

④温度影响。温度的变化不仅可引起大气折光的变化,而且当烈日照射水准管时,由于水准管本身和管内液体温度的升高,气泡向着温度高的方向移动,影响仪器水平,产生气泡居中误差。观测时应注意撑伞遮阳。

5.水准仪的检验与校正

(1)目的和要求

①了解微倾式水准仪各轴线应满足的条件;

②掌握水准仪检验和校正的方法。

(2)水准仪的轴系关系

微倾式水准仪的轴线主要有:视准轴 CC、水准管轴 LL、仪器竖轴 VV 和圆水准器轴 $L'L'$ (图 3.1.22),以及十字丝横丝(中丝)。为保证水准仪能提供一条水平视线,各轴线之间应满足的几何条件有:

①圆水准器轴应平行于仪器的竖轴($L'L'$∥VV);

②十字丝的横丝应垂直于仪器的竖轴(横丝⊥VV);

③水准管轴应平行于视准轴(LL∥CC)。

(3)仪器和工具

DS_3 水准仪 1 台,水准尺 2 支,尺垫 2 个,钢尺 1 把,校正针 1 根,小螺丝旋具 1 个,记录板 1 块。

(4)方法与步骤

①圆水准器轴平行于仪器竖轴的检验与校正

a.目的:圆水准器轴平行于仪器竖轴。

b.检验:转动脚螺旋,使圆水准器气泡居中,将仪器绕竖轴旋转 180°。如果气泡仍居中,则条件满足;如果气泡偏出分划圈外,则需校正。

c.校正:圆水准器校正如图 3.1.23 所示,校正前应先稍松中间的固定螺钉,用脚螺旋使气泡向中央方向移动偏离量的一半,然后拨圆水准器的三个校正螺钉使气泡居中。由于一次拨动不易使圆水准器校正得很完善,所以需重复上述的检验和校正,使仪器上部旋转到任何位置时气泡都能居中。最后应注意旋紧固定螺钉。

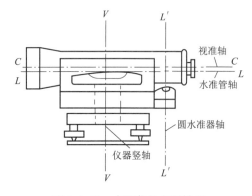

图 3.1.22　水准仪的主要轴线

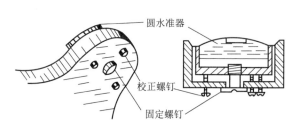

图 3.1.23　圆水准器校正

②十字丝中丝垂直于仪器竖轴的检验与校正

a. 检验：严格置平水准仪，用十字丝交点瞄准一明显的点状目标 M［图 3.1.24(a)］，旋紧水平制动螺旋，转动水平微动螺旋。如果该点始终在中丝上移动［图 3.1.24(b)］，说明此条件满足；如果该点离开中丝［图 3.1.24(c)］，则需校正。

b. 校正：卸下目镜处外罩，松开四个固定螺钉，稍微转动十字丝环，使目标点 M 与中丝重合。反复检验与校正，直到满足条件为止。再旋紧四个固定螺钉。

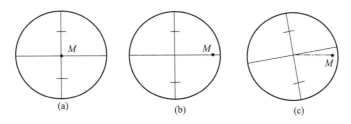

图 3.1.24　十字丝中丝垂直于仪器竖轴的检验

③水准管轴平行于视准轴的检验与校正

a. 检验：如图 3.1.25 所示，在平坦地面上选择 A、B 两点，其长度约为 60～80 m。在 A、B 两点放置尺垫，先将水准仪置于 AB 的中点 I，读立于 A、B 尺垫上的水准尺，得读数为 a_1 和 b_1，则高差 $h_{AB} = a_1 - b_1$。然后将仪器搬至 B 点附近(距 B 点 2～3 m)，瞄准 B 点水准尺，精平后读取 B 点水准尺读数 b_2，瞄准 A 点上的水准尺，精平后读取 A 点上水准尺读数 a_2，这时因距离不等，在测得的高差 h'_{AB} 中将有 i 角的影响，i 角计算公式为

$$i = \frac{h'_{AB} - h_{AB}}{D_{AB}} \times \rho' \tag{3.1.10}$$

规范规定，用于一、二等水准测量的仪器 i 角不得大于 $15''$；用于三、四等水准测量的仪器 i 角不得大于 $20''$，否则应进行改正。

b. 校正：因 A 点距仪器最远，i 角在读数上的影响最大。根据 b_2 和 A、B 两点的正确高差 h_{AB} 可算出在 A 点上应有读数为 $a'_2 = b_2 + h_{AB}$，转动微倾螺旋，使中丝对准 a'_2，此时水准管气泡必然不居中，用校正针先稍微松左、右校正螺丝，再拨动上、下校正螺钉，使水准管气泡居中。重复检查，i 角值 $< \pm 20''$ 为止。最后拨紧左、右校正螺钉。

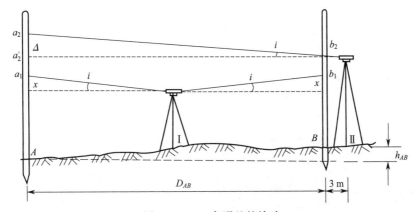

图 3.1.25　i 角误差的检验

(5)注意事项

①检校水准仪时，必须按上述的规定顺序进行，不能颠倒。

②拨动校正螺钉时,一律要先松后紧,一松一紧,用力不宜过大,校正完毕时,校正螺钉不能松动,应处于稍紧状态。

🔑 知识拓展——卫星定位高程测量与气压高程测量

1. 卫星定位高程测量

卫星定位高程测量是指利用全球定位系统(卫星定位)测量技术直接测定地面点的大地高,或间接确定地面点的正常高的方法。在用卫星定位测量技术间接确定地面点的正常高时,当直接测得测区内所有卫星定位测量点的大地高后,再在测区内选择数量和位置均能满足高程拟合需要的若干卫星定位测量点,用水准测量方法测取其正常高,并计算所有卫星定位测量点的大地高与正常高之差(高程异常),以此为基础利用平面或曲面拟合的方法进行高程拟合,即可获得测区内其他卫星定位测量点的正常高。此法精度已达到厘米级,应用越来越广。

2. 气压高程测量

气压高程测量是指根据大气压力随高程而变化的规律,用气压计进行高程测量的一种方法。在气压高程测量中,温度为 0 ℃时,在纬度 45°处的平均海面上大气平均压力约为 760 mm 水银柱(1 mmHg＝133.322 Pa),每升高约 11 m 大气压力减少 1 mm 水银柱。一般气压计读数精度可达 0.1 mm 水银柱,约相当 1 m 的高差。由于大气压力受气象变化的影响较大,因此气压高程测量比水准测量和三角高程测量的精度都低,主要用于低精度的高程测量。但它的优点是在观测时点与点之间不需要通视,使用方便、经济和迅速。最常用的仪器为空盒气压计和水银气压计。前者便于携带,一般用于野外作业;后者常用于固定测站或用以检验前者。

3.2　点位平面坐标测量

测量工作的主要任务是确定地面点的空间位置,通常是求出该点投影到平面上的二维平面坐标以及该点到大地水准面的铅垂距离,也就是确定地面点的平面坐标和高程。

点位平面坐标测量即由已知点坐标测定并推算待定点坐标的过程。如图 3.2.1 所示,测站点 O 和后视点 A 坐标已知,可推算 OA 方向的坐标方位角 α_{OA},利用测量仪器采用适当方法观测 OA、OB 方向间水平夹角 β 和 OB 的水平距离 D_{OB},由 OA 方向的坐标方位角 α_{OA} 和水平夹角 β 可推算得到 OB 方向的坐标方位角 α_{OB},则待测点 B 的坐标计算如下:

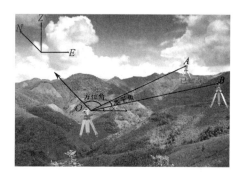
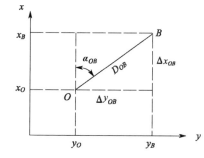

图 3.2.1　点位确定

$$\begin{cases} x_B = x_O + D_{OB}\cos\alpha_{OB} \\ y_B = y_O + D_{OB}\sin\alpha_{OB} \end{cases}$$

由此可见,点位平面坐标的确定包括角度测量、距离测量、方位角推算、坐标计算等工作。

3.2.1　角度测量

1. 角度测量原理

角度是确定点位平面坐标的基本元素之一,也是测量的基本工作。角度测量的主要仪器是经纬仪。

(1)角度的概念

测量中使用的角度分为水平角和竖直角。

①水平角

地面上某点到两目标的方向线垂直投影到水平面上所成的夹角称为水平角,如图 3.2.2 所示,A 点到 B、C 两目标点的方向线 AB 和 AC 在某水平面 H 上的垂直投影 $A'B'$ 和 $A'C'$ 所夹角 $\angle B'A'C'$ 即称水平角 β,其角值范围为 $0°\sim360°$。由此可见,地面上任意两直线间的水平夹角,就是通过两直线所作铅垂面间的二面角。

②竖直角

同一铅垂面内,某方向线的视线与水平线的夹角称为竖直角(又称垂直角),如图 3.2.2 中 OB、OC 方向线的竖直角分别为 α_B、α_C。

竖直角由水平线起算,视线在水平线之上为正,称仰角($\alpha_B > 0$);反之为负,称俯角($\alpha_C < 0$),其绝对值均由 $0°$ 到 $90°$。

(2)角度测量原理

若在过角顶 A 点的铅垂线上任一点 O 设置一水平的、且按顺时针 $0°\sim360°$ 分划的刻度圆盘,使刻度盘圆心正好位于过 A 点的铅垂线上。如图 3.2.2 所示,设 A 点到 B、C 目标方向线在水平刻度盘上的投影读数分别为 b 和 c,则水平角 $\beta = c - b$,即右目标读数减左目标读数。

同样,在 OB(或 OC)铅垂面内放置一个竖直度盘,也使点 O 与刻度盘中心重合,则 OB(或 OC)和铅垂面内 OB(或 OC)的水平线在竖直度盘上的读数之差即为 OB(或 OC)的竖直角。

2. 经纬仪操作与使用

测量水平角、竖直角的代表性仪器是经纬仪。熟练掌握经纬仪的基本构造及使用是角度测量的基本功。

(1)经纬仪的分类

工程上常用的经纬仪依据读数方式的不同可分为两种类型:通过光学度盘的放大来进行读数的,称为光学经纬仪;采用电子学的方法来读数的,称为电子经纬仪。

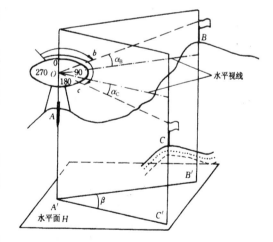

图 3.2.2　角度测量原理

经纬仪按其精度分为 DJ$_1$、DJ$_2$、DJ$_6$ 等几种型号,"D"和"J"分别为"大地测量"和"经纬仪"两词汉语拼音的首字母,下角"2""6"表示该仪器所能达到的精度指标。如 DJ$_6$ 表示水平方向测量一测回的方向观测中误差不超过 $\pm6''$。

（2）光学经纬仪的基本构造

　　各种经纬仪由于生产厂商的不同而各有差异，仪器各部件和结构也不尽一致，但其主要部件的构造基本相同。图 3.2.3 为 DJ_6、DJ_2 型光学经纬仪的构造示意图。根据各部件的作用，可将其划分为以下三个功能部分：

　　①对中整平装置

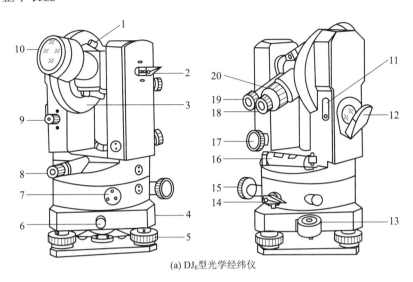

(a) DJ_6 型光学经纬仪

1—粗瞄器；2—望远镜制动螺旋；3—竖盘；4—基座；5—脚螺旋；6—固定螺旋；

7—度盘变换手轮；8—光学对中器；9—补偿器控制按钮；10—望远镜物镜；

11—指标差调位盖板；12—反光镜；13—圆水准器；14—水平制动螺旋；15—水平微动螺旋；

16—水准管；17—望远镜微动螺旋；18—望远镜目镜；19—读数显微镜；20—调焦螺旋

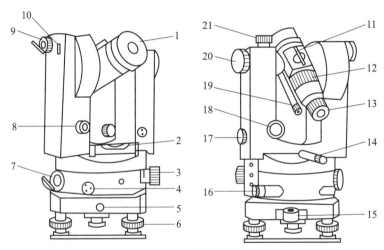

(b) DJ_2 型光学经纬仪

1—望远镜物镜；2—照准部水准管；3—度盘变换手轮；4—水平制动螺旋；5—固定螺旋；6—脚螺旋；

7—水平度盘反光镜；8—自动归零按钮；9—竖直度盘反光镜；10—指标差调位盖板；11—粗瞄器；

12—调焦螺旋；13—望远镜目镜；14—光学对中器；15—圆水准器；16—水平微动螺旋；

17—换像手轮；18—望远镜微动螺旋；19—读数显微镜；20—测微轮；21—望远镜制动螺旋

图 3.2.3　光学经纬仪构造

　　对中整平装置用以将度盘中心安置在过所测角顶的铅垂线上，并使水平度盘水平，仪器各轴线处于正确位置，主要包括基座、垂球或光学对中器、脚螺旋、水准器。

　　基座是支承仪器的底座，与水准仪的基座相似，上有中心连接螺旋孔（1 个）及脚螺旋（3 个）。另外，还有一个轴座固定螺旋，当与水平度盘相连的外轴套插入基座的套轴内时，可由该螺旋固紧。换置觇标时旋开该螺旋可将水平度盘及照准部从基座中取出。平时此螺旋必须拧紧，测量过程中一般不动该螺旋。中心连接螺旋用于将仪器和三脚架相连。三个脚螺旋则用于整平仪器，使仪器竖轴处于铅垂位置。垂球或光学对中器用于使仪器竖轴轴线铅垂地通过所测角度顶点。垂球悬挂于中心连结螺旋上，当垂球尖对准角顶时说明两者重合。有的仪器装有光学对中器，它是一个小型外调焦望远镜。当照准部水平时，对中器的视线经棱镜折射后的一段成铅垂方向，且与竖轴中心重合，当地面标志中心与光学对中器分化板十字中心重合时，说明竖轴中心（水平度盘中心）已位于所测角顶的铅垂线上（图 3.2.4）。光学对中器有的装在照准部上，有的装在基座上。

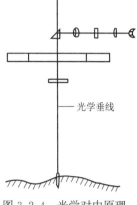

——光学垂线

图 3.2.4　光学对中原理

　　水准器用来整平仪器，当气泡居中时说明仪器处于整平状态。水准器一般有两个，一个为圆水准器，位于基座，用于粗平；一个为管水准器，位于照准部，用于精平。三个脚螺旋用于升降基座以使气泡居中。

　　②照准装置

　　照准装置包括望远镜、支架、转动控制装置。

　　望远镜用以照准目标，与水准仪相类似。其区别在于：经纬仪的调焦筒代替了水准仪的调焦螺旋；十字丝分化板有单、双丝，以适应瞄准不同形式的地面目标。

　　另外，为了照准不同高度的目标点，望远镜既可以随照准部在水平面内转动，也可以在竖直面内自由旋转。除仪器视准轴（或称视线）、竖轴、水准管轴外，望远镜在竖直面内的旋转轴称为横轴，这四条轴线构成经纬仪的四条主要轴线。

　　为了控制仪器各部分间的相对运动且能精确瞄准目标，仪器上一般设有两套控制装置：a. 照准部水平转动的制动螺旋和微动螺旋；b. 望远镜在竖直面内转动的制动螺旋和微动螺旋。

　　③读数装置

　　读数装置用于在照准某方向时读取水平度盘和竖直度盘的读数。包括水平度盘转动控制装置、水平度盘及竖直度盘、光路系统及读数显微镜、测微器。

　　水平转动控制装置用于控制水平度盘与照准部的位置关系。目前有两种结构：一种是采用水平度盘变换手轮，照准部与度盘均可单独转动，使用时，当照准目标后，将手轮推压进去，转动手轮，则水平度盘随之转动，待转到需要的位置后，将手松开，退出手轮，这时该方向水平度盘为某一特定数值；另一种是复测扳手，固定在照准部外壳上，随照准部一起转动，当复测扳手拨下时，由于复测机构夹紧水平度盘，因此，照准部转动时就带动水平度盘一起转动；当复测扳手拨上时，复测机构与水平度盘分离。利用该扳手也可以使某方向水平度盘读数为一固定读数。

　　经纬仪度盘分为水平度盘和竖直度盘。它们分别装在仪器纵、横旋转轴上。光学经纬仪度盘为玻璃制成的圆环，在其圆周上刻有精密的分划，由 0°～360° 顺时针注记（竖直度盘有顺、逆时针之分）。度盘上相邻分划线间弧长所对圆心角称为度盘分划值，通常有 20′、30′、1° 等几种。

　　读数显微镜位于望远镜的目镜一侧。通过位于仪器内部的一系列光学组件，使水平度盘及竖直度盘及测微器的分划影像在读数显微镜内显示出来,从而得以读数。

不同的测微原理其读数方法也不一样,最常见的测微器有:分微尺测微器、单平板玻璃测微器、双平板玻璃测微器(对径符合测微器)。

a. 分微尺测微器及读数方法

该装置见于 DJ₆ 型光学经纬仪。除北京红旗 II 型外,国产 DJ₆ 光学经纬仪均采用这种装置。这类仪器的度盘分化值为 1°,按顺时针方向注记,其读数设备是由一系列光学设备所组成的光学系统。图 3.2.5 是 DJ₆ 型光学经纬仪的光路图。

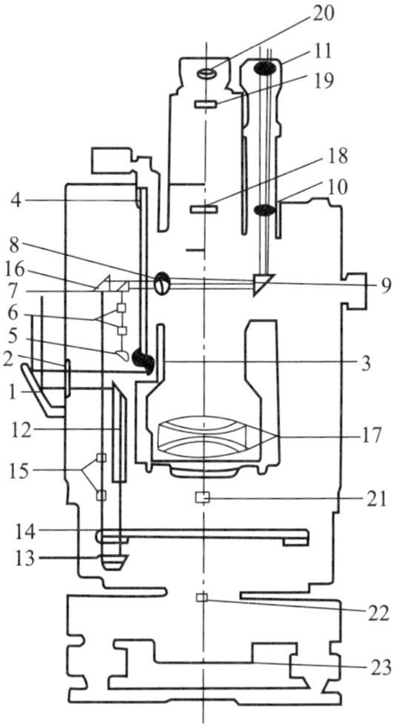

光路原理:外来光线分为水平度盘光路和竖盘光路。水平度盘光路的光线经反光镜 1 进入光窗 2,通过照明棱镜 12、13,照亮水平度盘 14 及其上的分划线。水平度盘分划线经显微物镜组 15 和转像棱镜 16 成像于读数窗 8 的分划面上;同样,竖直度盘分划线经相似光路系统也成像于读数窗 8 的分划面上。分划面上刻有两条相同的分微尺,转像棱镜 9 把读数窗影像包括分微尺再反映到读数显微镜中,以便读数。

读数的主要设备为读数窗上的分微尺,如图 3.2.6 所示。水平、竖直度盘上的分划线最小间隔为 1°,成像后其最小间隔正好与分微尺的全长相等。上面窗格里是水平度盘及其分微尺的影像,下面窗格里是竖直度盘及其分微尺的影像。分微尺整尺长分为 60 等分,格值为 1′,可估读到 0.1′ 即 6″,读数时,度数由落在分微尺上的度盘分划的注记读出,小于 1° 的分秒细数,即分微尺零线至该度盘刻线间的角值,由分微尺上读出。图 3.2.6 中,落在分微尺上的水平度盘刻线的注记为 73°,该刻线截在分微尺上的读数(从分微尺的零分划线起算)为 4.4′,故水平度盘读数 H 应为 73°04.4′(73°04′24″)。同理,竖直度盘读数 V 为 87°06.3′(87°06′18″)。

b. 单平板玻璃测微器及读数方法

单平板玻璃测微器多见于 DJ₆ 型光学经纬仪。

在光学系统中设置一平板玻璃和测微尺作为测微装置,两者通过金属结构连在一起,成为单平板玻璃测微器。其原理是依据光线以一定入射角穿过平板玻璃后将发生平行移动现象(图 3.2.7)。需要读取不足一个分划的度盘读数时,转动测微轮,平板玻璃即绕一固定轴旋转,度盘分划线影像也同步平移,当度盘某一刻线影像移至双指标线中间时,在测微尺上反映的移动量(分、秒数),即为不足一个分划的分秒细数。

图 3.2.5　DJ₆ 型经纬仪光路图

1—反光镜;2—进光窗;3—照明棱镜;
4—竖盘;5—照准棱镜;6—竖盘显微物镜组;
7—竖盘转像棱镜;8—读数窗;
9—转像棱镜;10—读数显微目镜组 1;
11—读数显微目镜组 2;
12、13—照明棱镜;14—水平度盘;
15—水平度盘显微物镜组;16—转像棱镜;
17—望远镜物镜;18—调焦透镜;
19—十字丝分划板;20—望远镜目镜;
21—光学对点器转像棱镜;22—光学对点器物镜;
23—光学对点器保护玻璃

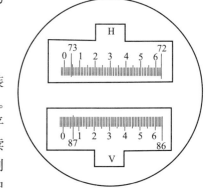

图 3.2.6　分微尺法读数显微镜成像图

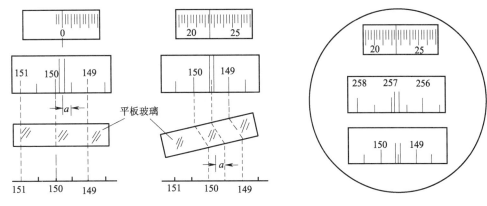

图 3.2.7　单平板玻璃测微原理　　　　　　图 3.2.8　读数显微镜成像

在读数显微镜中可同时看到三个窗口(图 3.2.8),上窗口为测微尺分划影像及指标,共分 30 大格,每大格 $1'$,一大格又分三小格,每小格 $20''$,每 $5'$ 注记一数字;中间及最下窗口分别为竖直度盘和水平度盘影像,分划值一般为 $30'$。测微尺整尺长($0'\sim30'$)恰为度盘分划的一格($30'$)。读数时,转动测微器,使度盘分划精确夹在双指标线中,按双指标线所夹度盘分划线读出读数;不足 $30'$ 的分、秒数从测微器窗口中读出(估读到秒)。图 3.2.8 中水平度盘读数为

$$149°30'+22'30''=149°52'30''$$

c. 双平板玻璃测微器及读数方法

精度较高的 DJ$_2$ 型经纬仪,都采用双光楔或双平板玻璃测微器,也称对径符合读数法。相对于前述两种读数设备,有如下特点:

ⓐ直接获取度盘对径相差 180° 处的两个读数的平均值作为瞄准方向的读数。该方法可消除照准部偏心误差的影响,提高了读数精度。

ⓑ经纬仪读数显微镜中只能看到水平度盘或竖直度盘的一种影像,可以通过换像手轮使其分别出现。

近年来,这种读数系统中基本淘汰了传统的正倒像方法,为使读数更为方便和不易出错,均采用光学数字化的方法。如图 3.2.9 所示,读数显微镜中有三个窗口:

对径线窗口:显示可以相向错动的一组单(或双)短线影像表示度盘对径分划线的成像(无注记),当对径线符合(上下线对齐)时,可以读出该方向的正确读数;

度盘注记窗口:显示度盘读数及整 $10'$ 数;

测微尺窗口:显示 $10'$ 以下的分秒数,测微尺最小分划为 $1''$,每隔 $10''$ 有一注记,全程 $0'\sim10'$。

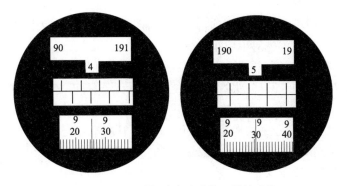

图 3.2.9　双平板玻璃法读数显微镜成像

读数方法:精确瞄准目标后,首先转动测微轮,使对径线符合(上下短线对齐),依次读取度盘注记窗口中的度数、整 10′数及测微尺窗口中 10′以下的分秒细数,三者相加即是所需读数。图 3.2.9 中所示读数为

度盘上度数　　　　　　　　　　　190°(注:度数均为 3 位数字,仅完整出现时方可读之)

度盘上整 10′数(5×10′)　　　　50′(该处数字为 0、1、2、3、4 或 5)

测微尺分秒细数　　　　　　　　9′30.5″(估读到 0.1″)

全读数　　　　　　　　　　　　190°59′30.5″

3. 角度测量实施

(1)基本操作方法

基本操作包括经纬仪的安置、目标设置、瞄准及读数。

① 经纬仪的安置

经纬仪的安置就是将仪器安装于测站点上,使仪器的竖轴与测站点在同一铅垂线上,并使水平度盘成水平位置。

a. 安置三脚架

伸开三脚架于测站点上方,将仪器置于三脚架头中央位置,一手握住仪器,另一手将三脚架中心连接螺旋旋入仪器基座中心螺孔中并紧固。安置中应注意三点事项:

ⓐ安置时保证三脚架架头尽可能水平,仪器中心尽可能处于测站点正上方;

ⓑ将三脚架的各关节螺旋适度拧紧,以防观测过程中仪器倾落;

ⓒ较大坡度处安置仪器时,宜将三脚架的两条腿置于下坡方向。

b. 粗平及对中

两手分别握住三脚架的两条腿,挪动仪器选择好三脚架的放置位置。利用三脚架的关节螺旋伸缩某条架腿或采取调节脚螺旋方法,使圆水准器气泡居中;观察光学对中器,旋转调焦目镜、伸缩镜筒,使圆形分划板和测点标志周围同时清晰。松开中心螺旋,将整个仪器在架头上平移,同时观察对中器使圆环中心与测站标志重合(即对中),然后旋紧中心螺旋。

c. 精平及再对中

放松照准部水平制动螺旋使水准管与一对脚螺旋的连线平行;旋转脚螺旋使管水准器气泡居中,将照准部旋转 90°,调节第三个脚螺旋,使气泡居中;然后检查对中器,若圆环中心偏离测站点,则再平移照准部使之对中。

d. 重复步骤 c 直至仪器既对中且管水准气泡在任何方向也居中为止。

e. 注意事项

对于光学对中器,由于整平会影响到对中器的轴线位置变化,故对中、整平须交互进行,且反复几次;对于垂球对中则可先对中后粗平、精平。

仪器放置好后,在对中、整平之前,有两种可能情况:对中器中心与角顶偏离较小但圆水准器气泡偏离较大,这时可调节某架腿关节螺旋使气泡中心居中;反之,前者较大后者较小,则可先调节脚螺旋使对中器中心与角顶基本重合,然后再从步骤 b 开始。

整平时气泡移动方向和左手大拇指运动方向一致,管水准器与两个脚螺旋连线平行时,可用两手同时相向转动这对脚螺旋,使气泡较快居中。在反复对中、整平过程中,每次的调节量逐渐减小,故调节时要注意适度。

在一个测站上对中、整平完毕后,测角过程中不再调节脚螺旋的位置。若发现气泡偏离超

过允许值,则需废除之前该测站上的所有观测数据,重新对中、整平,重新开始观测。

测角状态时,注意要将复测扳手拨上或度盘变换手轮推出。

② 目标设置及瞄准

a. 设置目标

测角时,一般应在目标点上设置照准标志。距离较近时,直接瞄准目标点或垂球线,也可竖立测钎;距离较远时,可垂直竖立标杆或觇标。

b. 瞄准目标

ⓐ松开照准部和望远镜制动螺旋(或扳手)。

ⓑ调节目镜——将望远镜瞄准远处天空,转动目镜环,直至十字丝分划最清晰。

ⓒ转动照准部,用望远镜粗瞄器瞄准目标,然后固定照准部。

ⓓ转动望远镜调焦环,进行望远镜调焦(对光),使望远镜十字丝及目标成像最清晰。

在此步骤中要注意消除视差。人眼在目镜处上下移动,检查目标影像和十字丝是否相对晃动。如有晃动现象,说明目标影像与十字丝不共面,即存在视差,视差影响瞄准精度。重新调节对光,直至无视差存在。

ⓔ用照准部和望远镜微动螺旋精确瞄准目标。观测水平角时用竖丝;观测竖直角时用中丝。应该注意的是,在精确瞄准目标时要求目标像与十字丝靠近中心部分相符合,实际操作时应根据目标像大小的不同,或用单丝切准目标,或用双丝夹中目标。目镜端的十字丝分划板刻划方式如图 3.2.10 所示。

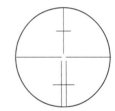

图 3.2.10　十字丝分划板

(2)水平角观测

由于望远镜可绕经纬仪横轴旋转 360°,在角度测量时依据望远镜与竖直度盘的位置关系,望远镜位置可分为正镜和倒镜两个位置。

所谓正镜、倒镜是指观测者正对望远镜目镜时竖直度盘分别位于望远镜的左侧、右侧,有时也称作盘左、盘右。理论上,正、倒镜瞄准同一目标时水平度盘读数相差 180°,在角度观测中,为了削弱仪器误差影响,一测回中要求正、倒镜两个盘位观测。

观测水平角的方法有测回法和方向观测法。

① 测回法

测回法适用于观测两个方向的单角。如图 3.2.11 所示,设仪器置于 O 点,地面两目标为 A、B,欲测定 OB、OA 两方向线间的水平夹角 $\angle AOB$。一测回观测过程如下:

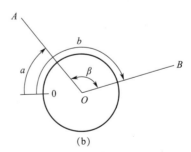

(a)　　　　　　　　　　　　　　(b)

图 3.2.11　测回法测水平角

a. 上半测回(盘左)

在 O 点安置仪器,对中,整平,使度盘处于测角状态。盘左依次瞄准左目标 A、右目标 B,读取水平度盘读数 $a_左 = 0°20'48''$,$b_左 = 125°35'00''$,同时记入水平角观测记录表(表 3.2.1)中,

以上完成上半测回观测,所得水平角为

$$\beta_左=b_左-a_左=125°14'12''\qquad(3.2.1)$$

b. 下半测回(盘右)

纵转望远镜180°,使之成盘右位置;依次瞄准右目标 B、左目标 A,读取水平度盘读数,$b_右=305°35'42''$,$a_右=180°21'24''$。以上完成下半测回观测,所得水平角为

$$\beta_右=b_右-a_右=125°14'18''\qquad(3.2.2)$$

一测回角值为

$$\beta=\frac{1}{2}(\beta_左+\beta_右)=125°14'15''\qquad(3.2.3)$$

表 3.2.1　测回法观测记录表

日期:_____年_____月_____日　　　仪器号:　　　　　　　　观测:_____
天气:　　　　　　　　　　　　　　　　　　　　　　　　　记录:_____

测站	目标	竖盘位置	水平度盘读数 °	′	″	半测回角值 °	′	″	一测回角值 °	′	″	平均角值 °	′	″	备 注
O	A	左	0	20	48	125	14	12							
	B		125	35	00				125	14	15				
	A	右	180	21	24	125	14	18							
	B		305	35	42										

c. 说明

①盘左、盘右观测可作为观测中有无错误的检核,同时可以抵消一部分仪器误差的影响。

②上、下半测回角值较差的限差应满足有关测量规范的限差规定,对于 DJ$_6$ 经纬仪,一般为30″或40″。当较差小于限差时,方可取平均值作为一测回的角值,否则应重测。若精度要求较高时,可按规范要求测若干个测回;当各测回间的角值较差满足限差规定(如 DJ$_6$ 经纬仪一般为20″或24″)时,方可取各测回的平均值作为最后结果,否则应重测。

③由于水平度盘为顺时针刻划,故计算角值时始终为"右侧目标-左侧目标"。所谓"左"、"右"是指站在测站面向所测角时两目标的方位,在角度接近180°时尤其注意这一点。若"右-左"其差值<0°时,则结果应加360°。

② 方向观测法(全圆测回法)

在一个测站上,当观测方向在两个以上,且需要测得数个水平角时,需用方向观测法进行角度测量。如图 3.2.12 所示,O 点为测站点,A、B、C、D 为四个目标点。方向观测法观测步骤:

a. 上半测回(盘左)

①选择起始方向(称为零方向),设为 A。该方向处设置水平度盘读数。

②由零方向 A 起始,按顺时针依次精确瞄准 $B\to C\to D\to A$ 各点(即所谓"全圆"),读数为:$a_左$、$b_左$、$c_左$、$d_左$、$a'_左$,并记入方向观测法记录表中(表 3.2.2)。

b. 下半测回(盘右位置)

①纵转望远镜180°,使仪器为盘右位置。

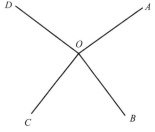

图 3.2.12　方向观测法测水平角

ⓑ按逆时针顺序依次精确瞄准 $A{\rightarrow}D{\rightarrow}C{\rightarrow}B{\rightarrow}A$ 各点，读数为 $a_右$、$d_右$、$c_右$、$b_右$、$a'_右$，并记入方向观测法记录表 3.2.2 中(注：$a_右$ 应记入下半测回的最后一行)。

表 3.2.2　方向观测法观测记录表

日期：＿＿＿年＿＿＿月＿＿＿日　　　　　仪器号：　　　　　　　　　　观测：＿＿＿＿＿＿＿
天气：　　　　　　　　　　　　　　　　　　　　　　　　　　　　　　记录：＿＿＿＿＿＿＿

测回序数	测站	目标	水平度盘读数 盘左 °	′	″	盘右 °	′	″	2c ″	平均方向值 °	′	″	归零方向值 °	′	″	各测回归零方向值之平均值 °	′	″
1	O	A	0	02	06	180	02	00	+6	(0	02	06) 03	0	00	00			
		B	51	15	42	231	15	30	+12	51	15	36	51	13	30			
		C	131	54	12	311	54	00	+12	131	54	06	131	52	00			
		D	182	02	24	2	02	24	0	182	02	24	182	02	18			
		A	0	02	12	180	02	06	+6	0	02	09						
2		A	90	03	30	270	03	30	+6	(90	03	32) 27	0	00	00	0	00	00
		B	141	17	00	321	16	54	+6	141	16	57	51	13	25	51	13	28
		C	221	55	42	41	55	30	+12	221	55	36	131	52	04	131	52	02
		D	272	04	00	92	03	54	+6	272	03	57	182	00	25	182	00	22
		A	90	03	36	270	03	36	0	90	03	36						

c. 计算与检验

方向观测法中计算工作较多，在观测及计算过程中尚需检查各项限差是否满足规范要求。现结合《工程测量标准》(GB 50026—2020)、记录表 3.2.2 将有关名词及计算方法加以介绍(各项限差见表 3.2.3)。

表 3.2.3　方向观测法各项限差(″)

仪器型号	光学测微两次重合读数之差	半测回归零差	各测回同方向 2c 值互差	各测回同方向归零方向值互差
DJ$_1$	1	6	9	6
DJ$_2$	3	8	13	9
DJ$_6$	—	18	—	24

ⓐ光学测微器两次重合读数之差：瞄准目标后要进行两次测微，两次读数，且两次读数之差不超限。

ⓑ半测回归零差：即上、下半测回中零方向两次读数之差($a_左-a'_左$ 和 $a_右-a'_右$，本表中分别为 $-6″$ 和 $6″$)。若归零差超限，说明经纬仪的基座或三脚架在观测过程中可能有变动，或者是对 A 点的观测有错，此时该半测回须重测；若未超限，则可继续下半测回。

ⓒ各测回同方向 2c 值互差：2c 值是指上下半测回中，同一方向盘左、盘右水平度盘读数之差，即 2c＝盘左读数－(盘右读数±180°)(当"盘右读数">180°时，取"－"，否则取"＋"，下同)。它主要反映了 2 倍的视准轴误差(参见本项目视准轴检校内容)，而各测回同方向的 2c 值互差，则反映了方向观测中的偶然误差，应不超过一定的范围。

ⓓ平均方向值：指各测回中同一方向盘左和盘右读数的平均值，平均方向值＝1/2〔盘左读

数＋（盘右读数±180°）]。

　　ⓔ归零方向值：为将各测回的方向值进行比较和最后取平均值，在各个测回中将起始方向的方向值，见表 3.2.2 中第一测回中起始方向值（0°02′03″＋0°02′09″）/2 化为 0°00′00″，并把其他各方向值与之相减即得各方向的归零方向值，两方向值之差即为相应水平角。

　　以上ⓒ、ⓔ项是指多个测回时的限差检验。

　　③水平角观测注意事项

　　仪器高度适宜，三脚架要踩实，中心连接螺旋固紧，操作时勿手扶三脚架，旋动各螺旋要有手感，用力适度。观测时应特别注意以下几点：

　　a. 尽量使仪器不受烈日直接曝晒或选择有利时间观测。

　　b. 要精确对中和瞄准，尤其对短边测角时对中要求更严格；瞄准时尽可能用十字丝交点瞄准目标点或其他对中物底部。

　　c. 观测目标间高差较大时，需注意仪器的整平。

　　d. 记录计算要及时、清楚，发现问题立即重测。

　　e. 一测回观测过程中，不得再调整照准部水准管，若气泡偏离中央较大（＞1.5 格），须重新整平仪器，重新观测。

　　f. 方向观测法中，选择零方向时，应考虑通视良好、距离适中、成像清晰、竖角较小的目标。

　　g. 方向观测法中，若需多个测回，为消除度盘及测微器分划不均匀误差的影响，各测回零方向的读数应均匀分配在度盘及测微器的不同位置上。各测回间零方向读数的变动值应以下列公式计算：

　　DJ$_1$ 型仪器　　　　　　　　　　　　$\dfrac{180°}{m}+i'+\dfrac{i''}{m}$

　　DJ$_2$ 型仪器　　　　　　　　　　　　$\dfrac{180°}{m}+\dfrac{i'}{2}+\dfrac{i''}{m}$

式中，m 为总测回数；i' 为度盘最小分划值（DJ$_1$ 为 4′，DJ$_2$ 为 20′）；i'' 为测微器秒格的全分划数（DJ$_1$ 为 60″，DJ$_2$ 为 600″）。

　　对于 DJ$_2$ 仪器，在作精密测角时，也可按

$$R=\dfrac{180°}{m}(j-1)+10'(j-1)+\dfrac{600''}{m}\left(j-\dfrac{1}{2}\right)$$

计算各测回时零方向的度盘读数（其中 j 为测回序数）。

　　h. 方向观测法中，测微螺旋及微动螺旋尽可能以"旋进"对齐或瞄准，以避免隙动误差。

　　（3）竖直角观测

　　①竖直角观测的用途

　　在以下场合需要进行竖直角观测（图 3.2.13）：

　　a. 由 A、B 两点间的视线斜距 S 化为水平距离 $D=S\cdot\cos\alpha$；

　　b. 根据 A、B 两点间的视线斜距 S，通过测定竖直角 α、量仪器高 i、目标高 v，依下式确定 A、B 两点间的高差 h_{AB} 和 B 点的高程 H_B：

$$h_{AB}=D\cdot\tan\alpha+i-v$$
$$H_B=H_A+h_{AB}=H_A+D\cdot\tan\alpha+i-v$$

上述测量高程的方法称为三角高程测量，这种方法在视距地形测量中广泛应用。

　　②竖盘结构

　　与水平度盘一样，竖盘也是全圆 360°分划，不同之处在于其注字方式有顺、逆时针之分，

且 $0°\sim180°$ 的对径线位于水平方向。这样,在正常状态下,视线水平时与竖盘刻划中心在同一铅垂线上的竖盘读数应为 $90°$ 或 $270°$,如图 3.2.14 所示。

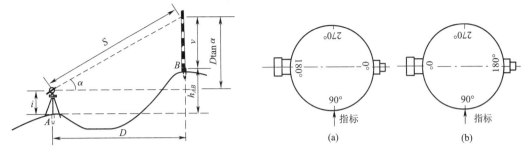

图 3.2.13　三角高程测量　　　　　　图 3.2.14　不同注记方式的竖盘

经纬仪的竖盘安装在望远镜横轴一端,竖盘随望远镜在竖直面内旋转而旋转,其平面与横轴相垂直,当横轴水平时,竖盘位于水平面内。度盘刻划中心与横轴旋转中心相重合。另外,在竖盘结构中还有一个位于铅垂位置的竖盘指标,用以指示竖盘在不同位置时的度盘读数。竖盘读数也是通过一系列光学组件传至读数显微镜内读取。需要指出的是,只有竖盘指标处于正确位置时,才能读得正确的竖盘读数。

竖盘指标装置主要有两种结构形式:

a. 竖盘指标水准管装置

竖盘指标与竖盘指标水准管固连在一起,可绕横轴微动,通过调整指标水准管微动螺旋可使两者作微小转动,正常情况下,当竖盘指标水准管气泡居中时,即表示竖盘指标处于正确位置。一般地,当望远镜视线水平,指标水准管气泡居中时,竖盘指标指示的竖盘读数应该为 $90°$ 或 $270°$,如图 3.2.15 所示。

b. 竖盘指标自动补偿装置

采用竖盘指标自动补偿器代替竖盘指标水准管,简化了操作程序,即使仪器稍有倾斜,也能读得相当于水准管气泡居中时的竖盘读数。

自动补偿装置的原理是借助重力作用,如在竖直度盘与指标线之间,用柔丝悬吊一块可小幅自由摆动的平行玻璃板,如图 3.2.16 所示。当仪器竖轴铅垂、视线水平时,指标处于铅垂位置,光线通过平板玻璃,不产生折射,指标读数为 $90°$;当仪器有微小倾斜时(在仪器整平精度范围内,一般为 $\pm1'$ 内),悬于柔丝上的平板玻璃由于重力作用随之转动一 β 角度。光线通过转动后的平板玻璃产生了一段平移,从而使指标读数仍为 $90°$(当视线水平时),达到自动补偿的目的。

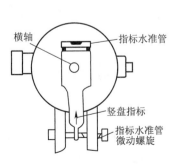

图 3.2.15　竖盘指标水准管

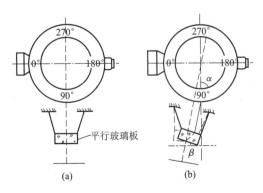

图 3.2.16　自动补偿器构造原理图

③竖直角的观测方法

竖直角观测与水平角一样,都是依据度盘上两个方向读数之差来实现的。不同之处在于该两方向中,必有一个是水平线方向,而水平方向竖盘指标指示的竖盘读数是一固定值(如90°或270°)。竖直角观测只需照准倾斜目标,读取竖直度盘读数,根据相应公式,即可计算出竖直角α。

a. 计算公式

竖直角的计算公式,因竖盘刻划的方式不同而异,现以顺时针注记、视线水平时盘左竖盘读数为90°的仪器为例,说明其计算公式(图3.2.17)。

盘左位置且视线水平时,竖盘读数为90°[图3.2.17(a)],视线向上倾斜照准高处某点A得读数L[图3.2.17(b)],因仰视竖角为正,故盘左时竖角公式为

$$\alpha_左 = 90° - L \tag{3.2.4}$$

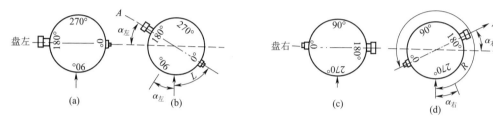

图 3.2.17　竖直角测量

盘右位置且视线水平时,竖盘读数为270°[图3.2.17(c)],视线向上倾斜照准高处某点A得读数R[图3.2.17(d)],因仰视竖角为正,故盘右时竖角公式为

$$\alpha_右 = R - 270° \tag{3.2.5}$$

上、下半测回角值较差不超过规定限值时(DJ$_2$ 为30″,DJ$_6$ 为60″),取平均值作为一测回的竖直角值,即

$$\alpha = (\alpha_左 + \alpha_右)/2 \tag{3.2.6}$$

观测结果及时记入相应记录表,并进行有关计算,见表3.2.4。

表 3.2.4　竖直角观测记录表

测　站	测　点	盘　位	竖盘读数			竖直角			平均角值			备　注
			°	′	″	°	′	″	°	′	″	
A	B	左	79	04	10	10	55	50	10	55	40	
		右	280	55	30	10	55	30				

事实上,因为视线上仰时竖直角为正,下俯时竖直角为负,竖盘起始读数(当望远镜水平,竖盘指标水准管气泡居中时,指标所指的竖盘读数)通常为90°或270°,根据目标读数与始读数之差及其应有的正负号,便可判断仪器竖盘刻划方式及其计算公式。

b. 观测步骤

ⓐ在测站上安置仪器,对中,整平,以盘左位置瞄准目标,用望远镜微动螺旋使望远镜十字丝中丝精确切准目标;

ⓑ转动竖盘指标水准管微动螺旋,使指标水准管气泡居中(若用自动补偿归零装置,则应把自动补偿器功能开关或旋钮置于"ON"位置);

ⓒ确认望远镜中丝切准目标,读取竖直度盘读数,并记入记录表格(表3.2.4);

ⓓ纵转望远镜,盘右位置切准目标同一点,与盘左相同操作顺序,读记竖直度盘读数,至此

即完成一测回竖直角观测。

④竖盘指标差

从以上介绍竖盘构造及竖直角计算中可知：竖盘指标水准管居中（或自动归零装置打开）且望远镜视线水平时，竖盘读数应为某一固定读数（如 90° 或 270°）。但是实际上往往由于竖盘水准管与竖盘读数位置关系不正确或自动归零装置存在误差，使视线水平时的读数与应有读数存在一个微小的角度误差 x，称为竖盘指标差，如图 3.2.18 所示。因指标差的存在，使得竖直角的正确值应该为（设指标偏向注字增加的方向）

$$\alpha = 90° - (L - x) = \alpha_左 + x \qquad (3.2.7)$$

或

$$\alpha = (R - x) - 270° = \alpha_右 - x \qquad (3.2.8)$$

解上两式得

$$\alpha = \frac{1}{2}(\alpha_右 + \alpha_左) = \frac{1}{2}(R - L - 180°) \qquad (3.2.9)$$

$$x = \frac{1}{2}(\alpha_右 - \alpha_左) = \frac{1}{2}(R + L - 360°) \qquad (3.2.10)$$

上式是按顺时针注字的竖盘推导公式，逆时针方向注字的公式可类似推出。

从以上公式可知：

a. 取盘左、盘右（一个测回）观测的方法可自动消除指标差的影响；若 x 为正，则视线水平时的读数大于 90° 或 270°，否则情况相反。

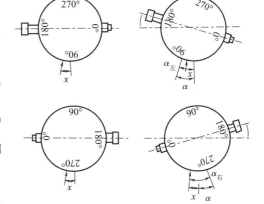

图 3.2.18　竖盘存在指标差时的情况

b. 在多测回竖直角测量中，常用指标差来检验竖直角观测的质量。在观测同一目标的不同测回中或同测站的不同目标时，各指标较差不应超过一定限值，如在经纬仪一般竖角测量中，指标差较差应小于 $10''$。

4. 经纬仪的检验与校正

根据水平角和竖直角观测的原理，经纬仪的设计制造有严格的要求，如经纬仪旋转轴应铅垂、水平度盘应水平、望远镜纵向旋转时应划过一铅垂面等。如图 3.2.19 所示，经纬仪有四条主要轴线。

水准管轴（LL）：通过水准管内壁圆弧中点的切线；

竖轴（VV）：经纬仪在水平面内的旋转轴；

视准轴（CC）：望远镜物镜中心与十字丝中心的连线；

横轴（HH）：望远镜的旋转轴（又称水平轴）。

经纬仪在使用过程中，由于外界条件、磨损、振动等影响，一般状态会发生变化。仪器质量直接关系到测量成果的好坏，按照计量法的要求，经纬仪与其他测绘仪器一样，必须定期去法定检测机构进行相关检测。

经纬仪应满足的主要条件列于表 3.2.5 中。

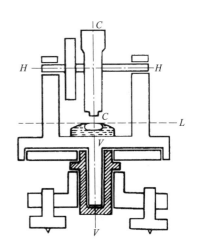

图 3.2.19　经纬仪主要轴线

表 3.2.5　经纬仪应满足的主要条件

应满足条件	目　的	备　注
$LL \perp VV$	当气泡居中时，LL 水平，VV 铅垂，水平度盘水平	VV 铅垂是前提
$CC \perp HH$	望远镜绕 HH 纵转时，CC 移动轨迹为一平面	否则是一圆锥面

续上表

应满足条件	目　　的	备　注
$HH \perp VV$	LL 水平时,HH 也水平,使 CC 移动轨迹为一铅垂面	否则为一倾斜面
竖丝 $\perp HH$	望远镜绕 HH 纵转时,"｜"位于上述铅垂面内;可检查目标是否倾斜或用其任意位置照准目标	
光学对中器的视线与 VV 重合	使竖轴旋转中心(水平度盘中心)位于过测站的铅垂线上	
$x=0$	便于竖直角测量	

(1)$LL \perp VV$ 的检校

①检验

粗平经纬仪,转动照准部使水准管平行于任意两个脚螺旋,调节脚螺旋使水准管气泡居中。旋转照准部 $180°$,检查水准管气泡是否居中:若气泡仍居中(或 $\leqslant 0.5$ 格),则 $LL \perp VV$;否则,说明两者不垂直,需校正(图 3.2.20)。

②校正

a. 调节与水准管平行的脚螺旋,使气泡回移总偏移量之半。

b. 用校正针拨动水准管一端的校正螺丝,使气泡居中。

c. 反复检校几次,直至满足要求。

说明:若 LL 不垂直于 VV,则气泡居中(LL 水平)时,VV 不铅垂,它与铅垂线有一夹角 α;当绕倾斜的 VV 旋转 $180°$ 后,LL 便与水平线形成 2α 的夹角,它反映为气泡的总偏移量。当用脚螺旋调回总偏移量之半时,VV 已铅垂,另一半则是由水准管轴不水平所致,可调整水准管一端的校正螺丝使水准管水平。

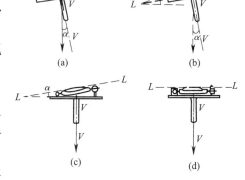

图 3.2.20　照准部水准管轴检校

(2)竖丝 $\perp HH$ 的检校

①检验

a. 整平仪器,使竖丝清晰地照准远处点状目标,并重合在竖丝上端。

b. 旋转望远镜微动螺旋,将目标点移向竖丝下端,检查此时竖丝是否与点目标重合,若明显偏离,则需校正。十字丝竖丝检校如图 3.2.21 所示。

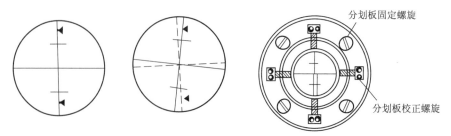

图 3.2.21　十字丝竖丝检校

②校正

拧开望远镜目镜端十字丝分划板的护盖,用校正针微微旋松分划板固定螺钉;然后微微转动十字丝分划板,至竖丝与点状目标始终重合;最后拧紧分划板固定螺钉,并上好护盖。

说明:若竖丝⊥HH,则竖丝的移动轨迹在视准轴所划过的平面内。

(3)$CC \perp HH$ 的检校

如图 3.2.22 所示,某水平面上 A、O、B 为一直线上的三点,经纬仪盘左瞄准点 A 时,若 $CC \perp HH$,则倒镜后视线应过 B 点;若两者不垂直,则倒镜后视线为 OB'[图 3.2.22(a)]。设 HH' 为横轴的实际位置,视准轴(OA 方向)与横轴方向(HH')的交角为($90° - c$),c 称为视准轴误差。若有 c 存在,从图(a)中可看出倒镜后 $\angle B'OB = 2c$,$2c$ 即为 2 倍的视准轴误差,它意味着盘左盘右瞄准同一点时,水平度盘读数相差 $180° \pm 2c$。盘右重复上述工作时,视线瞄准 B'',B' 与 B'' 关于 OB 对称,$\angle B'OB'' = 4c$。

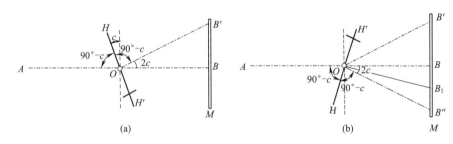

图 3.2.22　视准轴检校

①检验

a. 结合图 3.2.22,选择一平坦场地,安置仪器于 A、B 中点 O,在 B 点垂直于 AB 横置一刻有毫米分划的直尺 M,并使 A、O、直尺约位于同一水平面。整平仪器后,先以盘左位置照准远处目标 A,保持照准部不动,纵转望远镜,于 M 尺上读得 B'。

b. 以盘右位置仍照准目标 A,同法在 M 尺上读取读数 B''。

c. 若 $B' = B''$,则 $CC \perp HH$;若 $B' \neq B''$,则需校正。

②校正

a. 在盘右状态下,旋转水平微动螺旋,使十字丝竖丝瞄准 B_1,使 $B_1 B'' = \dfrac{1}{4} B'B''$,此时 $OB_1 \perp HH'$。

b. 拧开十字丝分划板护盖,用校正针微微拨动十字丝分划板左右校正螺丝(图 3.2.21),一松一紧,使十字丝中心对准目标 B_1 即可。

(4)$HH \perp VV$ 的检校

当竖轴铅垂、$CC \perp HH$ 时,若 $HH \perp VV$ 不满足,则望远镜绕 HH 旋转时,CC 所划过的是一倾斜的平面,如图 3.2.23 所示。依据这一特点,检验时可先整平仪器,分别以盘左、盘右瞄准远处墙壁上一较高目标点 A,再将望远镜转至水平方向。这时沿视线在墙壁上作的两点 B、C 将不会重合。

①检验

a. 整平仪器后,盘左瞄准 20～50 m 处墙壁目标 A(仰角＞30°);

b. 固定照准部,纵转望远镜,照准墙上与仪器同高

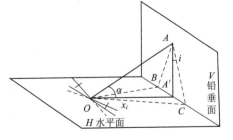

图 3.2.23　横轴检校

点 B,并标记;

  c. 纵转望远镜 $180°$,盘右位置同法在墙上作点 C;

  d. 如果 B 与 C 重合,则 $HH \perp VV$,否则,横轴不水平。

  ②校正

横轴不水平是由于支承横轴的两侧支架不等高而引起的。由于横轴是密封的,因此横轴与支架之间的几何关系由制造装配时给予保证,测量人员只需进行此项检验;如需校正,应送仪器维修部门。

  (5)竖盘指标正确性检校

  ①检验

用盘左、盘右观测同一目标,按公式(3.2.10)计算出仪器的指标差值。

  ②校正(带竖盘指标水准管经纬仪)

  a. 保持盘右位置瞄准原目标,用竖盘指标水准管微动螺旋,使竖盘读数调整到 $R-x$,这时竖直度盘指标水准管气泡不居中;

  b. 用校正针拨动竖盘指标水准管上、下校正螺丝,使气泡居中;

  c. 重复上述操作,直至满足要求为止。

  (6)光学对中器的视线与竖轴(VV)重合性检验

若这一关系不满足,仪器整平后,光学对中器绕竖轴旋转时,视线在地面上的移动轨迹是一个圆圈,而不是一点。

  检验方法:

  ①安置仪器于平坦地上,严格整平,在地面角架中央固定一张白纸;

  ②光学对中器调焦,在纸上标记出视线的位置;

  ③将光学对中器旋转 $180°$,观察视线是否离开原来位置或偏离超限;若是,则需进行校正。

  (7)检校说明

  ①上述各项校正,一般都需反复进行几次,直至在允许范围之内,其中视准轴的检校是主要一项;

  ②校正时,应遵循先松后紧的原则;

  ③一般地,若前一项未校正会影响到下一项的检验时,校正次序不宜颠倒;

  ④同是校正一个部位的两项,宜将重要的置于后面。

3.2.2　距离测量

距离测量是确定点位平面坐标的另外一个基本元素,也是测量的基本工作。距离测量就是确定空间两点在水平面上的投影长度,即水平距离。

距离测量的方法与采用的仪器和工具有关。测量中经常采用的方法有:①钢尺量距,其精度为 $1/1\ 000$ 至几万分之一,若用钢瓦基线尺量距,精度可达几十万分之一;②视距测量,其测距精度为 $1/300 \sim 1/200$;③光电测距,其精度在几千分之一到几十万分之一。随着光电波等技术的发展以及现代测量仪器的普遍应用,光电测距逐渐发展成现代主要的测距方法,而钢尺量距和视距测量在一些特殊行业或条件下采用。

采用何种仪器与工具测距取决于测量工作的性质、要求和条件。

1. 钢尺量距

钢尺是用于直接丈量的工具,它实际上是一卷钢带,带宽 $10 \sim 15$ mm,厚 $0.2 \sim 0.4$ mm,

长度有 20 m、30 m 和 50 m 三种。钢尺量距需要测钎、花杆(标杆)、垂球、温度计、拉力器等。

钢尺的尺长方程式是在一定拉力下(如对 30 m 钢尺,拉力为 100 N),钢尺长度与温度的函数关系,其形式为

$$L=L_t+\Delta L+\alpha(t-t_0)L_0 \tag{3.2.11}$$

式中　L_t——钢尺在温度 t 的实际长度;

L_0——钢尺上标注的长度,即名义长度;

Δl——尺长改正数,即钢尺在温度 t_0 时实际长度与名义长度之差;

t——丈量时的温度;

t_0——钢尺的标准温度,一般为 20 ℃;

α——钢尺的线膨胀系数,一般采用 $(1.15\sim1.25)\times10^{-5}/℃$。

尺长方程式在已知长度上比对得到,称为尺长检定,一般由专业的检定部门实施。

钢尺量距一般包括以下几个方面工作:

(1)定线。若丈量距离大于尺段长度时,应在距离两端点之间用经纬仪定向,按尺段长度设置定向桩,并在桩顶刻画标志。

(2)量距。即丈量两相邻定向桩顶标志之间的距离。丈量时对钢尺施以检定时的拉力(一般 30 m 钢尺为 100 N,50 m 钢尺为 150 N)。当钢尺达到规定拉力、尺身稳定时,施尺员按一定程序、统一口令,前后读尺员进行钢尺读数,两端读数之差即为该尺段的长度 l_i。

(3)测量定向桩之间的高差。为将丈量距离改化成水平距离及距离的高差改正,需用水准测量方法测定相邻桩顶间的高差 h_i。

(4)成果整理。对各段观测值进行尺长改正、温度改正、倾斜改正后相加即得所需距离

$$D=\sum l_i+\frac{\Delta L}{L_0}\sum l_i+\alpha(t-t_0)\sum l_i-\sum\frac{h_i^2}{2L_i} \tag{3.2.12}$$

2. 视距法测距

(1)概述

视距测量是一种根据几何光学原理,用简便的操作方法即能迅速测出两点间距离的方法。

视距测量是一种间接测距方法,普通视距测量所用的视距装置是测量仪器望远镜内十字丝分划板上的视距丝,视距丝是与十字丝横丝平行且间距相等的上、下两根短丝。普通水准测量是利用十字丝分划板上的视距丝和刻有厘米分划的视距尺(可用普通水准尺代替),根据几何光学原理,测定两点间的水平距离。

由于十字丝分划板上、下视距丝的位置固定,因此通过视距丝的视线所形成的夹角(视角)也是不变的,所以这种方法又称为定角视距测量。

视线水平时,视距测量得到的是水平距离。如果视线是倾斜的,为求得水平距离,还应测出竖角。有了竖角,也可以求得测站至目标的高差。所以说视距测量也是一种能同时测得两点之间的距离和高差的测量方法。

普通视距测量测距简单,观测速度快,一般不受地形条件的限制。但测程较短,测距精度较低,在比较好的外业条件下测距相对精度仅有 1/300~1/200。

(2)普通视距测量的原理

①视准轴水平时的视距公式

欲测定 A、B 两点间的水平距离,如图 3.2.24 所示,在 A 点安置经纬仪,在 B 点竖立视距

尺,当望远镜视线水平时,视准轴与尺子垂直,经对光后,通过上、下两条视距丝 m、n 就可读得尺上 M、N 两点处的读数,两读数的差值 l 称为视距间隔或视距。f 为物镜焦距,p 为视距丝间隔,δ 为物镜至仪器中心的距离,由图可知,A、B 点之间的平距为

$$D=d+f+\delta$$

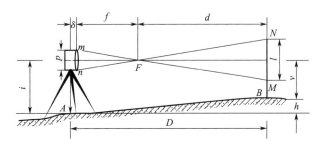

图 3.2.24　视距测量原理

其中 d 由两相似 $\triangle MNF$ 和 $\triangle mnF$ 求得

$$\frac{d}{f}=\frac{l}{p}$$

即

$$d=\frac{f}{p}l$$

因此

$$D=\frac{f}{p}l+(f+\delta)$$

令 $f/p=K$,K 称为视距乘常数,$f+\delta=c$,c 称为视距加常数,则

$$D=Kl+c \tag{3.2.13}$$

在设计望远镜时,适当选择有关参数后,可使 $K=100$,$c=0$。于是,视线水平时的视距公式为

$$D=100l \tag{3.2.14}$$

两点间的高差为

$$h=i-v \tag{3.2.15}$$

式中,i 为仪器高;v 为望远镜的中丝在尺上的读数。

②视准轴倾斜时的视距公式

当视线倾斜时,视准轴不再与视距尺垂直,上面推导的公式不再适用。如图 3.2.25,当十字丝横丝截尺上 Q 点时,视准轴与水平线成 α 角,视距读数 $l=AB$。为求出视线倾斜时的视距公式,设想视距尺绕 Q 点旋转 α 角,使尺垂直于视准轴 PQ,则在倾斜的尺上将得出视距读数 l'。这时 P、Q 之间的斜距为

$$S=K \cdot l'$$

显然,l 和 l' 的近似关系为

$$l'=l\cos \alpha$$

所以

$$S=K \cdot l'=K \cdot l'\cos \alpha$$

M、N 两点的平距为

$$D=S\cos \alpha=K \cdot l\cos^2\alpha \tag{3.2.16}$$

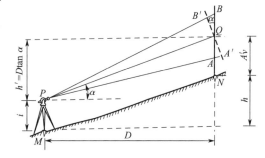

图 3.2.25　视线倾斜时的视距测量

而 M、N 两点的高差为

$$h=D\tan\alpha+i-v \qquad (3.2.17)$$

式中　i——仪器高；

　　　v——中丝读数。

式(3.2.17)称为三角高程测量公式。

3. 光电测距

随着光电技术的发展,电磁波测距仪的使用越来越广泛。与传统量测方法比较,电磁波测距具有测程远、精度高、操作简便、作业速度快和劳动强度低等优点。

（1）测距仪分类

光电测距仪有多种分类方法,以下介绍常用分类方法。

① 按载波分类

a. 红外光源:采用砷化镓发光二极管发出不可见的红外光,目前工程测量中所使用的短程测距仪都采用此光源。

b. 激光光源:采用固体激光器、气体激光器或半导体激光器发出的方向性强、亮度高、相干性好的激光作光源,一般用于中远程测距仪上。

② 按测程分类

a. 短程光电测距仪:测程小于 3 km,用于工程测量。

b. 中程光电测距仪:测程为 3～15 km,通常用于一般等级控制测量。

c. 远程光电测距仪:测程大于 15 km,通常用于国家三角网及特级导线。

③ 按测距精度分类

光电测距仪精度可按 1 km 测距中误差(即 $m_D=A+B\cdot D$,当 $D=1$ km 时)划分为 3 级：Ⅰ级为 $m_D\leqslant5$ mm；Ⅱ级为 5 mm$<m_D\leqslant10$ mm；Ⅲ级为 10 mm $<m_D\leqslant20$ mm 。在 $m_D=A+B\cdot D$ 式中,A 为仪器标称精度中的固定误差,以 mm 为单位;B 为仪器标称精度中的比例误差系数,以 mm/km 为单位;D 为测距边长度,以 km 为单位。

目前测量中多采用中短程红外测距仪,如常州大地测距仪厂生产的 D3000、南方测绘仪器公司的 ND3000 系列红外光电测距仪等。

（2）光电测距原理

如图 3.2.26 所示,欲测 A、B 两点的距离,在 A 点置测距仪,在 B 点置反光镜。由测距仪在 A 点发出的测距电磁波信号至反光镜经反射回到仪器。如果电磁波信号往返所需时间为 t,设信号的传播速度为 c,则 A、B 之间的距离为

$$D=\frac{1}{2}c\cdot t \qquad (3.2.18)$$

式中,c 为电磁波信号在大气中的传播速度,其值约为 3×10^8 m/s。由此可见,测出信号往返 A、B 所需时间即可测量出 A、B 两点的距离。

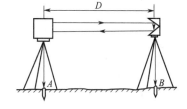

图 3.2.26　光电测距基本原理

由式(3.2.18)可以看出,测量距离的精度主要取决于测量时间的精度。在电子测距中,测量时间一般采用两种方法：① 直接测定时间,如电子脉冲法;② 通过测量电磁波信号往返传播所产生的相位移来间接的测定时间,如相位法。对于第一种方法,若要求测距误差 $\Delta D\leqslant10$ mm,则要求时间 t 的测定误差 $\Delta t\leqslant\frac{2}{3}\times10^{-10}$ s,要达到这样的精度是非常困难的,如用脉冲法,其测定时间的精度也只能达

到 10^{-8} s,这对于精密测距是远远不够的。因此,对于精密测距,一般不采用直接测量时间的方法,而采用间接测量时间的方法,即相位法。

图 3.2.27 为测距仪发出经调制的按正弦波变化的调制信号的往返传播情况。信号的周期为 T,一个周期信号的相位变化为 2π,信号往返所产生的相位移为

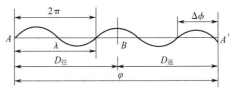

图 3.2.27　相位法测距

$$\varphi = 2\pi f \cdot t \qquad\qquad (a)$$

则

$$t = \frac{\varphi}{2\pi f} \qquad\qquad (b)$$

故

$$D = \frac{1}{2}c \cdot t = \frac{1}{2}c \cdot \frac{\varphi}{2\pi f} = \frac{1}{2} \cdot \frac{c}{f} \cdot \frac{\varphi}{2\pi} \qquad\qquad (c)$$

式中　f——调制信号的频率;

　　　t——调制信号往返传播的时间;

　　　c——调制信号在大气中的传播速度。

信号往返所产生的相位移为

$$\varphi = N \cdot 2\pi + \Delta\varphi = 2\pi\left(N + \frac{\Delta\varphi}{2\pi}\right) \qquad\qquad (d)$$

式中,N 为相位移的整周期数;$\dfrac{\Delta\varphi}{2\pi}$ 为不足一周期的尾数,将式(d)代入式(c),得

$$D = \frac{1}{2} \cdot \frac{c}{f} \cdot \left(N + \frac{\Delta\varphi}{2\pi}\right) = \frac{\lambda}{2} \cdot (N + \Delta N) \qquad\qquad (3.2.19)$$

式中,$\lambda = \dfrac{c}{f}$,为调制正弦波信号的波长;$\Delta N = \dfrac{\Delta\varphi}{2\pi}$。令 $\dfrac{\lambda}{2} = u$,上式可写成

$$D = u(N + \Delta N) \qquad\qquad (3.2.20)$$

上式可以理解为用一把测尺长度为 u 的"光尺"量距,N 为整尺段数,ΔN 为不足一整尺段的尾数。但仪器用于测量相位的装置(称相位计)只能测量出尺段尾数 ΔN,而不能测量整周数 N,例如当测尺长度 $u = 10$ m 时,要测量距离为 835.486 m 时,测量出的距离只能为 5.486 m,即此时只能测量小于 10 m 的距离。为此,要增大测程则要增大测尺长度,但相位计的测相误差和测尺长度成正比,由测相误差所引起的测距误差约为测尺长度的 1/1 000,增大测尺长度会使测距误差增大。为了兼顾测程和精度,仪器中采用不同测尺长度的测尺,即所谓"粗测尺(长度较大的尺)"和"精测尺(长度较小的尺)"同时测距,然后将粗测结果和精测结果组合得最后结果,这样,既保证了测程,又保证了精度。例如,测量距离时采用 $u_1 = 10$ m 测尺和 $u_2 = 1\ 000$ m 测尺,测量结果如下:

精测结果	5.486
粗测结果	835.4
仪器显示	835.486

(3)测距成果计算

测距成果计算包括气象改正、加常数改正、乘常数改正、倾斜改正等。

①气象改正

测距公式中测尺长度 $u=\dfrac{\lambda}{2}=\dfrac{c}{2f}$，式中电磁波在大气中的传播速度 c 随气象条件变化而变化；而仪器中只能按一个固定值计算测距值。因此应根据测距时的气象条件对测距成果进行改正，称气象改正。

不同的仪器给出的气象改正公式也不尽相同，一般在其使用说明书中给出。如 TC1610 测距仪给出的气象改正公式为

$$K_a=\left(281.8-\dfrac{0.290\,65p}{1+0.003\,66t}\right)\times10^{-6} \tag{3.2.21}$$

式中　p——大气压力（$\times10^2$ Pa）；

t——大气温度（℃）。

有的仪器说明书上还给出了大气改正图，根据大气改正图可方便地查取气象改正值。

②加、乘常数改正

加常数与距离的长短无关，因此加常数改正值就是加常数本身。

乘常数一般以 mm/100 m 或 mm/km（也为 1×10^{-6}）表示，乘常数改正值等于乘常数乘以距离。

③倾斜改正

倾斜改正指将所测斜距化算为测站所在水准面上的距离，倾斜改正公式为

$$D=S\cdot\cos\alpha \tag{3.2.22}$$

式中　S——斜距；

α——竖直角。

当考虑到地球曲率及大气折光的影响时，上式变为

$$D=S\cdot\cos\alpha-\dfrac{2-K}{2R}\cdot S^2\cdot\sin\alpha\cdot\cos\alpha \tag{3.2.23}$$

式中　K——大气折光系数，一般取 0.13；

R——地球半径。

应注意上式所求为测站的发射器所在水准面上的距离。

（4）测距仪使用注意事项

①测距时应注意严禁将测距头对准太阳和强光源，以免损坏仪器的光电系统。在阳光下必须撑伞以遮阳光。

②测距仪不要在高压线下附近设站，以免受强磁场影响。

③测距仪在使用及保管过程中注意防振、防潮、防高温。

④蓄电池应注意及时充电。仪器不用时，电池要充电保存。

【例 3.1】某测距仪测得 AB 两点的斜距为 $S'=1\,578.567$ m，测量时的气压 $p=910(10^2$ Pa），$t=25$ ℃，竖直角 $\alpha=+15°30'00''$；仪器加常数 $K=+2$ mm，乘常数 $R=+2.5\times10^{-6}$，试求 AB 的水平距离。气象改正公式为 $K_a=\left(281.8-\dfrac{0.290\,65p}{1+0.003\,66t}\right)\times10^{-6}$。

【解】（1）气象改正

$$\begin{aligned}\Delta D_1&=K_a\cdot S'\\&=\left(281.8-\dfrac{0.290\,65\times910}{1+0.003\,66\times25}\right)\times10^{-6}\times1\,578.567=62.3(\text{mm})\end{aligned}$$

（2）加常数改正

$$\Delta D_2 = +2 \text{ mm}$$

（3）乘常数改正

$$\Delta D_3 = +2.5 \times 10^{-6} \times 1\,578.567 = +3.9(\text{mm})$$

（4）改正后斜距

$$S = S' + \Delta D_1 + \Delta D_2 + \Delta D_3 = 1\,578.635(\text{m})$$

（5）AB 的水平距离 D

$$D = S \times \cos\alpha = 1\,578.635 \times \cos 15°30'00'' = 1\,521.221(\text{m})$$

3.2.3　坐标方位角推算

坐标方位角推算是利用坐标反算方法，由已知边的坐标方位角推算待测边的坐标方位角。

1. 点位坐标反算

如图 3.2.28 所示，假设已知 A、B 两点的平面坐标值，则可以由此计算 A、B 两点间的水平距离 D_{AB} 和方位角 α_{AB}，此项工作就是坐标反算。D_{AB} 和 α_{AB} 的计算公式为

$$D_{AB} = \sqrt{\Delta x_{AB}^2 + \Delta y_{AB}^2} \qquad (3.2.24)$$

$$\alpha_{AB} = \arctan\left(\frac{\Delta y_{AB}}{\Delta x_{AB}}\right) \qquad (3.2.25)$$

式中，$\Delta y_{AB} = y_B - y_A$；$\Delta x_{AB} = x_B - x_A$。

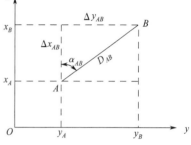

图 3.2.28　坐标正、反算

需要特别说明的是：式(3.2.25)中的方位角 α_{AB}，其值域为 0~360°，而等式右侧的 arctan 函数，其值域为 −90°~90°，两者是不一致的。故当按式(3.2.25)的反正切函数计算坐标方位角时，计算器上得到的是象限值，因此应根据坐标增量 Δx、Δy 的符号判断其象限，然后根据象限角与方位角的关系把象限角转换成相应的坐标方位角。

2. 坐标方位角的推算

测量工作中一般不是直接测定每条边的方位角，而是通过与已知方向的连测，推算出各边的坐标方位角。如图 3.2.29 所示，已知直线 AB 的坐标方位角为 α_{AB}，B 点处的转折角为 β，当 β 为左角时[图 3.2.29(a)]，则直线 BC 的坐标方位角 α_{BC} 为

$$\alpha_{BC} = \alpha_{AB} + \beta - 180° \qquad (3.2.26)$$

当 β 为右角时[图 3.2.29(b)]，则直线 BC 的坐标方位角 α_{BC} 为

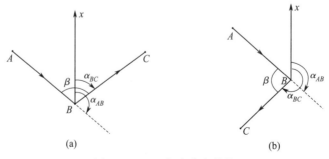

（a）　　　　　　　　　　　（b）

图 3.2.29　坐标方位角推算

$$\alpha_{BC} = \alpha_{AB} - \beta + 180° \qquad (3.2.27)$$

由式(3.2.26)、式(3.2.27)可得出推算坐标方位角的一般公式为

$$\alpha_{前} = \alpha_{后} \pm \beta \pm 180°$$ (3.2.28)

式(3.2.28)中,β 为左角时,其前取"+",β 为右角时,其前取"-"。如果推算出的坐标方位角大于 360°,则应减去 360°,如果出现负值,则应加上 360°。

3.2.4 点位平面坐标计算

点位平面坐标计算是利用坐标正算方法,由已知点坐标推算未知点坐标。

1. 点位坐标正算

在图 3.2.28 中,A 为已知点,B 为未知点,假设已知水平距离 D_{AB} 和 AB 边的方位角 α_{AB},则可以计算出 B 点的坐标。

由图 3.2.28 可知

$$\left.\begin{array}{l} x_B = x_A + \Delta x_{AB} = x_A + D_{AB} \times \cos \alpha_{AB} \\ y_B = y_A + \Delta y_{AB} = y_A + D_{AB} \times \sin \alpha_{AB} \end{array}\right\}$$ (3.2.29)

2. 点位平面坐标在不同坐标系下的转换

在工程施工过程中,施工坐标系与测量坐标系往往不一致,因此施工测量前需进行施工坐标系与测量坐标系之间的转换。

如图 3.2.30 所示,设 xOy 为测量坐标系,$x'O'y'$ 为施工坐标系,$x_{O'}$、$y_{O'}$ 为施工坐标系的原点 O' 在测量坐标系中的坐标,α 为施工坐标系的纵轴 $x'O'$ 在测量坐标系中的方位角。设已知 P 点的施工坐标为 (x'_P, y'_P),则可按下式将其换算为测量坐标 (x_P, y_P):

$$\left.\begin{array}{l} x_P = x_{O'} + x'_P \cos \alpha - y'_P \sin \alpha \\ y_P = y_{O'} + x'_P \sin \alpha + y'_P \cos \alpha \end{array}\right\}$$ (3.2.30)

如果已知 P 点的测量坐标 (x_P, y_P),则可将其转换为施工坐标 (x'_P, y'_P):

$$\begin{array}{l} x'_P = (x_P - x_{O'}) \cos \alpha - (y_P - y_{O'}) \sin \alpha \\ y'_P = (x_P - x_{O'}) \sin \alpha + (y_P - y_{O'}) \cos \alpha \end{array}$$

(3.2.31)

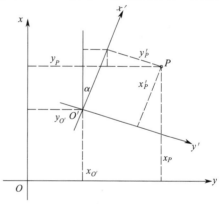

图 3.2.30 点位平面坐标在不同坐标系下的转换

3.3 全站仪在测量工作中的应用

3.3.1 全站仪角度测量

全站仪测量水平角与经纬仪相同,如图 3.3.1 所示,若要测出水平角 $\angle ACB$(即 β),则:

(1)当精度要求不高时,瞄准 A 点——置零(0 SET)——瞄准 B 点,记下水平度盘 HR 的大小。

(2)当精度要求高时,可用测回法测角。操作步骤同用经纬仪操作一样,只是配置度盘时,按"置盘"(H SET)。

(3)$\beta = L_2 - L_1$。

用 2″精度的全站仪观测角度时,精度要求为 $\beta_{左} - \beta_{右} \leqslant \pm 2″$。

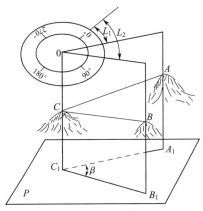

图 3.3.1　全站仪水平角测量原理图

3.3.2　全站仪距离测量

如图 3.3.2 所示,光电测距的基本原理是测距仪发出光脉冲,经反光棱镜反射后回到测距仪。假若能测定光在距离 D 上往返传播的时间,则可以利用测距公式计算出 AB 两点的距离:

$$D = c \cdot t_{2D}/2$$

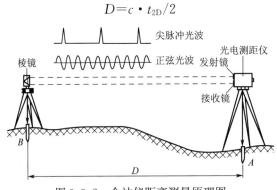

图 3.3.2　全站仪距离测量原理图

式中,D 为 AB 两点的距离;c 为真空中的光速。注意 t_{2D} 为光从仪器→棱镜→仪器的时间。根据测量光波在待测距离 D 上往返一次传播的时间 t_{2D} 的不同,测距误差可以分为两类:一类是与待测距离成比例的误差,如乘常数误差、温度和气压等外界环境引起的误差;另一类是与待测距离无关的误差,如加常数误差。所以一般将测距仪的精度表达为下式:

$$m_D = \pm(A + B \times 10^{-6} \times D)$$

式中,A 为固定误差;B 为比例误差系数;D 为所测距离(km)。

如某台测距仪的标称精度为 $\pm(3\ \text{mm} + 5 \times 10^{-6}D)$,那么固定误差为 3 mm,比例误差系数为 5。

3.3.3　全站仪对边测量

对边测量连续式的测量方式是测完第一点时,全站仪屏幕会显示出测站到被测点的斜距、高差、平距。当再按一次测距键测第二个被测点时,则屏幕显示出第一个被测点至第二个被测点的斜距、高差、平距。以此类推,即 1—2,2—3,3—4,…,由此来测算边长,其原理如图 3.3.3 所示。

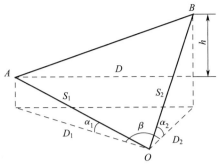

图 3.3.3　对边测量原理略图

$$D=\sqrt{D_1^2+D_2^2-2D_1D_2\cos\beta}=\sqrt{S_1^2\cos^2\alpha_1+S_2^2\cos^2\alpha_2-2S_1S_2\cos\alpha_1\cdot\cos\alpha_2\cos\beta}$$

$$h=S_2\sin\alpha_2-S_1\sin\alpha_1$$

根据误差传播定律,并设 $m_{\alpha_1}=m_{\alpha_2}=m_\alpha$, $m_{s_1}=m_{s_2}=m_s$, 则由计算公式可得平距与高差的中误差为

$$m_D=\pm\sqrt{\begin{array}{l}[(\cos^2\alpha_1+\cos^2\alpha_2)-(D_1^2\cos^2\alpha_1+D_2^2\cos^2\alpha_2)\sin^2\beta/D^2]m_s^2+(D_1^2D_2^2\sin^2\beta)m_\beta^2/(D^2\rho^2)\\+[(D^2-D_1^2\sin^2\beta)h_2^2+(D^2-D_2^2\sin^2\beta)h_1^2]m_\alpha^2/(D^2\rho^2)\end{array}}$$

$$m_h=\pm\sqrt{(\sin^2\alpha_2+\sin^2\alpha_1)m_s^2+(D_1^2+D_2^2)m_\alpha^2/\rho^2}$$

式中, $D_1=S_1\cos\alpha_1$; $D_2=S_2\cos\alpha_2$; $h_1=S_1\sin\alpha_1$; $h_2=S_2\sin\alpha_2$。

一般来讲, α_1、α_2 较小,为简单起见,取特殊情况 $\alpha_1=\alpha_2=\alpha=0$, 则上式 m_0 可化简为

$$m_D=\pm\sqrt{[2-(D_1^2+D_2^2)\sin^2\beta/D^2]m_s^2+(D_1^2D_2^2\sin^2\beta)m_\beta^2/(D^2\rho^2)}$$

从上式可知,对边测量的精度除受仪器的测距误差与测角误差影响外,还与观测图形元素 D_1、D_2、β 有关。

3.3.4　全站仪悬高测量

工作中,常常碰到一些架空物体或建(构)筑物高度的测量任务。对于一些楼层较高的建筑物或不能直接架设棱镜的架空物,用上述测量方法显得繁琐且工作量大。因此,通过操作全站仪悬高测量模式便可快速获得这些高度,从而省却很多麻烦。

所谓悬高测量,就是测定空中某点距地面的高度。全站仪进行悬高测量的工作原理如图 3.3.4所示,首先把反射棱镜设立在欲测目标点 B' 点(过目标点 B 的铅垂线与地面的交点),输入反射棱镜高 v;然后照准反射棱镜进行距离测量,再转动望远镜照准目标点 B,便能实时显示出目标点 B 至地面的高度 V_B。由全站仪内存的计算程序按下式计算:

$$V_B=D\tan\alpha_1-D\tan\alpha+v$$

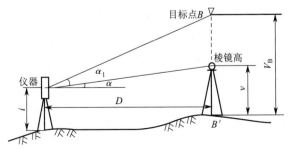

图 3.3.4　悬高测量原理图

根据误差传播定律,V_B 的误差如下式所示:

$$m_{V_B}^2=(\tan\alpha_1-\tan\alpha)^2 m_D^2+D^2\sec^4\alpha_1\cdot m_{\alpha_1}^2/\rho^2+D^2\sec^4\alpha\cdot m_\alpha^2/\rho^2+m_v^2$$

由上式可以看出,悬高测量的精度与距离、竖直角的大小以及测距、测角精度的高低有关。

3.3.5　全站仪偏心测量

所谓全站仪偏心测量,就是指反射棱镜不是放置在待测点的铅垂线上而是安置在与待测点相关的某处,间接地测定出待测点的位置。

如图 3.3.5 所示,全站仪安置在某一已知点 A,照准另一已知点 B 进行定向;然后,将偏心点 C(棱镜)设置在待测点 P 的左侧(或右侧),并使其到测站点 A 的距离与待测点 P 到测站点的距离相当;接着对偏心点进行测量;最后再照准待测点方向,仪器就会自动计算并显示出待测点的坐标。其计算公式如下:

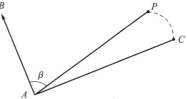

$$x_P=x_A+S\cos\alpha\cos(T_{AB}+\beta)$$
$$y_P=y_A+S\cos\alpha\sin(T_{AB}+\beta)$$

图 3.3.5　角度偏心测量原理图

式中,S 和 α 分别为测站点 A 到偏心点 C(棱镜)的斜距和竖直角;x_A,y_A 为已知点 A 的坐标;T_{AB} 为已知边的坐标方位角;β 为未知边 AP 与已知边 AB 的水平夹角;当未知边 AP 在已知边 AB 的右侧时,上式取"$-\beta$"。

对上式公式取全微分并转换为中误差(不顾及已知数据误差),可得 P 点的点位中误差为

$$m_P^2=m_{x_P}^2+m_{y_P}^2=\cos^2\alpha\cdot m_s^2+S^2\sin^2\alpha\cdot\frac{m_\alpha^2}{\rho^2}+S^2\cos^2\alpha\cdot\frac{m_\beta^2}{\rho^2}$$

式中,m_α 和 m_β 分别为竖直角和水平角的测角中误差;m_s 为测距中误差。

现设 $m_\alpha=m_\beta$,又因 $\cos^2\alpha\leqslant1$,所以上式可写成

$$m_P\leqslant\pm\sqrt{m_s^2+S^2\frac{m_\alpha^2}{\rho^2}}$$

显然,角度偏心测量适合于待测点与测站点通视但其上无法安置反射棱镜的情况。

3.3.6　全站仪点位的放样

点位放样就是根据已知点与待定点之间的几何关系,通过测量仪器将几何关系测量出并定出待定点的具体位置。

如图 3.3.6 所示,根据设计的待放样点 P 的坐标,在实地标出 P 点的平面位置及填挖高度。在大致位置 P' 立棱镜,测出当前位置的坐标;将当前坐标与待放样点的坐标相比较,得距离差值 dD 和角度差 dHR 或纵向差值 ΔX 和横向差值 ΔY;根据显示的 dD、dHR 或 ΔX、ΔY,逐渐找到放样点的位置。

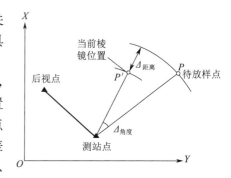

图 3.3.6　全站仪点位放样原理图

全站仪放样点位的误差统计公式:

$$m_P^2=m_1^2+m_2^2+m_3^2+m_4^2=\left[1-\frac{S^2}{(2+S_{AB}^2)}-S\times\frac{\cos\beta}{S_{AB}}\right]\times m_e^2+\frac{S^2 m_\beta^2}{\rho^2}+m_s^2+m_t^2$$

式中符号分别为:安置仪器误差 m_e 及其影响 m_1;放样角度的误差 m_β 及其影响 m_2;放样距离的误差 m_s 及其影响 m_3;标定 P 点的误差 m_t 及其影响 m_4。

由此可见,放样点位误差与定向距离成反比,因此,应尽量利用远边进行定向;放样点位误差与放样距离成正比,因此,放样距离不宜过长,原则上不宜超过定向距离;放样点位误差与放样角 β 的余弦成正比,因此,应尽量将放样角控制在 90°左右,一般选择在 30°～150°之间;全站仪放样距离无累积误差,其距离误差即为仪器检定时的标定误差,因此,对全站仪要定期进行校验工作;认真做好仪器的安置和放样点的标定工作,将安置仪器误差和放样点的标定误差控制在最小范围内。

3.3.7　全站仪面积测量

1. 测量方法和原理

如图 3.3.7 所示,12345 为任一五边形,欲测定其面积,可在适当位置 O 点安置全站仪,选定面积测量模式后,按顺时针方向分别在五边形各顶点 1、2、3、4、5 上竖立反射棱镜,并进行观测。观测完毕仪器就会瞬时地显示出该五边形的面积值。同法,可以测定出任意多边形的面积。

全站仪面积测量的原理为:通过观测多边形各顶点的水平角 β_i、竖直角 α_i 以及斜距 S_i,先根据下式自动计算出各顶点在测站坐标系 xOy(x 轴指向水平度盘 0°分划线,原点位于测站点 O 的铅垂线上,如图 3.3.8 中所示)的坐标 (x_i, y_i):

$$x_i = S_i \cos \alpha_i \cos \beta_i$$
$$y_i = S_i \cos \alpha_i \sin \beta_i$$

然后再利用下式自动计算并显示出被测 n 边形的面积 P:

$$P = \frac{1}{2} \sum_{i=1}^{n} x_i(y_{i+1} - y_{i-1})$$

或

$$P = \frac{1}{2} \sum_{i=1}^{n} x_i(x_{i+1} - x_{i-1})$$

式中,当 $i=1$ 时,$y_{i-1}=y_n$,$x_{i-1}=x_n$;当 $i=n$ 时,$y_{i+1}=y_1$,$x_{i+1}=x_1$。

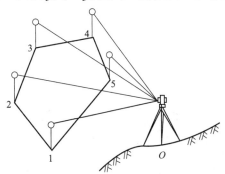
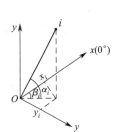

　　图 3.3.7　全站仪面积测量示意图　　　　　图 3.3.8　坐标测量示意图

2. 精度分析

由上述面积计算公式,根据误差传播定律可得面积测量中误差 m_P 为

$$m_P = \pm m_i \sqrt{\frac{1}{8} \sum_{i=1}^{n} \left[(x_{i+1} - x_{i-1})^2 + (y_{i+1} - y_{i-1})^2\right]}$$

式中,m_i 为点位中误差。

$$m_i^2 = m_{x_i}^2 + m_{y_i}^2 = \cos^2\alpha_i \cdot m_{S_i}^2 + S_i^2 \sin^2\alpha_i \cdot \frac{m_{\alpha_i}^2}{\rho^2} + S_i^2 \cos^2\alpha_i \cdot \frac{m_{\beta_i}^2}{\rho^2}$$

因 $\cos^2\alpha_i \leqslant 1, m_{\alpha_i} = m_{\beta_i}$，所以

$$m_i^2 \leqslant m_{S_i}^2 + S_i^2 \frac{m_{\alpha_i}^2}{\rho^2}$$

即

$$m_i \leqslant \sqrt{m_{S_i}^2 + S_i^2 \frac{m_{\alpha_i}^2}{\rho^2}}$$

3.4　卫星定位技术在测量工作中的应用

卫星定位技术是利用人造地球卫星进行点位测量的技术。GNSS(Global Navigation Satellite System)指的是全球导航卫星系统,是能在全球范围内提供导航服务的卫星导航系统的通称。美国 GPS、俄罗斯 GLONASS、中国北斗卫星导航系统和欧洲 GALILEO,是联合国全球卫星导航系统国际委员会认可的四大核心供应商。1957 年 10 月,世界上第一颗人造卫星发射成功后,人们就开始了利用卫星进行定位和导航的研究。随着全球定位系统(GNSS)的出现及应用的广泛普及,人们越来越深刻地认识到卫星导航定位系统的卓越性能和宽广的应用领域。从 20 世纪 90 年代中期开始,国际民航组织等倡导发展完全由民间控制的、多个卫星导航系统组成的全球导航卫星系统 GNSS。

3.4.1　GNSS 组成

利用 GNSS,用户可以在全球范围内实现全天候、连续、实时的三维导航定位和测速;另外,利用 GNSS,用户还能够进行高精度的时间传递和高精度的精密定位。

GNSS 由三部分组成(图 3.4.1),即 GNSS 卫星(空间部分)、地面监控部分系统(地面监控部分)和 GNSS 接收机(用户部分)。

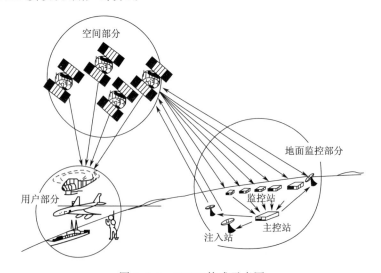

图 3.4.1　GNSS 构成示意图

3.4.2 GNSS 定位原理

利用 GNSS 进行定位,就是把卫星视为"动态"的控制点,在已知其瞬时坐标(可根据卫星轨道参数计算)的条件下,以 GNSS 卫星和用户接收机天线之间的距离(或距离差)为观测量,进行空间距离的后方交会(具体内容见项目 4 中交会测量),从而确定用户接收机天线所处的位置。如图 3.4.2 所示,现在欲确定待定点 P 的位置,可以在该处安置一台 GNSS 接收机,如果在某一时刻 t_i 同时测得了 4 颗 GNSS 卫星 A、B、C、D 到接收机的距离 S_{AP}、S_{BP}、S_{CP}、S_{DP},则可以列出 4 个观测方程:

$$S_{AP} = [(x_P - x_A)^2 + (y_P - y_A)^2 + (z_P - z_A)^2]^{\frac{1}{2}} + c(v_{tA} - v_T)$$

$$S_{BP} = [(x_P - x_B)^2 + (y_P - y_B)^2 + (z_P - z_B)^2]^{\frac{1}{2}} + c(v_{tB} - v_T)$$

$$S_{CP} = [(x_P - x_C)^2 + (y_P - y_C)^2 + (z_P - z_C)^2]^{\frac{1}{2}} + c(v_{tC} - v_T)$$

$$S_{DP} = [(x_P - x_D)^2 + (y_P - y_D)^2 + (z_P - z_D)^2]^{\frac{1}{2}} + c(v_{tD} - v_T)$$

式中 (x_A, y_A, z_A)、(x_B, y_B, z_B)、(x_C, y_C, z_C)、(x_D, y_D, z_D) 分别为卫星 A、B、C、D 在 t_i 时刻的空间直角坐标系下的坐标;v_{tA}、v_{tB}、v_{tC}、v_{tD} 分别为 t_i 时刻 4 颗卫星的钟差,它们均由卫星星历所提供。图中空间直角坐标系 $O\text{-}xyz$ 为 GNSS 所使用的坐标系。求解上述方程,即得待定点的该空间直角坐标系下坐标 (x_P, y_P, z_P)。由此可见,GNSS 定位的实质就是根据高速运动的卫星所提供的卫星的瞬时位置作为已知的起算数据,采用空间距离后方交会,确定待定点的空间位置。

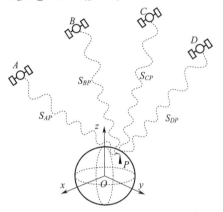

图 3.4.2 GNSS 定位原理示意图

3.4.3 GNSS 定位的误差源

GNSS 定位是通过地面接收设备接收卫星发射的导航定位信息来确定地面点的三维坐标。测量结果的误差来源于 GNSS 卫星、信号的传播过程和接收设备。GNSS 测量误差可分为三类:与 GNSS 卫星有关的误差;与 GNSS 卫星信号传播有关的误差;与 GNSS 信号接收机有关的误差。

与 GNSS 卫星有关的误差包括卫星的星历误差和卫星钟误差,两者都属于系统误差,可在 GNSS 测量中采取一定的措施消除或减弱,或采用某种数学模型对其进行改正。

与 GNSS 卫星信号传播有关的误差包括电离层折射误差、对流层折射误差和多路径误差。电离层折射误差和对流层折射误差即信号通过电离层和对流层时,传播速度发生变化而产生时延,使测量结果产生系统误差。在 GNSS 测量中,可以采取一定的措施消除或减弱,或采用某种数学模型对其进行改正。在 GNSS 测量中,测站周围的反射物所反射的卫星信号进入接收机天线,将和直接来自卫星的信号产生干涉,从而使观测值产生偏差,即为多路径误差(图 3.4.3),多路径误差取决于测站周围的观测环境,具有一定的随机性,属于偶然误差。为了减弱多路径误差,测站位置应远离大面积平静水面,测站附近不应有高大建筑物,测站点不宜选在山坡、山谷和盆地中。

与 GNSS 信号接收机有关的误差包括接收机的观测误差、接收机的时钟误差和接收天线相位中心的位置误差。接收机的观测误差具有随机性质,是一种偶然误差,通过增加观测量

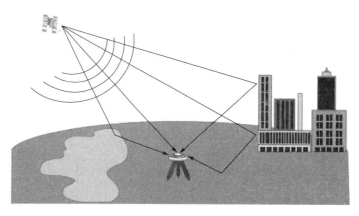

图 3.4.3　GNSS 多路径误差示意图

可以明显减弱其影响。接收机时钟误差是指接收机内部安装的高精度石英钟的钟面时间相对于 GNSS 标准时间的偏差,是一种系统误差,但可采取一定的措施予以消除或减弱。在 GNSS 测量中,以接收机天线相位中心代表接收机位置,由于天线相位中心随着 GNSS 信号强度和输入方向的不同而发生变化,致使其偏离天线几何中心而产生系统误差。

3.4.4　GNSS 定位基本模式

GNSS 定位模式包括静态定位、动态定位、绝对定位和相对定位。

1. 静态定位和动态定位

按照用户接收机天线在定位过程中所处的状态,分为静态定位和动态定位两类。

(1)静态定位:在定位过程中,接收机天线的位置是固定的,处于静止状态。其特点是观测的时间较长,有大量的重复观测,其定位的可靠性强、精度高,主要应用于测定板块运动、监测地壳形变、大地测量、精密工程测量、地球动力学及地震监测等领域。

(2)动态定位:在定位过程中,接收机天线处于运动状态。其特点是可以实时地测得运动载体的位置,多余观测少,定位精度低,目前广泛应用于飞机、船舶、车辆的导航中。

2. 绝对定位和相对定位

按照参考点的不同位置,分为绝对定位和相对定位两类。

(1)绝对定位(也称单点定位):是以地球质心为参照点,只需一台接收机,独立确定待定点在 WGS-84 坐标系中的绝对位置。其组织实施简单,但定位精度较低(受星历误差、星钟误差及卫星信号在大气传播中的延迟误差的影响比较显著)。该定位模式在船舶、飞机的导航,地质矿产勘探,暗礁定位,建立浮标,海洋捕鱼及低精度测量领域应用广泛。

(2)相对定位:以地面某固定点为参考点,利用两台以上接收机,同时观测同一组卫星,确定各观测站在 WGS-84 坐标系中的相对位置或基线向量。其优点是:由于各站同步观测同一组卫星,误差对各站观测量的影响相同或大体相同,对各站求差(线性组合)可以消除或减弱这些误差的影响,从而提高相对定位的精度。其缺点是:内外业组织实施较复杂。主要应用于大地测量、工程测量、地壳形变监测等精密定位领域。

在绝对定位和相对定位中,又都分别包含静态定位和动态定位两种方式。在动态相对定位中,当前应用较广的有差分 GNSS 和 GNSS RTK。差分 GNSS 是以测距码为根据的实时动态相对定位,精度低;GNSS RTK 是以载波为根据的实时动态相对定位,可实时获得厘米级的定位精度。

3.4.5 GNSS 测量外业实施

GNSS 测量外业实施包括点位选取与埋设和外业观测两部分。

1. 点位选取与埋设

由于 GNSS 观测是通过接收天空卫星信号实现定位测量,一般不要求观测站之间相互通视。而且,由于 GNSS 观测精度主要受观测卫星的几何状况的影响,与地面点构成的几何状况无关。因此,网的图形选择比较灵活。所以,选点工作远较常规控制测量简单方便。但由于点位的选择对于保证观测工作的顺利进行和可靠地保证测量成果精度具有重要意义,所以,应根据测量的目的、精度、密度要求,在充分收集和了解有关测区的地理情况以及原有测量标志点的分布及保持情况的基础上,进行 GNSS 点位的选定与布设。选点工作通常应遵守的原则是:

(1)点位应紧扣测量目的布设。例如,测绘地形图,点位应尽量均匀;线路测量点位应为带状点对。

(2)应考虑便于其他观测手段联测和扩展,最好能与相邻 1~2 个点通视。

(3)点应选在交通方便、便于到达的地方,便于安置接收设备。视野开阔,视场内周围障碍物的高度角一般应小于 15°。

(4)点位应远离大功率无线电发射台和高压输电线,以避免其周围磁场对 GNSS 卫星信号的干扰。

(5)点位附近不应有对电磁波反射强烈的物体,例如:大面积水域、镜面建筑物等,以减弱多路径效应的影响。

(6)点位应选在地面基础坚固的地方,以便于保存。

(7)点位选定后,均应按规定绘制点之记,其主要内容应包括点位及点位略图,点位交通情况以及选点情况等。

2. 外业观测

GNSS 观测与常规测量在技术要求上有很大差别,在城市及工程 GNSS 控制网作业中,应按表 3.4.1 有关技术指标执行。观测步骤如下:

(1)安置天线:将天线架设在三脚架上,进行整平对中,天线的定向标志线应指向正北。

(2)开机观测:用电缆将接收机与天线进行连接,启动接收机进行观测;接收机锁定卫星并开始记录数据后,可按操作手册的要求进行输入和查询操作。

(3)观测记录:GNSS 观测记录形式有以下两种:一种由 GNSS 接收机自动记录在存储介质中;另一种是测量手簿,在接收机启动前和观测过程中由观测者填写,记录格式参见相关规范或规程。

表 3.4.1 各等级卫星定位测量控制网观测的技术要求

等 级		二等	三等	四等	一级	二级
接收机类型		多频	多频或双频	多频或双频	多频或单频	多频或单频
仪器标称精度		3 mm+1 ×10⁻⁶	5 mm+2 ×10⁻⁶	5 mm+2 ×10⁻⁶	10 mm+5 ×10⁻⁶	10 mm+5 ×10⁻⁶
观测量		载波相位	载波相位	载波相位	载波相位	载波相位
卫星高度角(°)	静态	≥15	≥15	≥15	≥15	≥15
有效观测卫星数		≥5	≥5	≥4	≥4	≥4
有效观测时段长度(min)		≥30	≥20	≥15	≥10	≥10
数据采样间隔(s)		10~30	10~30	10~30	5~15	5~15
PDOP		≤6	≤6	≤6	≤8	≤8

3.4.6　GNSS 内业数据处理

GNSS 测量数据处理可以分为观测值的粗加工、预处理、基线向量解算（相对定位处理）和 GNSS 网或其与地面网数据的联合处理等基本步骤。

1. 粗加工和预处理

粗加工是将接收机采集的数据通过传输、分流，解译成相应的数据文件，通过预处理将各类接收机的数据文件标准化，形成平差计算所需的文件。根据预处理结果对观测数据的质量进行分析并作出评价，以确保观测成果和定位结果的预期精度。

2. 基线向量解算

基线向量解算一般采用双差模型，有单基线和多基线两种解算模式。

所谓单基线解算，就是在基线解算时不顾及同步观测基线间误差相关性，对每条基线单独进行解算。单基线解算的算法简单，但由于其解算结果无法反映同步基线间的误差相关的特性，不利于后面的网平差处理，一般只用在普通等级 GNSS 网的测设中。

与单基线解算不同的是，多基线解算顾及了同步观测基线间的误差相关性，在基线解算时对所有同步观测的独立基线一并解算。多基线解由于在基线解算时顾及了同步观测基线间的误差相关特性，因此，在理论上是严密的。

3. 网平差

（1）网平差的分类

GNSS 网平差的类型有多种，根据平差所进行的坐标空间，可将 GNSS 网平差分为三维平差和二维平差，根据平差时所采用的观测值和起算数据的数量和类型，可将平差分为无约束平差、约束平差和联合平差等。

①三维平差与二维平差

a. 三维平差：平差在三维空间坐标系中进行，观测值为三维空间中的观测值，解算出的结果为点的三维空间坐标。GNSS 网的三维平差，一般在三维空间直角坐标系或三维空间大地坐标系下进行。

b. 二维平差：平差在二维平面坐标系下进行，观测值为二维观测值，解算出的结果为点的二维平面坐标。二维平差一般适合于小范围 GNSS 网的平差。

②无约束平差、约束平差和联合平差

a. 无约束平差：GNSS 网平差时，不引入外部起算数据，而是在对应的质心坐标系下进行平差计算。

b. 约束平差：GNSS 网平差时，引入外部起算数据进行平差计算。

c. 联合平差：平差时所采用的观测值除了 GNSS 观测值以外，还采用了地面常规观测值，这些地面常规观测值包括边长、方向、角度等。

（2）平差过程

①取基线向量，构建 GNSS 基线向量网

②三维无约束平差

③约束平差和联合平差

在进行完三维无约束平差后，需要进行约束平差或联合平差，平差可根据需要在三维空间进行或二维空间中进行。

约束平差的具体步骤是：

a. 指定进行平差的基准和坐标系统。

b. 指定起算数据。

c. 检验约束条件的质量。

d. 进行平差解算。

（3）质量分析与控制

可以采用基线向量的改正数作为评定指标。根据基线向量的改正数的大小，可以判断出基线向量中是否含有粗差。

若在进行质量评定时，发现有质量问题，需要根据具体情况进行处理，如果发现构成GNSS网的基线中含有粗差，则需要采用删除含有粗差的基线、重新对含有粗差的基线进行解算或重测含有粗差的基线等方法加以解决；如果发现个别起算数据有质量问题，则应该放弃有质量问题的起算数据。

🔑 知识拓展——北斗系统的"三步走"战略

中国北斗卫星导航系统实施"三步走"战略（图 3.4.4）如下：

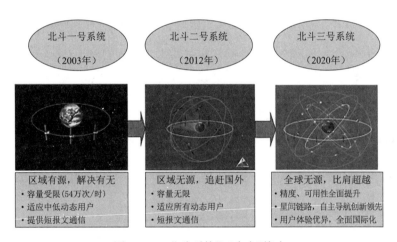

图 3.4.4　北斗系统"三步走"战略

第一步：北斗一号，解决有无

1994 年，启动北斗一号系统建设；2000 年发射 2 颗地球静止轨道（GEO）卫星，建成系统并投入使用，采用有源定位体制，为中国用户提供定位、授时、广域差分和短报文通信服务；2003 年，发射第 3 颗地球静止轨道卫星，进一步增强系统性能。

北斗一号，中国卫星导航系统实现从无到有，使中国成为继美国、俄罗斯之后第三个拥有自主卫星导航系统的国家。北斗一号是探索性的第一步，初步满足中国及周边区域的定位导航授时需求。北斗一号巧妙地设计了双向短报文通信功能，这种通导一体化的设计，是北斗的独创。

第二步：北斗二号，区域无源

2004 年，启动北斗二号系统建设；2012 年，完成 14 颗卫星，即 5 颗地球静止轨道卫星、5 颗倾斜地球轨道卫星（IGSO）和 4 颗中圆地球轨道卫星（MEO）的发射组网。北斗二号在兼容北斗一号技术体制的基础上，增加了无源定位体制，为亚太地区提供了定位、测速、授时和短报文通信服务。

　　北斗二号创新性构建了 5GEO＋5IGSO＋4MEO 的中高轨混合星座架构,为全世界卫星导航系统的发展提出了新的中国方案。

　　第三步:北斗三号,全球服务

　　2009 年,启动北斗三号系统建设;2020 年,全面建成北斗三号系统。北斗三号系统是由 3GEO＋3IGSO＋24MEO 构成的混合导航星座,系统继承有源服务和无源服务两种技术体制,可为全球用户提供基本导航(定位、测速、授时)、全球短报文通信和国际搜救服务,同时也可为中国及周边地区用户提供区域短报文通信、星基增强和精密单点定位等服务。

　　北斗"三步走"发展战略是结合我国国情和不同阶段技术经济发展实际提出的发展路线,北斗系统的成功实践,走出了在区域快速形成服务能力、不断扩展为全球服务、具有中国特色的卫星导航发展道路,丰富了世界卫星导航的发展模式和发展路径。

 项目实训

　　(1)项目名称

　　点位空间坐标测量实训。

　　(2)项目内容

　　结合点位高程测量和点位平面坐标测量知识测定某点位空间坐标。

　　(3)实训项目要求

　　①已知两点坐标和高程数据,根据本项目学习的内容测定待测点的平面坐标和高程;

　　②平面坐标测量使用 $2''$ 级全站仪,高程测量使用 DS_3 水准仪;

　　③学生以小组为单位编写施测方案;

　　④以小组为单位施测,施测过程中实行岗位轮换;

　　⑤以小组为单位进行内业数据处理。

　　(4)注意事项

　　①组长要切实负责,合理安排,使每个人都有练习机会;组员之间要团结协作,密切配合,以确保实习任务顺利完成;

　　②每项测量工作完成后应及时检核,原始数据、资料应妥善保存;

　　③测量仪器和工具要轻拿轻放,爱护测量仪器,禁止坐仪器箱和工具;

　　④时刻注意人身和仪器安全。

　　(5)编写实习报告

　　实习报告要在实习期间编写,实习结束时上交。内容包括:

　　①封面——实训名称、实训地点、实训时间、班级名称、组名、姓名;

　　②前言——实训的目的、任务和技术要求;

　　③内容——实训的项目、程序、测量的方法、精度要求和计算成果;

　　④结束语——实训的心得体会、意见和建议;

　　⑤附属资料——观测记录、检查记录和计算数据。

复习思考题

3.1　下表列出由水准点 A 到水准点 B 的水准测量观测成果,试计算高差、高程并作校核计算,绘图表示其地面起伏变化。

测点	水准尺读数			高差		仪器高	高程	备注
	后视	中视	前视	＋	－			
水准点 A	1.691						514.786	
1	1.035		1.985					
2	0.677		1.419					
3	1.987		1.763					
水准点 B			2.314					
计算校核								

3.2　什么叫水平角? 用经纬仪照准同一竖直面内不同高度的两目标点时,在水平度盘上的读数是否一样?

3.3　什么叫竖直角? 简述经纬仪测竖直角的步骤。

3.4　竖盘指标水准管起什么作用? 盘左、盘右测得同一点的竖直角不一样说明什么?

3.5　根据下表列出的水平角观测成果,计算其角度值。

测站	竖盘位置	目标	水平读盘读数	半测回平均值	一测回角值	草图
O	盘左	A	130°8.1′			
		B	190°15.4′			
	盘右	B	10°16.3′			
		A	310°8.7′			

扫一扫

普通水准测量　水平角观测——测回法　水平角观测——方向法　水准测量的原理　　四等水准测量

项目 4　小区域控制测量

项目描述

　　小区域控制测量项目主要介绍小区域平面控制测量和高程控制测量的方法,包括导线测量,交会测量,三、四等水准测量,光电测距三角高程测量等内容,旨在培养学生在小区域控制测量过程中能够依据项目要求和测区情况选择合适的测量方法和仪器进行外业观测工作,能对数据进行处理和精度评定。

学习目标

　　1. 素质目标

　　(1)培养学生的团队协作能力;

　　(2)培养学生在学习过程中的主动性、创新性意识;

　　(3)培养学生"自主、探索、合作"的学习方式;

　　(4)培养学生可持续的学习能力。

　　2. 知识目标

　　(1)掌握小区域平面控制测量和高程控制测量的方法;

　　(2)掌握导线测量的外业工作及内业数据处理;

　　(3)掌握三、四等水准测量的方法;

　　(4)掌握各种水准路线的成果计算;

　　(5)掌握光电测距法三角高程测量的方法。

　　3. 能力目标

　　(1)能结合实际工程项目情况,选用合适的控制测量方法;

　　(2)能从事小区域平面控制及高程控制的各项测量工作;

　　(3)能分析和解决在小区域控制测量中遇到的问题。

相关案例——小区域控制测量

　　图 4.0.1 为某区域航空影像正射图,现欲测该区域比例尺为 1:1 000 的数字地形图,测图过程中首先应进行该测区控制测量。在进行控制测量前,根据已有资料及现场踏勘,收集到该区域现有的控制点有一级 GNSS 控制点 4 个、四等水准点 5 个。结合该区域实际地形情况,布设了合理的一级导线及水准路线,采用适当的导线及水准测量观测方法,可以得到表 4.0.1 所列的控制点坐标成果。结合数字地形图测绘知识,采用合适的测图方法,可以得到如图 4.0.2 所示的该区域 1:1 000 的数字地形图。

图 4.0.1　某区域 1∶1 000 影像图

表 4.0.1　控制点坐标成果

序　号	点　号	X	Y	高　程	备　注
1	E_{017}	4 547 363.840	486 542.085	1 375.262	一级 GNSS 控制点
2	E_{018}	4 547 479.896	486 839.098	1 445.194	
3	E_{019}	4 547 714.248	487 355.674	1 387.865	
4	E_{020}	4 547 787.402	487 752.945	1 424.389	
5	I_{004}	4 547 429.116	486 993.021	1 379.633	二级导线控制点
6	I_{005}	4 547 506.390	487 147.100	1 421.673	
7	I_{006}	4 547 639.158	487 209.830	1 393.204	
8	I_{007}	4 547 838.024	487 525.496	1 374.093	
9	I_{008}	4 547 968.911	487 415.983	1 377.169	
10	I_{009}	4 547 863.455	487 226.362	1 382.382	
11	BM_{01}	4 547 967.189	487 145.174	1 374.579	四等水准点
12	BM_{02}	4 547 943.602	487 434.197	1 377.825	
13	BM_{03}	4 547 902.250	487 340.777	1 377.953	
14	BM_{04}	4 547 618.282	487 402.435	1 398.173	
15	BM_{05}	4 547 567.379	487 568.925	1 394.377	
16	P_{01}	4 547 940.204	487 224.845	1 375.743	加密水准点
17	P_{02}	4 547 949.866	487 296.654	1 376.683	
18	P_{03}	4 547 852.000	487 232.344	1 374.186	
19	P_{04}	4 547 747.736	487 342.719	1 381.613	
20	P_{05}	4 547 838.457	487 498.701	1 382.482	
21	P_{06}	4 547 840.720	487 406.642	1 378.731	
22	P_{08}	4 547 690.965	487 386.628	1 389.561	
23	P_{09}	4 547 698.629	487 519.759	1 388.347	
24	P_{10}	4 547 639.922	487 538.415	1 391.282	

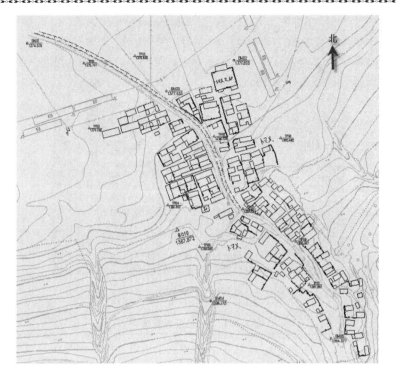

图 4.0.2　某区域 1:1 000 地形图成果

 问题导入

1. 测区内已有控制点成果是如何测定的?
2. 测区内如何布设平面控制网和高程控制网?
3. 如何获取加密的平面控制点和高程控制点成果?

4.1　小区域控制测量概述

4.1.1　控制测量的概述

控制测量学是研究精确测定和描绘地面控制点空间位置及其变化的学科。在一定测量区域内,按任务所要求的精度等级布设控制点,构建控制网,测定控制点的平面位置和高程,这一测量工作过程称为控制测量。

控制测量分为平面控制测量和高程控制测量。平面控制测量的任务是在某地区或全国范围布设平面控制网,测定控制点的平面位置。高程控制测量的任务是在某一地区或全国布设高程控制网,测定点的高程位置。在传统测量工作中,平面控制网与高程控制网通常分别单独布设。目前,经常将两种控制网合起来布设成三维控制网。

控制测量的服务对象主要是各种工程建设、城镇建设、土地规划与管理等工作。一般地,一项工程的建设需经过设计、施工和运营三个阶段,各个阶段对控制测量工作提出的要求不同,控制测量的任务和作用也各不相同。

(1)在设计阶段需建立用于测绘大比例尺地形图的测图控制网。控制测量的任务是布设作为图根控制依据的测图控制网,以保证地形图的精度和各幅地形图之间的准确拼接。

(2)在施工阶段需建立施工控制网。对于不同的工程来说,施工测量的具体任务也不同。例如,为保证对向开挖的隧道能按照规定的精度贯通,并使各建筑物按照设计的位置修建,在施工放样之前,需建立具有必要精度的施工控制网。

(3)在工程竣工后的运营阶段,建立以监视建筑物变形为目的的变形监测控制网。在竣工后的运营阶段,需对建筑物进行变形监测。为了能足够精确地测出微小的变形情况,就需要布设精度较高的变形监测控制网。

4.1.2　小区域控制测量

在小于 10 km² 范围内建立的控制网,称为小区域控制网。在这个范围内,水准面可视为水平面,采用平面直角坐标系计算控制点的坐标,不需将测量成果归算到高斯平面上。小区域控制网,应尽可能与国家控制网或城市控制网(相应知识参考本项目知识拓展)联测,将国家或城市高级控制点坐标作为小区域控制网的起算和校核数据。如果测区内或测区附近无高级控制点,或联测较为困难,也可建立独立平面控制网。

1. 小区域平面控制测量

在传统测量工作中,平面控制通常采用小三角测量、导线测量和交会测量等常规方法建立。目前,卫星定位测量已成为建立平面控制网的主要方法。

(1)小三角测量

小三角测量是将各控制点组成互相连接的一系列三角形,由这种图形构成的控制网称为三角网,三角形的顶点称为三角点。根据测量的主要内容,小三角测量可分为三角网、三边网和边角网。三角网测量三角形全部内角,很少测或不测边长,这种形式较常用;三边网测三角形的边长,很少测或不测角度;边角网既测边又测角。理论上,边角网的精度最高,但工作量明显大于前两者。随着电磁波测距的发展,单纯的三角网已逐步被三边网、边角网所取代。

根据测区的范围和地形条件,以及已有控制点的情况,三角网可布置成三角锁[图 4.1.1(a)]、中点多边形[图 4.1.1(b)]、大地四边形[图 4.1.1(c)]和线形锁[图 4.1.1(d)]等形式。

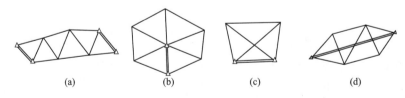

(a)　　　　　　　(b)　　　　　　　(c)　　　　　　　(d)

图 4.1.1　三角网的形式

三角网中直接测量的边称基线。三角锁一般在两端都布设一基线,中点多边形和大地四边形只需布设一条基线,线形锁则是两端附合在高级点上的三角锁,故不需设置基线。起始边附合在高级点上的三角网也不需设置基线。

小三角测量的外业包括选点、角度观测、基线测量、起始边定向。

小三角测量的内业计算工作包括检验各种闭合差、进行三角网的平差、计算边长及其坐标方位角、算出三角点的坐标。

(2)导线测量

将控制点用直线连接起来形成折线,称为导线,这些控制点称为导线点,点间的折线边称为导线边,相邻导线边之间的夹角称为转折角(又称导线折角或导线角)。另外,与坐标方位角已知的导线边(称为定向边)相连接的转折角,称为连接角(又称定向角)。通过观测导线边的边长和转折角,根据起算数据经计算而获得导线点的平面坐标,称为导线测量。导线测量布设简单,每点仅需与前、后两点通视,选点方便,特别是在隐蔽地区和建筑物多而通视困难的城市,应用起来比较方便、灵活。

(3)交会测量

交会测量即利用交会定点法来加密平面控制点。通过观测水平角确定交会点平面位置称为测角交会;通过测边确定交会点平面位置称为测边交会;通过边长和水平角同测来确定交会点平面位置称为边角交会。

(4)卫星定位测量

卫星定位测量是在一组控制点上同时安置卫星地面接收机,用以接收卫星信号,并运用几何与物理的一些基本原理,利用空间分布的卫星以及卫星与地面两点间的距离,通过一系列数据处理,获取并计算控制点的坐标。卫星定位测量以全天候、精度高、测站间无需通视、操作方便、可提供三维坐标等显著特点,已成为各种工程建设控制测量的首选方案。

卫星定位测量主要采用由同步图形扩展式布设的卫星定位控制网,其观测作业方式主要有点连式、边连式和混连式等三种。

①点连式

所谓点连式,就是在观测作业时,相邻的同步图形间只通过 1 个公共点相连。这样,当有 m 台仪器共同作业时,每观测 1 个时段,就可以测得 $m-1$ 个新点,当这些仪器观测了 s 个时段后,就可以测得 $1+s \cdot (m-1)$ 个点,如图 4.1.2 所示。点连式观测作业方式的优点是作业效率高、图形扩展迅速;它的缺点是图形强度低,如果连接点发生问题,将影响到后面的同步图形。

②边连式

所谓边连式,就是在观测作业时,相邻的同步图形间有 1 条边(即 2 个公共点)相连。这样,当有 m 台仪器共同作业时,每观测 1 个时段,就可以测得 $m-2$ 个新点,当这些仪器观测了 s 个时段后,就可以测得 $2+s \cdot (m-2)$ 个点,如图 4.1.3 所示。边连式观测作业方式具有较好的图形强度和较高的作业效率。

③混连式

在实际的卫星定位测量作业中,一般并不是单独采用上面所介绍的某一种观测作业模式,而是根据具体情况,有选择地灵活采用这几种方式作业,这样一种观测作业方式就是所谓的混连式,如图 4.1.4 所示。混连式观测作业方式是实际作业中最常用的作业方式,它实际上是点连式、边连式和网连式的一个结合体。

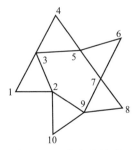

图 4.1.2　点连式异步网

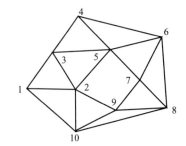

图 4.1.3　边连式异步网

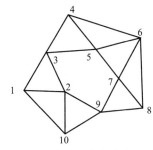

图 4.1.4　混连式异步网

2. 小区域高程控制测量

高程控制测量就是在测区布设高程控制点,根据规范要求测定它们的高程,构成高程控制网。小区域高程控制测量应与国家控制网与城市控制网联测,根据测区范围大小和工程要求,采用分级建立的方法。一般情况下,以国家或城市等级水准点为基础,在整个测区内建立三、四等水准网或水准路线,用水准测量或三角高程测量测定水准点的高程。

4.2 导线测量

4.2.1 导线布设形式

将各控制点组成连续的折线或多边形而构成的控制网称导线网,也称导线;相邻边的转折点称为导线点。测量相邻导线边之间的水平角及各导线边长,根据起算点的平面坐标和起算边的方位角计算各导线点坐标,这项工作称为导线测量。常见的导线布设形式有闭合导线、附合导线和支导线。

(1)闭合导线

起、止于同一已知点,中间经过一系列的导线点,形成一闭合多边形,这种导线称闭合导线,如图 4.2.1(a)所示。闭合导线也有图形自行检核条件,是导线控制测量的常用布设形式。但由于它起、止于同一点,产生图形整体偏转时不易发现,因而图形强度不及附合导线。

(2)附合导线

导线起始于一个高级控制点,最后附合到另一高级控制点的,称为附合导线,如图 4.2.1(b)所示。由于附合导线附合在两个已知点和两个已知方向上,所以具有自行检核条件,图形强度好,是导线控制测量的首选方案。

(3)支导线

导线从一已知点控制点开始,既不附合到另一已知点,又不回到原来起始点的,称支导线,如图 4.2.1(c)所示。支导线没有图形自行检核条件,因此发生错误时不易发现,一般只能用在无法布设附合或闭合导线的少数特殊情况(如隧道洞内控制),并且要对导线边长和边数进行限制。

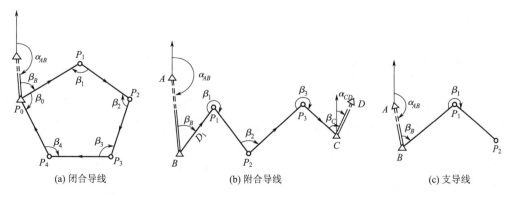

图 4.2.1　导线布设基本形式

此外,导线点根据具体情况还可以布设成结点形式(图 4.2.2)和环形(图 4.2.3)。

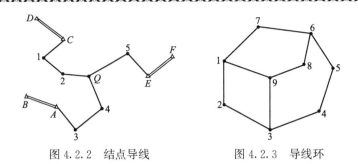

图 4.2.2　结点导线　　　　　图 4.2.3　导线环

4.2.2　导线外业工作

导线测量的外业工作包括踏勘选点、角度测量和边长测量等工作。

1. 选点

导线点的选择，一般是利用测区内已有地形图，先在图上选点，拟定导线布设方案，然到实地踏勘，落实点位。当测区不大或无现成的地形图可利用时，可直接到现场，边踏勘，边选点。不论采用什么方法，选点时均应注意下列几点：

(1)导线点的密度应满足需要，且均匀分布于整个测区。

(2)相邻点间通视要良好，地质稳固。

(3)点的控制范围应较大，视野开阔。

(4)根据《工程测量标准》(GB 50026—2020)，导线边长应符合表 4.2.1 的要求，导线边长应大致相等，相邻边长差不宜过大。

表 4.2.1　各等级导线测量的主要技术要求

等级	导线长度(km)	平均边长(km)	测角中误差(″)	测距中误差(mm)	测距相对中误差	测回数				方位角闭合差(″)	导线全长相对闭合差
						0.5″级仪器	1″级仪器	2″级仪器	6″级仪器		
三等	14	3	1.8	20	1/150 000	4	6	10	—	$3.6\sqrt{n}$	≤1/55 000
四等	9	1.5	2.5	18	1/80 000	2	4	6	—	$5\sqrt{n}$	≤1/35 000
一级	4	0.5	5	15	1/30 000	—	—	2	4	$10\sqrt{n}$	≤1/15 000
二级	2.4	0.25	8	15	1/14 000	—	—	1	3	$16\sqrt{n}$	≤1/10 000
三级	1.2	0.1	12	15	1/7 000	—	—	1	2	$24\sqrt{n}$	≤1/5 000

注：(1)n 为测站数；

　　(2)当测区测图的最大比例尺为 1∶1 000 时，一、二、三级导线的导线长度、平均边长可放长，但最大长度不应大于表中规定相应长度的 2 倍。

当点位选定后，应马上建立和埋设标志。标志有临时性标志(如木桩，在桩顶钉一钉子或刻画"十"字，以示点位)和永久性标志(如混凝土桩，即埋设混凝土桩，在桩中心的钢筋顶面上刻"十"字，以示点位)，如图 4.2.4(a)和(b)所示。

为了便于今后的查找，还应量出导线点至附近明显地物的距离，绘制草图，注明尺寸等，称为点之记，如图 4.2.4(c)所示。

2. 测角

测角，就是测导线的转折角。转折角以导线点序号前进方向分为左角和右角。对附合导线和支导线测左角或测右角均可，但全线必须统一。对闭合导线，一般测内角。

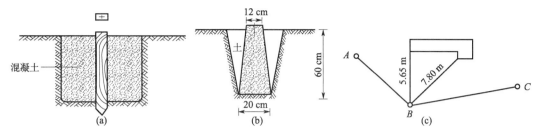

图 4.2.4　导线标志及点之记

对导线角度测量的有关技术要求可参考表 4.2.1。当测站上只有两个观测方向,即测单角时,用测回法观测;当测站上有三个观测方向时,用方向测回法观测,可以不归零;当观测方向超过三个时,方向测回法观测一定要归零。

3. 量边

导线边长现常用光电测距仪测量,既能保证精度,又省力、省时。若采用钢尺丈量,则钢尺必须经过检定合格后方能使用,所量距离应加上温度、尺长和倾斜改正,且往返丈量。往返较差应符合表 4.2.1 中的规定。

4. 联测

导线联测,目的在于把已知点的坐标系传递到导线上来,使导线点的坐标与已知点的坐标形成统一系统。由于导线与已知点和已知方向连接的形式不同,联测的内容也不相同,如图 4.2.1 中的 β_B。若已知点不在网内,除了测连接角外还要测连接边。联测工作可与导线测角、量边同时进行,要求相同。如果建立的是独立坐标系的导线,则要假定导线上任一点的坐标值和某一条边的坐标方位角已知,方能进行坐标计算。

4.2.3　导线测量的内业工作

导线测量的内业工作就是内业计算,又称导线平差计算,即用科学的方法处理测量成果,合理地分配测量误差,最后求出各导线点的坐标值。

为了保证计算成果的准确,计算之前应对外业测量成果进行复查,确认没有问题时,方可进行计算;对各项测量数据应取到足够位数。对小区域控制和图根控制测量的所有角度观测值及其改正数取到整秒;距离、坐标增量及其改正数和坐标值均取到毫米。取舍原则:"四舍六入,五前单进双舍",即保留位后的数大于五就进,小于五就舍,等于五时,则看保留位上的数是单数就进,是双数就舍。

由于导线测量的误差主要体现在角度测量和距离测量中,因此导线平差计算主要针对两个方面进行,一是角度闭合差的分配及调整,二是距离闭合差(坐标增量闭合差)的分配和调整。下面说明计算步骤:

(1)将已知数据和观测数据填入表格(略)

(2)对角度闭合差进行计算与调整

①角度闭合差计算

对于闭合导线,其角度闭合差计算公式为

$$f_\beta = \sum \beta_{测} - \sum \beta_{理} = \sum \beta_{测} - (n-2) \times 180° \tag{4.2.1}$$

对于附合导线,其角度闭合差计算公式为

$$f_\beta = \alpha'_终 - \alpha_终 = \alpha_始 + \sum\beta_左 - n \times 180° - \alpha_终 （左角）$$
$$f_\beta = \alpha'_终 - \alpha_终 = \alpha_始 - \sum\beta_右 + n \times 180° - \alpha_终 （右角）$$

(4.2.2)

式中，$\alpha_始$表示起始边的方位角；$\alpha_终$表示终边的方位角；$\alpha'_终$表示由起始方位角和各观测角推算出的终边方位角。

②角度闭合差调整

只有当角度闭合差f_β小于表4.2.1规定的限差时才能进行调整，否则需重测。调整的方法如下：

对于闭合导线，各角度的闭合差分配计算公式为

$$v_{\beta_i} = -\frac{f_\beta}{n}$$

(4.2.3)

各角度分配值之和$\sum v_{\beta_i}$应等于$-f_\beta$，改正后转折角之和应等于其理论值，可以作为计算的检核。

对于附合导线，各角度的闭合差分配计算公式为

$$v_{\beta_i} = -\frac{f_\beta}{n} （左角）$$
$$v_{\beta_i} = \frac{f_\beta}{n} （右角）$$

(4.2.4)

附合导线角度闭合差的调整同闭合导线。

(3)推算各边方位角

角度闭合差分配后，分配后的各角值相加应与理论值应相等。根据分配后的角值和已知边方位角，依次推算其他各边方位角。最终闭合或附合于已知边作为检核。

(4)坐标增量闭合差的计算与调整

①坐标增量闭合差计算

坐标增量计算公式为

$$\Delta x_i = D_i \cos\alpha_i$$
$$\Delta y_i = D_i \sin\alpha_i$$

(4.2.5)

式中，假设角度误差已被消除，但由于距离测量值D中仍存在误差，则根据方位角和测量距离计算出的各边的坐标增量也存在误差，坐标增量总和与理论值也就会不相等，二者之差称为坐标增量闭合差。对于附合导线，坐标增量总和的理论值是终点和起点的坐标差（$\sum\Delta x_理 = x_终 - x_始$和$\sum\Delta y_理 = y_终 - y_始$），对于闭合导线，由于起止于同一点，所以闭合导线的坐标增量总和理论上为零（$\sum\Delta x_理 = 0$和$\sum\Delta y_理 = 0$）。根据闭合差的概念，坐标增量闭合差表示为

$$f_x = \sum\Delta x_测 - \sum\Delta x_理$$
$$f_y = \sum\Delta y_测 - \sum\Delta y_理$$

(4.2.6)

以闭合导线为例，如图4.2.5所示，导线从A点出发，经过若干点后，因各边丈量的误差，使导线没有回到A点，而是落在A'。AA'为导线全长闭合差，用f_D表示，可见f_x、f_y是f_D在x、y轴上的分量，所以有

$$f_D = \sqrt{f_x{}^2 + f_y{}^2}$$

(4.2.7)

可见f_D是所有边长之和$\sum D$的误差，根据相对误差的概念，

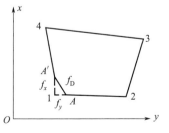

图 4.2.5　闭合导线全长闭和差

则导线全长相对闭合差为

$$K = \frac{f_D}{\sum D} \tag{4.2.8}$$

导线全长相对闭和差的大小体现了距离测量的精度,它不能超过一定界限,假设用 $K_容$ 表示这个界限值,则当 $K \leqslant K_容$ 时,可认为导线边长丈量是符合要求的。在这个前提下,本着边长误差与边的长度成正比的原则,应将坐标增量闭合差 f_x、f_y 反符号按边长成正比例进行调整。

② 坐标增量闭合差的调整

令 v_{x_i}、v_{y_i} 为第 i 条边的坐标增量改正数,则有

$$\left.\begin{array}{l} v_{x_i} = -\dfrac{f_x}{\sum D} D_i \\[2mm] v_{y_i} = -\dfrac{f_y}{\sum D} D_i \end{array}\right\} \tag{4.2.9}$$

并以 $\sum v_{x_i} = -f_x$,$\sum v_{y_i} = -f_y$ 作检核。

(5)导线点坐标计算

根据改正后的各边坐标增量和已知点坐标,即可依次求得其他点的坐标。例如,假设起点 A 的坐标为(x_A, y_A),A 点至 2 点的坐标增量为($\Delta x_{A2}, \Delta y_{A2}$),则 2 点坐标为

$$\left.\begin{array}{l} x_2 = x_A + \Delta x_{A2} \\ y_2 = y_A + \Delta y_{A2} \end{array}\right\} \tag{4.2.10}$$

表 4.2.2 和表 4.2.3 分别是闭合导线和附合导线的计算表格,附合导线如图 4.2.6 所示。

表 4.2.2　闭合导线坐标计算表

点号	观测左角 ° ′ ″	改正数 ″	改正后角值 ° ′ ″	方位角 ° ′ ″	距离 (m)	Δx (m)	Δy (m)	$\Delta x'$ (m)	$\Delta y'$ (m)	x	y
1	2	3	4	5	6	7	8	9	10	11	12
F_{019}										<u>4 547 714.248</u>	<u>487 355.674</u>
				53 54 48	210.139	+2 123.774	+3 169.819	123.776	169.822		
I_{007}	86 09 57	+3	86 10 00							4 547 838.024	487 525.496
				320 04 48	170.660	+1 130.886	+2 −109.515	130.887	−109.513		
I_{008}	100 50 20	+3	100 50 23							4 547 968.911	487 415.983
				240 55 11	216.976	+2 −105.458	+3 −189.624	−105.456	−189.621		
I_{009}	78 09 58	+3	78 10 01							4 547 863.455	487 226.362
				139 05 12	197.443	+1 −149.208	+3 129.309	−149.207	129.312		
F_{019}	94 49 33	+3	94 49 36							<u>4 547 714.248</u>	<u>487 355.674</u>
				53 54 48							
I_{007}											
$\sum$	359 59 48	+12	360 00 00		795.218	$f_x =$ −0.006	$f_y =$ −0.011	0	0		

辅助计算

$f_\beta = \sum \beta_测 - \sum \beta_理 = -12''$　　　$f_D = \sqrt{f_x^2 + f_y^2} = 0.013$

$F_\beta = \pm 16'' \sqrt{n} = \pm 32''$　　　$K = \dfrac{f_D}{\sum D} = \dfrac{0.013}{795.218} = \dfrac{1}{61\ 171} < \dfrac{1}{10\ 000}$

$f_\beta \leqslant F_\beta$

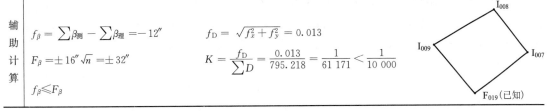

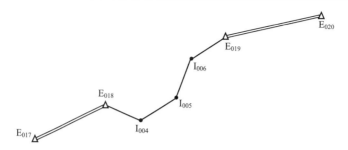

图 4.2.6　附合导线计算

表 4.2.3　附合导线坐标计算表

点号	观测左角 ° ′ ″	改正数 ″	改正后角值 ° ′ ″	方位角 ° ′ ″	距离 (m)	Δx (m)	Δy (m)	$\Delta x'$ (m)	$\Delta y'$ (m)	x	y
1	2	3	4	5	6	7	8	9	10	11	12
E_{017}										4 547 363.840	486 542.085
				68 39 26							
E_{018}	219 36 03	−2	219 36 01							4 547 479.896	486 839.098
				108 15 27	162.082	−2 −50.778	+1 153.922	−50.780	153.923		
I_{004}	135 06 27	−2	135 06 25							4 547 429.116	486 993.021
				63 21 52	172 371	−2 77.276	+1 154.078	77.274	154.079		
I_{005}	141 55 31	−2	141 55 29							4 547 506.390	487 147.100
				25 17 21	146.842	−1 132.769	+1 62.729	132.768	62.730		
I_{006}	217 28 06	−2	217 28 04							4 547 639.158	487 209.830
				62 45 25	164.039	−2 75.092	+1 145.843	75.090	145.844		
E_{019}	196 48 36	−2	196 48 34							4 547 714.248	487 355.674
				79 33 59							
E_{020}										4 547 787.402	487 752.945
Σ	910 54 43	−10	910 54 33		645.334	234.359	516.572	234.352	516.576		

辅助计算

$$f_\beta = \alpha'_{E_{019}E_{020}} - \alpha_{E_{019}E_{020}} = \alpha_{E_{017}E_{018}} + \sum \beta - 5 \times 180° - \alpha_{E_{019}E_{020}} = +10''　　　　f_x = +0.007　　　　f_y = -0.004$$

$$F_\beta = \pm 16'' \sqrt{5} = \pm 36''　　　　　　f_D = \sqrt{f_x^2 + f_y^2} = 0.008$$

$$f_\beta < F_\beta　　　　　　K = \frac{f_D}{\sum D} = \frac{0.008}{645.334} = \frac{1}{80\ 667} < \frac{1}{10\ 000}$$

4.2.4　全站仪附合导线坐标测量

1. 测量方法

如图 4.2.7 所示,A、B、C、D 为已知控制点,中间各点为导线点,首先将全站仪安置于已知点 B 上,利用全站仪的三维坐标测量功能和微电脑记忆功能,输入已知点 A、B 的三维坐标、方位以及仪器和觇标高度后,全站仪瞄准 A 点定位,测记前视导线点 1 坐标;然后将仪器移至导线点 1,继续不断测记新导线点 2,3,4,…直至附合到 CD 边。

2. 导线的近似坐标平差

全站仪附合导线坐标测量往往采用近似平差方法。计算步骤如下:

如图 4.2.6 中的附合导线,由于存在观测误差,最后测得的 C 点坐标 (x'_C, y'_C) 与 C 点已

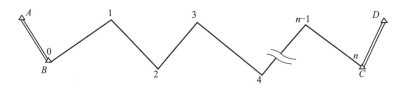

图 4.2.7　全站仪附合导线坐标测量示意图

知坐标 (x_C, y_C) 不一致,其差值即为纵、横坐标增量闭合差 f_x 、f_y ,即

$$
\left.
\begin{aligned}
f_x &= x'_C - x_C \\
f_y &= y'_C - y_C
\end{aligned}
\right\}
\tag{4.2.11}
$$

导线全长闭合差 f 为

$$
f = \sqrt{f_x^2 + f_y^2}
\tag{4.2.12}
$$

导线全长相对闭合差 K 为

$$
K = \frac{1}{\sum D / f}
\tag{4.2.13}
$$

此时若满足要求的精度,就可以直接根据坐标增量闭合差来计算各个导线点的坐标改正数,各导线点的坐标改正值 v_{x_i} 、v_{y_i} 计算公式为

$$
\left.
\begin{aligned}
v_{x_i} &= -\frac{f_x}{\sum |\Delta x|} \cdot (|\Delta x_1| + |\Delta x_2| + \cdots + |\Delta x_i|) \\
v_{y_i} &= -\frac{f_y}{\sum |\Delta y|} \cdot (|\Delta y_1| + |\Delta y_2| + \cdots + |\Delta y_i|)
\end{aligned}
\right\}
\tag{4.2.14}
$$

改正后各点坐标 x_i 、y_i 为

$$
\left.
\begin{aligned}
x_i &= x'_i + v_{x_i} \\
y_i &= y'_i + v_{y_i}
\end{aligned}
\right\}
\tag{4.2.15}
$$

式中,Δx_1 、Δx_2 、Δx_i ,Δy_1 、Δy_2 、Δy_i 分别为第一、第二和第 i 条边的近似坐标增量;x'_i 、y'_i 为各待定点坐标的观测值(即全站仪外业直接观测的导线点的坐标)。

采用坐标法进行导线近似平差时,可直接在已经测得导线点的坐标上进行改正,方法简单,易于掌握,避免了传统近似平差法的方位角推算和改正,以及坐标增量的计算和改正,能大大提高工作效率,而且不易出错。同时可以看出,传统附合导线测量需要两条已知边作为方位角的检核条件,而直接坐标法,只需要一条已知边和一个已知点即可,使导线的布网更加灵活。

4.3　交会测量

平面控制网是同时测定一系列点的平面坐标。但在测量中往往会遇到只需要确定一个或两个的平面坐标(如增设个别图根点),这时可以根据已知控制点,采用交会法确定点的平面坐标。

4.3.1　前方交会

所谓前方交会,就是在两个已知控制点上观测角度,通过计算求得待定点的坐标值。在

图 4.3.1 中, A、B 为已知控制点 P 为待定点。在 A、B 两点上安置经纬仪, 测量 α、β 角, 通过计算即可求得 P 点的坐标。从图 4.3.1 中可得

$$x_P = x_A + D_{AP} \cos \alpha_{AP} \qquad (4.3.1)$$

式中, $\alpha_{AP} = \alpha_{AB} - \alpha$。

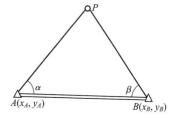

图 4.3.1　前方交会

按正弦定理有 $D_{AP} = D_{AB} \dfrac{\sin \beta}{\sin(\alpha + \beta)}$, 代入式(4.3.1), 得

$$x_P = x_A + D_{AB} \frac{\sin \beta}{\sin(\alpha + \beta)} \cos(\alpha_{AB} - \alpha)$$

$$= x_A + D_{AB} \frac{\sin \beta}{\sin(\alpha + \beta)} (\cos \alpha_{AB} \cdot \cos \alpha + \sin \alpha_{AB} \cdot \sin \alpha)$$

因 $D_{AB} \cos \alpha_{AB} = x_B - x_A$, $D_{AB} \sin \alpha_{AB} = y_B - y_A$, 故

$$x_P = x_A + \frac{(x_B - x_A)\sin \beta \cos \alpha + (y_B - y_A)\sin \beta \sin \alpha}{\cot \alpha + \cot \beta}$$

化简可得

$$x_P = \frac{x_A \cot \beta + x_B \cot \alpha - y_A + y_B}{\cot \alpha + \cot \beta}$$

同理计算 y_P, 由此可得前方交会的计算公式为

$$\left. \begin{aligned} x_P &= \frac{x_A \cot \beta + x_B \cot \alpha - y_A + y_B}{\cot \alpha + \cot \beta} \\ y_P &= \frac{y_A \cot \beta + y_B \cot \alpha + x_A - x_B}{\cot \alpha + \cot \beta} \end{aligned} \right\} \qquad (4.3.2)$$

利用式(4.3.2)进行计算时, 需注意 $\triangle ABP$ 是按逆时针编号的, 否则公式中的加减号将有改变。为了得到检核, 一般都要求从三个已知点作两组前方交会。如图 4.3.2 所示, 分别按 A、B 和 B、C 求出 P 点的坐标。如果两组坐标求出的点位较差在允许范围内, 则可取平均值作为待定点的坐标。对于图根控制测量而言, 其较差应不大于比例尺精度的 2 倍, 即

$$\Delta = \sqrt{\delta_x^2 + \delta_y^2} \leqslant 2 \times 0.1M \quad (\text{mm})$$

式中, δ_x 和 δ_y 为 P 点两组坐标之差; M 为测图比例尺分母。

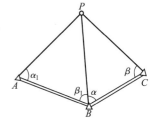

图 4.3.2　前方交会示意图

4.3.2　侧方交会

侧方交会是在一个已知控制点和待定点上测角来计算待定点坐标的一种方法。在图 4.3.3 中, 如果在已知点 A 及待求点 P 上分别观测了 α 和 γ 角, 则可计算出 β 角。这样就和前方交会公式一样, 根据 A、B 两点的坐标和 α、β 角, 按前方交会的公式求出 P 点的坐标。

4.3.3　后方交会

1. 后方交会原理

后方交会是在待定点上对三个或三个以上的已知控制点进行角度观测, 从而求得待定点的坐标。

在图 4.3.4 中, A、B、C 为三个已知控制点, P 点为待求点。现在 P 点观测了 α、β 角, 计

图 4.3.3　侧方交会

算过程见表 4.3.1。下面给出有关的计算公式。

由图 4.3.4 可以列出下列各式：

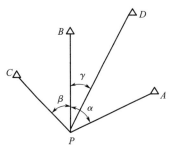

$$\left.\begin{array}{l} y_P - y_B = (x_P - x_B)\tan\alpha_{BP} \\ y_P - y_A = (x_P - x_A)\tan(\alpha_{BP} + \alpha) \\ y_P - y_C = (x_P - x_C)\tan(\alpha_{BP} - \beta) \end{array}\right\} \qquad (4.3.3)$$

上面的方程中有三个未知数，即 x_P、y_P 和 α_{BP}，故可通过上述三个方程解算出三个未知数，从而得出 P 点的坐标。这里略去推导过程，直接给出计算公式如下：

图 4.3.4 　后方交会

$$\tan\alpha_{BP} = \frac{(y_B - y_A)\cot\alpha + (y_B - y_C)\cot\beta + (x_A - x_C)}{(x_B - x_A)\cot\alpha + (x_B - x_C)\cot\beta - (y_A - y_C)} \qquad (4.3.4)$$

$$x_P = \frac{(y_B - y_A) + x_A\tan(\alpha_{BP} + \alpha) - x_B\tan\alpha_{BP}}{\tan(\alpha_{BP} + \alpha) - \tan\alpha_{BP}} \qquad (4.3.5)$$

$$\Delta x_{BP} = x_P - x_B = \frac{(y_B - y_A)(\cot\alpha - \tan\alpha_{BP}) + (x_B - x_A)(1 + \cot\alpha\tan\alpha_{BP})}{\tan(\alpha_{BP} + \alpha) - \tan\alpha_{BP}} \qquad (4.3.6)$$

$$\Delta y_{BP} = \Delta x_{BP}\tan\alpha_{BP} \qquad (4.3.7)$$

$$\left.\begin{array}{l} x_P = x_B + \Delta x_{BP} \\ y_P = y_B + \Delta y_{BP} \end{array}\right\} \qquad (4.3.8)$$

表 4.3.1 　后方交会计算

已知：$x_A = 4\,374.87$，$y_A = 6\,564.14$	$\alpha = 118°58'18''$
$x_B = 5\,144.96$，$y_B = 6\,083.70$	$\beta = 106°14'22''$
$x_C = 4\,512.97$，$y_C = 5\,541.71$	$\gamma = 36°24'29''$
$x_D = 5\,684.10$，$y_D = 6\,860.08$	

第一组（已知点 A、B、C）	第二组（已知点 D、B、C）
$\tan\alpha_{BP} = +0.018\,025$	$\tan\alpha_{BP} = +0.017\,978$
$\Delta x_{BP} = -487.22$	$\Delta x_{BP} = -487.19$
$\Delta y_{BP} = -8.78$	$\Delta y_{BP} = -8.76$
$x_P = 4\,657.74$	$x_P = 4\,657.77$
$y_P = 6\,074.29$	$y_P = 6\,074.31$

$\Delta = \sqrt{3^2 + 2^2} = 3.6\ \text{cm} < (2 \times 0.1 \times 1\,000 = 200\ \text{mm})$，$M = 1\,000$

平均值：$x_P = 4\,657.76$，$y_P = 6\,074.30$

实际计算中，利用式(4.3.3)～式(4.3.8)时，点号的安排应与图 4.3.4 一致，即 A、B、C、P 按逆时针排列，A、B 间为 α 角，B、C 间为 β 角。为了检核，实际工作中常要观测四个已知点，每次用三个点，共组成两组后方交会。对于图根控制，两组点位较差不得超过 $2 \times 0.1M\ (\text{mm})$。后方交会还有其他解法。在后方交会中，若 P 点与 A、B、C 点位于同一圆周上时，则在这一圆周上的任意点与 A、B、C 组成的 α 和 β 角的值都相等，故 P 点的位置无法确定，所以称这个圆为危险圆。在作后方交会时，必须注意勿使待求点位于危险圆附近。

2. 全站仪后方交会

全站仪后方交会法，即在任意位置安置全站仪，通过对几个已知点的观测，得到测站点的坐标。如图 4.3.5 所示,已知 $M_1(X_1,Y_1,Z_1)$ 和 $M_2(X_2,Y_2,Z_2)$ 控制点,P 为待求点,则

$$X_P = X_1 + S_1 \cos \alpha_1$$
$$Y_P = Y_1 + S_1 \sin \alpha_1$$
$$Z_P = Z_1 - S_1 \tan \beta_1 - I$$

式中,$\alpha_1 = \alpha_{12} + \gamma_1$,$\alpha_{12}$ 是已知点间 M_1M_2 方位角;I 为仪器高。

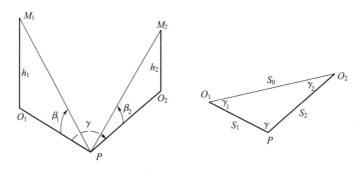

图 4.3.5　两点后方交会原理图

待定点 P 的空间点位中误差为

$$\sigma_P^2 = \sigma_X^2 + \sigma_Y^2 + \sigma_Z^2$$

4.3.4　距离交会法

距离交会法,就是在两已知的控制点上分别测定到待定点的距离,进而求定待定点的坐标。下面介绍其计算方法。

在图 4.3.6 中,A、B 为已知点,P 点为待定点。根据 A、B 的已知坐标可反算出 AB 的边长 D 和坐标方位角 α。

$$D = \sqrt{(x_B - x_A)^2 + (y_B - y_A)^2}$$
$$\alpha = \arctan\left(\frac{y_B - y_A}{x_B - x_A}\right)$$

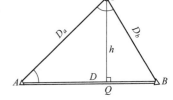

图 4.3.6　距离交会

作 $PQ \perp AB$,并令 $PQ = h$,$AQ = r$,由余弦定理得

$$r = \frac{D_a^2 + D^2 - D_b^2}{2D}$$
$$h = \sqrt{D_a^2 - r^2}$$

$$(4.3.9)$$

根据 r、h 求 AP 的坐标增量如下:

$$\Delta x_{AP} = r\cos \alpha + h\sin \alpha$$
$$\Delta y_{AP} = r\sin \alpha - h\cos \alpha$$

故 P 点的坐标计算公式为

$$x_P = x_A + r\cos \alpha + h\sin \alpha$$
$$y_P = y_A + r\sin \alpha - h\cos \alpha$$

$$(4.3.10)$$

应用上述公式时,应注意点号的排列须与图 4.3.6 一致,即 A、B、P 按逆时针排列。为了检核,可选三个已知点,进行两组距离交会。两组所得点位误差规定如前所述。

4.4　高程控制测量

高程控制测量的目的是建立具有满足精度要求的水准点,以便对高程进行控制。高程控制测量的实施可采用水准测量和光电测距三角高程测量。《工程测量标准》(GB 50026—2020)规定:高程控制测量的等级划分为二、三、四、五共 4 个等级。各等级水准测量技术要求见表 4.4.1。

表 4.4.1　水准测量的主要技术要求

等级	每千米高差全中误差（mm）	路线长度（km）	水准仪级别	水准尺	观测次数		往返较差、附合或环线闭合差	
					与已知点联测	附合或环线	平地（mm）	山地（mm）
二等	2	—	DS_1、DSZ_1	条码因瓦、线条式因瓦	往返各一次	往返各一次	$4\sqrt{L}$	—
三等	6	≤50	DS_1、DSZ_1	条码因瓦、线条式因瓦	往返各一次	往一次	$12\sqrt{L}$	$4\sqrt{n}$
			DS_3、DSZ_3	条码式玻璃钢、双面		往返各一次		
四等	10	≤16	DS_3、DSZ_3	条码式玻璃钢、双面	往返各一次	往一次	$20\sqrt{L}$	$6\sqrt{n}$
五等	15	—	DS_3、DSZ_3	条码式玻璃钢、单面	往返各一次	往一次	$30\sqrt{L}$	—

注:(1)结点之间或结点与高级点之间的路线长度不应大于表中规定的 70%;
　　(2)L 为往返测段、附合或环线的水准路线长度(km),n 为测站数;
　　(3)数字水准测量和同等级的光学水准测量精度要求相同,作业方法在没有特指的情况下均称为水准测量;
　　(4)DSZ_1 级数字水准仪若与条码式玻璃钢水准尺配套,精度降低为 DSZ_3 级;
　　(5)条码式因瓦水准尺和线条式因瓦水准尺在没有特指的情况下均称为因瓦水准尺。

在工程施工中,高程控制测量有两项任务:一是对设计部门移交的水准点进行复测;二是为满足施工放样需要,在施工标段内增设水准点,即加密高程控制点。加密水准点的精度必须满足高程放样精度,水准路线应起讫于复测后的水准点,采用闭合水准路线或附合水准路线。

4.4.1　水准测量路线的布设

水准测量的任务,是从已知高程的水准点开始测量待定的其他水准点或地面点的高程。测量前应根据要求选定水准点的位置,埋设好水准点标石,拟定水准测量进行的路线。水准路线有以下几种布设形式:

(1)附合水准路线。从一个已知高程的水准点开始,沿各待定高程的水准点进行水准测量,最后联测到另一个已知高程的水准点的水准路线。这种形式的水准路线,可使测量成果得到可靠的检核[图 4.4.1(a)]。

(2)闭合水准路线。从一个已知高程的水准点开始,沿各待定高程的水准点进行环形水准测量,最后测回到起始点上的水准路线。这种形式的水准路线也可使测量成果得到检核[图 4.4.1(b)]。

(3)支水准路线。从一个已知高程的水准点开始,沿各待定高程的水准点进行水准测量,最后既不联测到另一个已知高程的水准点上,也未形成闭合的水准路线。由于这种形式的水准路线不能对测量成果自行检核,因此必须进行往返测,或用两组仪器进行并测[图 4.4.1(c)]。

(4)水准网。水准网由若干条单一水准路线相互连接构成[图 4.4.1(d)、(e)]。水准网可使检核成果的条件增多,因而可提高成果的精度。

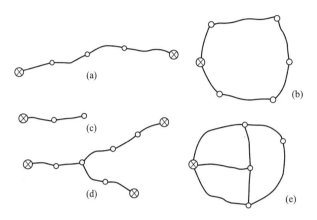

图 4.4.1　水准路线的布设形式

4.4.2　三、四等水准测量的观测

高等级公路和铁路工程建设中的高程控制测量的等级一般为三、四等。三、四等水准路线一般沿道路布设,尽量避开土质松软地段,水准点应选在地基稳固、能长久保存和便于观测的地方。三、四等水准测量的观测应在通视良好、望远镜成像清晰稳定的情况下进行。

1. 三、四等水准测量主要技术指标

(1)外业观测限差

三、四等水准观测的主要技术要求见表 4.4.2,仪器等级采用 DS₃ 水准仪,水准尺采用双面水准尺,使用时零点差为 4687 与 4787 的两根水准尺应成对使用。下面以四等水准测量为例,介绍用双面水准尺在一个测站的观测程序、记录与计算。

表 4.4.2　数字水准仪观测的主要技术要求

等级	水准仪级别	水准尺类别	视线长度(m)	前后视的距离较差(m)	前后视的距离较差累积(m)	视线离地面最低高度(m)	测站两次观测的高差较差(mm)	数字水准仪重复测量次数
二等	DSZ₁	条码式铟瓦尺	50	1.5	3.0	0.55	0.7	2
三等	DSZ₁	条码式铟瓦尺	100	2.0	5.0	0.45	1.5	2
四等	DSZ₁	条码式铟瓦尺	100	3.0	10.0	0.35	3.0	2
四等	DSZ₁	条码式玻璃钢尺	100	3.0	10.0	0.35	5.0	2
五等	DSZ₃	条码式玻璃钢尺	100	近似相等	—	—	—	—

注:(1)二等数字水准测量观测顺序,奇数站应为后—前—前—后,偶数站应为前—后—后—前;
(2)三等数字水准测量观测顺序应为后—前—前—后;四等数字水准测量观测顺序应为后—后—前—前;
(3)水准观测时,若受地面振动影响时,应停止测量。

（2）计算检核限差

实际测量得到的一段高差与该段高差的理论值之差即为测量误差，称为高差闭合差。闭合差的大小反映了测量成果的精度。在各种不同性质的水准测量中，都规定了高程闭合差的限值即容许高程闭合差（用 f_h 表示）。一般水准测量的容许高程闭合差：

三等水准测量

$$\left.\begin{array}{ll}\text{平地} & f_{h容} = \pm 12\sqrt{L}(\text{mm}) \\ \text{山地} & f_{h容} = \pm 4\sqrt{n}(\text{mm})\end{array}\right\} \tag{4.4.1}$$

四等水准测量

$$\left.\begin{array}{ll}\text{平地} & f_{h容} = \pm 20\sqrt{L}(\text{mm}) \\ \text{山地} & f_{h容} = \pm 6\sqrt{n}(\text{mm})\end{array}\right\} \tag{4.4.2}$$

五等水准测量

$$\text{平地} \quad f_{h容} = \pm 30\sqrt{L}(\text{mm}) \tag{4.4.3}$$

式（4.4.1）～式（4.4.3）中 L 为水准路线的总长（以 km 为单位），n 为总测站数。

当实际闭合差小于容许闭合差时，表示观测精度满足要求，否则应对外业资料进行检查，甚至返工重测。

（3）精度评定方法

当每条水准路线分测段施测时，应按下式计算每千米水准测量的高差偶然中误差，其绝对值不应超过相应等级每千米的高差全中误差的 1/2。

$$M_\Delta = \sqrt{\frac{1}{4n}\left[\frac{\Delta\Delta}{L}\right]} \tag{4.4.4}$$

式中　M_Δ——高差偶然中误差（mm）；

　　　Δ——测段往返高差不符值（mm）；

　　　L——测段长度（km）；

　　　n——测段数。

水准测量结束后，应按式（4.4.5）计算每千米水准测量高差全中误差，其绝对值不应超过表 4.4.2 中相应等级规定。

$$M_W = \sqrt{\frac{1}{N}\left[\frac{WW}{L}\right]} \tag{4.4.5}$$

式中　M_W——高差全中误差（mm）；

　　　W——附合或环线闭合差（mm）；

　　　L——计算各 W 时，相应的路线长度（km）；

　　　N——附合路线和闭合环总个数。

2. 附合水准路线

（1）附合水准路线布设形式

附合水准路线主要应用于带状区域，如公路、铁路等。

在本项目相关案例中提到的 1∶1 000 地形图测量项目，方案设计采用四等水准布设高程控制网。根据现场踏勘和已收集到的测绘资料显示，该地区属于丘陵地带，村庄所在区域地势相对较平坦，以村西北向阳路为例，已知高程点有 BM_{01}、BM_{03}，根据该地带地形特征选埋 P_{01}、P_{02} 为临时水准点，则 BM_{01}、P_{01}、P_{02}、BM_{03} 构成附合水准路线。附合水准路线布设如图 4.4.2

所示。

选点注意事项：

①水准点布设密度应根据方案相应等级选点埋石。

②考虑交通方便,水准点应尽量沿公路边缘埋设,以便于水准测量施测。

③水准点应选择在周围地势开阔的地点,以便于测图和测设时充分发挥高程控制的作用。

④根据高程测量方案,水准测量等级的水准路线应与高等级高程控制点联测。

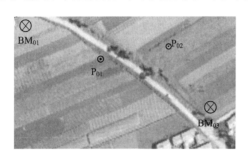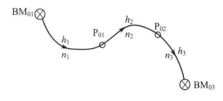

图 4.4.2　附合水准路线图

(2)附合水准路线外业数据采集

①三、四等水准测量施测方法

三、四等水准测量在一个测站上水准仪照准双面水准尺的顺序：

a. 照准后视尺黑面,精平,分别读取上、下、中三丝读数,记入记录表格(表 4.4.3)中(1)、(2)、(3)的位置；

b. 照准前视尺黑面,精平,分别读取上、下、中三丝读数,记入记录表格(表 4.4.3)中(4)、(5)、(6)的位置；

c. 照准前视尺红面,精平,读取中丝读数,记入记录表格(表 4.4.3)中(7)的位置；

d. 照准后视尺红面,精平,读取中丝读数,记入记录表格(表 4.4.3)中(8)的位置。

这样的观测顺序可简称为"后—前—前—后(黑—黑—红—红)",这样的观测步骤可消除或减弱仪器或尺垫下沉误差的影响。四等水准测量由于精度较低,因此可以采用"后—后—前—前(黑— 红—黑—红)"的观测步骤。

表 4.4.3　四等水准测量记录表

测站编号	视准点号	后尺 上丝 下丝	前尺 上丝 下丝	方向及尺号	标尺读数		$K+$黑一红 (mm)	高差中数 (mm)	备　注
					黑 面	红 面			
		后视距	前视距						
		视距差 d(m)	累计差 $\sum d$(m)						
	后视—前视	(1)	(5)	后 K_1	(3)	(4)	(13)	(18)	$K_1=4\,687$ mm $K_2=4\,787$ mm
		(2)	(6)	前 K_2	(7)	(8)	(14)		
		(9)	(10)	后一前	(15)	(16)	(17)		
		(11)	(12)						

测站编号	视准点号	后尺 上丝/下丝/后视距/视距差d(m)	前尺 上丝/下丝/前视距/累计差Σd(m)	方向及尺号	黑面	红面	K+黑-红(mm)	高差中数(mm)	备注
1	BM$_{01}$ ｜ Z$_1$	1 952	1 597	后 K$_1$	1 832	6 521	−2	+0 362.0	
		1 712	1 345	前 K$_2$	1 471	6 258	0		
		24	25.2	后－前	+0 361	+0 263	−2		
		−1.2	−1.2						
2	Z$_1$ ｜ P$_{01}$	1 942	1 138	后 K$_2$	1 854	6 643	−2	+0 804.0	
		1 766	0 965	前 K$_1$	1 051	5 738	0		
		17.6	17.3	后－前	+0 803	+0 905	−2		
		0.3	−0.9						
3	P$_{01}$ ｜ Z$_2$	1 999	1 470	后 K$_1$	1 907	6 591	+3	+0 530.0	
		1 815	1 282	前 K$_2$	1 376	6 162	+1		
		18.4	18.8	后－前	+0 531	+0 429	+2		
		−0.4	−1.3						
4	Z$_2$ ｜ P$_{02}$	1 758	1 344	后 K$_2$	1 668	6 457	−2	+0 411.0	
		1 578	1 171	前 K$_1$	1 258	5 945	0		
		18.0	17.3	后－前	+0 410	+0 512	−2		
		0.7	−0.6						
5	P$_{02}$ ｜ Z$_3$	2 034	1 361	后 K$_1$	1 953	6 642	−2	+0 675.0	
		1 871	1 197	前 K$_2$	1 279	6 066	0		
		16.3	16.4	后－前	+0 674	+0 576	−2		
		−0.1	−0.7						
6	Z$_3$ ｜ BM$_{03}$	2 059	1 463	后 K$_2$	1 980	6 763	+4	+0 596.0	
		1 900	1 300	前 K$_1$	1 382	6 069	0		
		15.9	16.3	后－前	+0 598	+0 694	+4		
		−0.4	−1.1						

$\sum(9)=110.2$　　　　$\sum(3)=11\ 194$　　　　$\sum(4)=39\ 617$　　　　$\sum(15)=3\ 377$

$\sum(10)=111.3$　　　　$\sum(7)=7\ 817$　　　　$\sum(8)=36\ 238$　　　　$\sum(16)=3\ 379$

$\sum(9)-\sum(10)=-1.1$　　　$\left[\sum(3)+\sum(4)\right]-\left[\sum(7)+\sum(8)\right]=6\ 756$

$\sum(15)+\sum(16)=6\ 756$

末站 $\sum(12)=-1.1$　　　　　　$\sum(18)=3\ 378$

总视距 $\sum(9)+\sum(10)=221.5$　　　$2\sum(18)=6\ 756$

②测站检核

为防止在一个测站上发生错误而导致所测的高差不正确,可在每个测站上对测站结果进

行检核,通常采用以下两种方法:

a. 变动仪器高法

变动仪器高法是在同一个测站上用两次不同的仪器高度,测得两次高差以相互比较进行检核,即测得第一次高差后,改变仪器高度(一般应大于 10 cm)重新安置,再测一次高差。两次所得高差之差不超过容许值(例如图根水准测量容许值为±6 mm),则认为符合要求,并取其平均值作为最后结果,否则必须重测。

b. 双面尺法

双面尺法是指仪器的高度不变,而立在前视点和后视点上的水准尺分别用黑面和红面各进行一次读数,测得两次高差,相互比较进行检核。若同一水准尺红面与黑面读数(加常数后)之差,以及两红面尺高差与黑面尺高差之差,均在容许值范围内,则取其平均值作为该测站观测高差。否则,需要检查原因,重新观测。

ⓐ测站上的计算和检核

ⅰ. 视距检核

后视距离　　　　　　　　(9)=(1)-(2)

前视距离　　　　　　　　(10)=(5)-(6)

前后视距差　　　　　　　(11)=(9)-(10)

对于四等、三等水准测量,前后视距差分别不得超过 5 m、3 m。

前后视距累积差　　　　(12)=本站(11)+上站(12)

对四等、三等水准测量,前后视距累积差分别不得超过 10 m、6 m。

ⅱ. 红、黑面读数检核

同一水准尺红、黑面读数差为:(13)=(3)+K-(4)

　　　　　　　　　　　　(14)=(7)+K-(8)

式中,K 为水准尺红、黑面常数差,一对水准尺的常数差 K 分别为 4 687 和 4 787。对于四等水准测量,同一水准尺红、黑面读数差不得超过 3 mm,三等水准测量不得超过 2 mm。

ⅲ. 高差计算与检核

黑面读数所得高差　　　　(15)=(3)-(7)

红面读数所得高差　　　　(16)=(4)-(8)

黑、红面所得高差之差　　(17)=(15)-(16)±100=(13)-(14)

式中±100 为两水准尺常数 K 之差。对于四等水准测量,黑、红面高差之差不得超过5 mm,三等水准测量不得超过 3 mm。

测站平均高差:　　　　$(18)=\frac{1}{2}[(15)+(16)\pm100]$

ⓑ总的计算和检核

在手簿每页末或每一测段完成后,应作下列检核。

ⅰ. 视距的计算和检核

末站的视距累积差　　　　$(12)=\sum(9)-\sum(10)$

总视距为$\sum(9)+\sum(10)$。

ⅱ. 高差的计算和检核

当测站数为偶数时的总高差　$\sum(18)=\frac{1}{2}[\sum(15)+\sum(16)]$

$$=\frac{1}{2}\{\sum[(3)+(4)]-\sum[(7)+(8)]\}$$

当测站数为奇数时的总高差　$\sum(18)=\dfrac{1}{2}\left[\sum(15)+\sum(16)\pm100\right]$

（3）附合水准路线成果计算与检核

由表 4.4.4 可知，按四等水准测量的方法测得各测段的观测高差和测站数，其中 BM_{01} 和 BM_{03} 为已知高程的水准点，P_{01}、P_{02} 为待定高程的水准点。高差闭合差的调整及各点高程的计算步骤如下。

表 4.4.4　附合水准路线成果计算

点 号	测站数	实测高差(m)	改正数(mm)	改正后高差(m)	高程(m)
BM_{01}	2	+1.166	−1	+1.165	1 374.579
P_{01}	2	+0.941	−1	+0.940	1 375.744
P_{02}	2	+1.271	−2	+1.269	1 376.684
BM_{03}					1 377.953
$\sum$	6	+3.378	−4	+3.374	
辅助计算	\multicolumn{5}{l}{$f_h=\sum h_{测}-(H_{BM03}-H_{BM01})=+0.004\ \text{m}=+4\ \text{mm}$; $f_{h容}=\pm6\sqrt{n}=\pm14.7\ \text{mm}$}

①高差闭合差的计算

为了检验测量成果的可靠性应进行水准路线成果检核。对于附合水准路线，理论上在两已知高程水准点间所测得各站高差之和应等于起迄两水准点间高程之差，即

$$\sum h_{理}=H_{终}-H_{起}$$

由于实测中存在误差，两者往往不相等，两者之差称为高差闭合差，用 f_h 表示。所以附合水准路线的高差闭合差为

$$f_h=\sum h_{测}-(H_{终}-H_{起}) \qquad (4.4.6)$$

高差闭合差的大小在一定程度上反映了测量成果的质量。

由式（4.4.6）得

$$f_h=\sum h_{测}-(H_{BM03}-H_{BM01})=+0.004\ \text{m}=+4\ \text{mm}$$

按山地四等水准测量的精度要求计算高差闭合差容许值为

$$f_{h容}=\pm6\sqrt{n}=\pm14.7\ (\text{mm})$$

则 $|f_h|<|f_{h容}|$，故精度符合要求。

②高差闭合差的调整

当高差闭合差在容许值范围内时，可把闭合差分配到各测段的高差上。在同一条水准路线上，假设观测条件相同，则可认为各站产生误差的机会是相同的，故闭合差应与测站数或水准路线的长度成正比，所以分配的原则是将闭合差以相反的符号根据测站数或水准路线的长度成比例分配到各测段的高差上。各测段高差的改正数用公式表示为

$$v_i=-\dfrac{f_h}{\sum L}\cdot L_i \qquad (4.4.7)$$

或

$$v_i=-\dfrac{f_h}{\sum n}\cdot n_i \qquad (4.4.8)$$

式中　v_i——分配给第 i 测段高差上的改正数；

　　　L_i，n_i——第 i 测段路线的长度和测站数；

$\sum L,\sum n$——水准路线的总长度和总测站数。

在本例中，第 $BM_{01}\sim P_{01}$ 段的改正数为

$$v_i=-\frac{4}{6}\times2=-1(mm)$$

各段改正数的总和应与高差闭合差的大小相等且符号相反。如果绝对值不等，则说明计算有误。每测段的实测高差加相应的改正数便得到改正后的高差值。附合水准路线成果计算见表 4.4.4。

③各待定点高程的计算

根据检验过的改正后高差，由起点 BM_{01} 开始，逐点计算出各点的高程，最后算得的 BM_{03} 点高程应与已知值相等，否则说明高程的计算有误。

3. 闭合水准路线

(1)闭合水准路线布设形式

闭合水准路线常用于块状方形区域，如工厂厂房，居民小区建设等。

在本项目的相关案例(向阳村 1:1 000 地形图测量项目)中，方案设计采用四等水准布设高程控制网。根据现场踏勘和已收集到的测绘资料显示，该地区属于丘陵地带，村庄所在区域地势相对较平坦，以向阳村里为例，已知高程点有 BM_{02}，根据该地带地形特征选埋 P_{03}、P_{04}、P_{05} 为临时水准点，则 BM_{02}、P_{03}、P_{04}、P_{05} 构成闭合水准路线。闭合水准路线布设如图 4.4.3 所示。

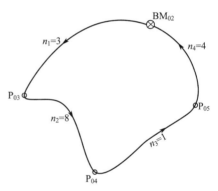

图 4.4.3　闭合水准路线图

(2)闭合水准路线外业数据采集

闭合水准路线施测方法及测站检核与附合水准路线一致。向阳村里四等闭合水准测量记录见表 4.4.5。

表 4.4.5　四等水准测量记录表

测站编号	视准点号	后尺 上丝 下丝	前尺 上丝 下丝	方向及尺号	标尺读数		K+黑一红 (mm)	高差中数 (m)	备注
					黑面	红面			
		后视距	前视距						
		视距差 d(m)	累计差 $\sum d$(m)						
	后视	(1)	(5)	后 K_1	(3)	(4)	(13)	(18)	K_1=4 687 mm
		(2)	(6)	前 K_2	(7)	(8)	(14)		K_2=4 787 mm
	前视	(9)	(10)	后一前	(15)	(16)	(17)		
		(11)	(12)						

续上表

测站编号	视准点号	后尺	上丝 下丝	前尺	上丝 下丝	方向及尺号	标尺读数 黑面	标尺读数 红面	$K+$黑一红 (mm)	高差中数 (m)	备注
			后视距		前视距						
			视距差 d(m)		累计差$\sum d$(m)						
1	BM$_{02}$		1 502		1 447	后 K_1	1 382	6 071	-2		
			1 262		1 195	前 K_2	1 321	6 108	0	$+0\ 062.0$	
	Z$_1$		24		25.2	后一前	$+0\ 061$	$-0\ 037$	-2		
			-1.2		-1.2						
					⋮						
16	Z$_{12}$		1 774		1 828	后 K_2	1 690	6 478	-1		
			1 605		1 660	前 K_1	1 744	6 431	0	$-0\ 053.5$	
	BM$_{02}$		16.9		16.8	后一前	$-0\ 054$	$+0\ 047$	-1		
			0.1		-2.9						

$$\sum(9)=337.2 \qquad \sum(3)=16\ 429 \qquad \sum(4)=73\ 284 \qquad \sum(15)=-0\ 001$$

$$\sum(10)=340.1 \qquad \sum(7)=16\ 430 \qquad \sum(8)=73\ 281 \qquad \sum(16)=0\ 003$$

$$\sum(9)-\sum(10)=-2.9 \qquad \left[\sum(3)+\sum(4)\right]-\left[\sum(7)+\sum(8)\right]=0\ 002$$

$$\sum(15)+\sum(16)=0\ 002$$

$$末站\sum(12)=-2.9 \qquad\qquad \sum(18)=0\ 001$$

$$总视距\sum(9)+\sum(10)=677.3 \qquad 2\sum(18)=0\ 002$$

（3）闭合水准路线成果计算与检核

在闭合水准路线上亦可对测量成果进行检核。对于闭合水准路线，因为它起迄于同一个点，所以理论上全线各站高差之和应等于零，即

$$\sum h_{理}=0 \tag{4.4.9}$$

如果观测高差之和不等于零，则其值（$\sum h_{测}$）就是闭合水准路线的高差闭合差，即

$$f_{h}=\sum h_{测} \tag{4.4.10}$$

向阳村里四等闭合水准测量数据成果计算见表 4.4.6。

表 4.4.6　闭合水准线路成果计算

点　号	测站数	实测高差(m)	改正数(mm)	改正后高差(m)	高　程(m)
BM$_{02}$					<u>1 377.825</u>
	2	-3.639	0	-3.639	
P$_{03}$					1 374.186
	8	$+7.427$	-1	$+7.426$	
P$_{04}$					1 381.612
	2	$+0.870$	0	$+0.870$	
P$_{05}$					1 382.482
	4	-4.657	0	-4.657	
BM$_{02}$					<u>1 377.825</u>
$\sum$	16	$+0.001$	-1	0	
辅助计算	$f_{h}=\sum h=+1$ mm $f_{h容}=\pm6\sqrt{n}=\pm24$ mm				

4. 支水准路线

支水准路线没有检核条件,为了提高观测精度和增加检核条件,支水准路线必须进行往、返测量。往测高差总和理论上应与返测高差总和大小相等而符号相反。

(1)支水准路线的成果计算

支水准路线的高差闭合差按下式计算:

$$f_h = \sum h_往 + \sum h_返 \qquad\qquad (4.4.11)$$

若闭合差在容许值范围内,应将闭合差按相反的符号平均分配在往测和返测的实测高差值上。

【例4.1】在 A、B 间进行往返水准测量,已知 $H_A = 53.218$ m, $\sum h_往 = +0.165$ m, $\sum h_返 = -0.183$ m, A、B 间路线长 $L = 2$ km,求改正后 B 点的高程(按图根水准测量精度要求计算)。

【解】根据式(4.4.11)得高差闭合差 $f_h = \sum h_往 + \sum h_返 = 0.165 - 0.183 = -0.018$(m)。

根据式(4.4.3)得容许高差闭合差 $f_{h容} = \pm 40\sqrt{2} = \pm 57$ mm, $|f_h| < |f_{h容}|$,故精度符合要求。

改正后往测高差 $\sum h'_往 = \sum h_往 + \left(-\dfrac{f_h}{2}\right) = 0.165 + 0.009 = +0.174$(m)

改正后返测高差 $\sum h'_返 = \sum h_返 + \left(-\dfrac{f_h}{2}\right) = -0.183 + 0.009 = -0.174$(m)

故 B 点高程 $\qquad H_B = H_A + \sum h'_往 = 53.218 + 0.174 = 53.392$(m)

或 $\qquad\qquad H_B = H_A - \sum h'_返 = 53.218 - (-0.174) = 53.392$(m)

注:支水准路线控制点个数不应太多,点间距离应短,否则影响其精度。

(2)测站检核

水准支线必须在起终点间用往、返测进行检核。理论上往、返测所得高差的绝对值应相等,但符号相反,或者是往返测高差的代数和应等于零,即

$$\sum h_往 = -\sum h_返$$

如果往、返测高差的代数和不等于零,其值即为水准支线的高程闭合差,即

$$f_h = \sum h_往 + \sum h_返$$

有时也可以用两组并测来代替一组的往、返测,以加快工作进度。两组所得高差应相等;若不等,其差值即为水准支线的高程闭合差,故

$$f_h = \sum h_1 - \sum h_2$$

5. 水准网

(1)水准网布设形式

在本项目相关案例(向阳村1:1000地形图测量项目)中,方案设计采用四等水准布设高程控制网。根据现场踏勘和已收集到的测绘资料显示,该地区属于丘陵地带,村庄所在区域地势相对较平坦。以向阳村里为例,已知高程点有 BM_{03}、BM_{04}、BM_{05},根据该地带地形特征选埋 P_{06}、P_{07}、P_{08}、P_{09}、P_{10} 为临时水准点,则 BM_{03}、P_{06}、P_{07}、P_{09}、P_{10}、BM_{05}、P_{08}、BM_{04} 构成水准网。水准网布设如图4.4.4所示。

（2）水准网成果计算

按四等水准测量的方法测出各测段的观测高差和水准路线的长度，已知 $H_{BM_{03}}=$ 1 377.953 m、$H_{BM_{04}}=1\,398.173$ m、$H_{BM_{05}}=1\,394.377$ m，计算各待定点高程。向阳村水准网高程计算数据见表 4.4.7。

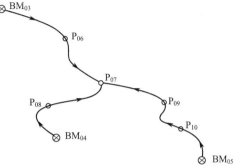

图 4.4.4　水准网布设图

表 4.4.7　水准网计算数据

点　　　号	高差（m）	测站数	备　　注
$BM_{03}\sim P_{07}$	6.336	14	
$BM_{04}\sim P_{07}$	−13.877	28	
$BM_{05}\sim P_{07}$	−10.085	20	

a. 定权：

当每测站水准测量的精度相同时，水准路线观测高差权与测站数成反比。

设 $C=70$（C 为定权的任意常数），这时：

$$P_1=\frac{C}{n_1}=\frac{70}{14}=5$$

$$P_2=\frac{C}{n_2}=\frac{70}{28}=2.5$$

$$P_3=\frac{C}{n_3}=\frac{70}{20}=3.5$$

b. 计算 P_{07} 点高程：

$$H_{P_{07}}=\frac{\sum P_iH_i}{\sum P_i}=\frac{5\times1\,384.289+2.5\times1\,384.296+3.5\times1\,384.292}{5+2.5+3.5}=1\,384.292(\text{m})$$

c. P_{07} 点高程已知，由此可把水准网分成三条附合水准路线，按照附合水准路线方法计算各待定点高程：$H_{P_{06}}=1\,378.731$ m，$H_{P_{08}}=1\,389.561$ m，$H_{P_{09}}=1\,388.347$ m，$H_{P_{10}}=1\,391.282$ m。

4.4.3　光电测距三角高程测量

三角高程测量是根据测站至观测目标点的水平距离和斜距以及竖直角，运用三角学的公式，计算获取两点间高差的方法。随着光电测距仪的发展和普及，光电测距三角高程测量已广泛用于实际生产。

1. 三角高程测量基本原理

以水平面代替大地水准面时,在图 3.2.13 中,欲测 A、B 两点间的高差,将光电测距仪安置在 A 点上,对中、整平,用小钢尺量取仪器中心至桩顶的高度 i,B 点安置棱镜,读取棱镜高度 v,测得竖直角 α,测得 AB 间的水平距离 D。从图中可得,三角高程测量计算高差的基本公式为

$$h_{AB} = D\tan\alpha + i - v \tag{4.4.12}$$

2. 三角高程测量作业参数

光电测距三角高程测量应采用高一级的水准测量联测一定数量的控制点,作为高程起闭数据。光电三角高程测量的技术要求见表 4.4.8。

表 4.4.8　电磁波测距三角高程测量的主要技术要求

等　　级	每千米高差全中误差(mm)	边长(km)	观测方式	对向观测高差较差(mm)	附合或环形闭合差(mm)
四等	10	≤1	对向观测	$40\sqrt{D}$	$20\sqrt{\sum D}$
五等	15	≤1	对向观测	$60\sqrt{D}$	$30\sqrt{\sum D}$

注:(1)D 为测距边的长度(km);

(2)起讫点的精度等级,四等应起讫于不低于三等水准的高程点上,五等应起讫于不低于四等的高程点上;

(3)路线长度不应超过相应等级水准路线的总长度。

3. 成果改化

在控制测量中,由于距离较长,必须考虑地球曲率和大气折光对高差的影响,如图 4.4.5 所示。

(1)地球曲率改正

以水平面代替椭球面时,地球曲率对高差有较大的影响。在水准测量中,是用前后视距离相等来消除其影响;而三角高程测量是用计算影响值加以改正。地球曲率引起的高差误差 p 按式(4.4.13)计算:

$$p = \frac{S^2}{2R} \tag{4.4.13}$$

式中　S——两点间水平距离;

　　　R——地球半径,其值为 6 371 km。

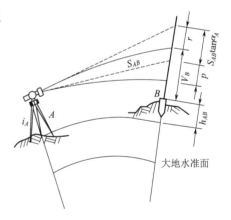

图 4.4.5　地球曲率和大气折光的影响

(2)大气折光改正

一般情况下,视线通过密度不同的大气层时,将发生连续折射,形成向下弯曲的曲线。视线读数与理论位置读数产生一个差值,这就是大气折光引起的高差误差 r,可按下式计算:

$$r = K\frac{s^2}{2R} \approx \frac{s^2}{14R} \tag{4.4.14}$$

式中　K——大气折光系数,一般取 0.142。

地球曲率误差和大气折光误差合并称为球气差,用 f 表示,按下式计算:

$$f = p - r = (1-K)\frac{s^2}{2R} \approx 0.43\frac{s^2}{R} \tag{4.4.15}$$

（3）加两项改正后的高差计算式

由 A 测至 B，计算公式为

$$h_{AB} = D_{AB} \tan \alpha_A + i_A - v_B + f \tag{4.4.16a}$$

$$h_{AB} = s_{AB} \sin \alpha_A + i_A - v_B + f \tag{4.4.16b}$$

或由 B 测至 A，计算公式为

$$h_{BA} = D_{BA} \tan \alpha_B + i_B - v_A + f \tag{4.4.17}$$

或

$$h_{BA} = S_{BA} \sin \alpha_B + i_B - v_A + f$$

式中 D_{AB}, D_{BA}——两点间的水平距离；

s_{AB}——两点间的倾斜距离；

α_A, α_B——竖直角；

i_A, i_B——仪器高；

v_A, v_B——觇标或反射棱镜高。

4. 光电测距三角高程测量注意事项

（1）水准点光电测距三角高程测量可与平面导线测量合并进行，并作为高程转点。距离和角度必须进行往返测量。

（2）在三角高程测量中提高垂直角的观测精度尤为重要。增加垂直角的测回数，可提高测角精度。

（3）采用对向观测可以消除大气折光的影响，往返的间隔时间应尽可能地缩短，使往返测的气象条件大致相同，这样才会有效抵消大气折光的影响。

（4）量距和测角应选择在较好的自然条件下观测，避免在大风、大雨、雨后初晴等大气折光影响较大的情况下观测，成像不清晰、不稳定时应停止观测。

知识拓展——国家控制网建立与应用

为了确定工程平面控制网的绝对位置，需要与国家控制网中的点进行联测。

1. 国家平面控制网简介

控制网的主要作用是：提供全国范围内的统一地理坐标系统；保证国家基本图的测绘和更新；满足大比例尺图测图的精度要求；为精密地确定地面点的位置提供已知点及其在特定坐标系下的坐标，如以地球参考椭球面为基准面的大地坐标或高斯平面坐标，以大地水准面为基准面的高程。为了控制测量误差积累，国家控制网采用逐级方式布设，其特点是控制面积大，控制点间距离较长，点位的选择主要考虑点的密度、稳定性和布网是否有利等。工程控制网是工程项目的空间位置参考框架，是针对某项具体工程建设测图、施工或管理的需要，在一定区域内布设的平面和高程控制网。

在全国范围内布设的平面控制网称为国家平面控制网。国家平面控制网采用逐级控制、分级布设的原则，分一、二、三、四等。主要由三角测量法布设，在西部困难地区采用导线测量法。一等三角锁沿经线和纬线布设成纵横交叉的三角锁系，锁长 200～250 km，构成许多锁环。一等三角锁内由近于等边的三角形组成，边长为 20～30 km。二等三角测量有两种布网形式，一种是由纵横交叉的两条二等基本锁将一等锁环划分成 4 个大致相等的部分，这 4 个空白部分用二等补充网填充，称纵横锁系布网方案。另一种是在一等锁环内布设全面二等三角网,称全面布网方案。二等基本锁的边长为 20～25 km,二等网的平均边长为13 km。一等锁的两端和二等网的中间,都要测定起算边长、天文经纬度和方位角。所以国家一、二等网合称为天文大地网。我国天文大地网于 1951 年开始布设,1961 年基本完成,1975 年修补测工作全部结束,全网约有 5 万个大地点。图 4.4.6 为国家一、二等三角网示意图。

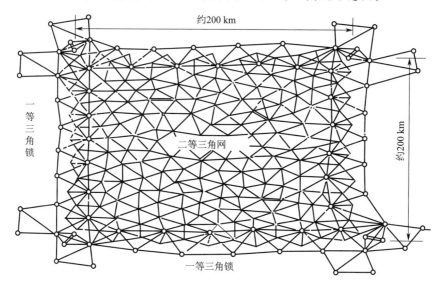

图 4.4.6 国家一、二等三角网示意图

国家平面控制网是确定地貌地物平面位置的坐标体系,按控制等级和施测精度分为一、二、三、四等网。目前提供使用的国家平面控制网含三角点、导线点共 154 348 个,构成 1954 北京坐标系统、1980 西安坐标系两套系统。

"2000 国家卫星定位控制网"由国家测绘局布设的高精度卫星定位 A、B 级网,总参测绘局布设的卫星定位一、二级网,中国地震局、总参测绘局、中国科学院、国家测绘局共建的中国地壳运动观测网组成。该控制网整合了上述三个大型的、有重要影响力的卫星定位观测网的成果,共 2 609 个点。通过联合处理将其归于一个坐标参考框架,形成了紧密的联系体系,可满足现代测量技术对地心坐标的需求,同时为建立我国新一代的地心坐标系统打下了坚实的基础。

2.国家高程控制简介

水准网的布设也是采用从整体到局部,由高级到低级,分级布设逐级控制的原则。国家水准网按控制等级和施测精度分为一、二、三、四等网。目前提供使用的 1985 国家高程系统共有水准点成果 114 041 个,水准路线长度为 416 619.1 km。

在城市地区为了满足测绘地形图和城市建设需要,需布设城市平面控制网,它是在国家控制网的控制下布设的,按城市范围大小布设为不同等级的平面控制网,分为二、三、四等三角网或三、四等导线网和一、二级小三角网或一、二、三级导线网。

在国家水准测量的基础上,城市高程控制测量分为二、三、四等,根据城市范围的大小,城市首级高程控制网可布设成二等或三等水准网,用三等或四等水准网作进一步加密,在四等以下再布设直接为测绘大比例尺地形图应用的图根水准网。在丘陵或山区,高程控制测量可采用三角高程测量方法进行施测,取代三、四等及图根水准测量。

项目实训

（1）项目名称

小区域测区控制测量实训项目。

（2）项目内容

结合测区实际情况，设计测区平面控制网和高程控制网布设方案并进行施测。

（3）实训项目要求

①平面控制选用导线测量方法，技术指标应满足图根控制中 1：1 000 地形图测绘的要求（表 4.2.1）；

②高程控制采用四等水准测量方法，技术指标见表 4.4.2；

③学生以小组为单位查阅规范，制定测区布网方案，并分别编写施测方案；

④以小组为单位施测，施测过程中实行岗位轮换；

⑤以小组为单位进行内业数据处理。

（4）注意事项

①组长要切实负责，合理安排，使每个人都有练习机会；组员之间要团结协作，密切配合，以确保实习任务顺利完成；

②每项测量工作完成后应及时检核，原始数据、资料应妥善保存；

③测量仪器和工具要轻拿轻放，爱护测量仪器，禁止坐仪器箱和工具；

④时刻注意人身和仪器安全。

（5）编写实习报告

实习报告要在实习期间编写，实习结束时上交。内容包括：

①封面——实训名称、实训地点、实训时间、班级名称、组名、姓名；

②前言——实训的目的、任务和技术要求；

③内容——实训的项目、程序、测量的方法、精度要求和计算成果；

④结束语——实训的心得体会、意见和建议；

⑤附属资料——观测记录、检查记录和计算数据。

 复习思考题

4.1　三、四等水准测量与五等水准比较，在应用范围、观测方法、技术指标及所用仪器方面有哪些差别？

4.2　进行跨河水准测量时，采用什么观测方法来抵消地球曲率和大气折光的影响？

4.3　三角高程控制适用于什么条件？其优缺点如何？

4.4　光电三角高程有什么优点？

4.5　影响三角高程精度的主要因素是什么？如何减弱其影响？

4.6　控制测量的作用是什么？建立平面控制和高程控制的主要方法有哪些？

4.7　国家平面及高程控制网是怎样布设的？

4.8　如何建立小区测图控制网？在什么情况下建立小地区的独立控制网？图根控制有哪些形式？

4.9　铁路大比例尺测图控制有什么特点?

4.10　布设导线有哪几种形式? 对导线点布设有哪些基本要求?

4.11　导线测量有哪些外业工作? 为什么导线点要与高级控制点联测? 联测的方法有哪些?

4.12　依据测距方法的不同,导线可以分为哪些形式?

4.13　下图为前方交会示意图,已知数据见表,求待定点 P 的坐标。

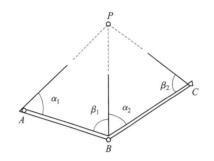

坐标	x(m)	y(m)
A	3 646.35	1 054.54
B	3 873.06	1 772.68
C	4 538.45	1 982.57
观测角	α	β
1	64 03 30	59 46 40
2	55 30 36	72 44 47

扫一扫

基准站设置　　　　仪器架设　　　　仪器认识　　　　移动站的设置

项目 5 数字地形图测绘及应用

 项目描述

　　数字地形图测绘及应用项目主要介绍数字地形图测绘及应用等方面的知识。数字地形图是将测区内采集的各种有关的地物和地貌信息转化为数字形式，为国土资源开发和利用、工程设计与施工、职能部门的规划、管理和决策提供相关测绘资料。本项目是依据数字地形图测绘工艺介绍数字测图各环节的工作，主要包括地形图基本知识、大比例尺地形图控制测量、数据采集及格式转换、内业成图方法、数字地形图的应用等，旨在锻炼学生在地形图测绘过程中的仪器操作、规范应用、绘图软件使用、土方量计算等技能，培养学生从事数字测图的能力。

 学习目标

1. 素质目标

(1)培养学生的团队协作能力；

(2)培养学生在学习过程中的主动性、创新性意识；

(3)培养学生"自主、探索、合作"的学习方式；

(4)培养学生可持续学习能力；

(5)培育学生吃苦耐劳、工作认真细致的工匠精神。

2. 知识目标

(1)掌握地形图测绘原理和基本知识；

(2)掌握地形图控制测量的技术和方法；

(3)掌握全站仪测量地形图的技术和方法；

(4)掌握 RTK 技术测量地形图的技术和方法；

(5)掌握 CASS 绘图技术和方法；

(6)掌握土石方量计算方法。

3. 能力目标

(1)能设计和制定数字地形图测绘项目的实施方案；

(2)能从事地形图测绘过程中的控制测量、数据采集、数字成图等工作；

(3)能分析和解决数字地形图测绘过程中遇到的问题。

 相关案例——向阳村 1∶1 000 数字地形图测绘项目

1. 测区概况

　　测区内主要为低山地形，地形起伏较大。测区面积约 5 km²，海拔最低处约 1 300 m，最高

处约 1 450 m,乔木稀少,坡度平缓处多为种植梯田。居民住地分布在道路两侧 200~300 m
范围内,依山势而建,高低错落,村庄内街道狭窄曲折,对图根控制测量非常不利。测区内交通
不便,给测绘工作带来较大难度。测区数字地形图如图 5.0.1 所示。

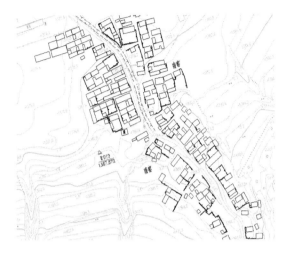

图 5.0.1　测区数字地形图

2. 已有资料

该测区现有的控制点为 E 级 GNSS 控制点 4 个、四等水准点 5 个(见项目 4 表 4.0.1)。
上述点位保存完好,精度满足本次测量的要求,可以作为本次测量工作的起算数据。测区已有
的图纸资料主要是城乡建设勘察院于 1998 年修测的 1∶1 000 比例尺地形图,可用作本次测
量的参考用图。

3. 作业依据

(1)《工程测量标准》(GB 50026—2020);

(2)《国家基本比例尺地图图示　第 1 部分:1∶500、1∶1 000、1∶2 000 地形图图示》
(GB/T 20257.1—2017);

(3)《全球定位系统(GPS)测量规范》(GB/T 18314—2009);

(4)《1∶500、1∶1 000、1∶2 000 外业数字测图规程》(GB/T 14912—2017)。

4. 测绘过程

测区平面控制网整体采用 GNSS 测量方法,局部采用导线测量的方法布设。测图作业模
式使用全站仪草图法作业模式。碎部点的选取结合绘图需要和测区实际情况综合取舍,地物
特征点的采集应能反映建筑物和围墙轮廓,建筑物轮廓凸凹在图上小于 0.4 mm 时,可用直线
连接。地貌特征点的选取应能反映地势起伏的基本特征。外业数据采集结束后将生成的数据
文件利用绘图软件进行处理,生成数字格式的地形图。

5. 设备和人员配置

人员配置主要有作业组 4 组,每组 3~4 人;设备包括南方灵锐 RTK 4 台,DS$_3$ 型水准仪
2 台,拓普康全站仪 4 台,对讲机 12 部,计算机 4 台,CASS 数字成图软件 4 套。

 问题导入

1. 什么是数字地形图?

2. 数字测图的图根控制测量可以采用哪些方法？

3. 地形图的各种符号如何表示？

4. 地形各种要素如何取舍？

5. 数字地形图如何绘制？

6. 获取数字地形图有哪些方法？

5.1　大比例尺地形图基本知识

5.1.1　地形图的概念

地球表面上的物体概括起来可分为地物和地貌两大类。地物指地面各种固定性的物体，如道路、房屋、河流等；地貌指地球表面高低起伏的形态。为研究地物、地貌状况及地面点之间的相互位置关系，测量学中用地形图来表示（图 5.1.1）。地形图具有广泛的用途，特别在各种工程建设中，它是不可缺少的重要资料。

地形图是将地面上一系列地物与地貌，通过综合取舍，按比例缩小后用规定的符号描绘在图纸上的正射投影图。

所谓正射投影（等角投影），就是将地面点沿铅垂线投影到投影面上，并使投影前后图形的角度保持不变，所以图纸上的地物、地貌与实地上相应的地物、地貌相比，其形状是相似的。小区域的地形图是地面实际情况在水平面上的投影；当测区范围较大时，则应考虑地球曲率的影响，投影面应为球面。仅表示地物，不表示地貌的地形图称为平面图。

地形图按内容可分为一般地形图和侧重反映某一专题内容的专题图（如地质图、地籍图、土地资源图、房产图等）；按成图方法可分为用测量仪器在实地实测地面点位置并用符号与线划描绘的线划图及采用航空摄影像片与手工（或计算机）描绘线划的符号表示的影像图。另外，还有数字图，它是把密集的地面点用三维坐标存储在计算机中，通过计算机，既可转化成各种比例尺的地形图，也可直接用于工程设计和信息查询等。

5.1.2　比 例 尺

地形图上任意线段长度（d）与地面上相应线段的水平长度（D）之比，称为地形图的比例尺，一般用分子为 1 的整分数表示，即

$$\frac{d}{D} = \frac{1}{D/d} = \frac{1}{M} \tag{5.1.1}$$

式中，M 称为比例尺分母。显然，M 就是将地球表面缩绘成图的倍数。

比例尺的大小是以比例尺的比值来衡量的，分数值越大（分母 M 越小），比例尺越大。为满足经济建设和国防建设的需要，国家测绘管理部门编制了各种不同比例尺的地形图。通常称 1∶100 万、1∶50 万、1∶20 万为小比例尺；1∶10 万、1∶5 万、1∶2.5 万、1∶1 万为中比例尺；1∶5 000、1∶2 000、1∶1 000、1∶500 为大比例尺。各种土木工程建设通常使用大比例尺地形图。

地形图上所表示的地物、地貌细微部分与实地有所不同，其精确与详尽程度受比例尺的影响。人们用肉眼能分辨的图上最小距离为 0.1 mm（人眼分辨率），因此我们把地形图上 0.1 mm 所表示的实地水平长度，称为地形图比例尺的精度。大比例尺地形图的比例尺精度见表 5.1.1。

刘家庄	新站	木材场
天桥		粮站
半山	高坪	周家院

李家庄

10.0～12.0

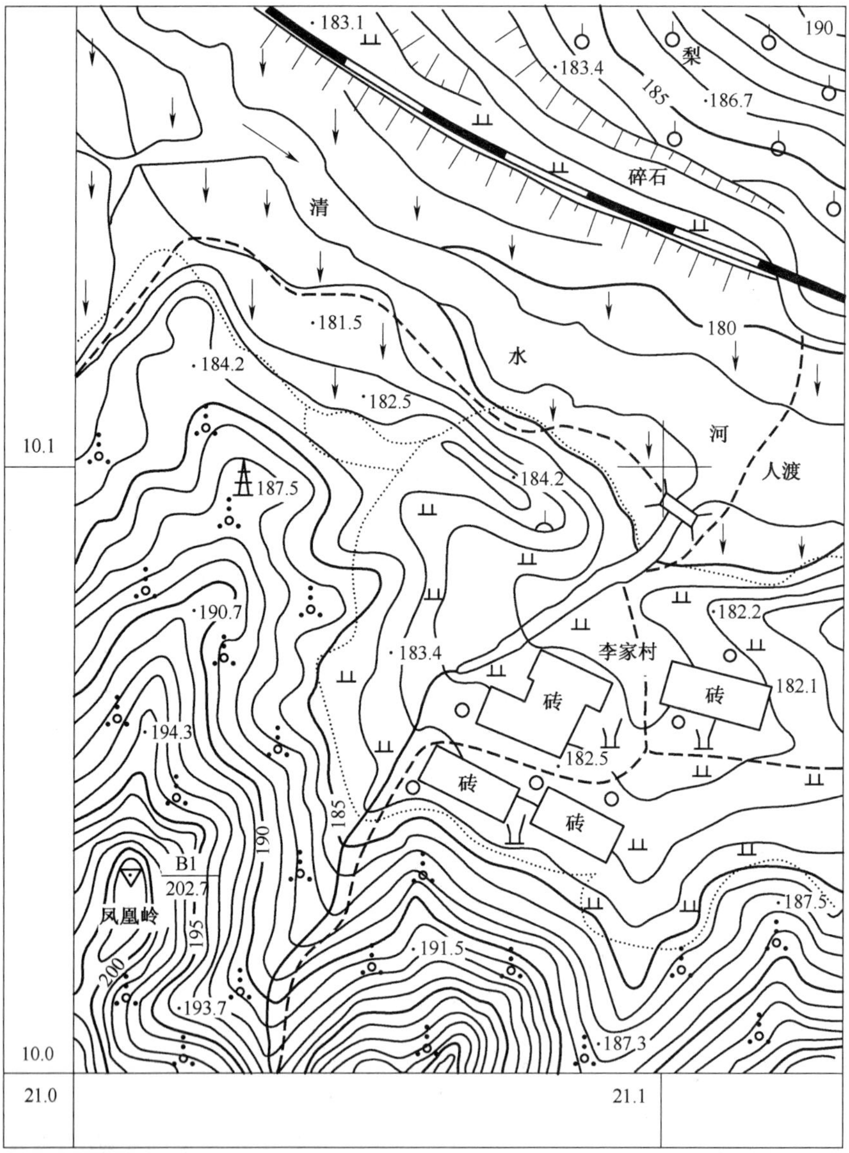

第一工程队

2020年3月数字化制图
任意直角坐标系
1985国家高程基准，等高距为1 m
2017年版图式

1∶1 000

测量员：张强
绘图员：李海
检查员：吴刚

图 5.1.1　地形图示例(局部)

表 5.1.1　比例尺的精度

比例尺	1∶500	1∶1 000	1∶2 000	1∶5 000
比例尺精度(m)	0.05	0.1	0.2	0.5

根据比例尺精度可以确定实地测图时的量测精度。如在 1∶500 地形图上测绘地物,量距的精度只需取到 ±5 cm 即可,因为量得再精细,在图上也无法表示出来。另外可根据比例尺精度和用图要求,确定所选用地形图的比例尺。如某项工程建设,要求在图上能反映地面上 10 cm 的精度(即测图的精度为 ±10 cm),则应选用的比例尺不应小于 1∶1 000。采用何种比例尺测图,应从工程规划、施工实际情况需要的精度出发,不应盲目追求更大比例尺的地形图,因为同一测区范围的大比例尺测图较小比例尺测图更费工费时。

5.1.3　地形图图式

在地形图中用于表示地球表面地物、地貌的专门符号称为地形图图式。比例尺不同,各种符号的图形和尺寸也不尽相同。《国家基本比例尺地图图式　第 1 部分:1∶500、1∶1 000、1∶2 000地形图图式》(GB/T 20257.1—2017)是一项国家标准,它是测绘、编制、出版地形图的重要依据,是识图、用图的重要工具。根据不同专业的特点和需要,各部门也制定有专用的或补充的图式。《地形图图式》的节选见表 5.1.2。

1. 地物符号

地物符号分为比例符号、非比例符号、半比例符号和注记符号四种类型。

(1)比例符号

将实际地物的大小、形状和位置按测图比例尺缩绘在图上的符号称比例符号。这类符号用于表示轮廓大的地物,如房屋、农田等,一般用实线或点线表示。

(2)非比例符号

不按测图比例表示实际地物大小与形状的符号称非比例符号。这类符号又称记号符号,实际是放大了的符号,它只表示地物的位置,不能表示其形状和大小,如各种测量控制点、烟囱、路灯等。

(3)半比例符号

在宽度上难以按比例表示、在长度方向可以按比例表示的地物符号称半比例符号,亦称线状符号。此类符号用于表示线状地物,符号以定位线表示实地物体真实位置。符号定位线位置如下:

①成轴对称的线状符号,定位线在符号的中心线,如铁路、公路、电力线等。

②非轴对称的线状符号,定位线在符号的底线,如城墙、境界线等。

(4)注记符号

具有说明地物名称、性质、用途以及带有数量、范围等参数的地物符号称注记符号,如工厂的名称、植被的种类说明、特殊地物的高程注记、建筑物的种类和层数等。

需要指出的是,比例符号与半比例符号、比例符号与非比例符号的使用界限是相对的。如某道路宽度为 6 m,在小于 1∶1 万地形图上用半比例尺符号表示,在 1∶1 万及其以上大比例尺图上则用比例符号表示。总之,测图比例尺越大,用比例符号描绘的地物越多;测图比例尺越小,用非比例符号或半比例符号描绘的地物越多。

表 5.1.2　地形图图示(节选)

编号	符号名称	图　例
1	棚房 a. 四边有墙的 b. 一边有墙的 c. 无墙的	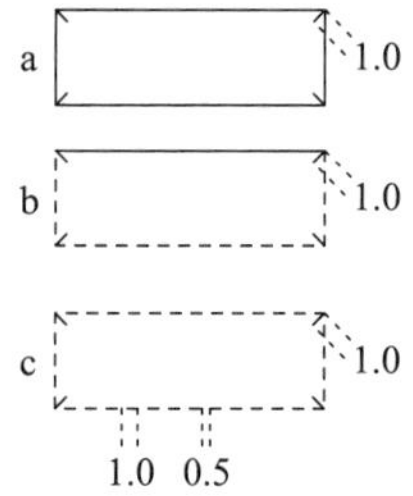 a ▭ 1.0 b ▭ 1.0 c ▭ 1.0 1.0　0.5
2	破坏房屋	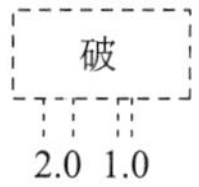 破 2.0　1.0
3	架空房、吊脚楼 4——楼层 3——架空楼层 /1、/2——空层层数	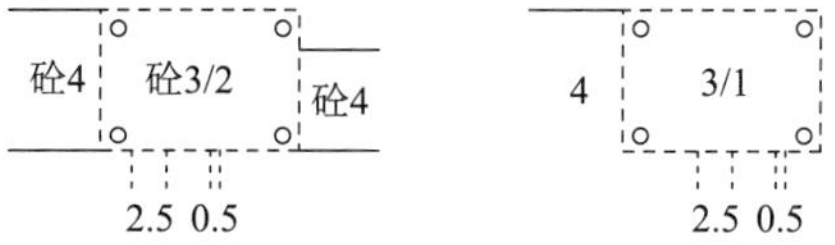 砼4　砼3/2　砼4　　　4　3/1 2.5　0.5　　　　2.5　0.5
4	廊房(骑楼)、飘楼 a. 廊房 b. 飘楼	 a 混3 ⌐1.0　　b 混3 ⌐2.5 ⌐0.5 2.5　0.5
5	窑洞 a. 地面上的 a1. 依比例尺的 a2. 不依比例尺的 a3. 房屋式窑洞 b. 地面下的 b1. 依比例尺的 b2. 不依比例尺的	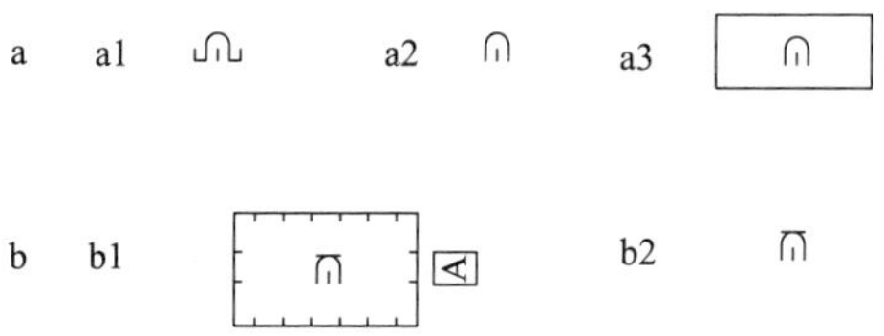 a　a1 ⌒　a2 ⌒　a3 ⌒ b　b1 ⌒ Ⓐ　b2 ⌒
6	蒙古包、放牧点 a. 依比例尺的 b. 不依比例尺的 (3-6)——居住月份	a ⊖　　　b ⌒ 1.6 (3-6)　　　3.2 (3-6)
7	矿井井口 a. 开采的 a1. 竖井井口 a2. 斜井井口 a3. 平峒洞口 a4. 小矿井 b. 废弃的 b1. 竖井井口 b2. 斜井井口 b3. 平峒洞口 b4. 小矿井 硫、铜、磷、煤、 铁——矿物品种	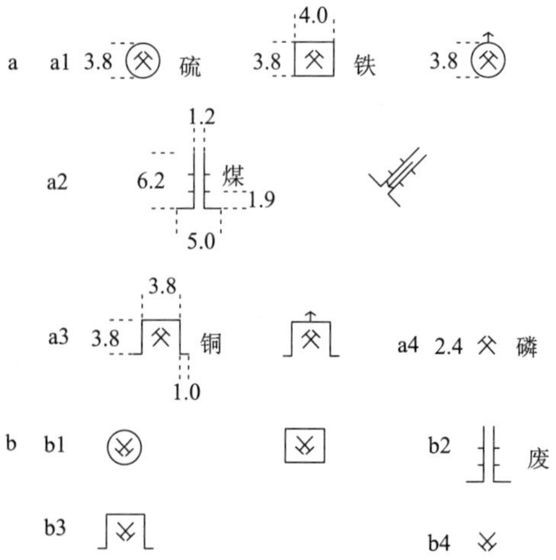 4.0 a　a1 3.8 ⊗ 硫　3.8 ⊠ 铁　3.8 ⊗ 1.2 a2　6.2 煤 1.9 5.0 3.8 a3 3.8 ⊠ 铜　⊗　a4 2.4 ⋇ 磷 1.0 b　b1 ⊗　　⊠　　b2 废 b3 ⊠　　　　b4 ⋇

编号	符号名称	图　例
8	园地 经济林 a. 果园	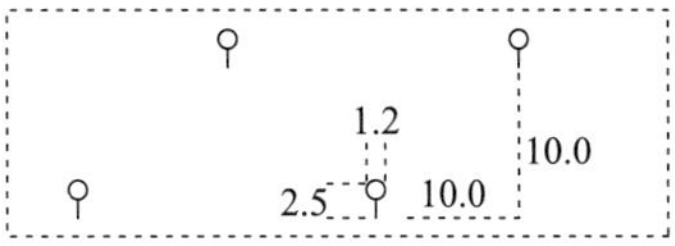
	b. 桑园	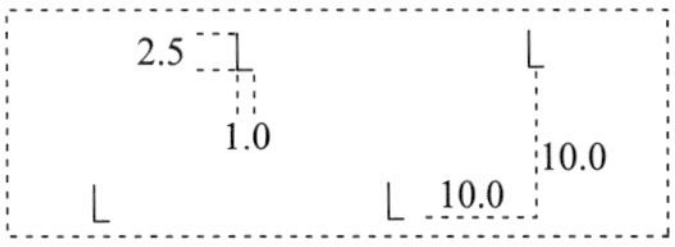
	c. 茶园	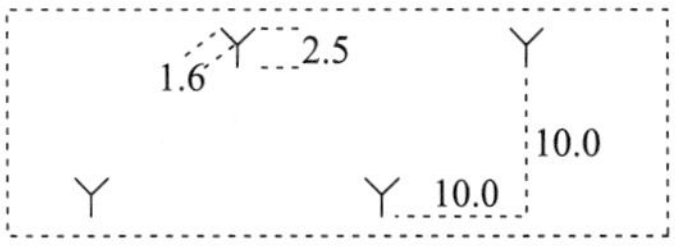
	d. 橡胶园	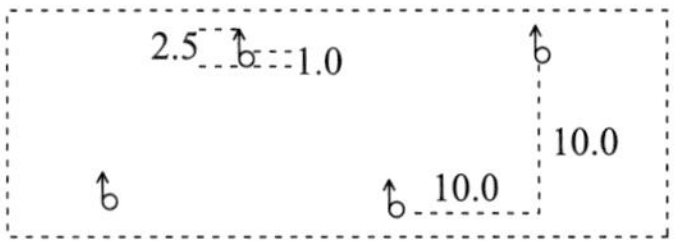
	e. 其他经济林	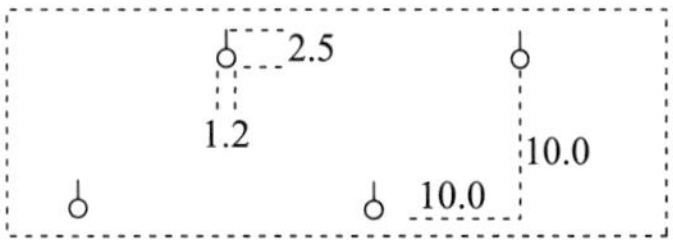
	经济作物地	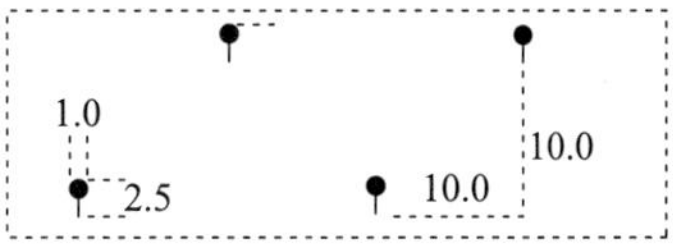
9	成林	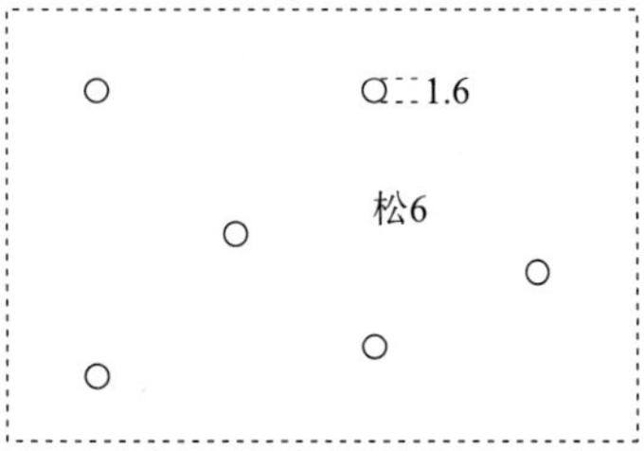
10	幼林、苗圃	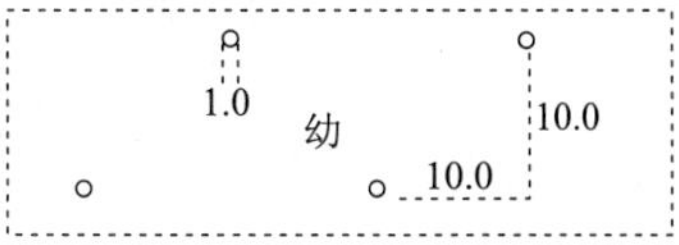
11	灌木林 a. 大面积的	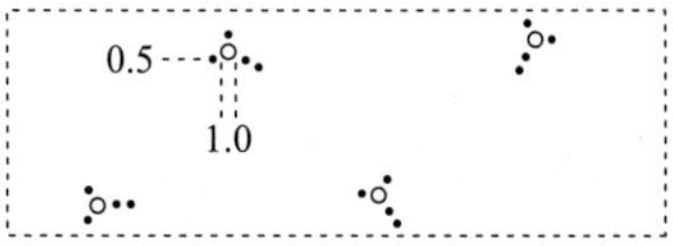
	b. 独立灌木丛	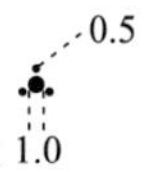
	c. 狭长灌木林	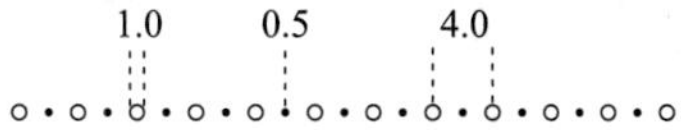

2. 地貌符号

地貌形态多种多样。对于一个地区,可按起伏的变化分为四种地形类型:地势起伏小,地面倾斜角一般在 3°以下,称为平地;地面高低变化大,倾斜角一般在 3°~ 10°,称为丘陵;高低变化悬殊,倾斜角一般在 10°~ 25°,称为山地;绝大多数倾斜角超过 25°的,称为高山地。

表示地貌的方法有多种。对于大、中比例尺地形图,主要采用等高线法;对于特殊地貌,采用特殊符号表示。

(1)等高线表示地貌原理

等高线是地面上高程相同的相邻各点连成的闭合曲线,如池塘水面边缘线就是一条等高线。假想有一座山,从山底到山顶,按相等间隔把它一层层地水平切开后,呈现各种形状截口线。然后再将各截口线垂直投影到平面图纸上,并按测图比例缩小,就得出用等高线表示该地貌的图形,如图 5.1.2 所示。

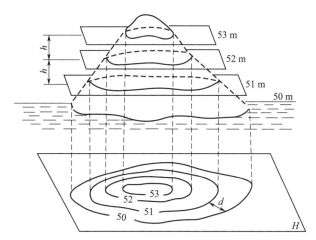

图 5.1.2 等高线的概念

(2)等高距和等高线平距

①等高距

相邻等高线之间的高差称等高距,即图 5.1.2 中所示的水平截面间的垂直距离,用 h 表示。同一幅地形图中的等高距是相同的。在《工程测量标准》中,对等高距作了统一的规定,这些规定的等高距,称为基本等高距,见表 5.1.3。

②等高线平距

相邻等高线之间的水平距离称等高线平距,用 d 表示。

表 5.1.3 地形图的基本等高距

地形类别	比例尺			
	1:500	1:1 000	1:2 000	1:5 000
平坦地	0.5	0.5	1	2
丘陵地	0.5	1	2	5
山地	1	1	2	5
高山地	1	2	2	5

③地面坡度

等高距 h 与等高线平距 d 的比值称为地面坡度,用 i 表示。

因为同一幅地形图上的等高距是相同的,故等高线平距的大小将反映地面坡度的变化。等高线平距越小,地面坡度越大;平距越大,地面坡度越小;平距相同,坡度相等。由此可见,根据地形图上等高线的疏、密可判定地面坡度的缓、陡。

(3)等高线种类

①首曲线

按基本等高距绘制的等高线称为首曲线,也称基本等高线。用线宽为 0.15 mm 的细实线表示。

②计曲线

由零起算,每隔四条基本等高线绘一条加粗的等高线称为计曲线。计曲线的线宽为 0.3 mm,其上注有高程值,是辨认等高线高程的依据。

③间曲线和助曲线

按二分之一基本等高距绘制的等高线称间曲线,用长虚线表示;按四分之一基本等高距绘制的等高线称助曲线,用短虚线表示。间曲线和助曲线用于首曲线难以表示的重要而较小的地貌形态。

(4)典型地貌及其等高线表示法

将地面起伏和形态特征分解观察,不难发现它是由一些典型地貌组合而成的。

①山头和洼地

凡是凸出而且高于四周的单独高地称为山,大的称为山岭,小的称为山丘,山岭和山丘最高部位称山头。比周围地面低,且经常无水的地势较低的地方称为凹地,大范围低地称为盆地,小范围低地称洼地。

如图 5.1.3 所示,山顶与洼地的等高线都是一组闭合曲线,但它们的高程注记不同。内圈等高线的高程注记大于外圈者为山头;反之,小于外圈者为洼地。

区别山头与洼地,也可使用示坡线。示坡线是一端与等高线连接并垂直于等高线的短线,用以指示地面斜坡下降的方向。

②山脊与山谷

山的最高部分为山顶,有尖顶、圆顶、平顶等形态,尖峭的山顶叫山峰。山顶向一个方向延伸的凸棱部分称为山脊。山脊最高点连线称山脊线。山脊等高线表现为一组凸向低处的曲线。相邻山脊之间的低凹部分称为山谷。山谷最低点连线称山谷线。山谷等高线表现为一组凸向高处的曲线,如图 5.1.4 所示。

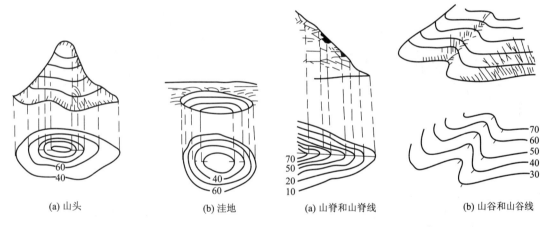

(a) 山头　　　　　　(b) 洼地　　　　　　(a) 山脊和山脊线　　　　(b) 山谷和山谷线

图 5.1.3　山头和洼地　　　　　　　图 5.1.4　山脊和山谷

在山脊上,雨水会以山脊线为分界线流向两侧坡面,故山脊线又称分水线。在山谷中,雨水由两侧山坡汇集到谷底,然后沿山谷线流出,故山谷线又称集水线。山脊线和山谷线合称为地性线(或地形特征线)。

③鞍部

鞍部是相邻两山头之间呈马鞍形的凹地,如图 5.1.5 所示。鞍部既处于两山顶的山脊线连接处,又是两集水线的顶端。其等高线的特点是在一圈大的闭和曲线内,套有两组小的闭和曲线。

④陡崖和悬崖

陡崖是地面坡度大于 70°的陡坡,甚至为 90°的峭壁,等高线在此处非常密集或重合为一条线,因此采用陡崖符号来表示,陡崖的等高线形式如图 5.1.6 所示。

悬崖是上部突出,下部凹进的陡崖。其等高线投影在平面上呈交叉状,悬崖的等高线形式如图 5.1.7 所示。

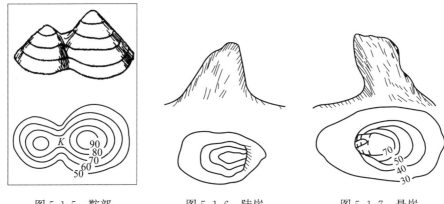

图 5.1.5 鞍部   图 5.1.6 陡崖   图 5.1.7 悬崖

认识了上述典型地貌的等高线,就能够识别出地形图上用等高线表示的复杂地貌,或者把复杂地貌表示成等高线图。图 5.1.8 为某地区的地势景观图和用等高线描绘的地形图。

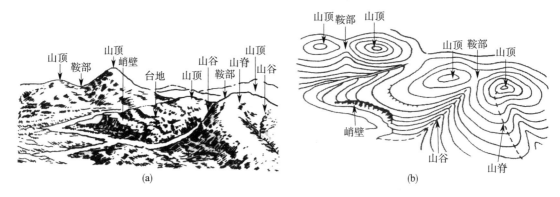

图 5.1.8 实际地形与地形图

(5)等高线的特性

①同一条等高线上的各点高程相等。

②等高线为连续闭合曲线。如不能在本图幅内闭合,必定在相邻或其他图幅内闭合。等高线只能在内图廓线、悬崖及陡坡处中断;另外,遇道路、房屋等地物符号和文字注记时可局部中断,其余情况不得在图幅内任意处中断。间曲线、助曲线在表示完局部地貌后,可在图幅内任意处中断。

③等高线不能相交。不同高程的等高线除悬崖、陡崖处外,不得相交也不能重合。

④同一幅图内,平距小表示坡度陡,平距大则坡度缓,平距相等则坡度相等。

⑤等高线的切线方向与地性线方向垂直。

5.2 大比例尺数字地形图测绘

地形图测绘是以相似形理论为依据,以图解法为手段,按比例尺的缩小要求,将地面点测绘到平面图纸上而成地形图的技术过程。数字地形图测绘主要指外业测图过程中仪器自动记录数据,内业成图的方法采用计算机专业软件编辑。外业测图方法主要有全站仪数字化测图和 RTK(GNSS 实时动态差分)地形图测绘。

数字地形图测绘分为图根控制测量、外业数据采集(碎部点测量)、数据传输和机助成图等步骤(图 5.2.1)。图根控制测量是为测量图根控制点的坐标而实施的测量,测量精度高于碎部点的精度。图根控制点即在测图过程中用来安置测量仪器和后视定向的控制点。碎部测量即以图根控制点为测站,测定出测站周围碎部点的坐标并自动记录。数据传输和机助成图是将外业采集的碎部点坐标传输至计算机,然后用绘图软件展绘到计算机屏幕,并用规定的图示符号连接图上碎部点,使其连接成的图形与实地碎部点连接的图形呈相似关系。

图 5.2.1　数字测图流程

5.2.1　图根控制测量

图根控制测量按施测项目不同分为图根平面控制测量和图根高程控制测量。传统图根平面控制测量多采用导线测量、三角测量、交会测量等方法,高程控制测量采用图根水准测量和三角高程测量。近些年来由于现代仪器的出现,特别是全站仪和 GNSS 的使用,使得图根控制布设形式、测量方法和测量手段都发生了重大变化。现阶段采用的图根控制测量方法主要以全站仪导线测量和 GNSS-RTK 测量为主。实际工作中人们又总结了实现起来更加方便灵活的"一步测量法"和"辐射点法"。这些方法都可以直接测算出图根点的三维坐标,也就是说这些方法将图根平面控制测量和图根高程测量同时完成,既可以保证图根控制测量的精度,也极大的提高了工作效率。

由于使用的仪器精度提高、施测距离的加大,数字测图对图根点的密度要求已不很严格,一般以 500 m 内能测到碎部点为原则。通视条件好的地方,图根点可稀些,地物密集、通视困难的地方,图根点可密集一些。具体要求见表 5.2.1。

表 5.2.1　图根控制点密度要求

测图比例尺	1:500	1:1 000	1:2 000
图根控制点密度	64	16	4

以下介绍几种常用的图根控制测量方法。

1. 全站仪导线测量

全站仪导线测量与传统的导线测量布设形式完全相同,其特点是易于自由扩展,地形条件限制少,观测方便,控制灵活。一般分为以下几种:附合导线(图 5.2.2)、闭合导线(图 5.2.3)、支导线(图 5.2.4)。全站仪在一个点位上,可以同时测定后视方向与前视方向之间所夹的水平角、照准方向的垂直角、天顶距、测站距后视点和前视点的倾斜距离或水平距离、测站与后视点以及前视点间的高差,即全站仪可以同时进行三要素的测量,与传统导线测量相比,极大地提高了工作效率。

一般来讲,导线的边长采用全站仪双向施测,每个单向施测一测回,即盘左、盘右分别进行观测,读数较差和往返测较差均不宜超过 20 mm。施测前应测定温度、气压,进行气象改正。水平角施测一测回,测角中误差不宜超过 20″。

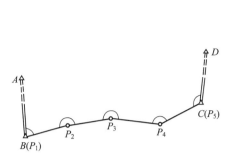

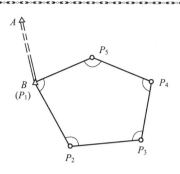

图 5.2.2　附合导线　　　　　　　　　图 5.2.3　闭合导线

每边的高差采用全站仪往返观测,每个单向施测一测回,即盘左、盘右分别进行观测,盘左、盘右和往返测高差较差均不宜超过 $0.02D(\text{m})$(D 为边长,单位为 km,300 m 内按 300 m计算)。

全站仪导线测量角度闭合差不大于 $\pm 60''\sqrt{n}$(n 为测站数),导线相对闭合差不大于 $1/2\,500$,高差闭合差不大于 $\pm 40\sqrt{D}$ mm(D 为边长,单位为 km)。

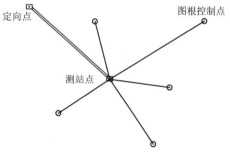

图 5.2.4　支导线

2. 辐射点法

"辐射点法"就是在某一通视良好的等级控制点上,用极坐标测量方法,按全圆方向观测方式,一次测定周围几个图根点(图 5.2.5)。这种方法无需平差计算,直接测出坐标。点位相对精度可以达到 $1\sim 3$ cm。为了保证图根点的可靠性,最后测定的一个点必须与第一个点重合,以检查观测质量。

3. 一步测量法

"一步测量法"即充分利用全站仪测量精度高、可以即时得到测量点位坐标的优势,在采集碎部点时根据现场测量需要随时布设和测量图根点。图根点的测量方法与测量碎部点相同。迁站时直接将测站搬至新测定的图根点上,图根点的坐标直接从仪器内存读取,最后图根点与高级点附合,以检核测量图根点

图 5.2.5　辐射点法

的过程中有无粗差。如果最后的不符值小于图根导线的不符值限差,则测量成果可以使用;如果不符值超限,则需找出原因,改正图根点坐标,或返工重测图根点坐标。但这个返工工作量仅限于图根点的返工,而碎部点原始测量的数据仍可利用,闭合后,利用内业绘图软件的坐标改正功能重算碎部点坐标即可。这种将图根测量与碎部测量同时作业的方法效率非常高,省去了图根导线的单独的测量和计算平差过程,适合数字测图。一步测量法测量过程如图 5.2.6 所示。

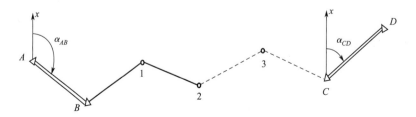

图 5.2.6　一步测量法

4. RTK 实时动态测量

利用 RTK 进行图根控制点测量时,将仪器存储模式设定为平滑存储,然后设定存储次数,一般设定为 5～10 次,测量时其结果为每次存储的平均值,其点位精度可以达到 1～3 cm。由于 RTK 一个普通基准站即可控制半径超过 10 km 的作业范围,使用 RTK 布设图根控制点时,甚至不需要逐级加密测区的控制点,只需在测区的首级控制网下直接布设图根控制点即可。因此,RTK 的使用是数字测图技术的又一次飞跃。

5.2.2　数据采集

完成图根控制测量后即可进行野外数据采集工作,即以图根点为测站,测定出测站周围碎部点的平面位置和高程,并记录其连接关系及属性。所谓碎部点即地形的特征点,包括地物特征点和地貌特征点。

地貌特征点:体现地貌形态,反映地貌性质的特殊点位简称地貌点,如山顶、鞍部、变坡点、地性线、山脊点和山谷点等(图 5.2.7)。

地物特征点:能够代表地物平面位置,反映地物形状、性质的特殊点位,简称地物点,如建筑轮廓线的转折点、交叉和弯曲等变化处的点,路线边界的转折点,电力线的走向中心,独立地物的中心点等(图 5.2.8)。

图 5.2.7　地貌特征点

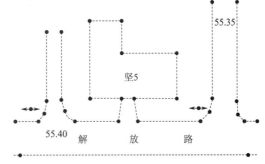

图 5.2.8　地物特征点

目前,数据采集方法主要有全站仪数据采集、RTK 数据采集。

在数据采集时,如何选择适当的碎部点至关重要。由于地物形状极不规则,所以碎部点选择时一定坚持综合取舍的原则。一般规定主要地物凸凹部分在图上大于 0.4 mm 均应表示出来,小于 0.4 mm 时,可用直线连接。对于地貌来说,碎部点应选在最能反应地貌特征的山脊线、山谷线等地性线上,如山顶、鞍部、山脊、山谷、山坡、山脚等坡度变化及方向变化处,这样采集的数据才能最好的反映实地地形情况。

1. 全站仪草图法作业

(1) 全站仪测图原理

全站仪测图即利用全站仪的坐标测量功能在测站点上采集测站附近碎部点的三维坐标,然后经通信接口将采集数据传输至计算机中,最终借助数字制图软件实现数字地形图的机助成图。如图 5.2.9 所示,O 为测站点,A 为定向点,P 为待测点。在 O 点安置仪器,输入测站点和后视点的点号和坐标,量取仪器高 i,照准 A 点,得到 OA 方向的方位角值 α_{OA},然后在仪器上按相应定向键完成定向。仪器设置完成后,全站仪照准 P 点上的棱镜,镜高 v,方位角读数为 α_{OP},再测出 O 至 P 点的斜距 S 和平距 D 及天顶距 Z。待定点坐标和高程由下式求得,即

$$X_P = X_O + D \cdot \cos \alpha_{OP}$$
$$Y_P = Y_O + D \cdot \sin \alpha_{OP}$$
$$H_P = H_O + D/\tan Z + i - v \qquad\qquad (5.2.1)$$

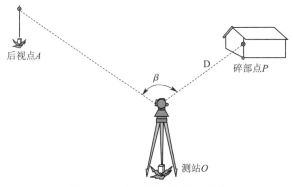

图 5.2.9　全站仪数据采集原理

（2）全站仪草图法步骤

在外业数据采集过程中仅记录碎部点的坐标信息是不够的,因为在内业机助成图时除了需要各碎部点的坐标外,还需明确各碎部点的属性和各点之间的连接关系。因此在数据采集同时还需绘制地形草图,各碎部点的属性和它们之间的连接关系通过在现场绘制外业草图记录（图 5.2.10）。这种作业方法就称为全站仪草图法作业。内业绘图时将碎部点展绘在计算机屏幕上以后,根据工作草图,采用人机交互方式使用相应的地物、地貌符号连接碎部点生成数字图形。

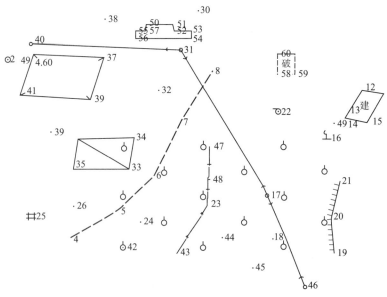

图 5.2.10　外业草图

全站仪草图法作业具体操作如下:

在图根点上架设全站仪,量取仪器高,启动仪器,对仪器的有关参数进行设置,如外界温度、大气压、使用的棱镜常数等。进入数据采集程序,新建保存本次数据的文件,按照全站仪的提示设置测站点、定向点;照准后视点完成定向。为确保设站无误,定向完成后需测量后视点或其他图根点进行检核,若坐标差值在规定的范围内,即可开始采集数据,检核不通过则需要重新定向。

上述工作完成后,即开始碎部点数据采集。每观测一个碎部点,观测员都要核对该点的点号、属性、镜高并存入全站仪的内存中。

原则上,采集的碎部点要能全面反应地形地貌的特征,但限于实地的复杂条件,外业数据采集时不可能观测到所有的碎部点。对于这些碎部点可利用皮尺或钢尺量距,将丈量结果记录在草图上。然后在内业时依据丈量的距离展绘图形。

下面以拓普康 GTS-720 全站仪为例说明测图的仪器操作步骤:

① 全站仪安置在图根控制点上,对中整平,开机,仪器显示如图 5.2.11 所示界面。后视点安置对中杆棱镜。

②双击 TopSURV 程序的图标,进入数据采集程序。仪器显示如图 5.2.12 所示界面。

图 5.2.11　开机界面

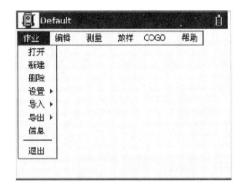

图 5.2.12　打开 TopSURV 界面

③点击 文件\新建\ ,弹出如图 5.2.13 所示的界面,输入新建文件的名称,新采集的碎部点数据都保存在这个文件下, 生成者 和 注释 两项内容可以不填写。最后点击 完成 按钮,回到程序主界面。

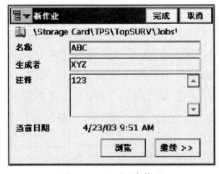

图 5.2.13　新建作业

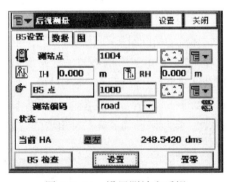

图 5.2.14　设置测站和后视

④点击 测量\测站\BS 设置,弹出如图 5.2.14 所示界面。在此处,输入测站点和后视点的坐标或方向值。输入控制点的方法有两种:一种是仪器的内存里已经存储了图根点的点号和坐标值,这时可以点击□在图形中查找该点,或点击□在点号列表中查找。找到该点后点击 确定 按钮即完成该点的调用。另外一种方法是直接输入测站点和后视点的点号和坐标值(图 5.2.15),N 为 X 坐标,即北坐标;E 为 Y 坐标,即东坐标;Elev 为高程。输入完成后点击 确定 按钮完成输入。然后在□输入仪器高,□处输入棱镜高。

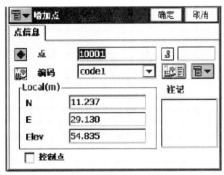

图 5.2.15　输入控制点坐标

图 5.2.16　定向错误

⑤输入测站点和后视点坐标后,转动全站仪照准后视点,点击 设置 ,完成定向。为了确保后视点定向无误,一般情况下还要用定向的结果复测后视点坐标,如与已知坐标一致,则定向正确。若与已知坐标数值间存在明显差值,说明定向错误(图 5.2.16),需重新定向。

⑥后视检核无误后即开始碎部测量,选择 测量\观测 ,此时,棱镜放置在碎部点上,照准棱镜,点击 观测 按钮,即测量出碎部点的三维坐标,并显示在仪器显示屏上(图 5.2.17),点击全站仪面板上的 确定 按钮,仪器将该点存储,点号自动累加。也可在照准目标后直接按全站仪面板上的 确定 按钮,这样测量的数据直接存储到仪器内存并且下一个碎部点号自动累加。

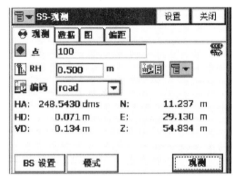

图 5.2.17　数据采集界面

2.RTK 数字测图数据采集

GNSS 实时动态测量(Real-Time Kinematic)简称 RTK,具体作业方法是在作业范围内设置一台 GNSS 接收机做为基准站,一至多台 GNSS 接收机设置为流动站。基准站和流动站同时接收卫星信号,基准站将接收到的卫星信号通过基准站电台发送到流动站,流动站将接收到的卫星信号与基准站发来的信号传输到控制手簿进行实时差分及平差处理,实时得到本站的坐标和高程及其实测精度。作业时,测图人员只需持流动站天线到各个碎部点上测量仅 0.1 s 即可得到碎部点的坐标。RTK 操作简单,无需考虑通视条件,不需要搬站,极大地提高了测图效率,近年来已经成为一种重要的数据采集方式。RTK 的工作方式如图 5.2.18 所示。

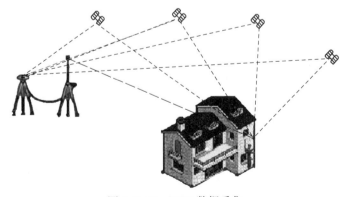

图 5.2.18　RTK 数据采集

RTK 测图作业步骤：

（1）基准站架设。基准站应选在测区中心附近、视野开阔、便于设站、远离大功率无线电发射源及高压线的地方。为了增加电台的辐射半径，基准站应选在较高的位置。在基准站上安置好仪器，开机，设置接收机为基准站工作模式。

（2）碎部测量的实施。碎部测量开始前首先要对流动站的各项参数进行设置，参数设置完成后即可进行数据采集工作。基准站保持正常工作，流动站按指定的线路开始 RTK 碎部点数据采集。在流动站进行数据采集时，始终有一个工作人员跟随绘制草图，把所测碎部点的属性、连接信息等内容记录下来提供给内业成图时使用。

（3）数据传输和内业成图。外业数据采集完成后，及时将各流动站接收机存储的碎部点坐标数据传输到计算机内，在数字绘图软件的工作环境中，参照外业绘制的草图完成数字地形图的绘制。

下面以南方灵锐 S86 为例说明如何使用 RTK 采集数字地形图数据。

①选择开阔区域安置基准站，设置各项通信参数，并将工作模式设置为基准站模式。

②将流动站接收机的工作模式设置为流动站模式，连接手簿和流动站天线，然后设置接收机的各项通信参数与基准站一致。打开手簿上的工程之星软件，如果流动站与参考站通信正常，界面左上角应有信号闪烁（图 5.2.19）。选择"工程\新建工程"菜单，界面如图 5.2.20 所示。

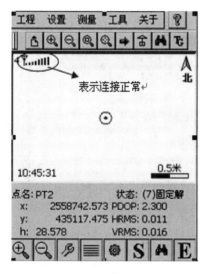

图 5.2.19　与基站连接成功界面

图 5.2.20　新建工程界面

③由于 RTK 直接测量得到的是 WGS-84 坐标或国家 2000 坐标，在实际生产中需要转换到工程需要的地方坐标（如任意带高斯投影的北京 54 或西安 80 坐标），建立当地坐标需要指定投影椭球和中央子午线等参数。所以每新建一个工程文件，工程之星便会弹出参数设置向导，帮助用户设置当地坐标系的各项参数（图 5.2.21 和图 5.2.22）。输入完成后点击 下一步 进入坐标系的转换参数界面。

④坐标系转换参数即空间坐标转换为地方坐标时的坐标平移、长度伸缩和方向旋转等参数，常用的转换参数有四参数和七参数两种。在手簿的四参数或七参数设置界面，可以直接输入转换参数（图 5.2.23），然后点击 确定 按钮结束新建工程设置；也可以在此处空出不填，结束

新建工程文件设置;在工程文件设置完成后由公共点求出并启用。图 5.2.24 为启用四参数的界面。转换参数求解需要两个或两个以上同时具备两套坐标系下坐标的控制点(即公共点)建立起对应关系。下面是转换参数的求解过程。

图 5.2.21　选择椭球

图 5.2.22　设置投影参数

图 5.2.23　直接输入四参数

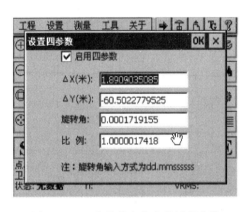

图 5.2.24　由公共点求出的转换参数

　　a. 在"工程之星"主界面选择 设置\测量参数 (图 5.2.25),进入如图 5.2.26 所示控制点坐标库。

　　b. 如果在控制点坐标库中存储有需要的控制点,选中后点击 OK 按钮;需要手工输入则单击 增加 按钮,弹出如图 5.2.27 所示界面,在该处输入控制点的地方坐标。

　　c. 输入地方坐标后,点击右上角的 OK 按钮(图 5.2.27),则弹出输入大地坐标的界面(图 5.2.28),如果仪器内存中有该点的空间坐标,选择第一个按钮 从坐标管理库选点 。也可以把仪器架设在控制点上,选择第二个按钮 读取当前点坐标 直接用 RTK 测量出该点的大地坐标。

图 5.2.25 设置测量参数

图 5.2.26 控制点坐标库

图 5.2.27 输入控制点坐标

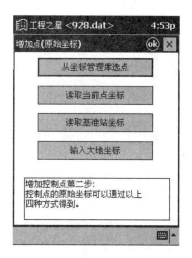

5.2.28 选择输入控制点空间坐标的方式

由公共点求解四参数最少需要 2 个点,求解七参数最少需要 3 个点。四参数仅适用于地势平坦、测区面积较小的情况,七参数则适用较大范围的测区。输入完成后界面如图 5.2.29 所示,文件进行保存前应检查"水平精度"和"高程精度"是否满足精度要求。水平精度和高程精度应接近于零,如图 5.2.30 所示。

d. 查看无误后点击 保存 ,转换参数文件(* .cot)应保存在当天工程文件名的 result 文件夹下,方便下次测量时调用,如图 5.2.31 所示。

e. 保存后按 确定 关闭窗口,这样新工程就使用新建的坐标系工作。进入工作界面后可以在"设置\测量参数\四参数"查看新坐标系与空间坐标系间的转换参数(图 5.2.24)。

⑤参数设置计算完成后进入数据采集界面。每到一个碎部点,待右下方显示"固定解"时(图 5.2.32),按快捷键"A"即可测量出结果,再按"确定"完成存储。一般在一个碎部点上 2～3 s即可完成测量工作。

图 5.2.29　控制点输入后界面

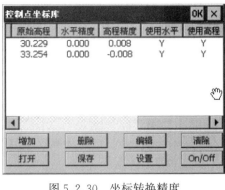

图 5.2.30　坐标转换精度

图 5.2.31　保存转换参数文件

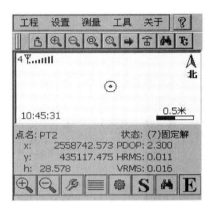

图 5.2.32　参数设置后显示地方坐标

同一测区再次作业时基准站可以任意架设,在新建的工程文件中,导入第一次求取的转换参数,再进行单点校正已知点即可。可按以下步骤操作:

①新建工程文件名,设置与前次作业一致的椭球参数和投影参数。结束新建工程文件设置。

②导入校正参数[设置\求转换参数\导入\应用](导入时,选择之前保存的 *.cot 文件)。

③单点校正[工具\校正向导]。

将移动站放置到上次测量出的一个控制点上,待天线杆上汽泡居中,在固定解状态下,输入该点的已知坐标校正。

④到第二个控制点上按手簿上的字母 A 测量,再连按两次 B 查看测量坐标,与已知坐标进行对比检核。对比无误后即可以开始数据采集工作。

外业数据采集完成后,将数据上传至计算机,即可以开始内业机助成图过程。

5.2.3　数据传输与转换

在外业数据采集完成后可利用 CASS 软件绘制数字地形图。CASS 成图软件是基于 AutoCAD 平台技术的数字化测绘数据采集系统,广泛应用于地形成图、地籍成图、工程测量等领域。

首先将外业采集的数据传输到计算机。全站仪与计算机之间的通讯需要有驱动程序,不同的仪器设备使用不同的驱动程序。如徕卡全站仪使用 Leica Survey Office 软件与计算机通讯;而拓普康全站仪使用标准的 Microsoft Activesync 同步软件,可以在网上下载得到。下面以拓普康 GTS-720 全站仪为例说明数据传输的方法。

计算机上安装 Microsoft Activesync 同步软件后连接仪器和计算机。Microsoft Activesync 程序启动,仪器的内存作为一个移动设备在"我的电脑"里显示,找到工程文件所在的位置,将文件拷出到计算机上即可。

用文字编辑软件打开记录外业数据的文件,修改成如下格式:

点号,属性,东坐标,北坐标,高程

其中所有的逗号均为英文格式,如果数据采集时没有记录属性,属性处可以省略,但逗号不能省略,如下所示:

```
1,,1000,1000,10.235
```

```
2,,1000,2000,11.632
```

修改完成后将文件保存成 dat 格式文件就可以在 CASS 软件中展点了。

不同厂家的全站仪上传至计算机的数据格式不尽相同,这些数据必须编辑成上述格式后才能在 CASS 软件下展出,下面介绍一种通过 excel 软件将不同格式的数据文件转换成上述格式的方法。

(1)将仪器传输至计算机的文件(xsss.dat)用记事本方式打开(如果全站仪导入的文件是.txt 格式则略过第一、二步)。用记事本打开数据文件的操作如图 5.2.33 所示。

图 5.2.33 用记事本打开数据文件

(2)将打开的文件另存为文本文档格式(图 5.2.34)。

图 5.2.34 另存为文本文档

　　(3)在 excel 下新建 xsss. xls 空表,在该文件下打开 xsss. txt 文档,如图 5.2.35 所示。

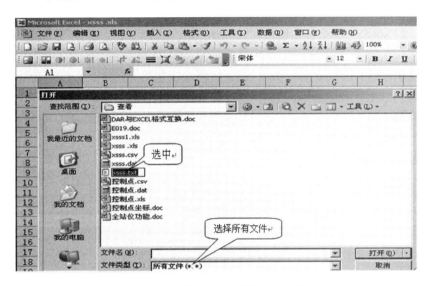

图 5.2.35　在 excel 中打开文本文件

　　(4)选择符号分隔(图 5.2.36)。

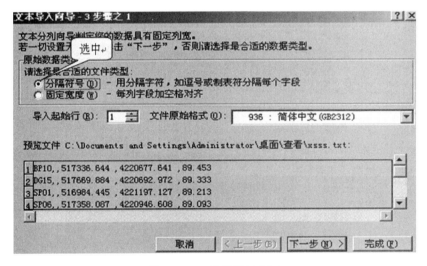

图 5.2.36　选择符号分隔

　　(5)勾选逗号分隔,然后点击下一步(图 5.2.37)。

　　(6)完成转化(图 5.2.38)。

　　(7)在 excel 中编辑数据,将数据格式编辑成如图 5.2.39 所示的格式。注意 E 坐标与 N 坐标的顺序不能互换,点号与 E 坐标之间如果没有该点的属性值,一定要留出空列。

　　(8)点击文件另存为(. csv)格式(图 5.2.40)。

　　(9)更改保存好的 . csv 文件,扩展名为 . dat。该 dat 文件即可在 CASS 文件中展出。

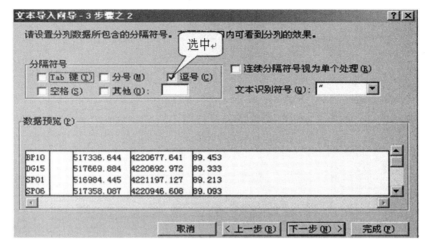

图 5.2.37　选择逗号分隔

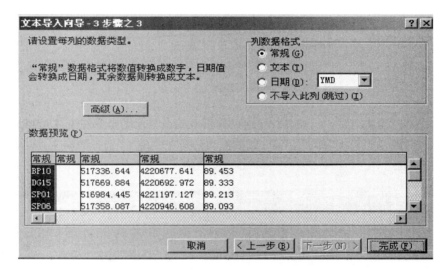

图 5.2.38　完成转化

图 5.2.39　Excel 中的数据格式

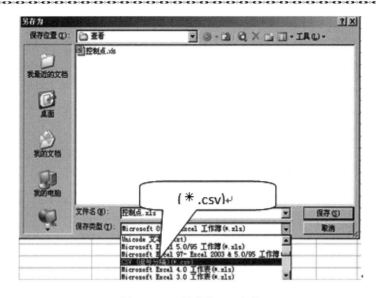

图 5.2.40　另存为 csv 文件

5.2.4　机助成图

1. 展点

此操作的作用是将上述 .dat 文件中记录的碎部点的点号根据坐标展绘在 CASS 工作窗口。选择"绘图处理\展测点点号"菜单项,定位到数据文件所在文件夹,选择数据文件(图 5.2.41)将点号展出(图 5.2.42)。

图 5.2.41　选择需展点的 dat 文件

2. 绘平面图

根据野外作业时绘制的草图,移动鼠标至屏幕右侧菜单区选择相应的地形图图式符号,然后在屏幕中将地物地貌绘制出来。系统中的地形图图式符号都是按照图层来划分的。例如,所有表示测量控制点的符号都放在"控制点"这一层,所有表示独立地物的符号都放在"独立地物"这一层,所有表示植被的符号都放在"植被园林"这一层(图 5.2.43)。

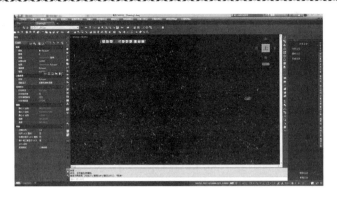

图 5.2.42 展点完成界面

具体绘制过程如下：

移动鼠标至系统右侧菜单"居民地"处按左键，系统便弹出如图 5.2.44 所示的对话框。再移动鼠标到"四点房屋"的图标处按左键，图标变亮表示该图标已被选中，然后移动鼠标至 确定 处按左键。这时命令区提示： 绘图比例尺 1：<500>；，在此输入地形图的绘图比例尺分母后回车。

图 5.2.43 系统设置的图层

图 5.2.44 居民地菜单

1. 已知三点/2. 已知两点及宽度/3. 已知四点<1>：输入 1,回车(或直接回车默认选 1)。

说明:已知三点是指测矩形房子时测了三个点;已知两点及宽度则是指测矩形房子时测了二个点及房子的一条边;已知四点则是测了房子的四个角点。

按照草图的提示,依次用鼠标捕捉 33、34、35 三个点(图 5.2.45),然后回车即绘出一个四点简单房屋。

当房子是不规则的图形时,可用"实线多点房屋"或"虚线多点房屋"绘制。绘制时,捕捉的点号必须按顺时针或逆时针的顺序输入,如上例的点号按 33、34、35 或 35、34、33 的顺序捕捉。

重复上述操作,如图 5.2.45 所示,将 37、38、41 号点绘成四点棚房;将 60、58、59 号点绘成四点破坏房子;将 12、14、15 号点绘成四点建筑中房屋;将 50、51、52、53、54、55、56、57 号点绘成多点一般房屋。

同样在"居民地/垣栅"层找到"不依比例围墙"的图标,将 9、10、11 号点绘成不依比例围墙的符号;在"居民地/垣栅"层找到"篱笆"的图标将 47、48、23、43 号点绘成篱笆的符号。完成这些操作后,其地形图如图 5.2.45 所示。

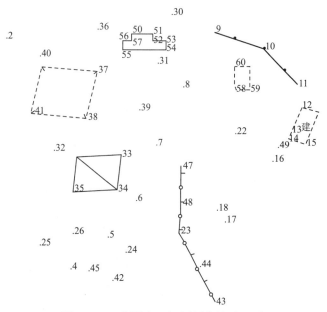

图 5.2.45　用"居民地"图层绘的平面图

再把草图中的 19、20、21 号点连成一段陡坎,其操作方法:先移动鼠标至右侧屏幕菜单"地貌土质/坡坎"处按左键,这时系统弹出如图 5.2.46 所示的对话框。

移动鼠标到表示"加固陡坎"符号的图标处按左键选择其图标,点击 确认 。命令区便出现以下的提示:

请输入坎高,单位:米<1.0>：输入坎高,回车(直接回车默认坎高 1 m)。

说明:在这里输入的坎高为实测得到的坎顶高度,系统将坎顶点的高程减去坎高得到坎底点高程,这样在建立 DTM 时,坎底点便参与组网的计算。

依次用鼠标捕捉 19、20、21 号点,然后回车或按鼠标的右键,结束输入。

CASS 系统提供了两种点位的捕捉方式,即使用光标直接在屏幕上捕捉和输入点号捕捉。如果需要在坐标定位的过程中使用点号定位,可以点击屏幕菜单上的"坐标定位"菜单项关闭坐标定位,然后在显示出的菜单项中点击"点号定位",系统会提示打开展点的数据文件。再次打开该数据文件后即进入点号定位状态,在点号定位状态下只需在命令行提示状态下输入点号就可以绘图了。如果想回到鼠标定位状态时可根据命令行提示按"P"键即可。

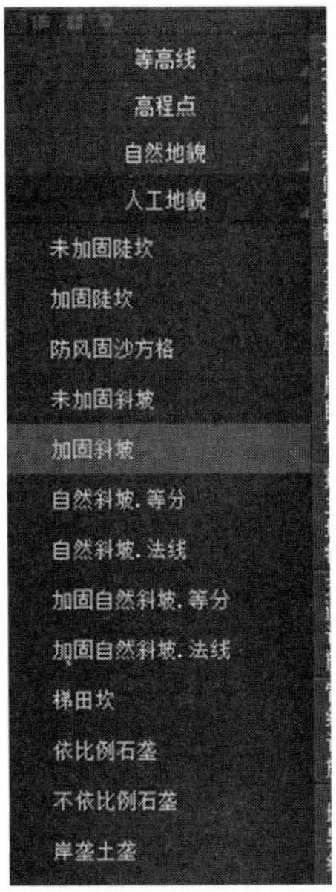

陡坎输入完成后系统提示:

拟合吗? <N>: 回车或按鼠标的右键,默认输入 N。

拟合的作用是对复合线进行圆滑。

这时,便在 19、20、21 号点之间绘出陡坎的符号,如图 5.2.47 所示。

注意:陡坎上的坎毛生成在绘图方向的左侧。

图 5.2.46　陡坎的各种图例

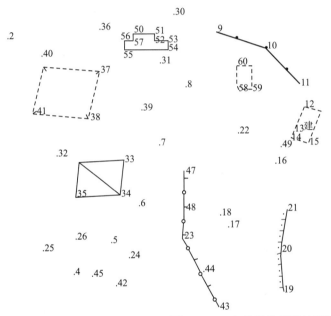

图 5.2.47　加绘陡坎后的地形图

这样,重复上述的操作便可以将所有测点用地图图式符号绘制出来。在操作的过程中可以嵌用 CAD 的透明命令,如放大显示、移动图纸、删除、文字注记等。

3. 绘制等高线

根据外业采集数据展绘等高线的步骤如下:

展高程点:用鼠标左键点取"绘图处理"菜单下的"展高程点",将弹出数据文件的对话框,找到数据文件所在路径,如:C:\CASS 2008\DEMO\STUDY.DAT,选择"确定",命令区提示: 注记高程点的距离(米): 直接回车,表示不对高程点注记进行取舍,全部展出来。

建立 DTM 模型:用鼠标左键点取"等高线"菜单下"建立 DTM",弹出如图 5.2.48 所示对话框。

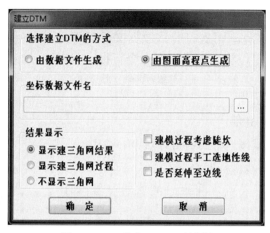

图 5.2.48 建立 DTM 对话框

根据需要选择建立 DTM 的方式和坐标数据文件名,然后选择建模过程是否考虑陡坎和地性线,点击"确定",生成如图 5.2.49 所示 DTM 模型。

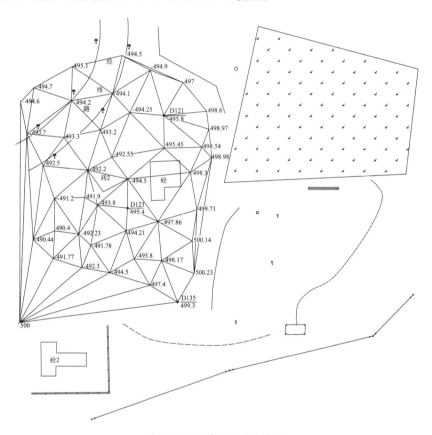

图 5.2.49 建立 DTM 模型

用鼠标左键点取"等高线/绘制等高线",弹出如图 5.2.50 所示对话框。

图 5.2.50　绘制等高线对话框

输入等高距和选择拟合方式后点击"确定"按钮系统绘制出等高线。再选择"等高线"菜单下的"删三角网",这时屏幕显示如图 5.2.51 所示。

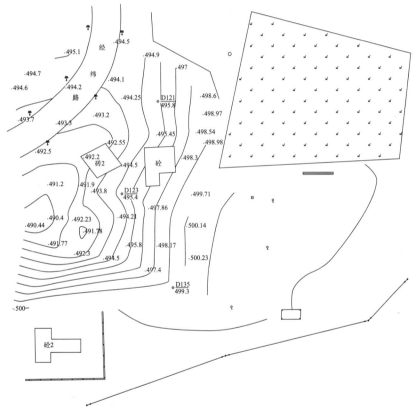

图 5.2.51　绘制的等高线

利用"等高线\等高线修剪\批量修剪等高线"菜单项修剪等高线(图 5.2.52)。

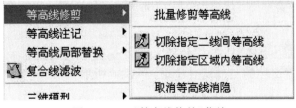

图 5.2.52　"等高线修剪"菜单

用鼠标左键点取"切除穿建筑物等高线",软件将自动搜寻穿过建筑物的等高线并将其进行整饰。点取"切除指定二线间等高线",依提示依次用鼠标左键选取左上角的道路两边,CASS 将自动切除等高线穿过道路的部分。点取"切除穿高程注记等高线",CASS 将自动搜寻,把等高线穿过注记的部分切除。

4. 加注记

用鼠标左键点取右侧屏幕菜单的"文字注记"项,弹出如图 5.2.53 所示的界面。

如果是线状地物的注记,需要在添加文字注记的位置绘制一条拟合的多功能复合线,然后在注记内容中输入文字,如"建国路",并选择注记排列和注记类型,输入文字大小等,确定后选择绘制的拟合的多功能复合线即可完成注记。

5. 图幅整饰

点击"绘图处理"菜单下的"标准图幅(50×40)",弹出如图 5.2.54 所示的界面。

图 5.2.53　文字注记对话框

图 5.2.54　输入图幅信息

在"图名"栏里输入"建设新村";在"测量员""绘图员""检查员"各栏里分别输入"张三""李四""王五";在"左下角坐标"的"东""北"栏内分别输入"53073""31050";在"删除图框外实体"栏前打勾,然后单击 确认 ,图幅整饰完成。整饰完成的地形图如图 5.2.55 所示。

6. 绘制三维模型

用 CASS 系统建立了 DTM 之后,还可以生成三维模型,观察立体效果。

选择"等高线\三维模型\绘制三维模型"菜单项,命令区提示:

输入高程乘系数<1.0>: 输入 5。

如果用默认值,建成的三维模型与实际情况一致。如果测区内的地势较为平坦,可以输入较大的值,将地形的起伏状态放大。

是否拟合?(1)是(2)否<1>: 回车,默认选 1,拟合。

这时将显示此数据文件的三维模型,如图 5.2.56 所示。

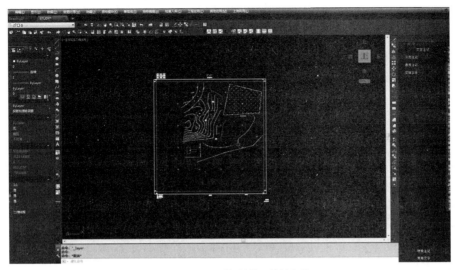

图 5.2.55 图幅整饰后的图形

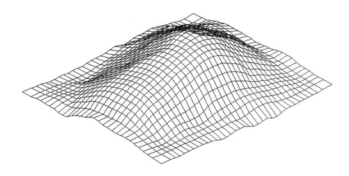

图 5.2.56 三维模型

另外利用"低级着色方式""高级着色方式"功能还可对三维模型进行渲染等操作,利用"显示"菜单下的"三维静态显示"的功能可以转换角度、视点、坐标轴,利用"显示"菜单下的"三维动态显示"功能可以绘出更高级的三维动态效果。

5.3 数字地形图在土方量计算中的应用

大比例尺地形图是各项工程规划、设计和施工的重要地形资料。在规划设计和施工阶段不仅要根据地形图进行总平面的布设,而且还要根据需要,在地形图上进行一定的量算工作,以便因地制宜的进行合理的规划和设计。

土方量的计算是建筑工程施工的一个重要步骤。工程施工前的设计阶段必须对土石方量进行预算,它直接关系到工程的费用概算及方案选优。在现实中的一些工程项目中,因土方量计算的精确性而产生的纠纷也是经常遇到的。如何利用测量单位现场测出的地形数据或原有的数字地形图快速准确的计算出土方量就成了人们日益关心的问题。以下以 CASS 软件为例介绍几种比较常用的计算土方量的方法:断面法、方格网法和 DTM 法。

5.3.1 断面法土方量计算

断面法计算土石方量前首先需要在计算范围内布置断面,断面一般垂直于线路中线。断面的多少应根据设计地面和自然地面复杂程序及设计精度要求确定。在地形变化不大的地段,可少取断面。相反,在地形变化复杂,设计计算精度要求较高的地段要多取断面。两断面的间距一般小于100 m,通常采用20~50 m。绘制每个断面的自然地面线和设计地面线(图5.3.1),然后分别计算每个断面的填、挖方面积。再分别乘以两断面间的距离计算出两相邻断面之间的填、挖方量,并将计算结果进行统计。

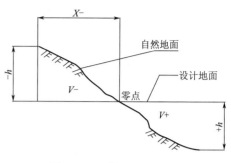

图5.3.1 断面法原理

断面法常用计算公式如下:

平均断面法公式

$$Q_t = \frac{(S_1 + S_2) \times L}{2} \tag{5.3.1}$$

圆锥台体积法公式

$$Q_t = \frac{(S_1 + \sqrt{S_1 \times S_2} + S_2) \times L}{3} \tag{5.3.2}$$

平均断面法加圆锥台体积法公式(设 $S_1 > S_2$)

$$Q_t = \frac{(S_1 + S_2) \times L}{2} \quad \left(\frac{S_2}{S_1} \geqslant 60\%\right) \tag{5.3.3}$$

$$Q_t = \frac{(S_1 + \sqrt{S_1 \times S_2} + S_2) \times L}{3} \quad \left(\frac{S_2}{S_1} < 60\%\right) \tag{5.3.4}$$

式中 Q_t——相邻两断面之间的填方量(或挖方量);

S_1, S_2——相邻第一断面、第二断面的填方(或挖方)面积;

L——相邻两断面的距离。

某线路中线通过的地形如图5.3.2所示,线路最高点高程约为43 m,已知线路设计宽度为15 m,设计高程为30 m,道路施工过程中需对该线路通过的区域进行平整,使之满足线路的设计要求。试计算该工程所需的土石方工作量。

线路的土石方计算一般采用断面法,具体步骤如下。

1. 生成里程文件

用鼠标点取"工程应用\生成里程文件\由纵断面生成\新建",如图5.3.3所示。

命令行提示:<u>请选取纵断面线</u>用鼠标点选取线路中线,弹出对话框如图5.3.4所示。

横断面间距:两个断面之间的距离,此处输入20。

横断面左边长度:输入大于0的任意值,此处输入10。

横断面右边长度:输入大于0的任意值,此处输入10。

确定后系统自动沿纵断面线生成横断面线(图5.3.5)。

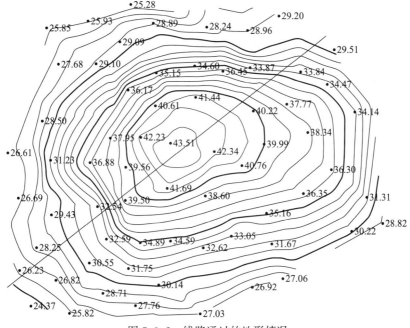

图 5.3.2　线路通过的地形情况

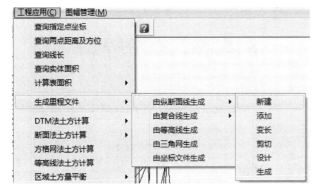

图 5.3.3　新建里程文件

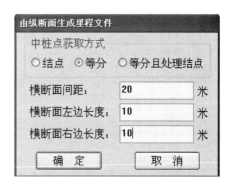

图 5.3.4　由纵断面生成横断面线

　　当横断面设计完成后,用鼠标取"工程应用\生成里程文件\由纵断面生成\生成"将图上设计结果生成里程文件(图 5.3.6)。在弹出的对话框中选择生成里程文件所需的高程文件、新建生成的里程文件名、新建保存里程文件对应的数据文件名(图 5.3.7)。确定后生成的里程文件和相应的数据文件保存在相应的文件中。

　　2. 选择土方计算类型

　　用鼠标点取"工程应用\断面法土方计算\道路断面"(图 5.3.8)。

　　点击后弹出断面设计参数对话框(图 5.3.9),道路断面的初始参数在这个对话框中进行设置,注意这里的路宽值不能大于新建里程文件时的横断面的宽度。

　　3. 给定计算参数

　　点击"选择里程文件"列表框右侧的省略号按钮,出现"选择里程文件名"的对话框(图 5.3.10),选定第一步生成的里程文件。

　　然后回到图 5.3.9 所示对话框,在对话框中进行道路的参数设置。点"确定"按钮后,弹出如图 5.3.11 所示对话框,在对话框中指定断面法计算所需的纵横断面图的绘制位置以及纵断面图的纵横比例尺。

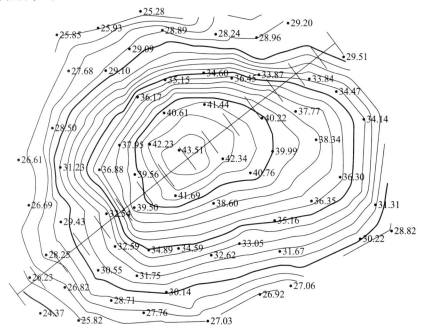

图 5.3.5　生成的横断面线

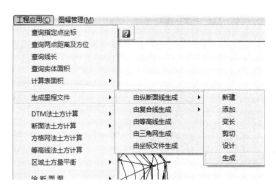

图 5.3.6　生成里程文件子菜单

图 5.3.7　生成里程文件对话框

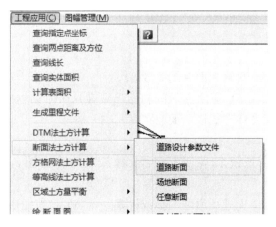

图 5.3.8　选择断面法中的道路断面

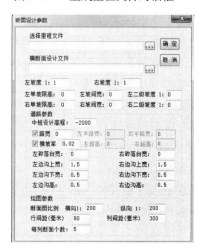

图 5.3.9　断面设计参数

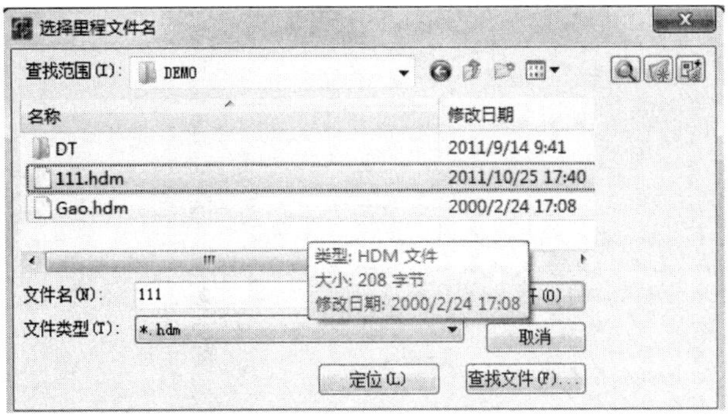

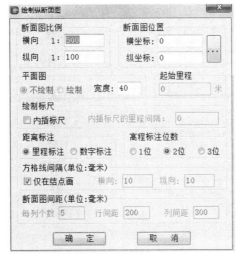

图 5.3.10　选择里程文件

图 5.3.11　绘制纵断面图设置

系统根据上步给定的比例尺,在屏幕上绘出道路的纵断面图,并按照里程文件中设置的参数绘制出所有的横断面(图 5.3.12)。

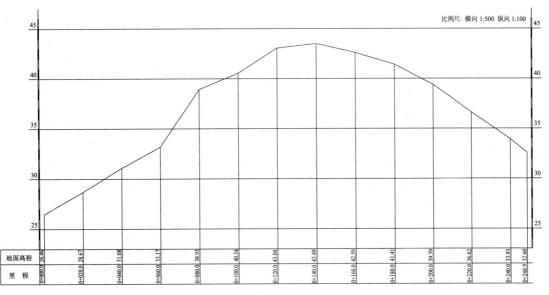

图　5.3.12

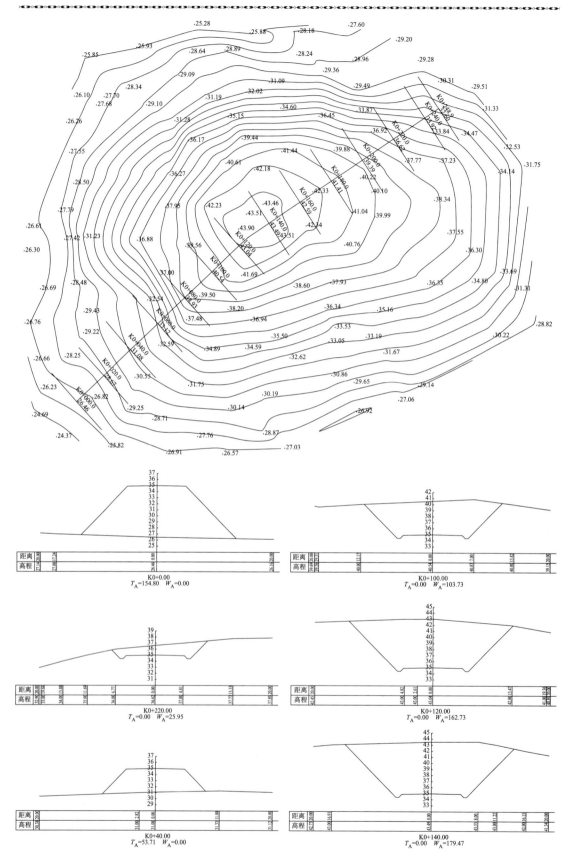

图 5.3.12　绘出道路纵横断面

如果计算区段的中桩高程全部一样,横断面图就不需要下一步的编辑工作了。但实际上,有些里程处的断面设计高程可能和其他的不一样,这样就需要手工编辑这些断面。

用鼠标点取"工程应用\断面法土方计算\修改设计参数"。

命令行提示:`选择断面线:`这时可用鼠标点取图上需要编辑的断面线,选设计线或地面线均可,弹出如图 5.3.13 所示修改参数对话框,可以非常直观的修改相应参数。

修改完毕后点击"确定"按钮,系统依据修改的参数自动对断面图进行修正。

将所有的断面编辑完后,就可进入第四步。

4. 计算工程量

用鼠标点取"工程应用\断面法土方计算\图面土方计算"(图 5.3.14)。

命令行提示:

`选择要计算土方的断面图:`拖框选择所有参与计算的道路横断面图。

`指定土石方计算表左上角位置:`在屏幕适当位置点击鼠标定点。

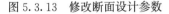

图 5.3.13　修改断面设计参数　　　　　　图 5.3.14　图面土石方计算

系统自动在图上绘出土石方数量计算表(图 5.3.15)。

至此,该区段的道路填挖方量已经计算完成,可以将道路纵横断面图和土石方计算表打印出来,作为工程量的计算结果。

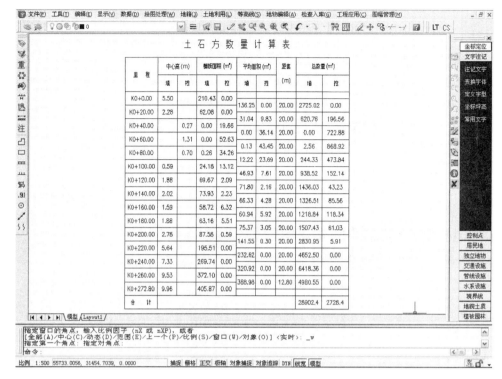

图 5.3.15 土石方量计算表

5.3.2 方格网法土方量计算

方格网法适用于平整比较规则的场地时的土石方量计算。方格网法可以计算出每个方格网的填挖方量。由方格网来计算土方量是根据实地测定的地面点坐标(X, Y, Z)和设计高程，通过生成方格网来计算每一个方格内的填挖方量，最后累计得到指定范围内填方和挖方的土方量，并绘出填挖方分界线。

方格网法计算土方量的原理是，系统首先将方格的四个角上的高程相加（如果角上没有高程点，通过周围高程点内插得出其高程），取平均值与设计高程相减。然后通过指定的方格边长得到每个方格的面积，再用长方体的体积计算公式得到填挖方量。方格网法简便直观，易于操作，因此这一方法在实际工作中应用非常广泛。

用方格网法计算土方量，设计面可以是平面，也可以是斜面，还可以是不规则表面。

1. 设计面是平面时的操作步骤

用复合线画出所要计算土方的区域，一定要闭合，但是尽量不要拟合。因为拟合过的曲线在进行土方计算时会用折线迭代，影响计算结果的精度。

选择"工程应用\方格网法土方计算"命令（图5.3.16）。

命令行提示：选择计算区域边界线：选择土方计算区域的边界线（闭合复合线）。

屏幕上将弹出方格网土方计算对话框（图5.3.17），在对话框中选择需计算土方量的坐标文件。在"设计面"栏选择"平面"，并输入目标高程；在"方格宽度"栏输入方格网的宽度，这是每个方格的边长，默认值为20 m。由原理可知，方格的宽度越小，计算精度越高。但如果设定值太小，超过了野外采集高程点的间距也是没有实际意义的。

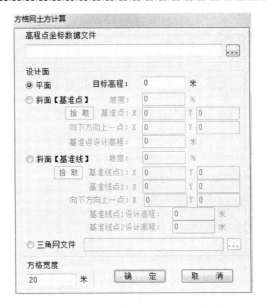

图 5.3.16　方格网法土方计算　　　图 5.3.17　方格网土方计算对话框

点击"确定",命令行提示:

总填方=2 700.2 立方米，总挖方=3 062.8 立方米

同时图上绘出所分析的方格网和填挖方的分界线,并给出每个方格的填挖方,每行的挖方和每列的填方(图中折线为填挖方分界线)。方格网法土方计算的结果如图 5.3.18 所示。

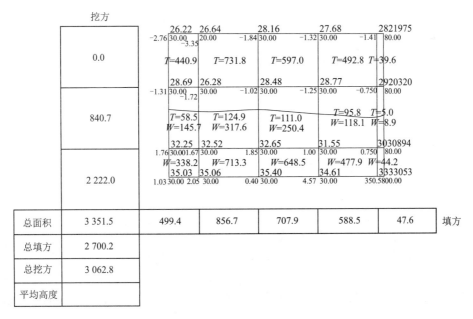

图 5.3.18　方格网法土方计算成果图

2. 设计面是斜面时的操作步骤

设计面是斜面时的操作步骤与设计面是平面的步骤基本相同,区别在于在方格网土方计算对话框中"设计面"栏中,要选择"斜面【基准点】"或"斜面【基准线】"。

如果设计面是斜面(基准点),需要确定坡度、基准点和向下方向上一点的坐标,以及基准点的设计高程。

点击"拾取",命令行提示:

点取设计面基准点:确定设计面的基准点。

指定斜坡设计面向下的方向:点取斜坡设计面向下的方向。

如果设计面是斜面(基准线),需要输入坡度并点取基准线上的两个点以及基准线向下方向上的一点,最后输入基准线上两个点的设计高程即可进行计算。

点击"拾取",命令行提示:

点取基准线第一点:点取基准线的一点。

点取基准线第二点:点取基准线的另一点。

指定设计高程低于基准线方向上的一点:指定基准线方向两侧低的一边。

然后点击"确定"即可进行方格网土方计算。

3. 设计面是不规则表面时的操作步骤

选择设计的三角网文件,点击"确定",即可进行方格网土方计算。

5.3.3　DTM 法土方量计算

由 DTM 模型来计算土方量是根据实地测定的地面点坐标(X,Y,Z)和设计高程,通过生成三角网来计算每一个三棱锥的填挖方量,最后累计得到指定范围内填方和挖方的土方量,并绘出填挖方分界线。

DTM 法土方计算共有三种方法:一种是由坐标数据文件计算,一种是依照图上高程点进行计算,第三种是依照图上的三角网进行计算。前两种算法包含重新建立三角网的过程,第三种方法直接采用图上已有的三角形,不再重建三角网。下面分述三种方法的操作过程。

1. 根据坐标计算土方量

用复合线画出所要计算土方的区域,一定要闭合,但不要拟合。

用鼠标点取"工程应用\DTM 法土方计算\根据坐标文件"。

命令行提示:

选择计算区域边界线:用鼠标点取所画的闭合复合线,弹出如图 5.3.19 所示土方计算参数设置对话框。

区域面积:该值为复合线围成的多边形的水平投影面积。

平场标高:指设计要达到的目标高程。

边界采样间隔:边界插值间隔的设定,默认值为 20 m。

边坡设置:选中处理边坡复选框后,则坡度设置功能变为可选,选中放坡的方式(向上或向下:指平场高程相对于实际地面高程的高低,平场高程高于地面高程则设置为向下放坡)。然后输入坡度值。

各项参数设置完成后单击"确定",屏幕上显示填挖方量计算结果的提示框(图 5.3.20),命令行显示:

挖方量=8 767.0 立方米,填方量=35 950.0 立方米;

同时图上绘出所分析的三角网和填挖方的分界线(白色线条)。

每个三角形的详细计算结果保存在 dtmtf. log 文件中,其内容如图 5.3.21 所示。

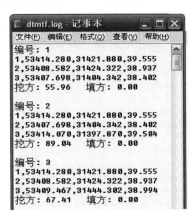

图 5.3.19 土方计算参数设置   图 5.3.20 填挖方提示框   图 5.3.21 DTM 土方计算结果

关闭对话框后系统提示:

请指定表格左下角位置:<直接回车不绘表格>:用鼠标在图上适当位置点击,CASS 会在该处绘出一个表格,包含平场面积、最大高程、最小高程、平场高程、填方量、挖方量和图形,如图 5.3.22 所示。

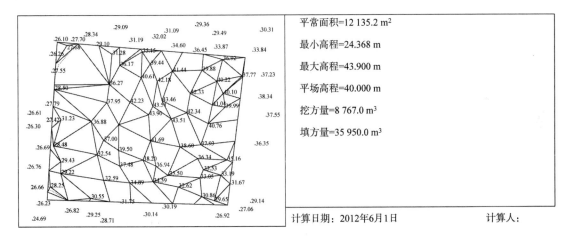

图 5.3.22 填挖方量计算结果表格

2. 根据图上高程点计算土方量

首先要展绘高程点,然后用复合线画出所要计算土方的区域,要求同 DTM 法。

用鼠标点取"工程应用\DTM 法土方计算\根据图上高程点计算"。

提示:选择边界线:用鼠标点取所画的闭合复合线。

提示:选择高程点或控制点:此时可逐个选取要参与计算的高程点或控制点,也可拖框选择。如果键入"ALL"回车,将选取图上所有已经绘出的高程点或控制点。弹出土方计算参数设置对话框,以下操作与坐标计算法一样。

3. 根据图上的三角网计算

首先对已经生成的三角网进行必要的添加和删除,使结果更接近实际地形。

用鼠标点取"工程应用\DTM 法土方计算\依图上三角网计算"。

提示:平场标高(米): 输入平整的目标高程。

请在图上选取三角网: 用鼠标在图上选取三角形,可以逐个选取也可拉框批量选取。

回车后屏幕上显示填挖方的提示框,同时图上绘出所分析的三角网和填挖方的分界线(白色线条)。

注意:用此方法计算土方量时不要求给定区域边界,系统会分析所有被选取的三角形,因此在选择三角形时一定要注意不要漏选或多选,否则计算结果有误,且很难检查出问题所在。

4. 两期土方计算

两期土方计算指的是对同一区域进行了两期测量,利用两次观测得到的高程数据建模后叠加,计算出两期之中的区域内土方的变化情况。

两期土方计算之前,要先对该区域分别进行建模,即生成 DTM 模型,并将生成的 DTM 模型保存起来。然后点取"工程应用\DTM 法土方计算\计算两期土方量"命令区提示:

第一期三角网:(1)图面选择(2)三角网文件<1>: 图面选择表示当前屏幕上已经显示的 DTM 模型,三角网文件指保存到文件中的 DTM 模型。

第二期三角网:(1)图面选择(2)三角网文件<1>: 同上,默认选 1。

分别选取两期建立的 DTM 后命令行显示两期的土方量计算结果,同时屏幕出现两期三角网叠加的效果(图 5.3.23),虚线部分表示此处的高程已经发生变化,实线部分表示没有变化。

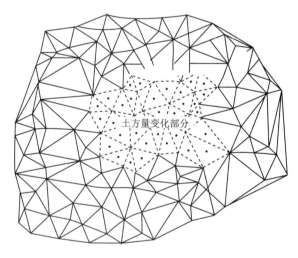

图 5.3.23　两期土方计算结果

知识拓展——数字摄影测量在地形图绘制中的应用

数字摄影测量是基于数字影像和摄影测量的基本原理,应用计算机技术、数字影像处理、影像匹配、模式识别等多学科的理论与方法,提取所摄对像并以数字方式表达的几何与物理信息的摄影测量学的分支学科。随着数字摄影测量学科和相关技术的不断发展,数字摄影测量技术被广泛应用于数字地形图绘制。

数字摄影测量系统生产数字地形图是利用数字影像或数字化影像完成绘图作业,由计算机视觉(其核心是影像匹配与影像识别)代替人眼的立体量测与识别,不再需要传统的光机仪器。从原始资料、中间成果及最后产品等都是数字形式,克服了传统摄影测量只能生产单一线划图的缺点,可生产出多种数字产品,如数字高程模型、数字正射影像、数字线划图、景观图等,并可提供各种工程设计所需的三维信息和各种信息系统数据库所需的空间信息。

常用的国产数字摄影测量系统有 VirtuoZo 数字摄影测量系统和 JX-4 数字摄影测量系统。

项目实训

(1)项目名称

测区 1∶500 数字地形图测绘。

(2)测区范围

不小于 0.25 km^2。

(3)项目要求

①学生以小组为单位查阅规范、设计编写施测方案;

②以小组为单位施测,施测过程中实行岗位轮换;

③以小组为单位进行内业成图。

(4)注意事项

①组长要切实负责,合理安排,使每个人都有练习机会;组员之间要团结协作,密切配合,以确保实习任务顺利完成;

②每项测量工作完成后应及时检核,原始数据、资料应妥善保存;

③测量仪器和工具要轻拿轻放,爱护测量仪器,禁止坐仪器箱和工具;

④时刻注意人身和仪器安全。

(5)编写实习报告

实习报告要在实习期间编写,实习结束时上交。内容包括:

①封面——实训名称、实训地点、实训时间、班级名称、组名、姓名;

②前言——实训的目的、任务和技术要求;

③内容——实训的项目、程序、测量的方法、精度要求和计算成果;

④结束语——实训的心得体会、意见和建议;

⑤附属资料——观测记录、检查记录和计算数据。

复习思考题

5.1 什么是地形图?从地形图上可获得哪些资料?

5.2 什么是比例尺的精度?它在测图和用图时有哪些用途?

5.3 什么是影像地图?它有哪些优点?什么是数字地形图?

5.4 什么是地物?地物分成哪两大类?什么是比例符号、非比例符号和注记符号?各在什么情况下应用?

5.5　什么是等高线？它有哪些特性？

5.6　什么是地貌特征点和地性线？一般地可归纳为哪些典型地貌？

5.7　什么是等高线的等高距和平距？它们与地面坡度有什么关系？地形图的等高距应怎样选定？

5.8　使用 RTK 测绘地形图时，为什么还要计算坐标转换参数？如果不建立转换参数会有什么样的结果？

地物特征点采集——台阶

项目6　线路中线施工测量

项目描述

线路中线测量在铁路、公路施工中起着非常重要的作用,无论路基、桥梁,还是隧道的施工测量都以此为基础。本项目主要包括线路线形组成与设计,线路控制桩复测、补测和移位,各种线形线路中线逐桩坐标计算及测设,复化辛普生公式应用,线路中线桩切线方位角确定等内容。通过本项目的学习,使学生掌握线路施工现场中线测设的方法,培养现场解决问题的能力,锻炼学生与其他工种协调配合作业和自主学习能力。

学习目标

1. 素质目标

(1)培养学生团队协作能力;

(2)培养学生在学习过程中的主动性、创新性意识;

(3)培养学生"自主、探索、合作"的学习方式;

(4)培养学生的可持续学习能力;

(5)培养学生吃苦耐劳的劳动精神。

2. 知识目标

(1)掌握高等级线路控制桩复测和编写施工复测报告的方法;

(2)掌握各种线形的线路中线桩坐标计算方法;

(3)掌握现代施工测量仪器使用和测设线路中线;

(4)掌握线路施工测量资料整理和竣工测量知识。

3. 能力目标

(1)能组织实施高等级线路控制桩复测,并编写施工复测报告;

(2)能从事线路施工中的资料复核和线路控制桩复测工作;

(3)能利用现代测量仪器和方法测设线路中线;

(4)能处理线路施工测量中遇到的问题并提出解决方案;

(5)能组织实施线路施工测量资料整理工作。

相关案例——某高速公路线路中线测量案例

图 6.0.1 为某高速公路第四施工合同段景观图,起于 K19+800,终于 K26+600,全长 6.8 km。路基宽度整体式 33.5 m,设计速度 100 km/h,设计载荷:公路—Ⅰ级。

图 6.0.1　某高速公路景观设计图

1. 设计资料

该施工段包括直线、缓和曲线、圆曲线等线形(图 6.0.2),其中从起点 K19+800~K19+927.289 为直线,长度为 127.289 m;K19+927.289~K22+142.614 是由圆曲线和缓和曲线组成的基本线形,长度为 2 215.325 m,曲线为左偏,偏角为 38°47′01″;K22+142.614~K22+206.252 为直线,长度为 63.638 m;K22+206.252~K24+946.780 是由圆曲线和缓和曲线组成的基本线形,长度为 2 740.527 m,曲线为右偏,偏角为 26°08′51″;K24+946.780~K24+946.802 为直线,长度为 0.022 m;K24+946.802~K26+440.455 为圆曲线,曲线为左偏,偏角为 15°33′36″,长度为 1 493.653 m;K26+440.455~K26+600.000 为直线段,长度为 195.545 m。直线、曲线及转角表见表 6.0.1。

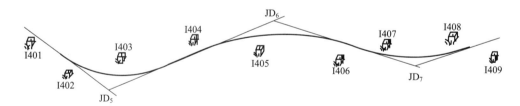

图 6.0.2　线路平面图

表 6.0.1　直线、曲线及转角表

点号	交点桩号	交点坐标		转向角	曲线要素数值(m)				方位角
		X 坐标	Y 坐标	° ′ ″	R	l_0	T	L	° ′ ″
5	K21+073.394	1 367.654	3 299.325	38 47 01(Z)	2 800	320	1 146.105	2 215.325	71 26 35
6	K23+596.509	2 195.096	5 764.145	26 08 51(Y)	4 800	550	1 390.256	2 740.527	
7	K25+698.253	1 912.193	7 887.092	15 33 36(Z)	5 500	0	751.450	1 493.653	97 35 26

2. 控制资料

该高速公路在沿线附近首先每隔 4.5 km 布设了一对相距 800 m 的 D 级 GPS 点,并在此基础上按照Ⅰ级导线标准布设导线,导线点平均边长为 500 m。以此同时,按照四等水准测量标准对Ⅰ级导线点进行了高程测量(图 6.0.2)。

3. 线路中线测量内容

(1)线路控制桩复测及加密;

(2)线路直线逐桩坐标计算及测设;

(3)线路圆曲线逐桩坐标计算及测设;

(4)线路基本型曲线逐桩坐标计算及测设;

(5)线路特殊曲线逐桩坐标计算及测设;

(6)中线点位切线方向的确定。

 问题导入

1. 修一条公路需要多个施工单位同时进行时,如何将多个单位修建的道路连成一个整体?

2. 线路施工的程序是什么,测量工作如何配合其他工种开展工作?

3. 利用全站仪测设一个点的位置时需要获取测设点什么资料?

4. 线路施工测量常采用何种仪器和方法?

6.1　线路工程线形组成

作为测量工作者而言,熟悉道路的几何组成以及能正确计算出各部分的坐标值是必须的。在学习道路中线测量技术之前,先介绍有关线路的几何线形,特别是高等级线路的几何构成。

6.1.1　线路选线和定线

线路选线是根据路线基本走向和技术标准,结合地形、地质条件,考虑安全、环境保护、土地利用和施工条件及经济效益等因素,通过全面比较,选择一个最佳的路线方案。

定线是按照已定的技术标准,在选线布局阶段选定的"路线带"(或叫定线走廊)的范围内,结合细部地形、地质条件,综合考虑平、纵、横三面的合理安排,确定道路中线的位置。

线路选线定线通常考虑下列问题:

(1)全面布局。全面布局解决路线基本走向,即在起、终点和中间控制点之间按选线原则找出最合理的"通过点"(如垭口、河岸、村镇等),确定通过点后,就构成了大致的路线方案。这一工作一般在视察时已初步确定。

(2)逐段安排。这是进一步加密通过点,解决局部路线方案的工作。根据地形、地质、水文、气候等情况逐段定出具体的等级控制点。这一步工作是在初测的初步设计时进行。

(3)具体定线。具体定线是在逐段安排的各控制点之间,反复插点、穿线,经过比较后,最后定出道路中线。

6.1.2　线路平面构成

线路中线在水平面上的投影称为线路平面。线路中线应满足的几何条件是:

(1)线形连续光滑;线形曲率连续(中线上任一点不出现两个曲率值)。

(2)线形曲率变化率连续(中线上任一点不出现两个曲率变化率值)。

考虑上述几何条件,顾及计算与敷设方便,线路平面线形都是由直线、圆曲线、缓和曲线(回旋曲线)三个线元组成。三种线元组合可构成基本型、S 型、卵型、凸型、复合型、C 型等形式的线路平面形状(图 6.1.1)。

(1)基本型是按直线→回旋线→圆曲线→回旋线→直线顺序组合。两个回旋线参数可设计成非对称曲线。

(2)S 型是两个反向圆曲线用回旋曲线连接的组合。

(3)卵型是用一个回旋线连接两个同向圆曲线的组合。

(4)凸型是在两个同向回旋线间不插入圆曲线而径相衔接的组合。

(5)复合型是两个以上同向回旋线间在曲率相等处相互连接的组合。

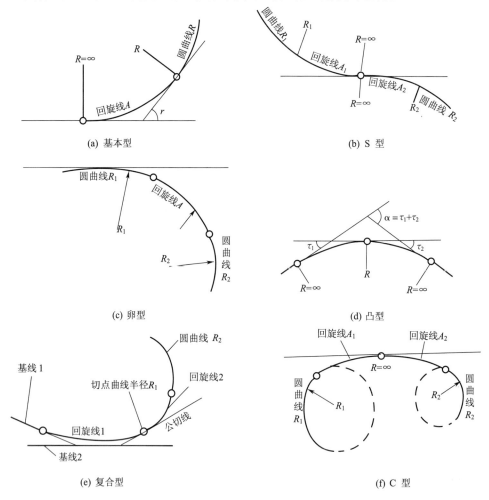

图 6.1.1　线路平面线形组成示意图

(6)C 型是同向曲线的两个回旋线在曲率为零处径相衔接的组合。

6.1.3　平面设计成果

线路设计完成后,施工单位应按照设计要求进行施工,线路设计资料主要包括:

(1)直线、曲线、转角一览表;

(2)逐桩坐标表;

（3）路线平面图；

（4）线路控制桩成果表；

（5）其他相关设计资料。

6.2　控制点复测

控制点复测是施工测量前必不可少的准备工作，它包括导线控制点和路线控制桩的复测。路线勘测设计完成以后，往往要经过一段时间才能施工。在这段时间内，导线控制点或路线控制桩是否移位？精度如何？需对其进行复测。另外，由于人为或其他原因，导线控制点（或路线控制桩）丢失或遭到破坏，要对其进行补测。有的导线点在路基范围以内，需将其移至路基范围以外。施工期间应定期（一般半年）对控制点进行复测。季节冻融地区，在冻融以后也要进行复测。只有当这一切都完成无误后，方能进行施工放样工作。

6.2.1　导线控制点的复测、补测和移位

用导线控制点恢复公路中线，适用于高等级公路。实际应用中，二级以上的公路均沿路线建有导线控制点，故可采用控制点放样，即用坐标法恢复公路中线。在恢复中线之前，首先要对导线控制点进行复测、补测和移位，以保证控制点的精度。

1. 导线控制点的复测

导线控制点的复测主要是检查它的坐标是否正确，检测方法如图 6.2.1 所示。

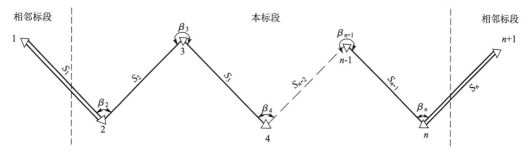

图 6.2.1　导线控制点检测示意图

第一步：根据导线点 1～n 的坐标反算转角（左角）$\beta_2 \sim \beta_{n-1}$ 和导线边长 $S_1 \sim S_{n-1}$。

$$\alpha_{i+1,i} = \arctan\left(\frac{Y_i - Y_{i+1}}{X_i - X_{i+1}}\right) \tag{6.2.1}$$

$$\alpha_{i+1,i+2} = \arctan\left(\frac{Y_{i+2} - Y_{i+1}}{X_{i+2} - X_{i+1}}\right) \tag{6.2.2}$$

$$\beta_{i+1} = \alpha_{i+1,i+2} - \alpha_{i+1,i} \tag{6.2.3}$$

$$S_i = \sqrt{(X_{i+1} - X_i)^2 - (Y_{i+1} - Y_i)^2} \tag{6.2.4}$$

第二步：实地观测各左角 β'_{i+1} 及导线边长 S'_i。角度观测取两个测回平均值，边长测量取连续测量 3～4 次的平均值。按照《工程测量标准》（GB 50026—2020）当观测值和计算值满足下式时，则认为点的平面坐标和位置是正确的。

$$\left| \beta_{i+1} - \beta'_{i+1} \right| \leqslant 2\, m_\beta = 16'' \tag{6.2.5}$$

$$\left| \frac{S_i - S'_i}{S_i} \right| \leqslant \frac{1}{14\,000} \tag{6.2.6}$$

式中　m_β——该等级导线测角中误差。

另外,还要对导线进行检查。导线检查时可将图 6.2.1 中的 1、2 点和 n、$n+1$ 点作为已知点,$\alpha_{1,2}$ 和 $\alpha_{n,n+1}$ 作为已知坐标方位角,按二级导线的方位角闭合差和导线全长闭合差的精度要求进行控制。二级导线的方位角闭合差 $f_a \leqslant \pm 16\sqrt{n}$,导线全长闭合差 $K = \dfrac{\sqrt{f_x^2 + f_y^2}}{\sum D} \leqslant \dfrac{1}{10\ 000}$。

值得注意的是,有的施工单位在复测导线点时,只检查本标段的点,而忽视了对前后相邻标段点的检查,这样就有可能在标段衔接处出现线路中线错位或断高。所以,测导线时,必须和相邻标段的导线闭合。

2. 导线控制点的补测与移位

由于人为或其他的原因,导线控制点丢失或遭到破坏,如果是间断性的丢失,可通过前方交会、支点等方法补测,或采用任意测站方法补测导线点。

6.2.2　水准点高程的复测

在使用水准点之前应仔细校核,并与国家水准点闭合。水准点高程的检查和水准测量的方法一样。高速公路和一级公路的水准点闭合差按四等水准($20\sqrt{L}$)控制,二级以下公路水准点闭合差按五等水准($30\sqrt{L}$)控制。大桥附近的水准点闭合差应按《公路桥涵施工技术规范》的规定办理。如满足精度要求,则认为点的高程是正确的。

一般情况下,公路两旁布设导线点,其坐标和高程均在同一点上。因此,在复测坐标的同时可利用水准测量或三角高程测量的方法检测高程。

水准点间距不宜大于 1 km。在人工构造物附近、高填深挖地段、工程量集中及地形复杂地段宜增设临时水准点。临时水准点必须符合精度要求,并与相邻路段水准点闭合。

应特别强调的是,在补点时应尽量将点位选在路线的一侧、地势较高处,以避免路基填土达到一定高度时影响导线点之间的通视。

6.3　坐标法线路中线测量

随着全站仪、GNSS RTK 测量仪器设备的普及应用,在线路中线测量施工中,过去常采用的偏角法、切线支距法被坐标法所取代。本节主要讲述用坐标法测设线路中线,即用导线控制点恢复中线,实质上就是根据导线点坐标与公路中线坐标之间的关系,借助高精度的全站仪或GNSS 设备,将公路中线测设到实地。在公路勘测设计时,根据公路等级的不同,设计文件提供的设计资料也是不一样的。对于高等级公路如高速公路、一级公路和部分二级公路,设计文件中包括公路中线逐桩坐标表,通过资料复核后可用坐标法直接测设线路中桩。

1. 线路中线设计资料

(1)直线、曲线转角表,主要包括交点桩号、交点坐标、转向角、曲线半径、交点间方位角等;

(2)逐桩坐标表;

(3)地面控制桩的位置及平面坐标表。

2. 线路中线测设数据计算

如图 6.3.1 所示,P 为公路中线点,坐标为 $(X_P、Y_P)$;A、B 为公路中线附近的导线点,坐标分别为 $(X_A、Y_A)$、$(X_B、Y_B)$,P 点与 A 点的极坐标关系用 A 点到 P 点的距离 S_{AP}、坐标方向

α_{AP}、α_{AB} 表示,即:

$$S_{AP} = \sqrt{(X_P - X_A)^2 + (Y_P - Y_A)^2} \quad (6.3.1)$$

$$\alpha_{AP} = \arctan\left(\frac{Y_P - Y_A}{X_P - X_A}\right) \quad (6.3.2)$$

$$\alpha_{AB} = \arctan\left(\frac{Y_B - Y_A}{X_B - X_A}\right) \quad (6.3.3)$$

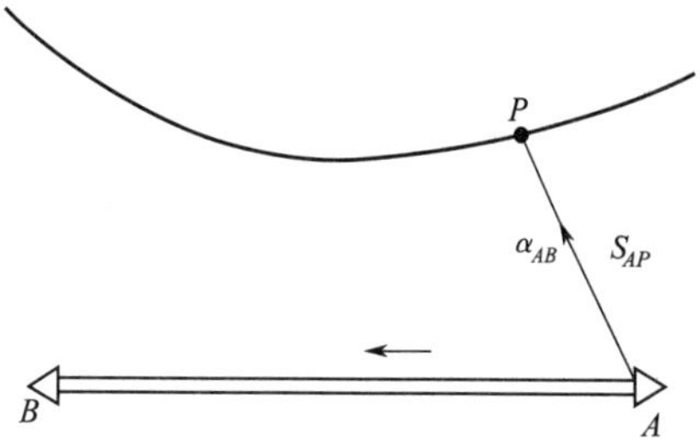

图 6.3.1　线路中线测设示意图

式(6.3.1)~式(6.3.3)就是两点间距离和坐标方位角的计算公式。其中,导线点 A、B 的坐标通过控制测量求得,P 点的坐标可由放线人员自己计算(或查设计文件中的逐桩坐标表)。

3. 测设步骤

(1)将全站仪安置在控制桩 A 点,对中整平;

(2)后视控制桩 B 点,水平度盘的读数设置为 α_{AB};

(3)转动望远镜,当水平度盘读数为 α_{AP} 时,在此方向量 S_{AP} 定 P 点。

6.4　线路直线段逐桩坐标计算

6.4.1　设计数据

设计文件提供的设计数据主要包括:交点桩号、交点坐标、转向角、曲线半径、缓和曲线长、交点间方位角等。这些数据可从直线、曲线转角表中获得。

6.4.2　直线段逐桩坐标计算

如图 6.4.1 所示,JD_n 的坐标为 (X_n, Y_n),$JD_n \sim JD_{n+1}$ 的坐标方位角为 $\alpha_{n \sim n+1}$,P 点在 JD_n 与 JD_{n+1} 的直线段上,则 P 点的坐标按下式求得

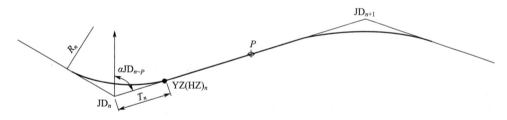

图 6.4.1　直线段点位示意图

$$X_P = X_n + [T_n + (K_P - K_{YZn或HZn})] \cdot \cos\alpha_{JDn \to JDn+1} \quad (6.4.1)$$

$$Y_P = Y_n + [T_n + (K_P - K_{YZn或HZn})] \cdot \sin\alpha_{JDn \to JDn+1} \quad (6.4.2)$$

式中　K_P,$K_{YZn或HZn}$——P 点和 YZ(或 HZ)点的里程;

T_n——JD_n 所在曲线切线长。

6.4.3　应用示例

1. 已知条件

线路连续曲线平面图见图 6.4.2,直线、曲线及转角见表 6.4.1。

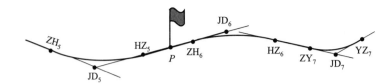

图 6.4.2　线路连续曲线平面图

表 6.4.1　直线、曲线及转角表

点号	交点桩号	交点坐标		转向角 ° ′ ″	曲线要素数值（m）				方位角 ° ′ ″
		X 坐标	Y 坐标		R	l_0	T	L	
5	K21+073.394	1 367.654	3 299.325	38 47 01（左偏）	2 800	320	1 146.105	2 215.325	71 26 35
6	K23+596.509	2 195.096	5 764.145	26 08 51（右偏）	4 800	550	1 390.256	2 740.527	
7	K25+698.253	1 912.193	7 887.092	15 33 36（左偏）	5 500	0	751.450	1 493.653	97 35 26

2. 计算 K22+200 点的坐标

（1）判断 K22+200 点的位置

通过 JD_5、JD_6、JD_7 所在曲线里程，可知 K22+200 点在 $JD_5 \sim JD_6$ 的直线段上。

（2）计算 JD_5 曲线上的 HZ_5 点里程

$K_{HZ_5} = K_{JD_5} - T_5 + L_5 = K21+073.394 - 1\ 146.105 + 2\ 215.325 = K22+142.614$

（3）计算 K22+200 点坐标

$$X_P = X_5 + [T_5 + (K_P - K_{HZ_5})] \cdot \cos\alpha_{JD_5 \to JD_6}$$
$$= 1\ 367.654 + [1\ 146.105 - (22\ 200.000 - 22\ 142.614)] \cdot \cos 71°26'35'' = 1\ 750.661$$

$$Y_P = Y_5 + [T_5 + (K_P - K_{HZ_5})] \cdot \sin\alpha_{JD_5 \to JD_6}$$
$$= 3\ 299.325 + [1\ 146.105 - (22\ 200.000 - 22\ 142.614)] \cdot \sin 71°26'35'' = 4\ 440.244$$

6.5　圆曲线逐桩坐标计算

在城市道路、高速公路中常设有圆曲线，也就是在两条直线之间加一段圆弧，以便改变方向。圆曲线线形是由直线→圆曲线→直线组成，分为右偏曲线和左偏曲线（图 6.5.1 和图 6.5.2）。圆曲线测量就是将线路中线的圆曲线段每隔一定的间隔用木桩在地面上表示出来。

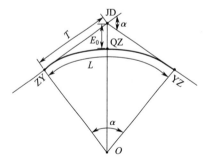

图 6.5.1　右偏圆曲线设置示意图

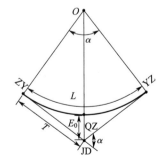

图 6.5.2　左偏圆曲线设置示意图

6.5.1　圆曲线要素计算

圆曲线的要素包括切线长(T)，曲线长(L)，外矢距(E_0)和切曲差(q)。

(1)切线长:ZY(或 YZ)至 JD 间的直线长;

(2)曲线长:ZY 至 YZ 间的曲线长;

(3)外矢距:JD 沿半径方向至 QZ 间的直线长;

(4)切曲差:两倍切线长与曲线长之差。

根据图 6.5.1 的几何关系,当圆曲线半径 R、转向角 α 已知时,可得综合要素 T、L、E_0、q 的计算公式:

$$
\begin{cases}
T = R \cdot \tan \dfrac{\alpha}{2} \\[2mm]
L = R \cdot \alpha \cdot \dfrac{\pi}{180°} \\[2mm]
E_0 = R \sec \dfrac{\alpha}{2} - R \\[2mm]
q = 2T - L
\end{cases}
\tag{6.5.1}
$$

式中　α——线路转向角,即相邻两直线延长线的夹角;

　　　R——圆曲线半径。

6.5.2　圆曲线主点里程推算

$$
\begin{cases}
ZY\ 点里程 = JD\ 里程 - T \\
QZ\ 点里程 = ZY\ 点里程 + L/2 \\
YZ\ 点里程 = ZY\ 点里程 + L
\end{cases}
\tag{6.5.2}
$$

主点里程检核计算:

$$
YZ\ 点里程 = ZY\ 点里程 + 2T - q \tag{6.5.3}
$$

6.5.3　圆曲线逐桩坐标计算

1. 曲线起点 ZY 点线路坐标计算

$$
\begin{cases}
X_{ZY} = X_{JD} + T\cos(\alpha_{ZY切} + 180°) \\
Y_{ZY} = Y_{JD} + T\sin(\alpha_{ZY切} + 180°)
\end{cases}
\tag{6.5.4}
$$

式中　X_{JD},Y_{JD}——JD 的线路坐标;

　　　X_{ZY},Y_{ZY}——ZY 的线路坐标;

　　　$\alpha_{ZY切}$——ZY 点切线的坐标方位角。

2. 曲线上任意 P 点在 ZY-xy 坐标系中的坐标计算

建立以 ZY 点为原点的自定义直角坐标系 ZY-xy,ZY 坐标为$(0,0)$,ZY 点的切线方向为 x 轴正方向,顺时针旋转 90°为 y 轴正方向。在该坐标系中线路任意桩号 P 点的坐标计算公式如下:

$$
\begin{cases}
x_P = R\sin\beta \\
y_P = R - R\cos\beta
\end{cases}
\tag{6.5.5}
$$

式中,$\beta = \dfrac{K_P - K_{ZY}}{R} \cdot \dfrac{180°}{\pi}$;

K_P——线路中线点 P 的里程；

K_{ZY}——圆曲线起点 ZY 里程。

3. 曲线上任意 P 点在线路坐标系中的坐标计算(图 6.5.3)

$$\begin{cases} X_P = X_{ZY} + x_P \cos\gamma + k \cdot y_P \sin\gamma \\ Y_P = Y_{ZY} - x_P \sin\gamma + k \cdot y_P \cos\gamma \\ \gamma = 360° - \alpha_{ZY切} \end{cases} \quad (6.5.6)$$

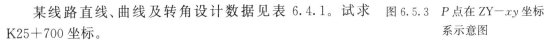

图 6.5.3 P 点在 ZY-xy 坐标系示意图

式中,曲线右偏时 $k=1$;曲线左偏时 $k=-1$。

6.5.4 应用示例

某线路直线、曲线及转角设计数据见表 6.4.1。试求 K25+700 坐标。

1. 曲线要素计算(图 6.4.1)

(1)切线长:

$$T = R \cdot \tan(\alpha/2) = 5\,500 \times \tan(15°33'36'' \div 2) = 751.450$$

(2)曲线长:

$$L = \alpha R\pi \div 180° = 15°33'36'' \times 5\,500\pi \div 180° = 1\,493.653$$

(3)外矢距:

$$E = \frac{R}{\cos(\alpha/2)} - R = \frac{5\,500}{\cos(15°33'36'' \div 2)} - 5\,500 = 51.097$$

2. 主点里程推算

ZY 点里程＝JD 里程－T＝K25+698.253－751.450＝K24+946.803

QZ 点里程＝ZY 里程＋$L/2$＝K24+946.803+1 493.653/2＝K25+693.630

YZ 点里程＝ZY 里程＋L＝K24+946.803+1 493.653＝K26+440.456

3. ZY 点坐标计算

$$\begin{cases} X_{ZY} = X_{JD} + T\cos(\alpha_{ZY切} - 180°) = 2\,011.454 \\ Y_{ZY} = Y_{JD} + T\sin(\alpha_{ZY切} - 180°) = 7\,142.227 \end{cases}$$

4. 求 P 点在 ZY-xy 坐标系中的坐标

$$\beta = \frac{K_P - K_{ZY}}{R} \cdot \frac{180°}{\pi} = 7°50'46.92''$$

$$\begin{cases} x_P = R\sin\beta = 750.845 \\ y_P = R - R\cos\beta = 51.493 \end{cases}$$

5. 求 P 点在线路坐标系中的坐标

$$\begin{cases} X_P = X_{ZY} + x_P \cos\gamma + ky_P \sin\gamma = 1\,963.313 \\ Y_P = Y_{ZY} - x_P \sin\gamma + ky_P \cos\gamma = 7\,893.294 \\ \gamma = 360° - \alpha_{ZY切} = 262°24'34'' \end{cases}$$

式中,曲线左偏故 $k=-1$。

6.6 缓和圆曲线逐桩坐标计算

缓和圆曲线也称基本型曲线,是铁路、公路最重要的曲线,其组成为:直线－缓和曲线－圆曲线－缓和曲线－直线(图 6.6.1)。

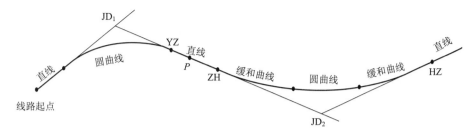

图 6.6.1　线路缓和圆曲线平面组成

6.6.1　缓和曲线设置

　　列车在曲线上运行时,会产生离心力,离心力的大小取决于列车重量、运行速度和圆曲线
的半径。由于离心力的影响,使曲线外轨的负荷
压力骤然增大,内轨负荷压力相应减小,当离心
力超过某一限度时,列车就有脱轨和倾覆的危
险。为了抵消离心力的不良影响,铁路在曲线部
分采用外轨超高的办法,即把外轨抬高一定数
值,使车辆向曲线内倾斜,以平衡离心力的作用,
从而保证列车安全运行。此外,由于车辆的构造
要求,需进行内轨加宽。无论是外轨超高还是内
轨加宽都不可能突然进行,而是逐渐完成,因此
在直线与圆曲线之间加设一段平面曲线,其曲率
半径 ρ 从直线的曲率半径 ∞(无穷大)逐渐变化
到圆曲线的半径 R,这样的曲线称为缓和曲线或
回旋线,如图 6.6.2 中 ZH 至 HY 段的曲线。在

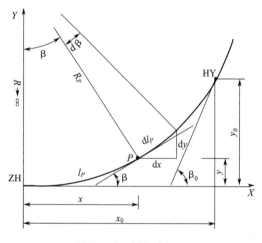

图 6.6.2　缓和曲线

此曲线上任一点 P 的曲率半径 ρ 与曲线的长度 l 成反比,如图 6.6.2 所示,以公式表示为

$$\rho \propto \frac{1}{l} \quad 或 \quad \rho \cdot l = C \tag{6.6.1}$$

式中 C 为常数,称曲线半径变更率。

　　当 $l = l_0$ 时,$\rho = R$,按式(6.6.1)有:

$$C = \rho \cdot l = R \cdot l_0 \tag{6.6.2}$$

式中,l 为缓和曲线上任一点 P 到直缓(ZH)点的曲线长;R 为圆曲线半径;l_0 为缓和曲线总长度。
式(6.6.1)或式(6.6.2)是缓和曲线必要的前提条件。在实用中,可采取符合这一前提条件的曲
线作为缓和曲线。常用的有辐射螺旋线及三次抛物线。我国采用辐射螺旋线。

　　按式(6.6.1)、式(6.6.2)导出缓和曲线上任一点的坐标 x、y 为

$$\begin{cases} x = l - \dfrac{l^5}{40C^2} + \dfrac{l^9}{3\,456C^4} - \cdots \\ y = \dfrac{l^3}{6C} - \dfrac{l^7}{336C^3} + \dfrac{l^{11}}{42\,240C^5} - \cdots \end{cases} \tag{6.6.3}$$

将 $C = R \cdot l_0$ 代入,得

$$
\begin{cases}
x = l - \dfrac{l^5}{40R^2 l_0^2} + \dfrac{l^9}{3\ 456R^4 l_0^4} \\[3mm]
y = \dfrac{l^3}{6Rl_0} - \dfrac{l^7}{336R^3 l_0^3} + \dfrac{l^{11}}{42\ 240R^5 l_0^5}
\end{cases}
\tag{6.6.4}
$$

式(6.6.4)表示在以直缓(ZH)点或缓直(HZ)点为原点,以相应的切线方向为横轴的直角坐标系中,计算缓和曲线上任一点的直角坐标公式。

6.6.2 缓和曲线常数

缓和曲线是在不改变直线段方向和保持圆曲线半径不变的条件下,插入到直线段和圆曲线之间的(图 6.6.3)。为了在圆曲线与直线之间加入一段缓和曲线 l_0,原来的圆曲线需要在垂直于其切线的方向移动一段距离 p,因而圆心就由 O' 移到 O,而原来的半径 R 保持不变。由图中可看出,缓和曲线约有一半的长度靠近原来的直线部分,而另一半靠近原来的圆曲线部分,原来圆曲线的两端其圆心角为 β_0 相对应的那部分圆弧,现在由缓和曲线所代替,因而圆曲线只剩下 HY 到 YH 这段长度即 L_0,现在由于在圆曲线两端加设了等长的缓和曲线 l_0 后,曲线的主点变为:直缓点(ZH)、缓圆点(HY)、曲中点(QZ)、圆缓点(YH)、缓直点(HZ)。β_0、δ_0、m、p、x_0、y_0 统称为缓和曲线常数。

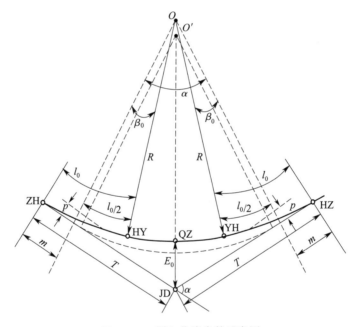

图 6.6.3　缓和曲线常数示意图

β_0 为缓和曲线的切线角,即在缓圆点 HY(或圆缓点 YH)的切线与直缓点 ZH(或缓直点 HZ)的切线交角,亦即圆曲线 HY→YH 两端各延长 $l_0/2$ 部分所对应的圆心角。

δ_0 为缓和曲线总偏角,即从直缓点(ZH)测设缓圆点(HY)或从缓直点(HZ)测设圆缓点(YH)的偏角。

m 为切垂距,即 ZH(或 HZ)至圆心 O_1 向 ZH 点或 HZ 点的切线所作垂线的垂足距离。

p 为圆曲线移动量,即垂线长与圆曲线半径 R 之差。

x_0、y_0 的计算可由式(6.6.4)求出,其余 β_0、p、m 的计算式为

$$
\begin{cases}
\beta_0 = \dfrac{l_0}{2R} \cdot \dfrac{180°}{\pi} \\[2mm]
p = \dfrac{l_0^2}{24R} - \dfrac{l_0^4}{2\,688R^3} \\[2mm]
m = \dfrac{l_0}{2} - \dfrac{l_0^3}{240R^2}
\end{cases}
\tag{6.6.5}
$$

6.6.3　缓加圆曲线要素计算

缓加圆曲线的要素包括切线长(T)、曲线长(L)、外矢距(E_0)和切曲差(q)。

根据图 6.6.3 的几何关系,当圆曲线半径 R、缓和曲线长 l_0 及转向角 α 已知时,可得综合要素 T、L、E_0 等的计算公式:

$$
\begin{cases}
T = (R+p) \cdot \tan\dfrac{\alpha}{2} + m \\[2mm]
L = L_0 + 2l_0 = \alpha R \cdot \dfrac{\pi}{180°} + l_0 \\[2mm]
E_0 = (R+p)\sec\dfrac{\alpha}{2} - R \\[2mm]
q = 2T - L
\end{cases}
\tag{6.6.6}
$$

6.6.4　缓加圆曲线主点里程推算

如图 6.6.3 所示,缓加圆曲线主点包括直缓点(ZH)、缓圆点(HY)、曲中点(QZ)、圆缓点(YH)、缓直点(HZ)。主点里程推算方法为:

ZH 点里程＝JD 里程－T　　　　　　YH 点里程＝ZH 点里程＋$L-l_0$

HY 点里程＝ZH 点里程＋l_0　　　　　HZ 点里程＝ZH 点里程＋L

QZ 点里程＝ZH 点里程＋$L/2$

主点里程检核计算:　　　HZ 点里程＝ZH 点里程＋$2T-q$

6.6.5　虚拟导线法计算缓加圆曲线逐桩坐标

1. 设计资料

线路曲线线型见图 6.6.4,设计资料包括交点坐标、交点里程、转向角、半径、缓和曲线长、曲线偏向、ZH 点、HZ 点切线方位角。

2. 计算步骤

(1)由设计数据转向角 α、半径 R、缓和曲线 l_0,计算曲线要素 T、L、E_0、q。

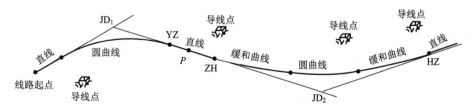

图 6.6.4　线路平面曲线的构成

(2)根据曲线要素和 JD 里程推算主点里程。

(3)由 JD 点坐标、切线 T、ZH 点、HZ 点切线方位角等数据计算 ZH 点、HZ 点在线路坐标系下的坐标。

$$\begin{cases} X_{ZH} = X_{JD} + T\cos(\alpha_{ZH切} + 180°) \\ Y_{ZH} = Y_{JD} + T\sin(\alpha_{ZH切} + 180°) \end{cases} \tag{6.6.7}$$

$$\begin{cases} X_{HZ} = X_{JD} + T\cos(\alpha_{HZ切}) \\ Y_{HZ} = Y_{JD} + T\sin(\alpha_{HZ切}) \end{cases} \tag{6.6.8}$$

(4)ZH—HY 段任意点 P 的线路坐标计算:

第一步,求 P 点在 ZH-xy 自定义坐标系中的坐标。

建立以 ZH 点为原点的自定义直角坐标系 ZH-xy(图 6.6.5),ZH 坐标为(0,0),ZH 的切线方向(指向 JD)为 x 轴正方向,过 ZH 点指向圆心的方向为 y 轴正方向。在该坐标系中曲线上任意 P 点的坐标计算公式如下:

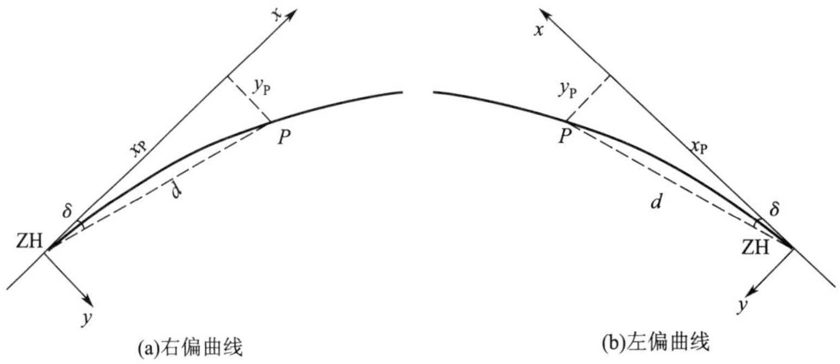

图 6.6.5 自定义 ZH-xy 坐标系

$$\begin{cases} x_P = l - \dfrac{l^5}{40R^2 l_0^2} + \dfrac{l^9}{3\ 456R^4 l_0^4} \\ y_P = \dfrac{l^3}{6Rl_0} - \dfrac{l^7}{336R^3 l_0^3} + \dfrac{l^{11}}{42\ 240R^5 l_0^5} \end{cases} \tag{6.6.9}$$

式中 l——P 点与 ZH 间的曲线长。

第二步,计算弦长 d 和弦切角 δ。

$$\delta = \arctan\left(\frac{y_P}{x_P}\right) \tag{6.6.10}$$

$$d = \sqrt{x_P^2 + y_P^2} \tag{6.6.11}$$

第三步,求 ZH 至 P 点在线路坐标系中的坐标方位角。

$$\alpha_{ZH \to P} = \alpha_{ZH切} + k\delta \tag{6.6.12}$$

式中,曲线右偏时 $k=1$;曲线左偏时 $k=-1$。

第四步,求 P 点在线路坐标系中的坐标(图 6.6.6)。

$$\begin{cases} X_P = X_{ZH} + d\cos\alpha_{ZH \to P} \\ Y_P = Y_{ZH} + d\sin\alpha_{ZH \to P} \end{cases} \tag{6.6.13}$$

(5)HY 至 YH 段任意 P 点线路坐标计算:

第一步,求 P 点在自定义坐标系 ZH-xy 中的坐标(图 6.6.7)。

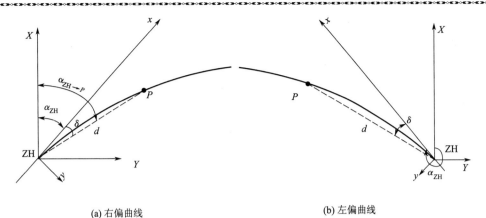

(a) 右偏曲线　　　　　　　　　　　(b) 左偏曲线

图 6.6.6　ZH 至 HY 段任意点 P 线路坐标计算示意图

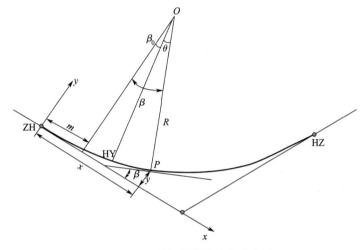

图 6.6.7　缓加圆曲线结构示意图

$$\begin{cases} x_P = m + R\sin\beta \\ y_P = (R+p) - R\cos\beta \end{cases} \tag{6.6.14}$$

式中，$\beta = \beta_0 + \theta$，$\theta = \dfrac{K_P - K_{HY}}{R} \cdot \dfrac{180°}{\pi}$，$\beta_0 = \dfrac{l_0}{2R} \cdot \dfrac{180°}{\pi}$。

第二步～第四步参见 ZH 到 HY 段任意 P 点线路坐标计算方法，最终确定 HY 到 YH 段任意 P 点线路坐标(图 6.6.8)。

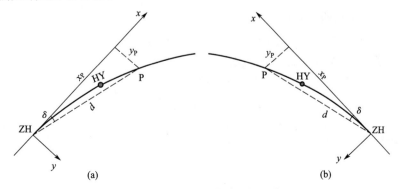

(a)　　　　　　　　　　　　　(b)

图 6.6.8　圆加缓和曲线坐标示意图

（6）YH 至 HZ 段任意 P 点线路坐标计算：

第一步，求 P 点在自定义坐标系 HZ-$x'y'$ 中的坐标。

建立以 HZ 点为原点的自定义直角坐标系 HZ-$x'y'$，HZ 坐标为$(0,0)$，HZ 的切线方向（指向 JD）为 x' 轴正方向，过 ZH 点指向圆心方向为 y' 轴正方向。在该坐标系中曲线上任意 P 点的坐标按式$(6.6.15)$计算。

$$\begin{cases} x'_P = l' - \dfrac{(l')^5}{40R^2 l_0^2} + \dfrac{(l')^9}{3\,456R^4 l_0^4} \\ y'_P = \dfrac{(l')^3}{6Rl_0} - \dfrac{(l')^7}{336R^3 l_0^3} + \dfrac{(l')^{11}}{42\,240R^5 l_0^5} \end{cases} \tag{6.6.15}$$

式中，$l' = K_{HZ} - K_P$。

第二步，计算弦切角 δ 和弦长 d。

$$\delta = \arctan\left(\frac{y'_P}{x'_P}\right) \tag{6.6.16}$$

$$d = \sqrt{(x'_P)^2 + (y'_P)^2} \tag{6.6.17}$$

第三步，计算 HZ 至 P 点线路的坐标方位角（图 6.6.9）。

$$\alpha_{HZ \to P} = \alpha_{HZ切} - k\delta + 180° \tag{6.6.18}$$

式中，曲线右偏时 $k=1$；曲线左偏时 $k=-1$。

第四步，计算 P 点的线路坐标系坐标。

$$\begin{cases} X_P = X_{HZ} + d\cos\alpha_{HZ \to P} \\ y_P = Y_{HZ} + d\sin\alpha_{HZ \to P} \end{cases} \tag{6.6.19}$$

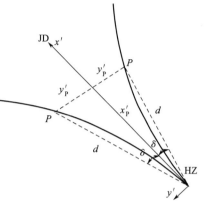

图 6.6.9　YH 至 HZ 段任意点 P 坐标计算示意图（右偏和左偏）

6.6.6　用坐标变换法计算缓加圆曲线逐桩坐标

1. ZH 至 HY 段任意 P 点在线路坐标系中的坐标计算

第一步，计算 P 点在自定义坐标系 ZH-xy 中的坐标。

$$\begin{cases} x_P = l - \dfrac{l^5}{40R^2 l_0^2} + \dfrac{l^9}{3\,456R^4 l_0^4} \\ y_P = \dfrac{l^3}{6Rl_0} - \dfrac{l^7}{336R^3 l_0^3} + \dfrac{l^{11}}{42\,240R^5 l_0^5} \end{cases} \tag{6.6.20}$$

第二步，计算 P 点在线路坐标系中的坐标。

$$\begin{cases} X_P = X_{ZH} + x_P\cos\gamma + ky_P\sin\gamma \\ Y_P = Y_{ZH} - x_P\sin\gamma + ky_P\cos\gamma \\ \gamma = 360° - \alpha_{ZH切} \end{cases} \tag{6.6.21}$$

式中，曲线右偏时 $k=1$；曲线左偏时 $k=-1$。

2. HY 至 YH 段任意 P 点线路坐标系中的坐标计算

第一步，计算 P 点在自定义坐标系 ZH-xy 中的坐标。

$$\begin{cases} x_P = m + R\sin\beta \\ y_P = (R+p) - R\cos\beta \end{cases} \tag{6.6.22}$$

式中，$\beta = \beta_0 + \theta$，$\beta_0 = \dfrac{l_0}{2R} \cdot \dfrac{180°}{\pi}$，$\theta = \dfrac{K_P - K_{HY}}{R} \cdot \dfrac{180°}{\pi}$。

第二步,求 P 点在线路坐标系中的坐标。

$$\begin{cases} X_P = X_{ZH} + x_P \cos\gamma + k y_P \sin\gamma \\ Y_P = Y_{ZH} - x_P \sin\gamma + k y_P \cos\gamma \\ \gamma = 360° - \alpha_{ZH切} \end{cases} \tag{6.6.23}$$

式中,曲线右偏时 $k=1$;曲线左偏时 $k=-1$。

3. YH 至 HZ 段任意 P 点在线路坐标系中的坐标计算

第一步,计算 P 点在自定义坐标系 $HZ-x'y'$ 中的坐标。

$$\begin{cases} x'_P = l' - \dfrac{(l')^5}{40R^2 l_0^2} + \dfrac{(l')^9}{3\,456R^4 l_0^4} \\ y'_P = \dfrac{(l')^3}{6Rl_0} - \dfrac{(l')^7}{336R^3 l_0^3} + \dfrac{(l')^{11}}{42\,240R^5 l_0^5} \end{cases} \tag{6.6.24}$$

式中, $l' = k_{HZ} - K_P$。

第二步,计算 P 点在线路坐标系中的坐标。

$$\begin{cases} X_P = X_{HZ} - x'_P \cos\gamma + k y'_P \sin\gamma \\ Y_P = Y_{HZ} + x'_P \sin\gamma + k y'_P \cos\gamma \\ \gamma = 360° - \alpha_{HZ切} \end{cases} \tag{6.6.25}$$

式中,曲线右偏时 $k=1$;曲线左偏时 $k=-1$。

6.6.7　应用示例

1. 设计数据

线路曲线设计数据见表 6.5.1。

2. 求 K22+300、K23+600、K24+900 点的坐标

(1)求主点里程

$$ZH\ 点里程 = JD\ 里程 - T = K22+206.253$$
$$HY\ 点里程 = ZH\ 里程 + l_0 = K22+756.253$$
$$YH\ 点里程 = ZH\ 里程 + L - l_0 = K24+396.780$$
$$HZ\ 点里程 = ZH\ 里程 + L = K24+946.780$$

(2)求 ZH、HZ 点坐标

$$\begin{cases} X_{ZH} = X_{JD} + T\cos(\alpha_{ZH切} + 180°) = 1\,752.651 \\ Y_{ZH} = Y_{JD} + T\sin(\alpha_{ZH切} + 180°) = 4\,446.171 \end{cases}$$

$$\begin{cases} X_{HZ} = X_{JD} + T\cos\alpha_{HZ切} = 2\,011.453 \\ Y_{HZ} = Y_{JD} + T\sin\alpha_{HZ切} = 7\,142.219 \end{cases}$$

(3)求 K22+300 点坐标

$$\begin{cases} x_P = l - \dfrac{l^5}{40R^2 l_0^2} + \dfrac{l^9}{3\,456R^4 l_0^4} = 93.748 \\ y_P = \dfrac{l^3}{6Rl_0} - \dfrac{l^7}{336R^3 l_0^3} + \dfrac{l^{11}}{42\,240R^5 l_0^5} = 0.052 \end{cases}$$

$$\begin{cases} X_P = X_{ZH} + x_P \cos\gamma + k \cdot y_P \sin\gamma = 1\,782.437 \\ Y_P = Y_{ZH} - x_P \sin\gamma + k \cdot y_P \cos\gamma = 4\,535.061 \\ \gamma = 360° - \alpha_{ZH切} = 288°33'25'' \end{cases}$$

(4)求 K23+600 点坐标

$$\theta = \frac{K_P - K_{HY}}{R} \cdot \frac{180°}{\pi} = 10°04'17.39''$$

$$\beta_0 = \frac{l_0}{2R} \cdot \frac{180°}{\pi} = 3°16'57.25''$$

$$\beta = \beta_0 + \theta = 13°21'14.64''$$

$$\begin{cases} x_P = m + R\sin\beta = 1\,383.616 \\ y_P = (R+p) - R\cos\beta = 132.411 \end{cases}$$

$$\begin{cases} X_P = X_{ZH} + x_P\cos\gamma + k \cdot y_P\sin\gamma = 2\,067.456 \\ Y_P = Y_{ZH} - x_P\sin\gamma + k \cdot y_P\cos\gamma = 5\,799.989 \\ \gamma = 360° - \alpha_{ZH切} = 288°33'25'' \end{cases}$$

(5)求 K24+900 点坐标

$$l' = K_{HZ} - K_P = 46.780$$

$$\begin{cases} x'_P = l' - \frac{(l')^5}{40R^2 l_0^2} + \frac{(l')^9}{3\,456R^4 l_0^4} = 46.780 \\ y'_P = \frac{(l')^3}{6R l_0} - \frac{(l')^7}{336R^3 l_0^3} + \frac{(l')^{11}}{42\,240R^5 l_0^5} = 0.006 \end{cases}$$

$$\begin{cases} X_P = X_{HZ} - x'_P\cos\gamma + k \cdot y'_P\sin\gamma = 2\,017.626 \\ Y_P = Y_{HZ} + x'_P\sin\gamma + k \cdot y'_P\cos\gamma = 7\,095.848 \\ \gamma = 360° - \alpha_{HZ切} = 262°24'34'' \end{cases}$$

6.7　不等长的缓和曲线加圆曲线逐桩坐标计算

在山区以及旧线改造时,由于受地形限制,线路常设置不等长的缓和曲线加圆曲线。其组成为:直线—缓和曲线 l_1 —圆曲线—缓和曲线 l_2 —直线(图 6.7.1)。

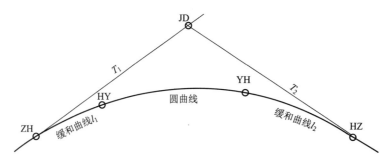

图 6.7.1　设置不等长缓和曲线线路

1. 设计数据

交点坐标及里程、曲线半径 R、第一缓和曲线长、第二缓和曲线长、转向角、ZH 点切线方位角。

2. 不等长缓和曲线加圆曲线点位坐标计算

(1)曲线综合要素计算

不等长缓和曲线加圆曲线组成如图 6.7.2 所示,第一缓和曲线长 l_1 ,第二缓和曲线长为 l_2 ,圆曲线半径为 R ,交点位于 JD。计算时先假设圆曲线两端缓和曲线长均为 l_1 ,则切线长为

AG 和 BG。若假设缓和曲线长均为 l_2，则切线长为 CF 和 DF。

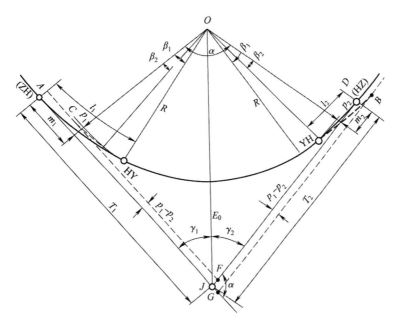

图 6.7.2　不等长缓和曲线结构示意图

$$AG = BG = (R + p_1)\tan\frac{\alpha}{2} + m_1 \tag{6.7.1}$$

$$CF = DF = (R + p_2)\tan\frac{\alpha}{2} + m_2 \tag{6.7.2}$$

式中，$p_1 = \dfrac{l_1^2}{24R}$；$m_1 = \dfrac{l_1}{2} - \dfrac{l_1^3}{240R^2}$；$p_2 = \dfrac{l_2^2}{24R}$；$m_2 = \dfrac{l_2}{2} - \dfrac{l_2^3}{240R^2}$。

切线长：
$$T_1 = AJ = (R + P_1)\tan\frac{\alpha}{2} + m_1 - \frac{p_1 - p_2}{\sin\alpha} \tag{6.7.3}$$

$$T_2 = DJ = (R + P_2)\tan\frac{\alpha}{2} + m_2 + \frac{p_1 - p_2}{\sin\alpha} \tag{6.7.4}$$

曲线长：
$$L = (\alpha - \beta_1 - \beta_2)R\,\frac{\pi}{180°} + l_1 + l_2 \tag{6.7.5}$$

式中，$\beta_1 = \dfrac{l_1}{2R}\dfrac{180°}{\pi}$；$\beta_2 = \dfrac{l_2}{2R}\dfrac{180°}{\pi}$。

（2）主点里程推算

$$K_{ZH} = K_{JD} - T_1 \tag{6.7.6}$$
$$K_{HY} = K_{ZH} + l_1 \tag{6.7.7}$$
$$K_{YH} = K_{ZH} + L - l_2 \tag{6.7.8}$$
$$K_{HZ} = K_{ZH} + L \tag{6.7.9}$$

（3）ZH 点坐标计算

$$\begin{cases} X_{ZH} = X_{JD} + T_1\cos(\alpha_{ZH切} + 180°) \\ Y_{ZH} = Y_{JD} + T_1\sin(\alpha_{ZH切} + 180°) \end{cases} \tag{6.7.10}$$

（4）ZH 至 HY 段任意 P 点在线路坐标系中的坐标计算

①计算 P 点在自定义坐标系 ZH-xy 中的坐标

$$\begin{cases} x_P = l - \dfrac{l^5}{40R^2 l_1^2} + \dfrac{l^9}{3\ 456R^4 l_1^4} \\ y_P = \dfrac{l^3}{6Rl_1} - \dfrac{l^7}{336R^3 l_1^3} + \dfrac{l^{11}}{42\ 240R^5 l_1^5} \end{cases} \tag{6.7.11}$$

②利用坐标变换公式计算 P 点在线路坐标系中的坐标

$$\begin{cases} X_P = X_{ZH} + x_P \cos\gamma + k y_P \sin\gamma \\ Y_P = Y_{ZH} - x_P \sin\gamma + k y_P \cos\gamma \\ \gamma = 360° - \alpha_{ZH切} \end{cases} \tag{6.7.12}$$

式中，曲线右偏时 $k=1$，曲线左偏时 $k=-1$。

（5）HY 至 YH 段任意 P 点在线路坐标系中的坐标计算

①首先按 ZH～HY 段坐标计算步骤求出 HY 点坐标。

②求 HY 点切线方位角，如图 6.7.3 所示。

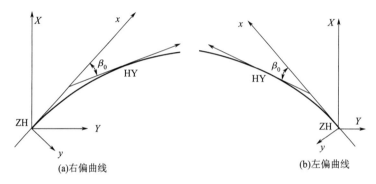

(a)右偏曲线　　　　　　　　　　　　(b)左偏曲线

图 6.7.3　HY 点切线方位角结构示意图

$$\alpha_{HY切} = \alpha_{ZH切} + k\beta_0 \tag{6.7.13}$$

式中，$\beta_0 = \dfrac{l_0}{2R} \times \dfrac{180°}{\pi}$；曲线右偏时 $k=1$；曲线左偏时 $k=-1$。

③计算 HY→P 点的方位角（图 6.7.4）。

$$\alpha_{HY \to P} = \alpha_{HY切} + k\delta \tag{6.7.14}$$

式中，$\delta = \dfrac{K_P - K_{HY}}{2R} \times \dfrac{180°}{\pi}$；$K_{HY}$ 为 HY 点的里程；K_P 为计算点 P 的里程；曲线右偏时 $k=1$；曲线左偏时 $k=-1$。

④计算 HY 点到计算 P 点的距离 d。

$$d = 2R\sin\delta \tag{6.7.15}$$

⑤计算 P 点在线路坐标系中的坐标。

$$\begin{cases} X_P = X_{HY} + d\cos\alpha_{HY \to P} \\ Y_P = Y_{HY} + d\sin\alpha_{HY \to P} \end{cases} \tag{6.7.16}$$

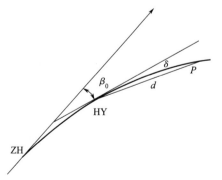

图 6.7.4　圆曲线点坐标计算示意图

（6）YH 至 HZ 段任意 P 点在线路坐标系中的坐标计算

①HZ 点在线路坐标系中的坐标计算。

$$\begin{cases} X_{HZ} = X_{JD} + T_2 \cos(\alpha_{ZH切} + k\alpha) \\ Y_{HZ} = Y_{JD} + T_2 \sin(\alpha_{ZH切} + k\alpha) \end{cases} \tag{6.7.17}$$

式中，曲线右偏时 $k=1$；曲线左偏时 $k=-1$。

②计算 P 点在自定义坐标系 HZ-$x'y'$ 中的坐标。

$$\begin{cases} x_P' = l' - \dfrac{(l')^5}{40R^2 l_2^2} + \dfrac{(l')^9}{3\ 456R^4 l_2^4} \\ y_P' = \dfrac{(l')^3}{6Rl_2} - \dfrac{(l')^7}{336R^3 l_2^3} + \dfrac{(l')^{11}}{42\ 240R^5 l_2^5} \end{cases} \tag{6.7.18}$$

式中，$l' = K_{HZ} - l_P$。

③利用坐标变换公式计算 P 点在线路坐标系中的坐标。

$$\begin{cases} X_P = X_{HZ} - x_P' \cos\gamma + k y_P' \sin\gamma \\ Y_P = Y_{HZ} + x_P' \sin\gamma + k y_P' \cos\gamma \end{cases} \tag{6.7.19}$$

$$\gamma = 360° - \alpha_{HZ切}$$

式中，曲线右偏时 $k=1$；曲线左偏时 $k=-1$。

6.8　卵形曲线逐桩坐标计算

6.8.1　线形组成

卵形曲线是用一个回旋曲线连接两个同向圆曲线的线形（图 6.8.1），为了只用一个回旋曲线连成卵形，要求圆曲线延长后，大的圆曲线能完全包着小的圆曲线，并且两个圆曲线不同圆心。

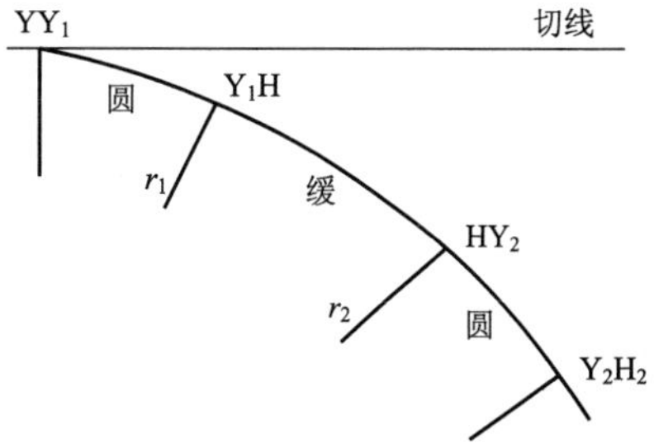

6.8.2　卵形曲线点位的坐标计算步骤

1. 找缓和曲线的起点 ZH′

Y_1H—HY_2 这段缓和曲线不完整，需要找到这段缓
和曲线的起点 ZH′。以曲线右偏且 $(r_1 > r_2)$ 为例，设 Y_1H 点半径为 r_1，HY_2 点半径为 r_2，$r_1 >$
r_2（图 6.8.2）。其中 Y_1H 点坐标为 (X_{Y_1H}, Y_{Y_1H})，切线方位角为 $\alpha_{Y_1H切}$。由缓和曲线特性知：

图 6.8.1　卵形曲线线路结构示意图

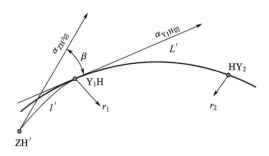

图 6.8.2　由卵形曲线构造缓和曲线示意图

$$l' \cdot r_1 = (l' + L') \cdot r_2$$

$$l' = \frac{L' \cdot r_2}{r_1 - r_2} \tag{6.8.1}$$

2. 求缓和曲线起点 ZH′切线的方位角 $\alpha_{ZH'切}$

由图 6.8.2 知,圆缓点(Y_1H)的切线与 ZH′切线的交角为 β,则

$$\alpha_{ZH'切} = \alpha_{Y_1H切} - \beta \tag{6.8.2}$$

式中,$\beta = \dfrac{l'}{2r_1} \cdot \dfrac{180°}{\pi}$。

3. 计算 ZH′点在线路坐标系中的坐标(图 6.8.3)

(1)计算 Y_1H 点在自定义坐标系 ZH′-xy 中的坐标

$$\begin{cases} x_{Y_1H} = l' - \dfrac{l'^3}{40r_1^2} + \dfrac{l'^5}{3\,456r_1^4} \\ y_{Y_1H} = \dfrac{l'^2}{6r_1} - \dfrac{l'^4}{336r_1^3} + \dfrac{l'^6}{42\,240r_1^5} \end{cases} \tag{6.8.3}$$

(2)计算 ZH′到 Y_1H 点的弦切角 δ 及弦长 d

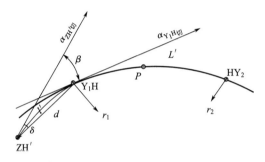

图 6.8.3　缓和曲线起点(ZH′)坐标计算示意图

$$\delta = \arctan\left(\frac{y_{Y_1H}}{x_{Y_1H}}\right) \tag{6.8.4}$$

$$d = \sqrt{x_{Y_1H}^2 + y_{Y_1H}^2} \tag{6.8.5}$$

(3)计算 $Y_1H \rightarrow ZH'$ 的方位角 $\alpha_{Y_1H \rightarrow ZH'}$

$$\alpha_{Y_1H \rightarrow ZH'} = \alpha_{ZH'切} + \delta + 180° \tag{6.8.6}$$

(4)计算 ZH′点线路坐标系中的坐标

$$\begin{cases} X_{ZH'} = X_{Y_1H} + d \cdot \cos\alpha_{Y_1H \rightarrow ZH'} \\ Y_{ZH'} = Y_{Y_1H} + d \cdot \sin\alpha_{Y_1H \rightarrow ZH'} \end{cases} \tag{6.8.7}$$

4. 卵形曲线上 P 点的坐标

(1)计算 P 点在自定义坐标系 ZH′-xy 中的坐标

$$\begin{cases} x_P = l - \dfrac{l^5}{40r_2^2(l'+L')^2} + \dfrac{l^9}{3\,456r_2^4(l'+L')^4} \\ y_P = \dfrac{l^3}{6r_2(l'+L')} - \dfrac{l^7}{336r_2^3(l'+L')^3} + \dfrac{l^{11}}{42\,240r_2^5(l'+L')^5} \end{cases} \tag{6.8.8}$$

式中,$l = l' + DK_P - DK_{YH}$。

（2）利用坐标变换公式求 P 点在线路坐标系中的坐标

$$\begin{cases} X_P = X_{ZH'} + x_P \cos\gamma + y_P \sin\gamma \\ Y_P = Y_{ZH'} - x_P \sin\gamma + y_P \cos\gamma \\ \gamma = 360° - \alpha_{ZH'切} \end{cases} \tag{6.8.9}$$

6.8.3　应用示例

1. 卵形曲线如图 6.8.4 所示，设计资料见表 6.8.1。

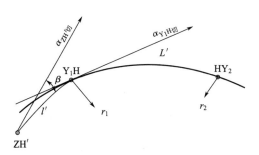

图 6.8.4　卵形曲线示意图

表 6.8.1　卵形曲线设计数据表

主点	里程	半径	X 坐标	Y 坐标	切线方位角
Y_1H	K0+100.556	160	1 000.000	1 000.000	100°10′10″
HY_2	K0+170.556	80	968.936	1 061.322	137°46′11″

2. 计算 K0+120 点在线路坐标系中的坐标。

由公式（6.8.1）可得

$$l' = \frac{L' \cdot r_2}{r_1 - r_2} = 70$$

$$\beta = \frac{l'}{2r_1} \cdot \frac{180°}{\pi} = 12°32'00''$$

$$\alpha_{ZH'切} = \alpha_{YH切} - \beta = 87°38'10''$$

$$\begin{cases} x_{Y_1H} = l' - \dfrac{l'^3}{40r_1^2} + \dfrac{l'^5}{3\ 456r_1^4} = 69.666 \\ y_{Y_1H} = \dfrac{l'^2}{6r_1} - \dfrac{l'^4}{336r_1^3} + \dfrac{l'^6}{42\ 240r_1^5} = 5.087 \end{cases}$$

$$d = \sqrt{x_{Y_1H}^2 + y_{Y_1H}^2} = 69.851$$

$$\delta = \arctan\frac{y_{Y_1H}}{x_{Y_1H}} = 4°10'35''$$

$$\alpha_{Y_1H\to ZH'} = \alpha_{ZH'切} + \delta + 180° = 271°48'45''$$

$$\begin{cases} X_{ZH'} = X_{Y_1H} + d \cdot \cos\alpha_{Y_1H\to ZH'} = 1\ 002.209 \\ Y_{ZH'} = Y_{Y_1H} + d \cdot \sin\alpha_{Y_1H\to ZH'} = 930.184 \end{cases}$$

$$\begin{cases} x_P = l - \dfrac{l^5}{40r_2^2(l'+L')^2} + \dfrac{l^9}{3\ 456r_2^4(l'+L')^4} = 88.310 \\ y_P = \dfrac{l^3}{6r_2(l'+L')} - \dfrac{l^7}{336r_2^3(l'+L')^3} + \dfrac{l^{11}}{42\ 240r_2^5(l'+L')^5} = 10.552 \end{cases}$$

$$l = l' + DK_P - DK_{YH} = 89.444$$

$$\begin{cases} X_P = X_{ZH'} + x_P \cos\gamma + y_P \sin\gamma = 995.309 \\ Y_P = Y_{ZH'} - x_P \sin\gamma + y_P \cos\gamma = 1\ 018.854 \end{cases}$$

$$\gamma = 360° - \alpha_{ZH'} = 272°21'50''$$

6.9 互通立交匝道中线坐标计算

6.9.1 设计资料

　　某互通立交匝道线形组成如图 6.9.1 所示。线路设置及参数见表 6.9.1,起点坐标及节点里程见表 6.9.2。

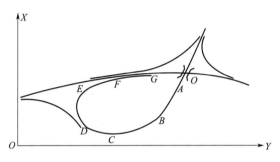

图 6.9.1　喇叭形立交曲线示意图

表 6.9.1　线形结构表

路段名称	曲线类型	曲线长度及曲率半径(m)	路段名称	曲线类型	曲线长度及曲率半径(m)
OA	直线	L=34.000	DE	圆曲线	L=88.176,　　R=60
AB	缓和曲线	L=74.000	EF	缓和曲线	L=81.667
BC	圆曲线	L=117.840,　R=124	FG	直线	L=62.507
CD	缓和曲线	L=65.810			

表 6.9.2　起点坐标及节点里程表

起点坐标		起点切线坐标方位角 °　′　″	起点 O 里程	A 点里程	B 点里程	C 点里程	D 点里程	E 点里程	F 点里程
X	Y								
1 378.214	2 822.950	200 00 00	K0+116	K0+150	K0+224	K0+341.840	K0+407.650	K0+495.826	K0+577.493

6.9.2 匝道中线坐标计算

　　1. OA 段点位坐标计算步骤

　　(1)设计资料:起点 O 的坐标、起点 O 的切线方位角、起点 O 的里程、终点 A 的里程。

　　(2)分析:OA 段为直线,由所给已知条件,在 OA 段上点位坐标可按支导线计算原理计算。

（3）计算 i 点在线路坐标系中的坐标。

$$\begin{cases} X_i = X_O + (K_i - K_O)\cos\alpha_{O切} \\ Y_i = Y_O + (K_i - K_O)\sin\alpha_{O切} \end{cases}$$ (6.9.1)

（4）计算 K0+150 点在线路坐标系中的坐标及切线方位角

$$\begin{cases} X_i = X_O + (K_i - K_O)\cos\alpha_{O切} \\ \quad = 1\,378.214 + (150-116)\cos200° = 1\,346.264 \\ Y_i = Y_O + (K_i - K_O)\sin\alpha_{O切} \\ \quad = 2\,822.950 + (150-116)\sin200° = 2\,811.321 \end{cases}$$

$$\alpha_{K0+150切} = 200°$$

2. AB 段点位坐标计算步骤

（1）设计资料：如图 6.9.2 所示，起点 A 的坐标、起点 A 的切线方位角、起点 A 的里程、起点 A 的半径、终点 B 的里程、终点 B 的半径。

（2）分析：AB 段为完整的右偏缓和曲线，由所给已知条件，在 AB 段上的点位坐标可按基本型曲线第一段缓和曲线计算原理计算。

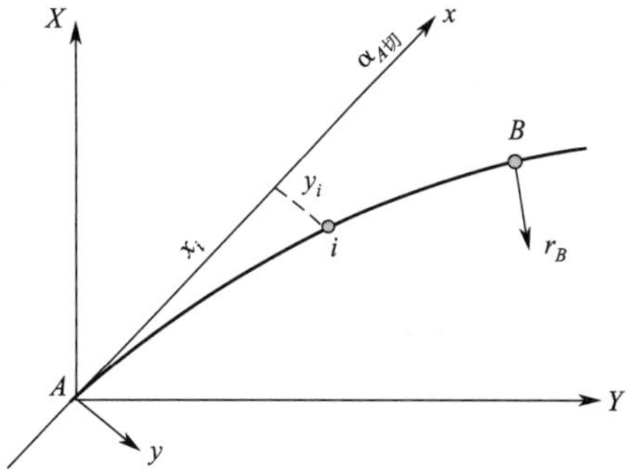

（3）计算 i 点在线路坐标系中的坐标：

①计算 i 点在自定义坐标系 A-xy 中的坐标

$$\begin{cases} x_i = l - \dfrac{l^5}{40R^2l_0^2} + \dfrac{l^9}{3\,456R^4l_0^4} \\ y_i = \dfrac{l^3}{6Rl_0} - \dfrac{l^7}{336R^3l_0^3} + \dfrac{l^{11}}{42\,240R^5l_0^5} \end{cases}$$ (6.9.2)

图 6.9.2 缓和曲线点位坐标计算示意图

$$l = K_i - K_A$$

式中，$l_0 = K_B - K_A$；$R = r_B$。

②利用坐标变换公式计算 i 点在线路坐标系中的坐标

$$\begin{cases} X_i = X_A + x_i\cos\gamma + ky_i\sin\gamma \\ Y_i = Y_A - x_i\sin\gamma + ky_i\cos\gamma \end{cases}$$ (6.9.3)

式中，$\gamma = 360° - \alpha_{A切}$。

（4）求 i 点切线方位角：

$$\alpha_{i切} = \alpha_{A切} + \beta$$ (6.9.4)

式中，$\beta = \dfrac{(K_i - K_A)^2}{2r_B \cdot l_0} \cdot \dfrac{180°}{\pi}$。

（5）计算 K0+224 点在线路坐标系中的坐标及切线方位角：

①计算 K0+224 点在自定义坐标系 A-xy 中的坐标：

$$l = K_i - K_A = 74$$
$$l_0 = K_B - K_A = 74$$
$$R = r_B = 124$$

$$\begin{cases} x_i = l - \dfrac{l^5}{40R^2l_0^2} + \dfrac{l^9}{3\,456R^4l_0^4} = 73.344 \\ y_i = \dfrac{l^3}{6Rl_0} - \dfrac{l^7}{336R^3l_0^3} + \dfrac{l^{11}}{42\,240R^5l_0^5} = 7.313 \end{cases}$$

②利用坐标变换公式计算 i 点在线路坐标系中的坐标：

$$\begin{cases} X_i = X_A + x_i\cos\gamma + ky_i\sin\gamma = 1\ 279.846 \\ Y_i = Y_A - x_i\sin\gamma + ky_i\cos\gamma = 2\ 779.365 \end{cases}$$

$$\gamma = 360° - \alpha_{A切} = 160°$$

③求 i 点切线方位角：

$$\alpha_{i切} = \alpha_{A切} + \beta = 217°05'46.76''$$

$$\beta = \frac{(K_i - K_A)^2}{2r_B \cdot l_0} \cdot \frac{180°}{\pi} = 17°05'46.76''$$

3. BC 段点位坐标计算步骤

(1)设计资料：如图 6.9.3 所示，起点 B 的坐标、起点 B 的切线方位角、起点 B 的里程、起点 B 的半径、终点 C 的里程、终点 C 的半径。

(2)分析：BC 段为圆曲线，由所给已知条件，在 BC 段上的点位坐标可按虚拟导线法圆曲线计算原理计算。

(3)计算 i 点在线路坐标系中的坐标：

①计算 B 点到 i 点的弦切角 δ 及弦长 d，如图 6.9.3所示。

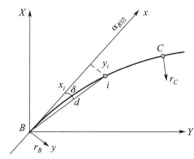

图 6.9.3　圆曲线方位角计算示意图(曲线右偏)

$$\delta = \frac{k_i - k_B}{2r_B} \cdot \frac{180°}{\pi} \tag{6.9.5}$$

$$d = 2r_B\sin\delta \tag{6.9.6}$$

②计算 B 点到 i 点的方位角

$$\alpha_{B\to i} = \alpha_{B切} + \delta \tag{6.9.7}$$

③计算 i 点在线路坐标系中的坐标

$$\begin{cases} X_i = X_B + d\sin\alpha_{B\to i} \\ Y_i = Y_B + d\cos\alpha_{B\to i} \end{cases} \tag{6.9.8}$$

(4)计算 i 点的切线方位角，如图 6.9.4 所示。

$$\alpha_{i切} = \alpha_{B切} + \beta \tag{6.9.9}$$

式中，$\beta = \frac{k_i - k_B}{r_B} \cdot \frac{180°}{\pi}$。

(5)计算 K0+341.840 点在线路坐标系中的坐标及切线方位角：

$$\delta = \frac{K_i - K_B}{2r_B} \cdot \frac{180°}{\pi} = 27°13'29.05''$$

$$d = 2r_B\sin\delta = 113.456$$

$$\alpha_{B\to i} = \alpha_{B起} + \delta = 244°19'15.81''$$

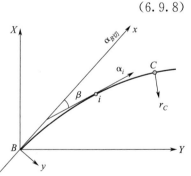

图 6.9.4　圆曲线切偏角计算
示意图(曲线右偏)

$$\begin{cases} X_i = X_B + d\sin\alpha_{B\to i} = 1\ 230.682 \\ Y_i = Y_B + d\cos\alpha_{B\to i} = 2\ 677.113 \end{cases}$$

$$\beta = \frac{K_i - K_B}{r_B} \cdot \frac{180°}{\pi} = 54°26'58.1''$$

$$\alpha_{i切} = \alpha_{B切} + \beta = 271°32'44.86''$$

4. CD 段点位坐标计算步骤

(1) 设计资料：起点 C 的坐标、起点 C 的切线方位角、起点 C 的里程、起点 C 的半径、终点 C 的里程、终点 C 的半径。

(2) 分析：CD 段为不完整缓和曲线，由所给已知条件，可先将 CD 段补充完整，求出 CD 段缓和曲线起点坐标和切线方位角，然后 CD 段上的点位坐标可按坐标变换法缓和曲线计算原理计算（图 6.9.5）。

(3) 计算 i 点在线路坐标系中的坐标及切线方位角：

① 将 CD 段缓和曲线补充完整

由缓和曲线特性知：

$$l' \cdot r_1 = (l' + L') \cdot r_2$$

$$l' = \frac{L' \cdot r_2}{r_1 - r_2} \qquad (6.9.10)$$

式中，$r_1 = r_C$；$r_2 = r_D$。

② 求 ZH' 的切线方位角

$$\begin{cases} \alpha_{ZH'切} = \alpha_{C切} - \beta \\ \beta = \dfrac{l'}{2r_1} \cdot \dfrac{180°}{\pi} \end{cases} \qquad (6.9.11)$$

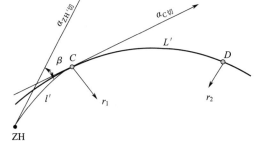

图 6.9.5　不完整缓和曲线结构示意图

(4) 计算 ZH' 点在线路坐标系中的坐标（图 6.9.6）：

① 计算 C 点在自定义坐标系 $ZH'\text{-}xy$ 中的坐标

$$\begin{cases} x_C = l' - \dfrac{(l')^3}{40r_1^2} + \dfrac{(l')^5}{3\ 456r_1^4} \\ y_C = \dfrac{(l')^2}{6r_1} - \dfrac{(l')^4}{336r_1^3} + \dfrac{l'^6}{42\ 240r_1^5} \end{cases} \qquad (6.9.12)$$

② 计算 ZH' 到 C 点的弦切角 δ 及弦长 d

$$d = \sqrt{x_C^2 + y_C^2}$$

$$\delta = \arctan \frac{y_C}{x_C} \qquad (6.9.13)$$

③ 计算 $C \to ZH'$ 的方位角

$$\alpha_{C \to ZH'} = \alpha_{ZH'切} + \delta + 180° \qquad (6.9.14)$$

④ 计算 ZH' 点在线路坐标系中的坐标

$$\begin{cases} X_{ZH'} = X_C + d \cdot \cos\alpha_{C \to ZH'} \\ Y_{ZH'} = Y_C + d \cdot \sin\alpha_{C \to ZH'} \end{cases} \qquad (6.9.15)$$

(5) 计算曲线上 i 点在线路坐标系中的坐标及切线方位角（图 6.9.7）：

① 计算 i 点在自定义坐标系 $ZH'\text{-}xy$ 中的坐标

$$\begin{cases} x_i = l - \dfrac{l^5}{40r_2^2(l'+L')^2} + \dfrac{l^9}{3\ 456r_2^4(l'+L')^4} \\ y_i = \dfrac{l^3}{6r_2(l'+L')} - \dfrac{l^7}{336r_2^3(l'+L')^3} + \dfrac{l^{11}}{42\ 240r_2^5(l'+L')^5} \end{cases}$$

$$l = l' + K_i - K_C \qquad (6.9.16)$$

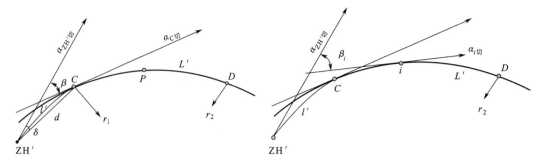

图 6.9.6 补充缓和曲线起点坐标计算   图 6.9.7 缓和曲线坐标计算示意图

②利用坐标变换公式计算 i 点在线路坐标系中的坐标

$$\begin{cases} X_i = X_{ZH'} + x_i\cos\gamma + y_i\sin\gamma \\ Y_i = Y_{ZH'} - x_i\sin\gamma + y_i\cos\gamma \\ \gamma = 360° - \alpha_{ZH'切} \end{cases} \quad (6.9.17)$$

③计算 i 点的切线坐标方位角

$$\alpha_{i切} = \alpha_{ZH'切} + \beta_i \quad (6.9.18)$$

式中，$\beta_i = \dfrac{l^2}{2r_2(L'+l')} \cdot \dfrac{180°}{\pi}$。

(6)计算 K0+407.650 点在线路坐标系中的坐标及切线方位角

①将 CD 段缓和曲线补充完整

$$l' = \frac{L' \cdot r_2}{r_1 - r_2} = 61.696\,875$$

②计算 ZH' 的切线方位角

$$\alpha_{ZH'切} = \alpha_{C切} - \beta = 257°17'30.77''$$

$$\beta = \frac{l'}{2r_1} \cdot \frac{180°}{\pi} = 14°15'14.09''$$

③计算 ZH' 点在线路坐标系中的坐标

$$\begin{cases} x_C = l' - \dfrac{(l')^3}{40r_1^2} + \dfrac{(l')^5}{3\,456r_1^4} = 61.315 \\ y_C = \dfrac{(l')^2}{6r_1} - \dfrac{(l')^4}{336r_1^3} + \dfrac{(l')^6}{42\,240r_1^5} = 5.093 \end{cases}$$

$$d = \sqrt{x_C^2 + y_C^2} = 61.526$$

$$\delta = \arctan\frac{y_C}{x_C} = 4°44'53.71''$$

$$\alpha_{C \to ZH'} = \alpha_{ZH'切} + \delta + 180° = 82°02'24.46''$$

$$\begin{cases} X_{ZH'} = X_C + d \cdot \cos\alpha_{C \to ZH'} = 1\,239.202 \\ Y_{ZH'} = Y_C + d \cdot \sin\alpha_{C \to ZH'} = 2\,738.047 \end{cases}$$

④计算曲线上任意点 i 在线路坐标系中的坐标及切线方位角

$$\begin{cases} x_i = l - \dfrac{l^5}{40r_2^2(l'+L')^2} + \dfrac{l^9}{3\,456r_2^4(l'+L')^4} = 113.844 \\ y_i = \dfrac{l^3}{6r_2(l'+L')} - \dfrac{l^7}{336r_2^3(l'+L')^3} + \dfrac{l^{11}}{42\,240r_2^5(l'+L')^5} = 41.647 \end{cases}$$

$$l = l' + DK_i - DK_C = 127.506\,875$$

$$\begin{cases} X_i = X_{ZH'} + x_i\cos\gamma + y_i\sin\gamma = 1\,254.782 \\ Y_i = Y_{ZH'} - x_i\sin\gamma + y_i\cos\gamma = 2\,617.830 \\ \gamma = 360° - \alpha_{ZH'切} = 102°42'29.23'' \end{cases}$$

$$\beta_i = \frac{l^2}{2r_2(L'+l')} \cdot \frac{180°}{\pi} = 60°52'48.17''$$

$$\alpha_{i切} = \alpha_{ZH'切} + \beta_i = 318°10'16.94''$$

5. DE 段点位坐标计算步骤

(1)设计资料:起点 D 的坐标、起点 D 的切线方位角、起点 D 的里程、起点 D 的半径、终点 E 的里程、终点 E 的半径。

(2)分析:DE 段为圆曲线,由所给已知条件,在 DE 段上的点位坐标可按虚拟导线法圆曲线计算原理计算(图 6.9.8)。

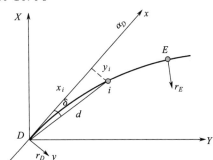

图 6.9.8　圆曲线坐标计算示意图(曲线右偏)

(3)计算 i 点在线路坐标系中的坐标及切线方位角:

①计算 D 到 i 点的弦切角 δ 及弦长 d

$$\delta = \frac{k_i - k_D}{2r_D} \cdot \frac{180°}{\pi} \qquad (6.9.19)$$

$$d = 2r_D\sin\delta \qquad (6.9.20)$$

②求 D 到 i 点的方位角

$$\alpha_{D\to i} = \alpha_{D起} + \delta \qquad (6.9.21)$$

③计算 i 点在线路坐标系中的坐标

$$\begin{cases} X_i = X_D + d\sin\alpha_{D\to i} \\ Y_i = Y_D + d\cos\alpha_{D\to i} \end{cases} \qquad (6.9.22)$$

④求 i 点切线方位角(图 6.9.9)

$$\alpha_{i切} = \alpha_{D切} + \beta \qquad (6.9.23)$$

式中,$\beta = \dfrac{k_i - k_D}{r_D} \cdot \dfrac{180°}{\pi}$。

6. EF 段点位坐标计算步骤

(1)设计资料:起点 E 的坐标、起点 E 的切线方位角、起点 E 的里程、起点 E 的半径、终点 F 的里程、终点 F 的半径。

(2)分析:EF 段为完整的右偏缓和曲线,由所给已知条件,在 EF 段上的点位坐标可按基本型曲线第二段缓和曲线计算原理计算(图 6.9.10)。

(3)计算 i 点在线路坐标系中的坐标及切线方位角:

①计算 i 点在自定义坐标系 F-$x'y'$ 中的坐标

$$\begin{cases} x_i' = l' - \dfrac{(l')^5}{40R^2l_0^2} + \dfrac{(l')^9}{3\,456R^4l_0^4} \\ y_i' = \dfrac{(l')^3}{6Rl_0} - \dfrac{(l')^7}{336R^3l_0^3} + \dfrac{(l')^{11}}{42\,240R^5l_0^5} \end{cases} \qquad (6.9.24)$$

式中, $l'=K_F-K_i$; $l_0=K_F-K_E$; $R=r_E$。

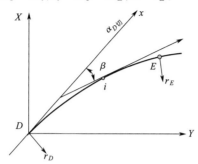

图 6.9.9 圆曲线方位角计算示意图(曲线右偏)

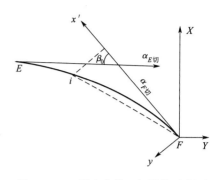

图 6.9.10 缓和曲线坐标计算示意图

②计算 E 点在自定义坐标系 $F\text{-}x'y'$ 中的坐标

$$\begin{cases} x'_E = l' - \dfrac{(l')^5}{40R^2 l_0^2} + \dfrac{(l')^9}{3\ 456R^4 l_0^4} \\ y'_E = \dfrac{(l')^3}{6Rl_0} - \dfrac{(l')^7}{336R^3 l_0^3} + \dfrac{(l')^{11}}{42\ 240R^5 l_0^5} \end{cases} \tag{6.9.25}$$

式中, $l'=K_F-K_E$; $l_0=K_F-K_E$; $R=r_E$。

③计算 E 点在自定义坐标系 $F\text{-}x'y'$ 中的切线坐标方位角

$$\alpha'_{E切} = 360° - \beta_0 \tag{6.9.26}$$

式中, $\beta_0 = \dfrac{l_0}{2r_E} \cdot \dfrac{180°}{\pi}$。

④利用坐标变换公式计算 i 点在线路坐标系中的坐标

$$\begin{cases} X_i = X_E + (x'_i - x'_E)\cos\gamma + (y'_i - y'_E)\sin\gamma \\ Y_i = Y_E - (x'_i - x'_E)\sin\gamma + (y'_i - y'_E)\cos\gamma \end{cases} \tag{6.9.27}$$

式中, $\gamma = 360° - \alpha_{E切}$。

⑤计算 i 点切线方位角

$$\alpha_{i切} = \alpha_{E切} + \beta_0 - \beta \tag{6.9.28}$$

式中, $\beta = \dfrac{l'^2}{2r_E \cdot l_0} \cdot \dfrac{180°}{\pi}$, $l'=K_F-K_i$。

7. FG 段点位坐标计算步骤

(1)设计资料:起点 F 的坐标、起点 F 的切线方位角、起点 F 的里程、终点 G 的里程。

(2)分析: FG 段为直线,由所给已知条件,在 FG 段上的点位坐标可按支导线计算原理计算。

(3)计算 i 点在线路坐标系中的坐标

$$\begin{cases} X_i = X_F + (K_i - K_F)\cos\alpha_{F切} \\ Y_i = Y_F + (K_i - K_F)\sin\alpha_{F切} \end{cases} \tag{6.9.29}$$

6.10 复化辛普森公式及其应用

在地形复杂地区及互通立交中,常采用卵型曲线、凸型曲线和复合型曲线等复杂线型,这些线型通常与回旋曲线有关,计算回旋曲线上的点位坐标时,常规的解算总是要用曲率为零的点作为局部坐标系的原点。而这些复杂线型中所采用的回旋曲线是由半径 r_1 变化到半径 r_2 （$r_1 > r_2$ 或 $r_1 < r_2$）的一个不完整的回旋曲线。由此,导证一套以回旋曲线上任一点为坐标原点的坐标计算通用公式是非常必要的。

6.10.1　复化辛普森公式导证

1. 回旋曲线的曲率

线路中线上任意一点的曲率与该点曲率半径 r_i 成反比,即 $\rho_i = 1/r_i$,对于高速公路所选用的回旋曲线都满足 $r_i \cdot l_i = C$（其中 $C = R \cdot l_0$ 为常数）,即曲线上各点曲率为一个变量,则 $\rho_i = 1/r_i = l_i/C$ 。可见回旋曲线上各点的曲率与曲线长度成线性变化。若已知回旋曲线起点 A 的曲率 ρ_A 和终点 B 的曲率 ρ_B ,便可求出回旋曲线上任一点的曲率 ρ_i ,即

$$\rho_i = \rho_A + \frac{\rho_B - \rho_A}{DK_B - DK_A}(DK_i - DK_A) \tag{6.10.1}$$

式中,DK_A 为回旋曲线起点 A 的里程;DK_B 为回旋曲线终点 B 的里程;DK_i 为回旋曲线任一点 i 的里程。

2. 回旋曲线上任一点的切偏角计算公式

如图 6.10.1 所示,在回旋曲线上对任意点 i 取微分:

$$\mathrm{d}\beta = \frac{1}{r_i}\mathrm{d}l = \rho_i\mathrm{d}l \tag{6.10.2}$$

$$\beta_i = \int_{DK_A}^{DK_i}\rho_i\mathrm{d}l = \frac{\rho_i + \rho_A}{2}(DK_i - DK_A)\frac{180°}{\pi} \tag{6.10.3}$$

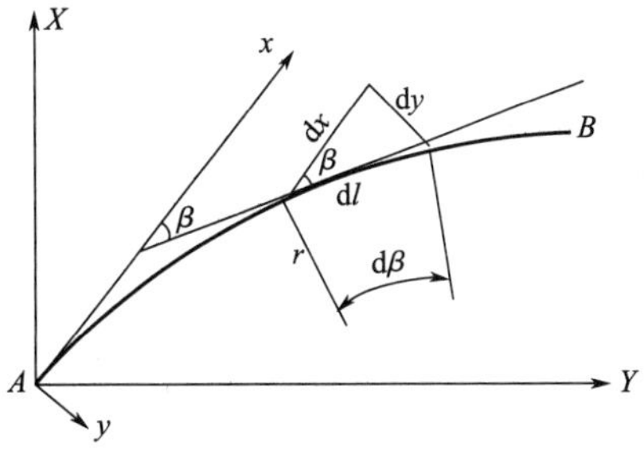

图 6.10.1　回旋曲线切偏角示意图

3. 曲线元上 i 点的切线方位角计算

$$\alpha_i = \alpha_A + \beta \tag{6.10.4}$$

4. 以回旋曲线上任一点为坐标原点的坐标计算公式

由图 6.10.1 可知,回旋曲线上的点在 $A\text{-}xy$ 坐标系中的坐标计算公式如下:

$$\begin{cases} \mathrm{d}x = \mathrm{d}l \cdot \cos\beta_i \\ \mathrm{d}y = \mathrm{d}l \cdot \sin\beta_i \end{cases} \tag{6.10.5}$$

$$\begin{cases} x = \int_{DK_A}^{DK_i}\cos\beta_i \cdot \mathrm{d}l \\ y = \int_{DK_A}^{DK_i}\sin\beta_i \cdot \mathrm{d}l \end{cases} \tag{6.10.6}$$

当 $n = 2$ 时,见图 6.10.2,复化辛普森公式为

$$\begin{cases} x = \dfrac{H}{6}(\cos\beta_A + 4(\cos\beta_{1/4} + \cos\beta_{3/4}) + 2\cos\beta_{1/2} + \cos\beta_i) \\ y = \dfrac{H}{6}(\sin\beta_A + 4(\sin\beta_{1/4} + \sin\beta_{3/4}) + 2\sin\beta_{1/2} + \sin\beta_i) \end{cases} \tag{6.10.7}$$

式中　H——$H = (DK_i - DK_A)/2$;

　　　β_A——曲线元起点 A 的切偏角;

　　　β_i——待求点 i 相对于起点 A 的切偏角;

　　　$\beta_{1/2}$——$(DK_i - DK_A)/2$ 点相对于起点 A 的切偏角,其中 DK_i 为曲线元待求点的里程,DK_A 为曲线元起点 A 的里程;

$\beta_{1/4}$ —— $(DK_i - DK_A)/4$ 点相对于起点 A 的切偏角；

$\beta_{3/4}$ —— $(DK_i - DK_A)3/4$ 点相对于起点 A 的切偏角。

图 6.10.2　复化辛甫生公式几何意义示意图

若已知曲线元起点 A 的纵、横坐标及曲线元起点 A 的切线方位角 $\alpha_{A切}$ 则计算线路中线点位坐标的通用复化辛普森公式为

$$
\begin{cases}
X = X_A + \dfrac{H}{6}(\cos\alpha_A + 4(\cos\alpha_{1/4} + \cos\alpha_{3/4}) + 2\cos\alpha_{1/2} + \cos\alpha_i) \\
Y = Y_A + \dfrac{H}{6}(\sin\alpha_A + 4(\sin\alpha_{1/4} + \sin\alpha_{3/4}) + 2\sin\alpha_{1/2} + \sin\alpha_i)
\end{cases}
\tag{6.10.8}
$$

式中　　X_A, Y_A ——曲线元起点 A 的纵、横坐标；

　　　　α_A ——曲线元起点 A 的切线方位角；

　　　　α_i ——里程 K_i 点的切线方位角；

　　　　$\alpha_{1/2}$ ——里程 $(K_i - K_A)/2$ 点的切线方位角；

　　　　$\alpha_{1/4}$ ——里程 $(K_i - K_A)/4$ 点的切线方位角；

　　　　$\alpha_{3/4}$ ——里程 $(K_i - K_A)3/4$ 点的切线方位角。

6.10.2　复化辛甫生公式应用示例

示例设计数据参见表 6.9.1、表 6.9.2，设计图参见图 6.9.1 喇叭形立交曲线图。

1. 求 K0+150 点坐标及切线方位角

(1)分析：K0+150 点在 OA 直线段，该点即是 OA 段的终点，也是 AB 段的起点。

(2)如图 6.10.3 所示，计算起点 O、终点 i（即 A 点）、里程 $(K_A - K_O)/4$ 点、里程 $(K_A - K_O)/2$ 点、里程 $(K_A - K_O)3/4$ 点的曲率。

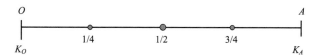

图 6.10.3　OA 段复化辛甫生公式结构示意图

由于 OA 段是直线，其任意一点的半径为 ∞，即任意一点的曲率为 0，即

$$\rho_O = \rho_A = \rho_{1/2} = \rho_{1/4} = \rho_{3/4} = 0$$

(3)求起点 O、终点 i（即 A 点）、里程 $(K_A - K_O)/2$ 点、里程 $(K_A - K_O)/4$ 点、里程 $(K_A - K_O)3/4$ 点的切偏角。

由于直线段各点曲率为零，所以直线段上各点的切偏角均为零，即

$$\beta_O = \beta_A = \beta_{1/2} = \beta_{1/4} = \beta_{3/4} = 0$$

(4)求起点 O、终点 i（即 A 点）、里程 $(K_A - K_O)/2$ 点、里程 $(K_A - K_O)/4$ 点、里程 $(K_A - K_O)3/4$ 点的方位角。

$$\alpha_{i切} = \alpha_{起点O切} + \beta$$

$$\alpha_{O切} = \alpha_{A切} = \alpha_{1/2} = \alpha_{1/4} = \alpha_{3/4} = 200°$$

(5)K0+150 点的切线方位角:

由于 K0+150 为直线段上的点,所以有

$$\alpha_{K0+150} = 200°$$

(6)计算 K0+150 点坐标:

$$H = (K_i - K_O) \div 2 = (K0+150 - K0+116)/2 = 17$$

$$
\begin{cases}
X = X_O + \dfrac{H}{6}(\cos\alpha_O + 4(\cos\alpha_{1/4} + \cos\alpha_{3/4}) + 2\cos\alpha_{1/2} + \cos\alpha_i) \\
\quad = 1\,378.214 + \dfrac{17}{6}(\cos200° + 4(\cos200° + \cos200°) + 2\cos200° + \cos200°) \\
\quad = 1\,346.264 \\
Y = Y_O + \dfrac{H}{6}(\sin\alpha_O + 4(\sin\alpha_{1/4} + \sin\alpha_{3/4}) + 2\sin\alpha_{1/2} + \sin\alpha_i) \\
\quad = 2\,822.950 + \dfrac{17}{6}(\sin200° + 4(\sin200° + \sin200°) + 2\sin200° + \sin200°) \\
\quad = 2\,811.321
\end{cases}
$$

2. 求 K0+224 点坐标及切线方位角

(1)分析:K0+224 点在 AB 圆曲线段,该点即是 AB 段的终点,也是 BC 段的起点。

(2)如图 6.10.4 所示,求起点 A、计算点 i(即 B 点)、里程 $(K_B - K_A)/2$ 点、里程 $(K_B - K_A)/4$ 点、里程 $(K_B - K_A)3/4$ 点的曲率。

图 6.10.4　AB 段复化辛甫生公式结构示意图

由于 AB 段是缓和曲线,其起点 A 半径为∞,终点 B 的半径为 124。由式(6.10.1)得

$$\rho_i = \rho_A + \frac{\rho_B - \rho_A}{DK_B - DK_A}(DK_i - DK_A)$$

令 $q = \dfrac{\rho_B - \rho_A}{DK_B - DK_A}$, $I = (DK_i - DK_A) = (DK_B - DK_A)$ 。将 $\rho_A = 0$, $\rho_B = 1/124$ 代入上式得

$$\rho_{K0+224} = \rho_A + q \times I = 0.008\,064\,516\,12$$

$$\rho_{1/2} = \rho_A + q \times I/2 = 0.004\,032\,258\,06$$

$$\rho_{1/4} = \rho_A + q \times I/4 = 0.002\,016\,129\,03$$

$$\rho_{3/4} = \rho_A + q \times I \times 3/4 = 0.006\,048\,387\,09$$

(3)求起点 A、计算点 i(即 B 点)、里程 $(K_B - K_A)/2$ 点、里程 $(K_B - K_A)/4$ 点、里程 $(K_B - K_A)3/4$ 点的切偏角。

由切偏角计算公式(6.10.3)得

$$\beta_i = \frac{\rho_i + \rho_A}{2}(DK_i - DK_A)\frac{180°}{\pi}$$

$$\beta_A = 0°$$

$$\beta_{K0+224} = \frac{\rho_{K0+224} + \rho_A}{2}(DK_i - DK_A)\frac{180°}{\pi} = 17°05'46.76''$$

$$\beta_{1/2} = \frac{\rho_{1/2} + \rho_A}{2}(DK_i - DK_A)\frac{180°}{2\pi} = 4°16'26.69''$$

$$\beta_{1/4} = \frac{\rho_{1/4} + \rho_A}{2}(DK_i - DK_A)\frac{180°}{4\pi} = 1°04'06.67''$$

$$\beta_{3/4} = \frac{\rho_{3/4} + \rho_A}{2}(DK_i - DK_A) \times 3 \cdot \frac{180°}{4\pi} = 9°37'00.05''$$

(4)求起点 A、计算点 i(即 B 点)、里程 $(K_B - K_A)/2$ 点、里程 $(K_B - K_A)/4$ 点、里程 $(K_B - K_A)3/4$ 点的方位角。

由方位角计算公式(6.10.4)得

$$\alpha_{i切} = \alpha_{起点A切} + \beta$$

$$\alpha_{A切} = \alpha_{起点A切} + \beta = 200°$$

$$\alpha_{K0+224切} = \alpha_{起点A切} + \beta = 200° + 17°05'46.76'' = 217°05'46.76''$$

$$\alpha_{1/2切} = \alpha_{起点A切} + \beta = 200° + 4°16'26.69'' = 204°16'26.69''$$

$$\alpha_{1/4切} = \alpha_{起点A切} + \beta = 200° + 1°04'06.67'' = 201°04'06.67''$$

$$\alpha_{3/4切} = \alpha_{起点A切} + \beta = 200° + 9°37'00.05'' = 209°37'00.05''$$

K0+224 点的切线方位角为

$$\alpha_{K0+224切} = 217°05'46.76''$$

(5)计算 K0+224 点坐标:

$$H = (K_i - K_A) \div 2 = (K0 + 224 - K0 + 150)/2 = 37$$

$$\begin{cases} X = X_A + \frac{H}{6}[\cos\alpha_A + 4(\cos\alpha_{1/4} + \cos\alpha_{3/4}) + 2\cos\alpha_{1/2} + \cos\alpha_i] \\ \quad = 1\ 279.846 \\ Y = Y_A + \frac{H}{6}[\sin\alpha_A + 4(\sin\alpha_{1/4} + \sin\alpha_{3/4}) + 2\sin\alpha_{1/2} + \sin\alpha_i] \\ \quad = 2\ 779.365 \end{cases}$$

3. 求 K0+341.840 点坐标及切线方位角

(1)分析:K0+341.840 点在 BC 圆曲线段,该点即是 BC 段的终点,也是 CD 段的起点。

(2)如图 6.10.5 所示,求起点 B、计算点 i(即 B 点)、里程 $(K_C - K_B)/2$ 点、里程 $(K_C - K_B)/4$ 点、里程 $(K_C - K_B)3/4$ 点的曲率。

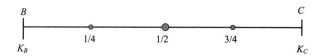

图 6.10.5　BC 段复化辛甫生公式结构示意图

由于 BC 段是圆曲线,其起点 B 半径为 124,终点 C 的半径为 124,曲线右偏,则由式(6.10.1)得

$$\rho_i = \rho_B + \frac{\rho_C - \rho_B}{DK_C - DK_B}(DK_i - DK_B) \tag{6.10.9}$$

令:$I = (DK_i - DK_B) = (DK_C - DK_B)$,$q = \frac{\rho_C - \rho_B}{DK_C - DK_B}$。将 $\rho_B = 1/124$,$\rho_C = 1/124$ 代入式(6.10.9)得

$$\rho_{K0+341.84} = \rho_B + q \times I = 0.008\,064\,516\,12$$

$$\rho_{1/2} = \rho_B + q \times I/2 = 0.008\,064\,516\,12$$

$$\rho_{1/4} = \rho_B + q \times I/4 = 0.008\,064\,516\,12$$

$$\rho_{3/4} = \rho_B + q \times I \times 3/4 = 0.008\,064\,516\,12$$

(3)求起点 B、计算点 i(即 C 点)、里程 $(K_C-K_B)/2$ 点、里程 $(K_C-K_B)/4$ 点、里程 $(K_C-K_B)3/4$ 点的切偏角。

由切偏角计算公式(6.10.3)得

$$\beta_i = \frac{\rho_i + \rho_B}{2}(DK_i - DK_B)\frac{180°}{\pi}$$

$$\beta_B = 0°$$

$$\beta_{K0+341.840} = \frac{\rho_{K0+341.840} + \rho_B}{2}(DK_i - DK_B)\frac{180°}{\pi} = 54°26'58.1''$$

$$\beta_{1/2} = \frac{\rho_{1/2} + \rho_B}{2}(DK_i - DK_B)\frac{180°}{2\pi} = 27°13'29.05''$$

$$\beta_{1/4} = \frac{\rho_{1/4} + \rho_B}{2}(DK_i - DK_B)\frac{180°}{4\pi} = 13°36'44.53''$$

$$\beta_{3/4} = \frac{\rho_{3/4} + \rho_B}{2}(DK_i - DK_B) \times 3 \times \frac{180°}{4\pi} = 40°50'13.58''$$

(4)求起点 B、计算点 i(即 C 点)、里程 $(K_C-K_B)/2$ 点、里程 $(K_C-K_B)/4$ 点、里程 $(K_C-K_B)3/4$ 点的方位角。

由方位角计算式(6.10.4)得

$$\alpha_{i切} = \alpha_{起点B切} + \beta$$

$$\alpha_{B切} = \alpha_{起点B切} + \beta = 217°05'46.76''$$

$$\alpha_{K0+341.844切} = \alpha_{起点B切} + \beta = 271°32'44.86''$$

$$\alpha_{1/2切} = \alpha_{起点B切} + \beta = 244°19'15.81''$$

$$\alpha_{1/4切} = \alpha_{起点B切} + \beta = 230°42'31.28''$$

$$\alpha_{3/4切} = \alpha_{起点B切} + \beta = 257°56'0.33''$$

K0+341.84 点的切线方位角为

$$\alpha_{K0+341.84} = 271°32'44.86''$$

(5)计算 K0+341.840 点坐标:

$$H = (K_i - K_B) \div 2 = (K0+341.84 - K0+224)/2 = 58.92$$

$$\begin{cases} X = X_B + \dfrac{H}{6}(\cos\alpha_B + 4(\cos\alpha_{1/4} + \cos\alpha_{3/4}) + 2\cos\alpha_{1/2} + \cos\alpha_i) \\ \qquad = 1\,230.682 \\ Y = Y_B + \dfrac{H}{6}(\sin\alpha_B + 4(\sin\alpha_{1/4} + \sin\alpha_{3/4}) + 2\sin\alpha_{1/2} + \sin\alpha_i) \\ \qquad = 2\,677.113 \end{cases}$$

4. 求 K0+407.650 点坐标及切线方位角

(1)分析:K0+407.650 点在 CD 不完整的缓和曲线段,该点即是 CD 段的终点,也是 DE 段的起点。

(2)如图 6.10.6 所示,求起点 C、计算点 i(即 D 点)、里程 $(K_D-K_C)/2$ 点、里程 $(K_D-$

$K_C)/4$ 点、里程 $(K_D - K_C)3/4$ 点的曲率。

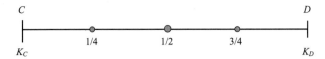

图 6.10.6　CD 段复化辛甫生公式结构示意图

由于 CD 段是不完整的缓和曲线,其起点 C 半径为 124,终点 D 的半径为 60,曲线右偏,则由式(6.10.1)得

$$\rho_i = \rho_C + \frac{\rho_D - \rho_C}{DK_D - DK_C}(DK_i - DK_C) \qquad (6.10.10)$$

令:$I = (DK_i - DK_C) = (DK_D - DK_C)$,$q = \dfrac{\rho_D - \rho_C}{DK_D - DK_C}$。将 $\rho_D = 1/60$,$\rho_C = 1/124$ 代入式(6.10.10)得

$$\rho_{K0+407.650} = \rho_C + q \times I = 0.016\ 666\ 666\ 67$$
$$\rho_{1/2} = \rho_C + q \times I/2 = 0.012\ 365\ 591\ 4$$
$$\rho_{1/4} = \rho_C + q \times I/4 = 0.010\ 215\ 053\ 76$$
$$\rho_{3/4} = \rho_C + q \times I \times 3/4 = 0.014\ 516\ 129\ 03$$

(3)求起点 C、计算点 i(即 D 点)、里程 $(K_D - K_C)/4$ 点、里程 $(K_D - K_C)/2$ 点、里程 $(K_D - K_C)3/4$ 点的切偏角。

由切偏角计算公式(6.10.3)得

$$\beta_i = \frac{\rho_i + \rho_C}{2}(DK_i - DK_C)\frac{180°}{\pi}$$
$$\beta_C = 0°$$
$$\beta_{K0+407.650} = \frac{\rho_{K0+407.650} + \rho_C}{2}(DK_i - DK_C)\frac{180°}{\pi} = 46°37'34.09''$$
$$\beta_{1/2} = \frac{\rho_{1/2} + \rho_C}{2}(DK_i - DK_C)\frac{180°}{2\pi} = 19°15'31.04''$$
$$\beta_{1/4} = \frac{\rho_{1/4} + \rho_C}{2}(DK_i - DK_C)\frac{180°}{4\pi} = 8°36'56.52''$$
$$\beta_{3/4} = \frac{\rho_{3/4} + \rho_C}{2}(DK_i - DK_C)\times 3 \times \frac{180°}{4\pi} = 31°55'43.56''$$

(4)求起点 C、计算点 i(即 D 点)、里程 $(K_D - K_C)/2$ 点、里程 $(K_D - K_C)/4$ 点、里程 $(K_D - K_C)3/4$ 点的方位角。

由方位角计算式(6.10.4)得

$$\alpha_{K0+407.650切} = \alpha_{起点C切} + \beta_{407.650} = 318°10'18.95''$$
$$\alpha_{1/2切} = \alpha_{起点C切} + \beta_{1/2} = 290°48'15.9''$$
$$\alpha_{1/4切} = \alpha_{起点C切} + \beta_{1/4} = 280°09'41.38''$$
$$\alpha_{3/4切} = \alpha_{起点C切} + \beta_{3/4} = 303°28'28.42''$$

K0+407.650 点的切线方位角为

$$\alpha_{K0+407.650} = 318°10'18.95''$$

(5)计算 K0+407.650 点坐标：

$$H = (K_i - K_C) \div 2 = (K0+407.650 - K0+341.840)/2 = 32.905$$

$$
\begin{cases}
X = X_C + \dfrac{H}{6}(\cos\alpha_C + 4(\cos\alpha_{1/4} + \cos\alpha_{3/4}) + 2\cos\alpha_{1/2} + \cos\alpha_i) \\
\quad = 1\,254.782 \\
Y = Y_C + \dfrac{H}{6}(\sin\alpha_C + 4(\sin\alpha_{1/4} + \sin\alpha_{3/4}) + 2\sin\alpha_{1/2} + \sin\alpha_i) \\
\quad = 2\,617.830
\end{cases}
$$

6.11　中线上点位的切线方位角计算

在线路施工过程中，无论是路基边桩测设、基础开挖界线计算，还是涵洞或是预制梁墩台中心施工放样等，都需要确定线路中心点处的纵横轴线，即在施工现场确定中线上点位的切线方位角。

1. 如何求一条直线的方位角

(1) 首先找一条方位角已知的直线。对于铁路、公路线路来说，应选择曲线起点或终点的切线。

(2) 计算待求直线与已知直线间的夹角。也就是求线路中线点的切线与曲线起点或终点切线的切偏角。

(3) 待求边方位角计算。待求边坐标方位角＝已知边坐标方位角±待求直线与已知直线间的夹角。待求直线在已知直线右侧时取"＋"号；待求直线在已知直线左侧时取"－"号。

2. 直线段线路中线点的切线方位角计算

直线段线路中线点的切线与线路中线重合，其方位角等于线路中线方位角。如图 6.11.1 所示，P 点切线方位角等于 JD_2—JD_3 的方位角。

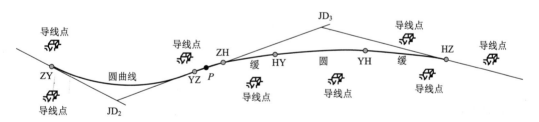

图 6.11.1　路曲线构造示意图

3. 圆曲线线路中线点位的切线方位角计算

(1)设计数据

如图 6.11.2 所示，已知 ZY 点切线方位角、圆曲线半径、主点里程。

(2)求 P 点切线的切偏角

$$\beta = \frac{K_P - K_{ZY}}{R} \cdot \frac{180^\circ}{\pi} \tag{6.11.1}$$

(3)求 P 点的切线方位角

$$\alpha_{P切} = \alpha_{ZY切} + k\beta \tag{6.11.2}$$

式中，曲线右偏时 $k=1$；曲线左偏时 $k=-1$。

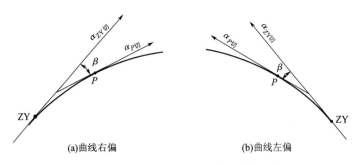

(a)曲线右偏　　　　　　　　　(b)曲线左偏

图 6.11.2　圆曲线点切线方位角计算示意图

4. 缓加圆曲线线路中线点位的切线方位角计算

(1)设计数据

如图 6.11.3 所示,已知 ZH 点切线方位角、圆曲线半径、缓和曲线长、主点里程。

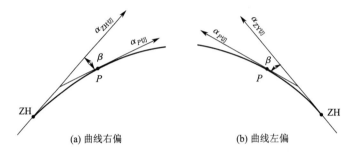

(a) 曲线右偏　　　　　　　　　(b) 曲线左偏

图 6.11.3　缓和曲线切线方位角计算示意图

(2)ZH～HY 段切线方位角计算

①求 P 点切线的切偏角

$$\beta = \frac{l^2}{2Rl_0} \cdot \frac{180°}{\pi} \tag{6.11.3}$$

式中,$l = K_P - K_{ZH}$。

②求 P 点切线方位角

$$\alpha_{P切} = \alpha_{ZH切} + k\beta \tag{6.11.4}$$

式中,曲线右偏时 $k=1$;曲线左偏时 $k=-1$。

(3)HY～YH 段的切线方位角计算

①求 P 点切线的切偏角(图 6.11.4)

$$\beta = \beta_0 + \theta$$

$$\beta_0 = \frac{l_0}{2R} \cdot \frac{180°}{\pi}$$

$$\theta = \frac{K_P - K_{HY}}{R} \cdot \frac{180°}{\pi} \tag{6.11.5}$$

②求 P 点切线方位角(图 6.11.5)

$$\alpha_{P切} = \alpha_{ZH切} + k\beta \tag{6.11.6}$$

式中,曲线右偏时 $k=1$;曲线左偏时 $k=-1$。

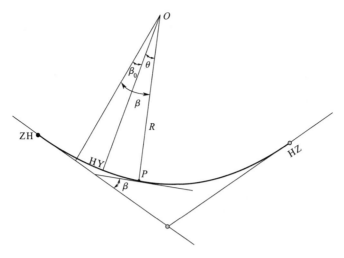

图 6.11.4　加缓和曲线圆曲线段方位角计算示意图

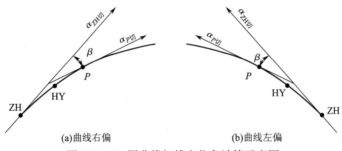

(a)曲线右偏　　　　　　(b)曲线左偏

图 6.11.5　圆曲线切线方位角计算示意图

（4）YH～HZ 段的切线方位角计算（图 6.11.6）

①求 P 点切线的切偏角

$$\beta = \frac{l'^2}{2Rl_0} \cdot \frac{180°}{\pi} \tag{6.11.7}$$

式中，$l' = K_{HZ} - K_P$。

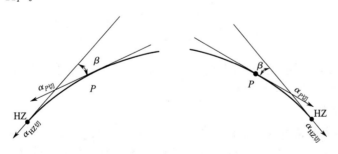

(a)曲线左偏　　　　　　(b)曲线右偏

图 6.11.6　缓和曲线切线方位角计算示意图

②求 P 点切线方位角

$$\alpha_{P切} = \alpha_{HZ切} - k\beta \tag{6.11.8}$$

式中，曲线右偏时 $k=1$；曲线左偏时 $k=-1$。

知识拓展——缓和曲线常数及坐标计算公式导证

曲线线路设计时,考虑到离心力的影响(铁路线路还要考虑到外轨超高和内轨加宽的问题),在直线与圆曲线之间需要加设一段缓和曲线或过渡曲线,其曲率半径 P 从直线的曲率半径 ∞(无穷大)逐渐变化到圆曲线的半径 R。在此曲线上任一点 P 的曲率半径 P 与曲线的长度 l 成反比,如图 6.11.7 所示,以公式表示为

$$\rho \propto \frac{1}{l} \quad 或 \quad \rho \cdot l = C$$

式中,C 为常数,称曲线半径变更率。当 $l = l_0$(缓和曲线长)时,$\rho = R$,有 $C = \rho \cdot l = R \cdot l_0$。

在实用中,可采取符合这一前提条件的曲线作为缓和曲线。常用的有辐射螺旋线及三次抛物线。我国采用辐射螺旋线。

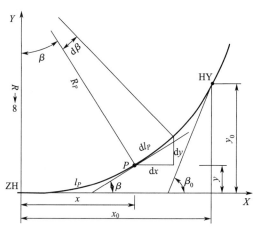

图 6.11.7　缓和曲线坐标计算

1. 缓和曲线方程式

$$\mathrm{d}x = \mathrm{d}l \cdot \cos\beta, \quad \mathrm{d}y = \mathrm{d}l \cdot \sin\beta$$

将 $\cos\beta$、$\sin\beta$ 按级数展开:

$$\cos\beta = 1 - \frac{\beta^2}{2!} + \frac{\beta^4}{4!} - \cdots$$

$$\sin\beta = \beta - \frac{\beta^3}{3!} + \frac{\beta^5}{5!} - \cdots$$

已知 $\beta = \dfrac{l^2}{2R \cdot l_0}$,连上两式一并代入 $\mathrm{d}x$、$\mathrm{d}y$ 式中,积分,略去高次项得 x、y 的普遍表达式:

$$\begin{cases} x = l - \dfrac{l^5}{40R^2 l_0^2} + \dfrac{l^9}{3\,456R^4 l_0^4} \\[2mm] y = \dfrac{l^3}{6Rl_0} - \dfrac{l^7}{336R^3 l_0^3} + \dfrac{l^{11}}{42\,240R^5 l_0^5} \end{cases} \tag{6.11.9a}$$

或

$$\begin{cases} x = l - \dfrac{l^5}{40C^2} + \dfrac{l^9}{3\,456C^4} + \cdots \\[2mm] y = -\dfrac{l^3}{6C} - \dfrac{l^7}{336C^3} + \dfrac{l^{11}}{42\,240C^5} + \cdots \end{cases} \tag{6.11.9b}$$

式(6.11.9)表示在以直缓(ZH)点或缓直(HZ)点为原点,相应的切线方向为横轴的直角坐标系中,缓和曲线上任一点的直角坐标。

2. 缓和曲线常数

把缓和曲线插入到直线段和圆曲线之间,由图 6.6.3 中可看出,由于在圆曲线两端加设了等长的缓和曲线 l_0 后,进而使缓和曲线产生缓和曲线的切线角 β_0、切垂距 m、内移距 p、HY(或 YH)坐标 (x_0, y_0),这些统称为缓和曲线常数。

设 β 为缓和曲线上任一点的切线角;x、y 为这一点的坐标;r 为这一点上曲线的曲率半径;l 为从 ZH 点到这点的缓和曲线长。

(1)求 β_0

先求 β,由图 6.11.4 知:

$$\mathrm{d}\beta = \frac{\mathrm{d}l}{r} = \frac{l \cdot \mathrm{d}l}{R \cdot l_0} \left(\text{已知}: r = \frac{R \cdot l_0}{l} \right)$$

$$\beta = \int_0^l \mathrm{d}\beta = \int_0^l \frac{l \cdot \mathrm{d}l}{R \cdot l_0} = \frac{1}{R \cdot l_0} \int_0^l l \cdot \mathrm{d}l = \frac{l^2}{2R \cdot l_0} \quad \text{或} \quad \beta = \frac{l^2}{2R \cdot l_0} \cdot \frac{180°}{\pi}$$

当 $l = l_0$ 时，$\beta = \beta_0$，$\beta_0 = \frac{l_0}{2R} \cdot \frac{180°}{\pi}$。

（2）求 m

由图中几何关系知：$m = x_0 - R \cdot \sin\beta_0$。将 x_0 及 $\sin\beta_0$ 的表达式代入得

$$m = \frac{l_0}{2} - \frac{l_0^3}{240R^2} \quad (\text{取至 } l_0 \text{ 三次方})$$

（3）求 p

由图中几何关系知：$p = y_0 - R(1 - \cos\beta_0)$，将 y_0 及 $\cos\beta_0$ 代入即得

$$p = \frac{l_0^2}{24R} - \frac{l_0^4}{2\,688R^3} \quad (\text{取至 } l_0 \text{ 二次方})$$

（4）HY 点或（YH）坐标（x_0、y_0）

将 $l = l_0$ 带入式（6.11.9a）得

$$\begin{cases} x_0 = l_0 - \dfrac{l_0^3}{40R^2} + \dfrac{l_0^5}{3\,456R^4} \\[2mm] y_0 = \dfrac{l_0^2}{6R} - \dfrac{l_0^4}{336R^3} + \dfrac{l_0^6}{42\,240R^5} \end{cases}$$

 项目实训

1. 项目名称

线路圆曲线加缓和曲线测设。

2. 测区范围

长度不少于 2 km，宽度不少于 500 m。

3. 项目要求

（1）线路设计数据如下表所示；

直线、曲线及转角设计数据表

点号	交点桩号	交点坐标		曲线要素数值（m）	
		X 坐标	Y 坐标	R	l_0
2	K21+073.394	1 367.654	3 299.325	2 000	300
3	K23+596.509	2 195.096	5 764.145	3 500	500
4	K25+698.253	1 912.193	7 887.092	5 500	0

（2）计算曲线测设数据：计算曲线综合要素、主点里程以及中线桩的坐标；

（3）实地进行曲线测设：用全站仪测设圆曲线和缓和曲线；

（4）对所测设的曲线进行精度检核。

4. 注意事项

（1）组长要切实负责，合理安排，使每个人都有练习机会；组员之间要团结协作，密切配合，

以确保实习任务顺利完成;

（2）每项测量工作完成后应及时检核,原始数据、资料应妥善保存;

（3）测量仪器和工具要轻拿轻放,爱护测量仪器,禁止坐仪器箱和工具;

（4）时刻注意人身和仪器安全。

5. 编写实习报告

实习报告要在实习期间编写,实习结束时上交。内容包括:

（1）封面——实训名称、实训地点、实训时间、班级名称、组名、姓名;

（2）前言——实训的目的、任务和技术要求;

（3）内容——实训的项目、程序、测量的方法、精度要求和计算成果;

（4）结束语——实训的心得体会、意见和建议;

（5）附属资料——观测记录、检查记录和计算数据。

 复习思考题

6.1　在铁路曲线上为什么要加缓和曲线?它的特性是什么?

6.2　铁路曲线上有哪些主要控制点(绘图说明)?

6.3　测设曲线的主要方法有哪些?各适用于什么情况?

6.4　缓和曲线要素都有哪些?它们之间有哪些关系式?

6.5　什么是卵形曲线?卵形曲线主要设置在哪种情况下?

项目 7　线路路基施工测量

项目描述

本项目依据路基施工程序介绍路基施工测量放样方法,主要包括路基施工工艺流程,线路施工复测内容,线路断面测量方法,路基设计资料检核及土石方核算,路基边桩、边坡放样方法,路基填挖施工测量,竖曲线测量,路基竣工验收测量等内容。旨在锻炼学生在路基施工过程中识图、分析计算和仪器操作等技能,培养学生能够从事路基施工测量的能力。

学习目标

1. 素质目标

(1)培养学生团队协作能力;

(2)培养学生在学习过程中的主动性、创新性意识;

(3)培养学生"自主、探索、合作"的学习方式;

(4)培养学生可持续学习能力;

(5)培养学生的精益求精的工匠精神。

2. 知识目标

(1)掌握路基施工中图纸和资料的复核检算方法;

(2)掌握路基施工土石方量计算方法;

(3)掌握路基施工中常用仪器的使用方法;

(4)掌握路基各施工环节的施工程序和放样方法;

(5)掌握路基施工中相关点位的坐标计算方法;

(6)掌握路基竣工验收检测事项和精度要求。

3. 能力目标

(1)能读懂路基施工图,并参与施工团队间的技术交流;

(2)能从事路基施工过程中的各项测量工作;

(3)能分析和解决路基施工过程中遇到的测量问题。

相关案例——某铁路路基设计方案

线路平面图和纵断面图是整个线路施工的重要设计资料,其中路基施工还包括路基横断面图、路基设计文件、构造物设计参数等设计资料。

1. 线路平面图

线路平面图是线路设计的基本文件之一,是绘有线路中心线平面位置并注明有关资料的地形图。现以某铁路线路平面图来说明其基本要求,如图 7.0.1 所示。

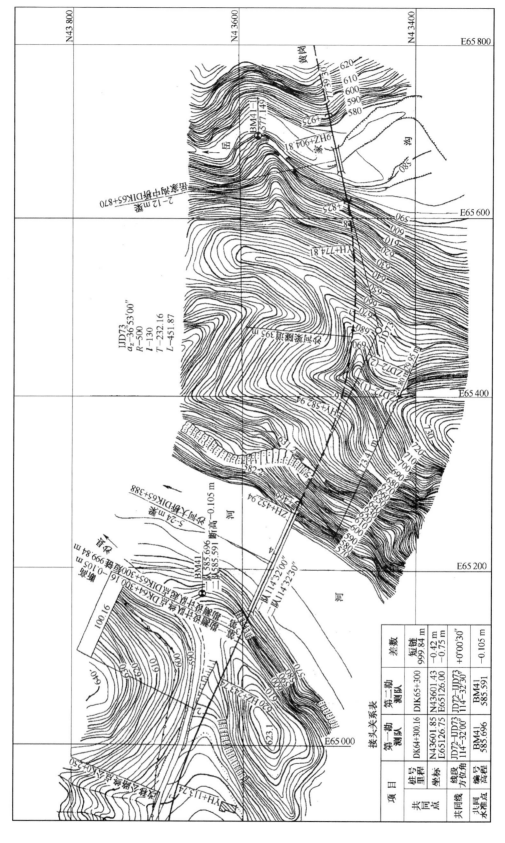

图 7.0.1　线路平面图

接头关系表

项目		第一勘测队	第二勘测队	差数
共同点	桩号里程	DK64+300.16	DIK65+300	短链 999.84 m
	坐标	N43601.85 E65126.75	N43601.43 E65126.00	−0.42 m −0.75 m
	线段方位角	JD72—JD73 114°32′00″	JD72—JD73 114°32′30″	+0°00′30″
共同水准点	编号	BM41	BM41	BM41
	高程	585.696	585.591	−0.105 m

线路平面图中绘有经纬距、等高线及地貌等,线路平面用粗线表示,其中虚线表示在隧道内,其他资料如下所述。

(1)线路里程和百米标

整公里处应注明线路里程,公里之间注有百米标数。两方案或两测量队衔接处出现断链时,应在图上注明断链关系与断链长度。

(2)曲线要素及其起终点里程

曲线交点应注明曲线编号,曲线偏角应加脚注 Z(左偏)或 Y(右偏)。曲线要素应平行线路写在曲线内侧。曲线起点 ZH(直缓点)和终点 HZ(缓直点)的里程应垂直于线路写于曲线内侧。

(3)线路上各主要建筑物

沿线的车站、桥梁、隧道、平立交道口等建筑物应以规定图例或符号表示,并注明里程、类型、大小。如有改移公路、河道时,应绘出其中线。

(4)初测导线和水准基点

图中应绘出初测导线和水准点的位置及编号。

2. 线路纵断面图

线路纵断面图是将线路中心线展直以后在铅垂面上的投影。线路纵断面图上绘有线路纵断面和其他有关资料,是线路设计的基本文件之一。现以某铁路线路详细纵断面图(节选)来说明其基本要求和格式,如图 7.0.2 所示。

线路纵断面绘制在图的上方,横向表示线路里程,竖向表示高程;线路资料和数据标注在图的下方,自下而上的顺序如下所述:

(1)连续里程。与线路平面里程对应,在整公里处注明里程。

(2)线路平面。为线路平面的示意图。凸起表示右偏角曲线,凹下表示左偏角曲线;凸起或凹下的转折点依次为 ZH(直缓点)、HY(缓圆点)、YH(圆缓点)、HZ(缓直点)点;在 ZH 和 HZ 点处要注明距前一百米标的距离;曲线要素注于曲线内侧。两相邻曲线间的水平线为直线段,要标注其长度。

(3)百米标与加标。在整百米处标注百米标数,加标处标注距前一百米标的距离。

(4)地面高程。各百米标和加标处应填写地面高程。

(5)设计坡度。向上或向下的斜线表示上坡道和下坡道,水平线表示平道。线上数字表示坡度的千分数,线下数字表示坡段长度(m)。

(6)路肩设计高程。应标出各变坡点、百米标和加标处的路肩设计高程。

(7)工程地质特征。扼要填写沿线各路段重大地质不良、主要地层构造、岩性特征和水文地质等情况。

3. 路基标准断面图

非电气化单线和双线铁路直线地段标准横断面如图 7.0.3 和图 7.0.4 所示。

4. 路基设计说明

(1)路基面形状

有砟轨道路基面形状应设计为三角形,两侧横向排水坡不宜小于 4%;无砟轨道支承层(或底座)底部范围内路基面可水平设置,支承层(或底座)外侧路基面应设置不小于 4% 的横向排水坡。

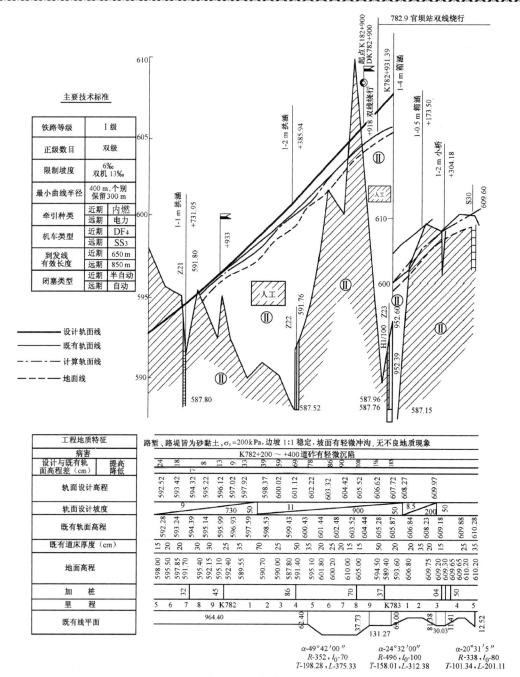

图 7.0.2　线路纵断面

（2）路肩宽度

根据《铁路路基设计规范》(TB 10001—2016)规定：

有砟轨道两侧路肩宽度应根据设计速度、边坡稳定、养护维修、路肩上设备设置要求等条件综合确定，并符合下列规定：

①客货共线设计速度 200 km/h 铁路不应小于 1.0 m、设计速度 200 km/h 以下铁路不应小于 0.8 m。

②高速铁路双线不应小于 1.4 m，单线不应小于 1.5 m。

③城际铁路不应小于 0.8 m。

④重载铁路路堤不应小于 1.0 m，路堑不应小于 0.8 m。

(3)路基面宽度

客货共线非电气化铁路直线地段标准路基面宽度应按下列方法计算确定。

①单线标准路基面宽度应按式(7.0.1-1)、式(7.0.1-2)计算，如图 7.0.3 所示。

$$B = A + 2x + 2c \tag{7.0.1-1}$$

$$x = \frac{h + \left(\dfrac{A}{2} - \dfrac{1.435 + g}{2}\right) \times 0.04 + e}{\dfrac{1}{m} - 0.04} \tag{7.0.1-2}$$

式中　B——路基面宽度(m)；

A——单线地段道床顶面宽度(m)；

m——道床边坡坡率，正线道床一般取 1.75；

h——钢轨中心的轨枕底以下的道床厚度(m)；

e——轨枕埋入道砟深度(m)，Ⅲ型混凝土轨枕取 0.185 m，Ⅱ型混凝土轨枕取 0.165 m；

g——轨头宽度(m)，75 kg/m 轨取 0.075 m，60 kg/m 轨取 0.073 m；

c——路肩宽度(m)；

x——砟肩至砟脚的水平距离(m)。

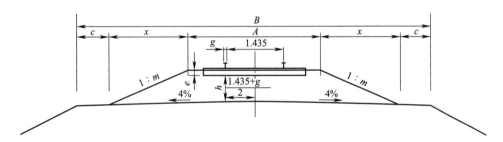

图 7.0.3　非电气化单线铁路直线地段标准横断面示意图

②双线标准路基面宽度应按式(7.0.1-3)、式(7.0.1-4)计算，如图 7.0.4 所示。

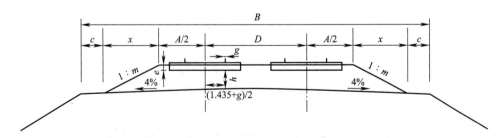

图 7.0.4　非电气化双线铁路直线地段标准横断面示意图

$$B = 2\left(c + x + \frac{A}{2}\right) + D \tag{7.0.1-3}$$

$$x = \frac{h + \left(\dfrac{A}{2} + \dfrac{1.435 + g}{2}\right) \times 0.04 + e}{\dfrac{1}{m} - 0.04}$$　　　　　　(7.0.1-4)

式中　D——双线线间距(m)；

　　　　h——靠近路基面中心侧的钢轨中心处轨枕底以下的道床厚度(m)。

③常用客货共线非电气化铁路直线地段标准路基面宽度可按表 7.0.1 取值。

表 7.0.1　客货共线非电气化铁路直线地段标准路基面宽度

项目		单位	Ⅰ级铁路								Ⅱ级铁路	
设计速度		km/h	200		160			120			≤120	
双线线间距		m	4.4		4.2			4.0			4.0	
单线道床顶面宽度		m	3.5		3.4			3.4			3.4	
道床结构		层	单		双	单		双	单		双	单
道床厚度		m	0.35	0.30	0.50	0.35	0.30	0.50	0.35	0.30	0.45	0.30
路基面宽度	单线	m	7.7	7.5	7.8	7.2	7.0	7.8	7.2	7.0	7.5	7.0
	双线	m	12.3	12.1	12.2	11.6	11.4	12.0	11.4	11.2	11.7	11.2

注：表中路基面宽度按下列条件计算确定,如有变化,应计算调整路基面宽度:

　　(1)无缝线路轨道、60 kg/m 钢轨;

　　(2)Ⅰ级铁路采用Ⅲ型混凝土枕,Ⅱ级铁路采用新Ⅱ型混凝土枕。

④客货共线电气化铁路直线地段标准路基面宽度应按式(7.0.2)、图 7.0.5 计算确定,当计算值小于非电气化铁路路基面宽度时,按非电气化铁路路基面宽度采用。常用电气化铁路直线地段标准路基面宽度可按表 7.0.2-1 取值;高速铁路、城际铁路、重载铁路标准路基面宽度可分别按表 7.0.2-2～表 7.0.2-4 取值。

$$B = 2\left(D_1 + \frac{E}{2} + \frac{F}{2} + 0.25\right) + D$$　　　　　　(7.0.2)

式中　D_1——路基面处接触网支柱内侧至线路中心的距离(m)；

　　　　E——接触网支柱在路基面处的宽度(m)；

　　　　F——接触网支柱基础在路基面处的宽度(m)；

　　　　D——双线线间距(m)。

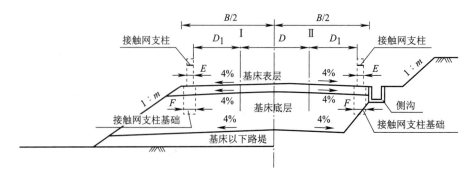

图 7.0.5　电气化铁路直线地段标准横断面示意图

表 7.0.2-1　客货共线电气化铁路直线地段标准路基面宽度

项目		单位	Ⅰ级铁路								Ⅱ级铁路	
设计速度		km/h	200		160			120			≤120	
双线线间距		m	4.4		4.2			4.0			4.0	
单线道床顶面宽度		m	3.5		3.4			3.4			3.4	
道床结构	层		单	双	单	双		单		双	单	
道床厚度		m	0.35	0.30	0.50	0.35	0.30	0.50	0.35	0.30	0.45	0.30
路基面宽度	单线	m	8.1 (7.7)	8.1 (7.7)	8.1 (7.8)	8.1 (7.7)	8.1 (7.7)	8.1 (7.8)	8.1 (7.7)	8.1 (7.7)	8.1 (7.7)	8.1 (7.7)
	双线	m	12.5 (12.3)	12.5 (12.1)	12.3 (12.2)	12.3 (11.9)	12.3 (11.9)	12.1 (12.0)	12.1 (11.7)	12.1 (11.7)	12.1 (11.8)	12.1 (11.7)

注:(1)表中路基面宽度按下列条件计算确定,如有变化,应计算调整路基面宽度:

　　①路基面处接触网支柱内侧至线路中心的距离为 3.1 m;

　　②无缝线路轨道、60 kg/m 钢轨;

　　③Ⅰ级铁路采用Ⅲ型混凝土枕,Ⅱ级铁路采用新Ⅱ型混凝土枕。

(2)括号外为采用横腹杆式接触网支柱时路基面宽度,括号内为采用环形等径支柱时路基面宽度。

表 7.0.2-2　高速铁路标准路基面宽度

项　目		单位	有砟轨道			无砟轨道		
设计速度		km/h	350	300	250	350	300	250
双线线间距		m	5.0	4.8	4.6	5.0	4.8	4.6
道床厚度		m	0.35	0.35	0.35	—	—	—
路基面宽度	单线	m	8.8	8.8	8.8	8.6	8.6	8.6
	双线	m	13.8	13.6	13.4	13.6	13.4	13.2

注:表中路基面宽度计算时按路肩设电缆槽考虑,如有变化,应计算调整路基面宽度。

表 7.0.2-3　城际铁路直线地段标准路基面宽度

项　目		单位	有砟轨道						无砟轨道		
设计速度		km/h	200		160		120		200	160	120
双线线间距		m	4.2		4.0		4.0		4.2	4.0	4.0
道床结构	层		单		单	双	单	双	—	—	—
道床厚度		m	0.30	0.35	0.30	0.50	0.30	0.45	—	—	—
路基面宽度	单线	路肩上不设电缆槽	m	7.3	7.3	7.3	7.8	7.3	7.6	6.1	6.1	6.1
		路肩上设电缆槽	m	7.3	7.3	7.3	7.8	7.3	7.6	6.1	6.1	6.1
	双线	路肩上不设电缆槽	m	11.5	11.7	11.3	12.0	11.3	11.8	10.3	10.1	10.1
		路肩上设电缆槽	m	13.0	13.0	12.8	12.8	12.8	12.8	11.8	11.6	11.6

注:表中数值是按路基面处接触网支柱内侧至线路中心的距离有砟轨道为 3.1 m、无砟轨道为 2.5 m 计算的,如有变化时,应计算调整路基面宽度。

表 7.0.2-4　重载铁路直线地段标准路基面宽度

项　目	单位	有砟轨道			
双线线间距	m	4.0			
道床结构	层	单		双	
道床厚度	m	0.35	0.30	0.55	0.50
路基面宽度 单线 路堤	m	8.1	8.1	8.5	8.3
单线 路堑	m	8.1	8.1	8.1	8.1
双线 路堤	m	12.1	12.1	12.7	12.5
双线 路堑	m	12.1	12.1	12.3	12.1

注:表中数值是按路基面处接触网支柱内侧至线路中心的距离为3.1 m计算的,如有变化时,应计算调整路基面宽度。

问题导入

1. 如何判读线路平、纵、横断面图,了解线路的线型和走向,获取线路设计相关信息?
2. 熟悉线路断面图的测量方法,施工资料如何复核,路基土方如何核算?
3. 如何判读施工图纸,了解路基横断面设计的基本参数?
4. 路基施工程序和测量放样方法有哪些?

7.1　路基施工概述

7.1.1　路基施工流程

路基施工分为三阶段:准备阶段、施工阶段、整修验收阶段。路基施工工艺流程参见图7.1.1所示。

1. 准备阶段

包括现场调查,中线及水准的贯通测量,施放中线桩和路基边桩,开挖边沟,根据土石方量及工期要求配备施工机械(挖掘机、推土机、振动压路机、自卸汽车、检测仪器等),以及各类机械的维修保养和仪器的计量标定,基底处理(软土地基的处理、水塘路堤的处理、一般地基的清表处理等)。

2. 施工阶段

包括分层填筑、碾压,对密实度等各项指标进行检测及现场监理的签证等。

3. 整修验收阶段

包括按照设计要求的坡率进行刷坡,路基顶面纵横坡率的修整及封闭碾压,脚墙的砌筑,路堑或边坡护坡的砌筑,边沟的修理和疏通等。

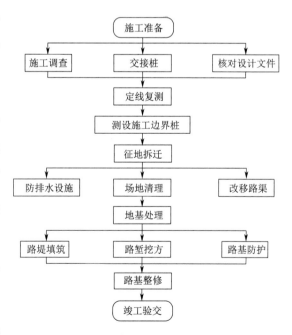

图 7.1.1　路基施工工艺流程图

7.1.2　路基填筑的标准化施工工艺

路基施工分为路堤填筑和路堑挖深,合理组织和制定施工方案是提高施工效率的有效保障。路堑挖深相对于路堤填筑施工工艺较简单,下面以路基填筑为例介绍路基标准化施工工艺。

路基填筑压实按照三阶段、四区段、八流程的施工工艺组织施工(图 7.1.2)。

1. 三阶段

整个路基施工周期分为准备阶段、施工阶段、整修验收三个阶段。

2. 四区段

四区段是指路基填筑压实施工阶段划分为四个区段进行组织施工,分别为填筑区段、平整区段、碾压区段、检验区段,需逐层进行流水作业。

(1)填筑区:指在路基基底施工完毕并经检测符合设计要求或上一层填筑完毕并经检测符合设计要求后,进行自卸汽车倒土的区域。

(2)平整区:指在填筑区自卸汽车按规定的车数倒土完毕,用推土机或铲运机将土堆按规定的松铺厚度摊铺均匀(或因含水率超标还需晾晒)的区域。

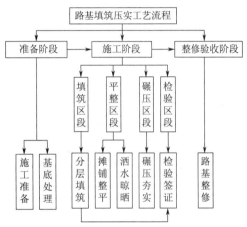

图 7.1.2　路堤填筑施工工艺流程图

(3)碾压区:经摊铺均匀(或经晾晒后含水率符合要求)后进行碾压的区域。

(4)检验区:碾压结束后进行密实度等指标检测的区域。

3. 八流程

路堤填筑施工标准化工艺分为八个流程,包括施工准备、基底处理、分层填筑、摊铺整平、洒水晾晒、碾压夯实、检验签证和路基整修。

(1)施工准备

①开工前,测量人员熟悉交桩单位所提供的资料和图纸。

②按照技术规则进行测量仪器设备的常规检验和校正。

③依据设计单位提供的原设计桩点平面图、剖面图及说明资料,进行室内审核和现场施测交接,并作出详细记录,不得涂改乱划,写出"交桩纪要",交接双方签字。

④重要的中线桩橛要设置护桩,每边不少于三根。

⑤测量成果报监理工程师审核后,再按图纸放出施工用的路基中线、坡脚、边沟等位置桩。

⑥路堤每填筑一层,测放一次边桩,并用石灰标出边线(含加宽值),每填筑 1.5～2.0 m,测放一次中线桩。

(2)基底处理

施工前将路基用地范围内的树木、灌木、垃圾、有机物残渣及原地面以下 30～35 cm 内的草皮和表土清除。清表后,用平地机进行整平,再用压路机进行碾压,压实后应满足地基承载力要求,不满足设计要求时,应进行软基处理。自检合格后报请监理工程师检查验收并签证。

(3)分层填筑

填筑前选择具有代表性的地段(不小于 100 m)作为试验段,根据路堤高度与分层厚度,计算出计划分层层数,绘出分层施工图,确定最佳机械组合、松铺厚度、松铺系数、碾压遍数、碾压速度、最佳含水率。

路堤填筑按路基横断面全宽度纵向分层水平填筑,纵向分段填筑压实,分段长度不宜大于300 m,逐层向上填筑,每层虚铺厚度根据机械性能一般控制在35~40 cm。

在每填筑上一层前,在前一层面上必须洒出路肩白灰边线、方格网线。为保证路堤全断面的压实一致,路肩边线两侧各超填 0.3~0.5 m,在竣工或施工边坡防护工程时再刷坡整平。方格网根据每车土的方量和填土厚度计算,保证方格网的准确度。

(4)摊铺整平

摊铺作业采用推土机进行粗平,平地机精平,不均匀处及坑洼处人工进行调整,做到填层面在纵向和横向平顺均匀,以保证压路机碾压轮表面能均匀接触地面进行压实。平地机精平时,应将路基面做成2%~3%的拱形横坡,以保证路基上的临时排水坡。

(5)洒水晾晒

填筑土的含水率应符合设计要求,大于含水率时要晾晒,小于含水率时要洒水。

(6)碾压夯实

填料在平地机精平后,应对填筑层的厚度和平整程度进行检查,确认层厚和平整程度符合要求后方可进行碾压。施工时先用推土机对表面进行预压,然后再用振动压路机压实。

(7)检验签证

运用科学的检测手段进行工程质量标准的验证,必须由专业人员从事检验工作。在检查填料质量、含水率、填筑厚度、填层面纵横向平整均匀度、坡度、拱度等符合规定标准的基础上,进行密实度和地基系数的测定。凡是没有达到规定标准者,不予签认。检验签证的程序为:自检合格后,报监理工程师检验,检验合格,及时填写工程检查表和分项工程检验评定表,并经质检工程师和监理工程师签证后,方可进行下道工序的施工。

(8)路基整修

路基交工验收前,应对路基顶面表层、路基边坡、防护与支挡工程、永久性排水系统的沟槽外观质量和局部缺陷进行整修或处理,对临时工程及设施进行合理处置。整修后的路基应顺适、美观、牢固,坡度符合设计要求。

7.1.3　施工准备阶段的测量工作

路基施工准备阶段的测量工作主要包括熟悉工程图纸、交接桩和线路复测等工作。

1. 熟悉工程图纸

熟悉线路测量的有关图表资料,对全线的设计要求有所了解,明确什么区段是填方、挖方或半填半挖,了解地基处理等状况,结合设计资料计算出各桩号的中、边桩坐标和高程。

2. 交接桩

施工单位会同设计单位、监理单位进行现场桩橛交接。主要桩橛有:直线转点(ZD)、交点(JD)、曲线主点、有关控制点(三角点、导线点、水准点等)。

3. 线路复测

线路施工时,测量工作的主要任务是测设出作为施工依据的桩点平面位置和高程。这些桩点是指标志线路中心位置的中线桩和标志路基施工界线的边桩。线路中线桩在定测时已标定在地面上,它是路基施工的主轴线,但由于施工与定测相隔时间较长,往往会造成定测桩点的丢失、损坏或位移,因此在施工开始之前,必须进行中线的恢复工作和水准点的检验工作,检查定测资料的可靠性和完整性,这项工作称为线路复测。

线路复测包括施工控制点(平面控制点和高程控制点)复测和线路转向角、直线转点、曲线控制桩等测量工作。它的目的是恢复定测桩点和检查定测质量,而不是重新测设,若桩点有丢失和损坏,则应予以恢复;若复测与定测成果的误差在容许范围之内,则以定测成果为准;若超出容许范围,则应多方查找原因,确实证明定测资料错误或桩点位移时,方可采用复测成果。

4. 护桩的设置

在线路复测后,路基施工前,应对中线的主要控制桩钉设护桩。因为施工过程中经常发生中线桩被碰动或丢失,为了迅速又准确地把中线恢复在原来位置,必须对交点、直线转点及曲线控制桩等主要桩点设置护桩。

护桩可采用图 7.1.3 中的任意一种方式进行布置。一般设两条交叉的方向线,交角不小于 60°,每一方向上的护桩应不少于三个,以便在有一个不能利用时,用另外两个护桩仍能恢复方向线。如地形困难,亦可用一条方向线加测精确距离,或用三个护桩作距离交会。

设置护桩时,将经纬仪安置在中线控制桩上,选好方向后,以远点为准用正倒镜定出各护桩的点位;然后测出方向线与线路所构成的夹角,并量出各护桩间的距离。为便于寻找护桩,护桩的位置应用草图及文字作详细说明,如图 7.1.4 所示。护桩的位置应选在施工范围以外,并考虑施工中桩点不至于被破坏、视线也不至于被阻挡的地方。

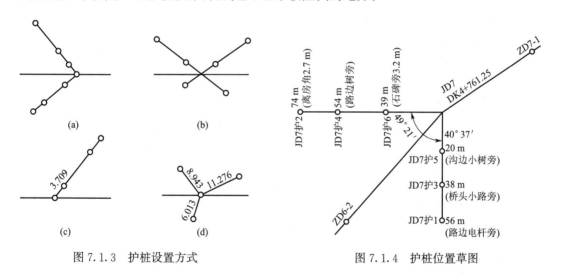

图 7.1.3　护桩设置方式　　　　　　　　图 7.1.4　护桩位置草图

7.2　线路断面测量

7.2.1　线路纵断面测量

线路纵断面测量分为基平测量和中桩高程测量。

基平测量又称为线路水准点高程测量,是沿线路建立水准基点,以便为定测线路及日后的施工和养护提供高程控制。

中桩高程测量是沿着定测线路中心线的标桩进行中线水准测量。利用中线水准测量的结果绘制纵断面,为施工设计提供可靠的资料依据。

1. 基平测量

(1)水准点的布设

定测阶段水准点的布设应在初测水准点布设的基础上进行。首先对初测水准点逐一检核,其不符值在 $\pm 30\sqrt{K}$ (mm)(K 为水准路线长度,以 km 为单位)以内时,采用初测成果;若确认超限,方能更改。其次,若初测水准点远离线路,则应重新移设至距线路 100 m 的范围内。水准点的布设密度一般 2 km 设置一个,但长度在 300 m 以上的桥梁和 500 m 以上的隧道两端和大型车站范围内,均应设置水准点。

水准点应设置在坚固的基础上并埋设混凝土标桩,以 BM 表示并统一编号。

(2)水准点高程测量

按照设计精度和线路地形状况不同,测量线路可布设为附合水准路线、闭合水准路线、结点水准网等形式,一般采用水准测量和三角高程测量的方法。

2. 中桩水准测量

中桩水准测量是测定中线上各控制桩、百米桩、加桩处的地面高程。

中桩水准测量采用一台水准仪单程测量,水准路线应起闭于水准点,不符值在 $\pm 50\sqrt{L}$ (mm)(L 为水准路线长度,以 km 计)以内。中桩高程宜观测两次,其不符值不应超过 10 cm,取位至 cm。中桩高程闭合差在限差以内时可不作平差。

中桩高程测量方法如图 7.2.1 所示。将水准仪安置于Ⅰ,读取水准点 BM_1 上的尺读数,作为后视读数。然后依次读取各中线桩的尺读数,由于这些尺读数是独立的,不传递高程,故称为中视读数。最后读取转点 Z_1 的读数,作为前视读数。再将仪器搬至Ⅱ,后视转点 Z_1,重复上述方法,直至附合于 BM_2。中视读数读至 cm,转点读数读至 mm。中桩水准测量记录及计算见表 7.2.1。

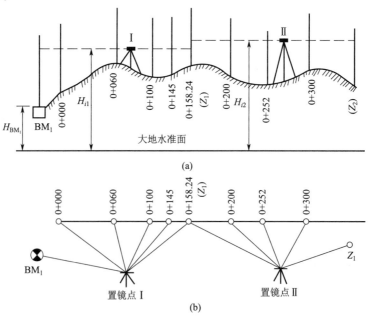

图 7.2.1　中桩高程测量

中桩高程计算采用仪器视线高法,先计算出仪器视线高 H_i:

$$H_i = 后视点高程 + 后视读数, \quad 中桩高程 = H_i - 中视读数$$

表 7.2.1 中桩水准测量记录

测点	水准尺读数(m)			仪器高程(m)	高程(m)	备 注
	后视	中视	前视			
BM$_1$	3.769			56.229	52.460	水准点高程:
0+000		2.21			54.02	BM$_1$=52.460(m)
0+060		0.58			55.65	BM$_2$=55.471(m)
0+100		1.52			54.71	实测闭合差:
0+145		2.45			53.78	f_h=55.450−55.471
0+158.24(Z$_1$)	0.659		0.415	56.473	55.814	=−21 mm
0+200		1.37			55.10	容许闭合差:
0+252		2.79			53.68	F_h=±70mm
0+300		1.80			54.67	精度合格
Z$_2$	1.458		2.610	55.321	53.863	
⋮	⋮	⋮	⋮	⋮	⋮	
ZH$_2$+046.15	3.978		2.410	56.696	52.718	
BM$_2$			1.246		55.450	
			27.609			
Σ	+30.559 −27.609				55.450 −52.460	
	+2.990				+2.990	

参考图 7.2.1(a),测站 I 的视线高 H_i=52.460+3.769=56.229(m),中线桩 DK0+000 的高程为 H_i−2.21=54.019(m),采用 54.02 m。

转点 Z$_1$ 的高程为 H_i−0.415=55.814 m

地形起伏较大区域的中桩高程,可以采用三角高程测量法测定。

3. 线路纵断面图绘制

根据已测出的线路中线里程和中桩高程,即可绘制纵断面图,从而形象地将线路中线经过的地形、地质等自然状况以及设计的线路平、纵断面资料表示出来,如图 7.2.2 所示。

线路纵断面图通常采用计算机辅助制图(如 Autocad 等软件)或绘在厘米方格纸上。为了更加形象地描述地形起伏状况,一般采用的高程比例尺(纵坐标)是水平距离比例尺(横坐标)的 10 倍或自定义比例,以加大地面纵向的起伏量,从而突出表示出沿线地形的变化。

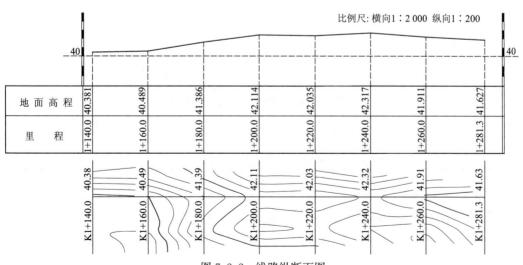

图 7.2.2 线路纵断面图

7.2.2 线路横断面测量

线路横断面测量的目的是测量垂直于线路方向的地面线,并绘制线路横断面图。横断面图主要用于路基断面设计、土石方数量计算、路基施工放样以及挡土墙设计等。

1. 横断面施测地点及其密度

横断面施测地点及横断面密度、宽度应根据地形、地质情况以及设计需要而定。一般设在曲线控制点、公里桩、百米桩和线路纵、横向地形变化处。在铁路站场、大中桥桥头、隧道洞口、高路堤、深路堑、地质不良地段及需要进行路基防护地段,均应适当加大横断面施测密度和宽度。横断面测绘宽度应满足路基、取土坑、弃土堆及排水系统等设计的要求。

2. 横断面方向的测定

线路横断面应垂直于线路中线,在曲线地段的横断面,其方向应与曲线上测点的切线相垂直。

3. 横断面的测绘方法

根据铁路路基横断面数量多、工作量大,但测量精度要求不高的特点,在实际工作中,可根据仪器装备情况及地形条件,在保证测量精度的前提下,选择适当的测量方法,以提高工作效率。

(1)水准仪测横断面

当地势平坦、通视良好,或横断面精度要求较高时,可以使用水准仪测量横断面上各测点的高程。横断面用方向架(或其他仪器)定向,皮尺(或钢尺)量距。测量方法与中桩水准测量相同,即后视转点取得仪器高程后,将断面上的坡度变化点(测点)作为中间点观测。若仪器安置适当,置一次镜可观测一个或几个横断面,如图 7.2.3 所示。

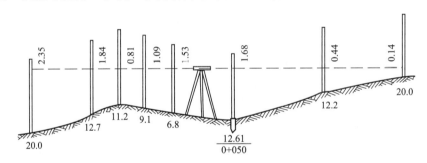

图 7.2.3 横断面测量

如果地面横向坡度较大,为了减少置镜数,可以采取用两台水准仪分别沿线路左右两侧测量的方法。横断面测量记录见表 7.2.2 所示,分子表示观测点与中桩高差,分母表示相邻变坡点间平距。

表 7.2.2 横断面测量记录格式

左 侧			桩 号	右 侧		
$\dfrac{+2.1}{12.0}$	$\dfrac{-1.9}{8.7}$	$\dfrac{+2.6}{18.5}$	DK4+111	$\dfrac{-1.4}{14.5}$	$\dfrac{+1.8}{10.5}$	$\dfrac{-1.4}{16.0}$

(2)全站仪法测横断面

假如要测量中桩 A 处的横断面,如图 7.2.4 所示,可首先置镜 B 点,后视 M 点,在 A 点横断面附近测量一点 F' 的坐标($X_{F'}$,$Y_{F'}$)。

①由 B、F' 点坐标反算 $\alpha_{BF'}$。

②由 B 点坐标、A 点坐标,利用下式求 F 点坐标:

$$\begin{cases} X_F=(Q\cos\alpha_{BF'}-S\cos\alpha_{A法})/\sin(\alpha_{BF'}-\alpha_{A法}) \\ Y_F=(Q\sin\alpha_{BF'}-S\sin\alpha_{A法})/\sin(\alpha_{BF'}-\alpha_{A法}) \end{cases} \quad (7.2.1)$$

式中有

$$\begin{cases} Q=Y_A\cos\alpha_{A法}-X_A\sin\alpha_{A法} \\ S=Y_B\cos\alpha_{BF'}-X_B\sin\alpha_{BF'} \end{cases} \quad (7.2.2)$$

③由 F、F' 点坐标求两点间距离 $d_{FF'}$。

④在 $B{\to}F'$ 方向,由 F' 移动 $d_{FF'}$ 到 F 点。

⑤测量 F 点坐标及高程。

⑥求相邻变化点间距及高差。

⑦横断面测量检测精度。

《铁路工程测量规范》(TB 10101—2018)对线路横断面测量检测限差规定如下:高程限差为 $\pm\left(\dfrac{h}{100}+\dfrac{L}{1\,000}+0.2\right)$m;明显地物点的距离限差为: $\pm\left(\dfrac{L}{100}+0.1\right)$m。其中 h 为检查点至线路中桩的高差(m);L 为检查点至线路中桩的水平距离(m)。

4. 横断面图绘制

横断面图可根据测量成果绘在厘米格纸上或通过计算机辅助工具成图。图 7.2.5 为绘制的横断面示意图。

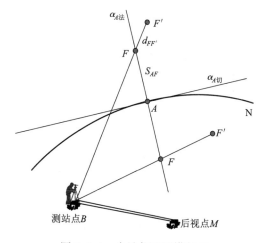

图 7.2.4　全站仪法测横断面

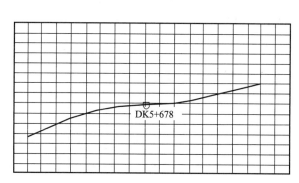

图 7.2.5　横断面示意图

7.3　路基设计及施工资料检核

7.3.1　路基类型

路基可分为路堤、路堑、半填半挖和不填不挖等几种类型,如图 7.3.1 所示。

路堤,是指在原地面上用土、石或其他材料填筑起来的路基。路堤有高路堤、一般路堤和低路堤之分。路堤填高大于 20 m 的为高路堤;路堤填高小于 20 m 大于 1 m 的一般路堤;路堤填高小于 1 m 的低路堤。

路堑,是指从原地面向下挖而成的路基。在起伏地段,为了缓和道路纵坡,遇到高地时需要开挖路堑。高级线路为了与两旁隔离也要做成路堑式的路基。

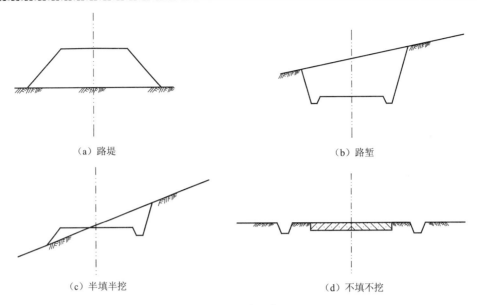

（a）路堤 （b）路堑

（c）半填半挖 （d）不填不挖

图 7.3.1 路基类型

7.3.2 路基设计参数

路基设计主要是根据线路中线桩的填挖高度和线路轨道设计标准,在线路横断面图上确定路基横断面各部分的形状和尺寸,包括路基面的宽度和形状,路基边坡的形状和坡度等,俗称"戴帽子",如图 7.3.2 所示。

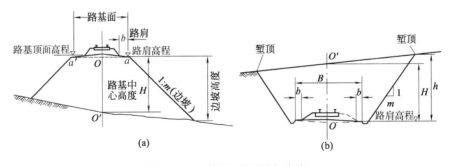

图 7.3.2 铁路路基形状与宽度

1. 路基面形状

路基面一般设计为三角形,由路基面中心向两侧设置一定坡度的横向排水坡。

2. 路基高程与路肩高程

新建铁路路基设计高程是指直线地段路肩高程,路肩高程是直线地段路肩左侧外缘的高程。路基高程一般是线路中心线设计高程,线路中线设计高程需要根据线路纵断面的路肩高程,结合路基横断面进行实测。

3. 路基高度

路基高度是指路基线路中心线设计高程与路基中心地面高程之差。

4. 路基边坡

路基横断面两侧与地面连接的斜坡称为路基边坡,它是影响路基稳定的控制因素。边坡坡度一般以坡段的竖直投影和水平投影之比表示。通常以 $1:m$ 的形式表示,即 $i=h:d=1:m$,式中 m 称为边坡坡率,h 为边坡的高度,d 为边坡的宽度。

5. 超高

根据路基面的设计要求,在直线段路基边缘点处于同一高度,横断面由路中心向两侧略向下倾斜形成双向横坡。但是在曲线路段为保证行驶安全,在线路曲线半径小于不设超高最小半径时,均应设置超高。圆曲线段路基面的设计超高值是常数,路基面倾斜形成单向横坡;缓和曲线段路基面的超高值随着缓和曲线上的长度的不同而变化,路基面横坡倾斜由直线段的双向横坡向圆曲线的单向横坡逐步过渡。超高值可从设计文件中查取。

6. 加宽

根据《铁路路基设计规范》(TB 10001—2016)规定:客货共线铁路区间单、双线曲线地段的路基面宽度,应在路基面标准宽度基础上在曲线外侧按表 7.3.1-1 的数值加宽;有砟轨道高速铁路、有砟轨道城际铁路、重载铁路区间单、双线曲线地段的路基面宽度,应在本规范表 7.0.2-2~表 7.0.2-4 基础上在曲线外侧按表 7.3.1-2~表 7.3.1-4 的数值加宽,加宽值应在缓和曲线范围内线性递减。

表 7.3.1-1 客货共线铁路曲线地段路基面加宽值

铁路等级	设计速度(km/h)	曲线半径 R(m)	路基面外侧加宽值(m)
I 级铁路	200	$2\,800 \leqslant R < 3\,500$	0.4
		$3\,500 \leqslant R \leqslant 6\,000$	0.3
		$R > 6\,000$	0.2
	160	$1\,600 \leqslant R \leqslant 2\,000$	0.4
		$2\,000 \leqslant R < 3\,000$	0.3
		$3\,000 \leqslant R < 10\,000$	0.2
		$R \geqslant 10\,000$	0.1
	120	$800 \leqslant R < 1\,200$	0.4
		$1\,200 \leqslant R < 1\,600$	0.3
		$1\,600 \leqslant R < 5\,000$	0.2
		$R \geqslant 5\,000$	0.1
II 级铁路	120	$800 \leqslant R < 1\,200$	0.4
		$1\,200 \leqslant R < 1\,600$	0.3
		$1\,600 \leqslant R < 5\,000$	0.2
		$R \geqslant 5\,000$	0.1

表 7.3.1-2 有砟轨道高速铁路曲线地段路基面加宽值

设计速度(km/h)	曲线半径 R(m)	路基面外侧加宽值(m)
250	$R < 4\,000$	0.6
	$4\,000 \leqslant R < 5\,000$	0.5
	$5\,000 \leqslant R < 7\,000$	0.4
	$7\,000 \leqslant R < 10\,000$	0.3
	$R \geqslant 10\,000$	0.2

续上表

设计速度(km/h)	曲线半径 R(m)	路基面外侧加宽值(m)
300	$R<5\ 000$	0.6
	$5\ 000 \leqslant R<7\ 000$	0.5
	$7\ 000 \leqslant R<9\ 000$	0.4
	$9\ 000 \leqslant R<14\ 000$	0.3
	$R \geqslant 14\ 000$	0.2
350	$R<6\ 000$	0.6
	$6\ 000 \leqslant R<9\ 000$	0.5
	$9\ 000 \leqslant R<12\ 000$	0.4
	$R \geqslant 12\ 000$	0.3

表 7.3.1-3 有砟轨道城际铁路曲线地段路基面加宽值

设计速度(km/h)	曲线半径 R(m)	路基面外侧加宽值(m)
200	$R<3\ 100$	0.5
	$3\ 100 \leqslant R<4\ 000$	0.4
	$4\ 000 \leqslant R<6\ 000$	0.3
200	$6\ 000 \leqslant R<10\ 000$	0.2
	$R \geqslant 10\ 000$	0.1
160	$R<1\ 900$	0.5
	$1\ 900 \leqslant R<2\ 700$	0.4
	$2\ 700 \leqslant R<3\ 800$	0.3
	$3\ 800 \leqslant R<7\ 500$	0.2
	$R \geqslant 7\ 500$	0.1
120	$R<1\ 200$	0.5
	$1\ 200 \leqslant R<1\ 500$	0.4
	$1\ 500 \leqslant R<2\ 200$	0.3
	$2\ 200 \leqslant R<5\ 000$	0.2
	$R \geqslant 5\ 000$	0.1

表 7.3.1-4 重载铁路曲线地段路基面加宽值

曲线半径 R(m)	路基面外侧加宽值(m)
$600 \leqslant R<800$	0.5
$800 \leqslant R<1\ 200$	0.4
$1\ 200 \leqslant R<1\ 600$	0.3
$1\ 600 \leqslant R<5\ 000$	0.2
$R \geqslant 5\ 000$	0.1

7.3.3　路基设计资料检核

1. 直线段路基顶面的高程检核

路基施工前应检查路基中心顶面的设计高程及路基两侧边缘的设计高程。

图 7.3.3 为路基平面示意图。在图中 A、B、C 为路基施工控制桩,D、E、F 和 G、H、O 为与路线施工控制桩相对应的路基边桩。

(1)先检查路基顶面中线施工控制桩的设计高程

假定 A 的设计高程为 H_A,路线纵坡为 $+i_0\%$(上坡),施工控制桩间距为 10 m,则 B、C 点的设计高程为

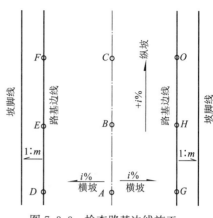

$$H_B = H_A + (+i_0\%) \times 10 \qquad (7.3.3)$$

$$H_C = H_B + (+i_0\%) \times 10 \qquad (7.3.4)$$

图 7.3.3　检查路基边线施工控制桩的设计高程

(2)检查路基边线施工控制桩的设计高程

计算和路基中心施工桩 A 点相对应的两侧路基边桩 D 点和 G 点的设计高程,如图 7.3.3 所示,D 点和 G 点是关于 A 点对称的两个路基边缘点,设路面横坡为 $i\%$,则 D 点和 G 点的设计高程为

$$H_D = H_A - i\% \times \frac{B}{2} \qquad (7.3.5)$$

$$H_G = H_A - i\% \times \frac{B}{2} \qquad (7.3.6)$$

式中　B——路基宽度;

$i\%$——路面横坡度。

同理,依据 H_B、H_C 计算 E、H 和 F、O 等桩位的设计高程。

2. 曲线段路基顶面的抄平

对于曲线段由于存在超高和加宽,计算要相对复杂一些。在路基设计表中,路基加宽和超高值已经给出,在进行放样时只需直接引用即可。在计算路基边线上点的高程和坐标时,为计算方便一般是以与其相对应的在同一个横断面方向上中线施工控制桩的坐标和高程为基准。

7.3.4　路基土石方核算

路基土石方是指某一段路基填挖料的体积数量,通过该段路基平均横断面面积与该段路基长度的乘积计算得到。一般情况下,横断面的面积以 m² 为单位,取小数点后一位,土石方的体积以 m³ 为单位,取至整数。

1. 横断面面积计算

路基填挖横断面面积是指断面图中地面线与路基设计线所围成的闭合多边形的面积。横断面面积常用计算方法如下。

(1)积距法

积距法的原理是把断面面积垂直分割成宽度相等的若干条块,由于每一条块的宽度相等,所以在计算面积时,只需量取每一条块的平均高度,然后乘以宽度,即可得出每一条块的面积,如图 7.3.4 所示。

$$A_1 = b \times h_1, \quad A_2 = b \times h_2,$$
$$A_3 = b \times h_3, \quad \cdots \quad A_i = b \times h_i$$

总面积 $A = \sum A_i = b \times \sum h_i$ 　　(7.3.7)

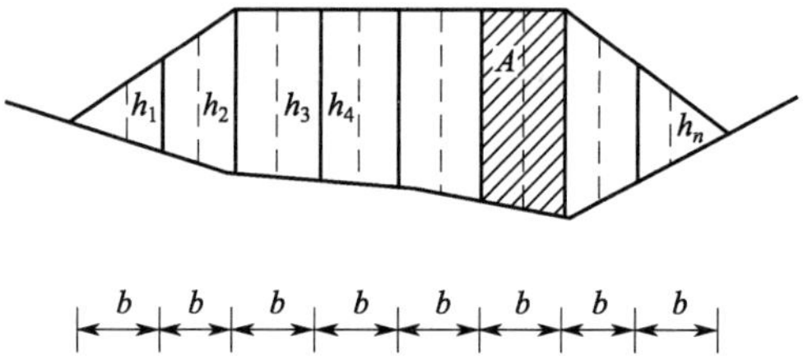

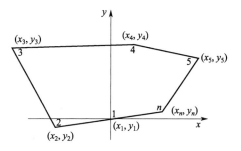

图 7.3.4　积距法横断面面积计算

式中　A——横断面面积(m^2)；

　　　　b——横断面所分成的三角形或梯形条块

　　　　　　　的宽度，通常取 1 m 或 2 m；

　　　　h——横断面所分成的三角形或梯形条块

　　　　　　　的平均高度(m)。

(2)坐标法

如图 7.3.5 所示建立坐标系，量取多边形各顶点(1, 2,…n)的坐标，由解析几何可得多边形面积的计算公式为

$$A = \frac{1}{2} \sum (x_i y_{i+1} - y_i x_{i+1}) \quad (7.3.8)$$

式中　x, y——设计线和地面线围成面积的各顶点的

　　　　　　　　坐标。

坐标法精度较高，方法较繁，适用于计算机计算。

(3)几何图形法

图 7.3.5　坐标法横断面面积计算

当横断面的地面线较规则且横断面面积较大时，可把横断面图上地面线及设计线的转折点划分成若干块不等宽的梯形或三角形，分别计算每一块图形的面积并累加起来，即为该图形的面积。几何图形法适用于计算机计算。

在横断面面积计算中应注意以下几个问题：

①填方和挖方的面积应分别计算。

②填方或挖方中的土石也应分别计算，因为其工程造价不同。

③有些情况下横断面上的某一部分面积可能既是挖方面积，又要算做填方面积(不良地质换填)，例如既要挖除，又要回填其他材料。

2. 填挖土石方体积计算

(1)平均断面法

若相邻两断面均为填方或均为挖方且面积大小相近时，则可假定两断面之间为一棱柱体(图 7.3.6)，其体积的计算公式为

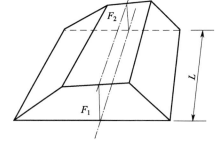

$$V = \frac{1}{2} (F_1 + F_2) L$$

(2)棱台法

图 7.3.6　平均断面法土石方体积计算

如图 7.3.6 所示，若 F_1 和 F_2 相差甚大，则与棱台更为接近，其计算公式为

$$V = \frac{1}{3} (F_1 + F_2 + \sqrt{F_1 F_2}) L$$

如图 7.3.7 所示，某段路基 K1＋140.00 断面积为填方 44.7 m^2，K1＋160.00 断面面积为填方 48.4 m^2(图中 T_A 表示填方，W_A 表示挖方)，路基长度为20 m，计算得到该段路基填方数量：平均断面法计算结果为 931 m^3，棱台法计算结果为 930.8 m^3。

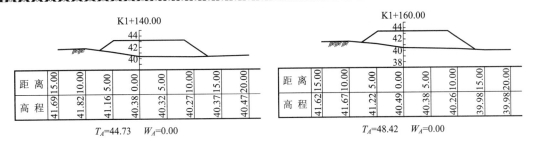

距　离	15.00	10.00	5.00	0.00	5.00	10.00	15.00	20.00
高　程	41.69	41.82	41.16	40.38	40.32	40.27	40.37	40.47

$T_A=44.73$　　$W_A=0.00$

距　离	15.00	10.00	5.00	0.00	5.00	10.00	15.00	20.00
高　程	41.62	41.67	41.22	40.49	40.38	40.26	39.98	39.98

$T_A=48.42$　　$W_A=0.00$

土石方数量计算表

里程	中心高(m) 填	中心高(m) 挖	横断面积(m²) 填	横断面积(m²) 挖	平均面积(m²) 填	平均面积(m²) 挖	距离(m)	总数量(m³) 填	总数量(m³) 挖
K1+140.00	2.84		44.73	0.00					
					46.58	0.00	20.00	931.50	0.00
K1+160.00	2.94		48.42	0.00					
					39.86	0.00	20.00	797.15	0.00
K1+180.00	2.25		31.29	0.00					
					26.42	0.00	20.00	528.48	0.00
K1+200.00	1.73		21.55	0.00					
					23.80	0.00	20.00	475.91	0.00
K1+220.00	1.99		26.04	0.00					
					24.61	0.00	20.00	492.15	0.00
K1+240.00	1.86		23.18	0.00					
					26.56	0.00	20.00	531.11	0.00
K1+260.00	2.39		29.93	0.00					
					34.83	0.00	21.34	743.21	0.00
K1+281.34	2.78		39.72	0.00					
合计								4 499.5	0.0

图 7.3.7　路基土方核算示例

7.4　路基横断面施工测量

为了确保施工过程中路基位置、形状满足设计要求，及时控制填方超填和挖方超挖现象，在路基施工过程中应进行路基横断面施工测量，主要包括线路中线放样、路基边桩放样、边坡放样、路基填挖测量等内容。线路中线放样前面已作介绍。

7.4.1　路基边桩放样

路基施工前，需要标志出路堤边坡坡脚或路堑边坡坡顶的位置，作为填土或挖土的边界，测设边桩的工作称为路基边坡放样。在边桩放样前，必须熟悉路基设计资料，才能正确测设边桩。边桩放样的方法很多，常用的有图解法、计算法和试探法。

1. 图解法

当地形变化不大，且横断面测量和绘图比较准确时适用图解法。在已有的横断面图地段，可以采用在图上量取边坡线与地面线交点至中桩的水平距离进行边桩放样。这是测设边桩最常用的方法。

2. 计算法

当地面平坦时，如图 7.4.1 所示，根据设计的路基填挖高，按公式（7.4.1）来计算边桩到中线桩的水平距离（路堑还应加边沟顶宽及平台宽）。

$$D_1=D_2=\frac{b}{2}+m \cdot H \qquad (7.4.1)$$

式中　b——路堤或路堑（包括侧沟）的宽度；

m——路基边坡坡度比例系数；

H——填挖高度。

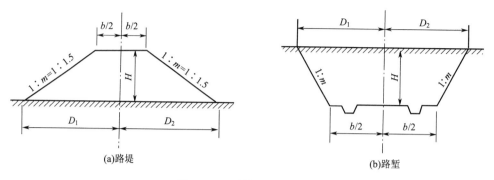

(a)路堤　　　　　　　　　　　　　　　　(b)路堑

图 7.4.1　计算法边桩放样

3. 试探法

在起伏不平的地面上，边桩到中线桩的距离随着地面的高低而发生变化，就不能简单地像如上所述的计算，应采用试探法在现场测设。

如图 7.4.2，先在断面方向上，根据路基中线桩的填挖高度，大致估计边桩 1 的位置并立水准尺。用水准仪测出 1 点与中桩的高差 h_1，用尺量出 1 点到中桩的水平距离 D'。根据高差 h_1，按式(7.4.1)计算出图 7.4.2(a)中路堤下坡一侧到中桩的正确平距为

$$D=\frac{b}{2}+1.5\times(H+h_1) \tag{7.4.2}$$

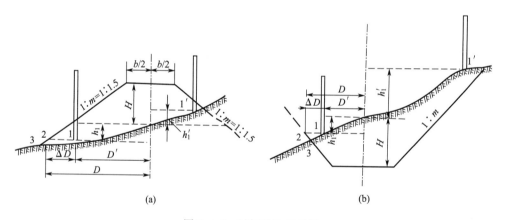

(a)　　　　　　　　　　　　　　　　(b)

图 7.4.2　试探法边桩放样

若 $D>D'$，说明边桩的位置在 1 点外侧；当 $D<D'$ 时，则边桩在 1 点的内侧。根据 $\Delta D=D-D'$ 的数值，重新移动水准尺的位置再次试测，直至 $\Delta D<0.1$ m 时，即可认为立尺点为边桩的位置。从图中看出，算出的 D 是 2 点到中桩的距离，实际上 3 点为坡脚。为减少试测次数，在路堤下坡一侧时，移动尺子的距离要比算出的 ΔD 大些为好。

在测设路堤上坡一侧时，它的计算公式为

$$D=\frac{b}{2}+1.5\times(H-h_1') \tag{7.4.3}$$

尺子移动的距离要比算出的 ΔD 小些为宜。

测设路堑边桩时,参见图 7.4.2(b),距离 D 的计算公式为

下坡一侧
$$D=\frac{b}{2}+m\times(H-h_1) \qquad\qquad (7.4.4)$$

上坡一侧
$$D=\frac{b}{2}+m\times(H+h_1') \qquad\qquad (7.4.5)$$

试探法要在现场边测边算,有经验之后试测一两次即可确定边桩位置,在地形复杂地段采用此法较为准确、便捷。

7.4.2　路基边坡放样

在放样出边桩后,为了保证填、挖的边坡达到设计要求,还应把设计边坡在实地标定出来,以方便施工。

1. 用竹杆、绳索放样边坡

当路堤填土不高时,常用竹杆和麻绳一次挂线,给出断面形状,如图 7.4.3(a)所示。在路基填土高度较大的断面上,常采用分层挂线的方法,如图 7.4.3(b)所示。在每层挂线之前均应标定中线并用水准抄平。

2. 用边坡样板放样边坡

边坡放样板有活动边坡尺和固定边坡样板两种,如图 7.4.4 所示。前者用于路堤的边坡放样,后者用于路堑的边坡放样。开挖路堑时,在坡顶外侧立固定样板,施工时可以随时瞄准。

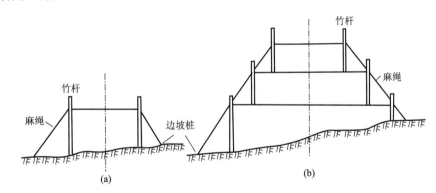

图 7.4.3　竹杆、绳索放样边坡

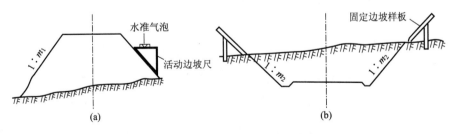

图 7.4.4　边坡样板放样边坡

7.4.3　路基填挖测量

目前,路基施工通常采用机械化施工,路基填挖测量是指路堤分层填筑压实和路堑分层挖深施工过程中的测量工作。

1. 路堤施工边坡控制

（1）机械填土时，应按铺土厚度及边坡坡度，保持每层间向内收缩的距离一定。不可按自然的堆土坡度往上填土，这样会造成超填而浪费土方。

（2）每填高 1 m 左右或填至距路肩 1 m 时，要重新恢复中线，测高程，放铺筑面边桩，用石灰显示铺筑面边线位置，并将标杆移至铺筑面边上。

（3）距路肩 1 m 以下的边坡，常按设计宽度每侧多填 0.25 m 控制；距路肩 1 m 以内的边坡，则按稍陡于设计坡度控制，使路基面有足够的宽度，以便整修边坡时铲除超宽的松土层后，能保证路肩部分的压实度。

（4）填至路肩高程时，应将大部分地段（填高 4 m 以下的路堤）设计高程进行实地检测；填高大于 4 m 地段，应按土质和填高不同，考虑预留沉落量，使粗平后的路基面无缺土现象。最后测设中线桩及路肩桩，抄平后计算整修工作量。

2. 路堤施工填高控制

填方路基在施工过程中应分层进行填筑，在填筑之前先标定出分层填筑的顶面高程，如图 7.4.5 所示，图中 h 为松铺厚度，h' 为压实厚度。在填筑以前需要先标定松铺厚度 M 点的位置，N 点为填筑层压实后的位置。

（1）如图 7.4.6 所示，A_1、B_1、C_1、D_1 为路基的坡脚放线位置，A、B、C、D 为某结构层松铺厚度顶面的放样位置。A_1 与 A（B_1 与 B、C_1 与 C、D_1 与 D）之间的高差为松铺厚度 h，AC、BD 的长度为该层顶面的宽度。

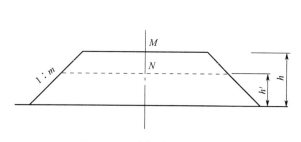

图 7.4.5　路堤施工填高控制

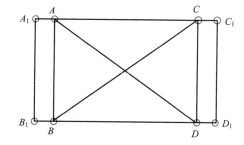

图 7.4.6　路堤施工填高松铺厚度

（2）由试验路段可得该结构层所对应的松铺系数 k。

$$k=\frac{h}{h'} \tag{7.4.6}$$

$$h=k \cdot h' \tag{7.4.7}$$

（3）结构层松铺厚度的顶面高程 H。

$$H=H_d+h \tag{7.4.8}$$

式中　H_d——该结构层底面高程。

（4）采用高程放样方法用木桩标定出 A、B、C、D 的位置，使木桩顶面的高程等于该结构层松铺厚度的顶面高程 H。

（5）在各木桩顶面钉上小钉子，在钉子之间挂上细线作为填筑的依据。

（6）当该结构层压实以后，再用高程放样的方法检查该结构层顶面的高程。

（7）当路基填土较高时，有时置镜在已知水准点上无法与线路中桩通视，为了测得线路中桩的高程，常在路基边沿采用自由设站方式进行测量，如图 7.4.7 所示，后视点 A 高程为 H_A，

棱镜高为 v，D 为仪器中心至棱镜中心水平距离，α 为照准棱镜视线的竖直角。

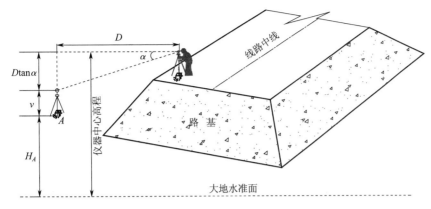

图 7.4.7   自由设站方式高程放样

仪器中心高程：$\qquad H_{仪器中心}=H_A-D\tan\alpha+v$

反之，待测点地面高程：$\qquad H=H_{仪器中心}+D\tan\alpha-v$

3. 路堑边坡及挖深的控制

机械开挖路堑过程中，一般都需配合人工同时进行整修边坡工作。

(1)机械挖土时，应按每层挖土厚度及边坡坡度保持层与层之间的向内回收的宽度，防止挖伤边坡或留土过多。

(2)每挖深 1 m 左右，应测设边坡、复核路基宽度，并将标杆下移至挖掘面的正确边线上。每挖 3～4 m 或距路基面 20～30 cm 时，应复测中线、高程，放样路基面宽度。

7.5   路基纵断面施工测量

为了行车平顺，在纵断面上相邻两条纵坡线相交的转折处需用一段曲线来缓和，这条连接两纵坡线的曲线叫竖曲线。竖曲线的形状通常采用平曲线或二次抛物线。为了方便一般多采用二次抛物线形式。

纵断面上相邻两条纵坡线相交形成转坡点，其相交角用转坡角表示(图 7.5.1)。竖曲线转坡点 BP_1 在曲线上方为凸形竖曲线；竖曲线转坡点 BP_2 在曲线下方为凹形竖曲线。

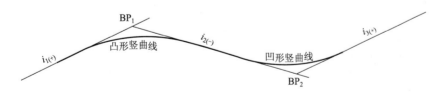

图 7.5.1   竖曲线设置示意图

7.5.1   竖 曲 线

如图 7.5.2 所示，设相邻两纵坡坡度分别为 i_1 和 i_2，则相邻两坡度的代数差即转坡角 $\omega=i_1-i_2$，ω 为正值时，则为凸形竖曲线。ω 为负值时，则为凹形竖曲线。

1. 竖曲线基本方程式

我国采用的是二次抛物线作为竖曲线的常用形式，其基本方程为

$$x^2 = 2P \cdot y \tag{7.5.1}$$

若取抛物线参数 P 为竖曲线的半径 R，则有

$$x^2 = 2R \cdot y \quad 即 \quad y = \frac{x^2}{2R} \tag{7.5.2}$$

2. 竖曲线要素计算公式

竖曲线计算如图 7.5.2 所示。

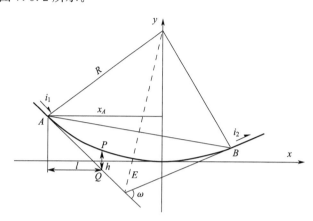

图 7.5.2　竖曲线设置示意图

(1)竖曲线起点 A（或 B）的切线斜率

$$i_A = \left(\frac{x_A^2}{2R}\right)' = \frac{x_A}{R} \tag{7.5.3}$$

(2)切线上任意点与竖曲线间的竖距 h

$$h = PQ = y_P - y_Q = \frac{1}{2R}(x_A - l)^2 - (y_A - l \cdot i_1) = \frac{l^2}{2R} \tag{7.5.4}$$

(3)竖曲线曲线长

$$L = R\omega = R(i_1 - i_2) \tag{7.5.5}$$

(4)竖曲线切线长

$$T = T_A = T_B \approx L/2 = \frac{R\omega}{2} = \frac{R}{2}(i_1 - i_2) \quad （因为 \omega 为小角） \tag{7.5.6}$$

(5)竖曲线的外距

$$E = \frac{T^2}{2R} \tag{7.5.7}$$

(6)竖曲线上任意点至相应切线的距离

$$y = \frac{x^2}{2R} \tag{7.5.8}$$

式中　x——竖曲任意点至竖曲线起点(终点)的距离(m)；
　　　　R——竖曲线的半径(m)。

7.5.2　竖曲线计算步骤

竖曲线计算的目的是确定设计纵坡上指定桩号的路基设计高程，其计算步骤如下：
(1)计算竖曲线的基本要素：竖曲线长 L、切线长 T、外距 E。

（2）计算竖曲线起、终点的桩号：

$$竖曲线起点桩号＝变坡点的桩号－T$$
$$竖曲线终点桩号＝竖曲线起点的桩号＋L$$

（3）坡道起、终点高程计算：

$$坡道起点高程＝变坡点的高程－T \cdot i$$
$$坡道终点高程＝变坡点的高程＋T \cdot i$$

（4）计算竖曲线上任意点切线高程及改正值：

$$切线高程＝坡道起点（或终点）高程±l×i$$
$$改正值\ y＝\frac{x^2}{2R}$$

式中　l——计算点与竖曲线起终点里程差。

（5）计算竖曲线上任意点设计高程：

$$某桩号在凸形竖曲线的设计高程＝该桩号在切线上的设计高程－y$$
$$某桩号在凹形竖曲线的设计高程＝该桩号在切线上的设计高程＋y$$

7.5.3　竖曲线测设计算示例

有一竖曲线，$i_1＝－1.114\%$，$i_2＝＋0.154\%$，为凹曲线，变坡点的桩号为 K1＋670，高程为 48.60 m，欲设置 $R＝5\ 000$ m 的竖曲线，求竖曲线的基本要素，起点、终点的桩号和高程，曲线上每隔 10 m 间距里程桩的高程改正数和设计高程。

由式（7.5.5）～式（7.5.7）得

$$L＝R \cdot (i_1－i_2)＝5\ 000×(－1.114\%－0.154\%)＝63.4(m)$$

$$T＝\frac{1}{2}R(i_1－i_2)＝\frac{1}{2}×5\ 000×(－1.114\%－0.154)＝31.7(m)$$

$$E＝\frac{T^2}{2R}＝\frac{31.70^2}{2×5\ 000}＝0.10(m)$$

竖曲线起点、终点的里程和高程：

$$起点桩号＝K1＋(670.00－31.70)＝K1＋638.30$$
$$终点桩号＝K1＋(638.30＋63.40)＝K1＋701.70$$
$$坡道起点高程＝48.60＋31.7×1.114\%＝48.96(m)$$
$$坡道终点高程＝48.60＋31.70×0.154\%＝48.65(m)$$

根据 $R＝5\ 000$ m 和相应的桩距 x_i，即可求得竖曲线上各桩的高程改正数 y_i，计算结果见表 7.5.1。

表 7.5.1　竖曲线计算表

桩　号	至起点、终点距离 x_i(m)	高程改正数 y_i(m)	坡道高程(m)	竖曲线高程(m)	备　注
K1＋638.30	0.0	0.00	48.95	48.95	
K1＋650	11.7	0.01	48.82	48.83	竖曲线起点
K1＋660	21.7	0.05	48.71	48.76	$i_1＝－1.114\%$
K1＋670	31.7	0.10	48.60	48.70	变坡点
K1＋680	21.7	0.05	48.62	48.67	$i_2＝＋0.154\%$
K1＋690	11.7	0.01	48.63	48.64	竖曲线终点
K1＋701.70	0.0	0.00	48.65	48.65	

竖曲线测设时,先标定每一个桩的平面位置,再根据每一个桩的坡道高程和该桩的竖曲线高程标定工作高程。

7.6　路基竣工测量

在路基土石方工程完工之后,铺轨或路面铺装之前应当进行线路竣工测量。路基竣工测量的任务是最后确定线路中线位置,作为铺轨或路面铺装的依据,同时检查路基施工质量是否符合设计要求,竣工测量内容包括中线测量、高程测量和横断面测量。

7.6.1　中线测量

首先根据护桩将主要控制点恢复到路基上,进行线路中线贯通测量;在有桥、隧的地段,应从桥梁、隧道的线路中线向两端引测贯通。贯通测量后的中线位置,应符合路基宽度和建筑物接近限界的要求。

对于曲线地段,应交会出交点,重新测量转向角值;当新测角值与原来转向角之差在允许范围内时,仍采用原来的资料;测角精度与定测时相同。曲线的控制点应进行检查,曲线的切线长、外矢距等检查误差在 1/2 000 以内时,仍用原桩点;曲线横向闭合差不应超过相应等级规定限差。

恢复中线时,直线地段每 50 m、曲线地段每 20 m 测设一桩;道岔中心、变坡点、桥涵中心等处均需钉设加桩;全线里程自起点连续计算,消除由于局部改线或假设起始里程而造成的里程不能连续的"断链"。

7.6.2　高程测量

竣工测量时,应将水准点移设到稳固的建筑物上,或埋设永久性混凝土水准点,其间距不应大于 2 km,其精度与定测时要求相同。全线高程必须统一,消除因采用不同高程基准而产生的"断高"。

中桩高程按复测方法进行,路基高程与设计高程之差不应超过相应等级规定限差。

7.6.3　横断面测量

主要检查路基宽度和侧沟、天沟的深度。若不符合要求且误差超限时,应进行整修。

知识拓展——高速铁路路基"毫米级"变形控制

高速铁路是中国向世界展示的一张亮丽名片,截至 2022 年年底,我国高速铁路运营里程超 4 万公里。高速铁路路基工程的"毫米级"变形控制是保证高速铁路高速、平稳、安全运行的核心技术。与传统普通铁路不同,高速铁路路基变形控制标准为 5～15 mm,仅为传统铁路的 5%～10%,要求极其严格。

膨胀土是一种特殊土,民间形象描述为"晴天一把刀,雨天一团糟"。膨胀土在我国四川、广西、云南等22个省区市分布广泛,具有吸水膨胀、失水收缩和反复胀缩变形、浸水承载力急剧衰减等特性,性质极不稳定,造成铁路、公路路基边坡坍塌、滑坡,基床翻浆冒泥,出现上拱和下沉,结构发生变形和开裂,工程危害极大。膨胀土在岩土工程界有"癌症"之称。

遏制"癌症"的发生,保证高速铁路膨胀土路基工程沉降量不超过 15 mm(过渡段 5 mm)、隆起变形不超过 4 mm,难度极大,被视为世界性工程技术难题。如果不解决膨胀土路基毫米级变形控制问题,路基将成为限制列车高速运行的瓶颈工程。

中铁二院工程集团有限责任公司"膨胀土地区高速铁路路基关键技术研究"项目组经过十多年刻苦攻关,采取理论分析→数值模拟→模型试验→现场试验→工程应用的技术手段,对膨胀土路基的胀缩变形和沉降变形特性、变形计算理论与设计方法、基床结构及地基加固技术、防排水系统和边坡加固防护技术等进行了系统研究,突破了多方面的技术难题。

通过路基原型湿干试验,揭示了膨胀土地基胀缩作用引起的路基基床变形规律,建立了综合考虑气候变化、应力传递、消能效应及水分迁移的群桩抗隆起计算理论及设计方法,构建了基于临界振动速度的膨胀土路基长期动力稳定评价方法,填补了膨胀土基床隆起变形设计计算及控制技术的空白。

建立了基于填土"消能"与"卸荷拱"效应的膨胀土路基胀缩变形计算方法。根据现场大量实测数据,确定了施工期地基沉降完成比例,提出了基于超固结特性的地基压缩层厚度确定方法和地基处理原则,完善了高速铁路膨胀土地基沉降计算理论,使得中—低填方路基工程可大幅节约工程投资。

发明了具有良好的抗裂、抗渗、抗疲劳等性能的膨胀土路堑基床水泥基防水抗裂材料,研发了装配式排水盲沟和减胀反滤排水层,实现了工厂化生产、装配式施工,效率提高 50% 以上,成本降低 30% 以上,建立了膨胀土地区高速铁路路基变形控制成套技术,实现了高速铁路路基毫米级变形控制。

项目成果已全面应用于成绵乐、上海至昆明、昆明至南宁、贵阳至南宁、郑州至万州、成都至贵阳、贵阳至广州、川南城际等 10 余条高速铁路建设,推动了高速铁路路基工程技术进步,也为成渝中线高铁、川藏铁路修建提供了技术储备。项目所依托的"西成高速铁路"获全球FIDIC 杰出工程项目奖,"云桂高速铁路"获全球 FIDIC 优秀工程项目奖和中国土木工程詹天佑奖,另有十多个工程项目获省部级工程创优奖,奠定了我国在该领域的国际领先地位。

(来源于学习强国)

 项目实训

(1)项目名称

路基边桩及横断面测量。

(2)测区范围

约 60 m×300 m。

(3)项目要求

①在测区内建立局部坐标系,测设线路中线。线路中线参数如下:

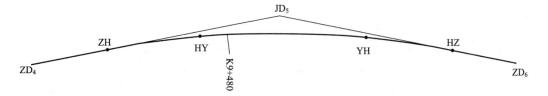

交(转)点号	交(转)点桩号	交点坐标		偏　角	曲线要素		方位角
		X 坐标	Y 坐标		R	l_0	
ZD_4	DK9+416.802	3 089.011	4 418.177	38°47′01″(左偏)	500	0	79°18′43″
JD_5	DK9+500	3 100.948	4 481.429	21°44′33″(右偏)	300	30	101°03′16″
ZD_6	DK9+78.989	3 088.631	4 544.475	15°33′36″(左偏)	300	0	

②精确定出 K9+480 处线路横断面方向；采集该断面上左右两侧 20 m 范围内高程变化点的三维坐标，并绘制该里程的横断面图；

③测设 K9+510.256 桩号的边桩(中线两侧各 20 m)，并检查该两点的实际距离与理论距离。

（4）注意事项

①组长要切实负责，合理安排，使每个人都有练习机会；组员之间要团结协作，密切配合，以确保实习任务顺利完成；

②每项测量工作完成后应及时检核，原始数据、资料应妥善保存；

③测量仪器和工具要轻拿轻放，爱护测量仪器，禁止坐仪器箱和工具；

④时刻注意人身和仪器安全。

（5）编写实习报告

实习报告要在实习期间编写，实习结束时上交。内容包括：

①封面——实训名称、实训地点、实训时间、班级名称、组名、姓名；

②前言——实训的目的、任务和技术要求；

③内容——实训的项目、程序、测量的方法、精度要求和计算成果；

④结束语——实训的心得体会、意见和建议；

⑤附属资料——观测记录、检查记录和计算数据。

 复习思考题

7.1　线路施工复测的目的是什么？复测后为什么要设置护桩？

7.2　试述用试探法(逐点接近法)测设路基边桩的方法。

7.3　横断面测量的目的是什么？试比较各种测量方法的优缺点。

7.4　什么是超高？设置超高的目的是什么？

7.5　根据下列水准仪施测 DK5+800 处的横断面资料进行计算，并绘断面图。

左　侧					DK5+800	右　侧				
标高	前视	仪高	后视	距离		距离	后视	仪高	前视	标高
503.72			1.20				0.36			503.72
	1.68			1.06		15.0		2.10		
	1.80			15		20		1.89		
	2.35			21.5		30.6		0.47		
	2.91			30		35		1.53		
						40		0.86		

项目 8 桥涵施工测量

项目描述

本项目依据桥涵施工程序,介绍了桥涵施工各环节的测量放样工作,主要包括桥梁施工测量基本知识、桥梁施工控制测量方法、桥梁设计资料检核计算、桥梁墩台定位及轴线测设方法、桥梁墩台细部施工放样方法、涵洞施工放样方法、计算机技术在桥梁施工中应用知识、桥梁施工变形观测、锥体护坡施工测量等内容,旨在锻炼学生在桥涵施工过程中识图、分析计算、仪器操作等技能,培养学生从事桥涵施工测量能力。

学习目标

1. 素质目标
(1)培养学生的团队协作能力;
(2)培养学生在学习过程中的主动性、创新性意识;
(3)培养学生"自主、探索、合作"的学习方式;
(4)培养学生可持续学习能力;
(5)培育学生吃苦耐劳、工作认真细致的工匠精神。

2. 知识目标
(1)掌握桥涵施工图纸和资料的复核检算方法;
(2)掌握桥涵施工中常用仪器的使用方法;
(3)掌握桥涵各施工环节的施工程序和放样方法;
(4)掌握桥涵施工中相关点位坐标的计算方法;
(5)掌握桥涵施工验收检测事项和精度要求。

3. 能力目标
(1)能读懂桥涵施工图,并参与施工团队间技术交流;
(2)能从事桥涵施工过程中的各项测量工作;
(3)能分析和解决在桥涵施工过程中测量工作遇到的问题。

相关案例——某线黄龙大桥设计方案

线路控制测量资料和桥梁设计资料是桥梁施工的主要依据。施工组织设计是桥梁施工的指导性文件。

1. 线路控制测量资料
线路控制测量资料涵盖了工程概况、线路既有控制资料、参考技术依据和规范、采用坐标和高程系统、测绘技术方案、测量成果汇总等内容。其中测绘技术方案详细介绍了控制网的布设等级、控制点埋设标准、观测方案、观测数据质量、控制网平差精度、控制网网形图、点之记、平面和高程控制测量成果汇总表等。

　　某线黄龙桥标段平面控制测量采用 CGCS2000 坐标系成果,控制网按照 C 级卫星定位测量控制网精度布设和观测;高程控制测量采用"1985 国家高程基准",按照国家三等水准测量精度施测。

　　2. 设计资料

　　某线黄龙桥设计资料施工图主要包括:桥位图、全桥布置图、桥墩图、桥台图、桥跨结构图和附属工程图等。

　　(1)桥位图

　　桥位图主要表示桥梁所处的位置、河流两岸的地形和地物。从桥位图(图 8.0.1)中可以看出:地势高低起伏变化情况,测区房屋、交通状况、水文状况等。根据桥位图便可以布置施工现场。黄龙桥桥址处为低山丘陵地貌,山间谷地平坦。从桥位图可以判断 N3 墩、N4 台在缓和曲线上,其余墩台在圆曲线上。

图 8.0.1　黄龙大桥桥位图

　　(2)全桥布置图

　　全桥布置图主要表示全桥的概貌和有关的技术资料,包括立面图和平面图。立面图:由线路的垂直方向向桥孔投影,可以反映桥梁的全貌;平面图:从上向下投影,假想将桥跨及以上部分去除,反映桥墩、桥台的位置及类型。

　　从全桥布置图(图 8.0.2)上可以获得桥梁概貌信息:桥面纵坡 0.3‰;桥孔采用 1×24 m＋2×32 m＋1×24 m 后张法预应力混凝土梁;中心里程为 DK68＋111.8;桥与河流夹角 40°;桥梁的全长 128.92 m。桥墩采用双线圆端形实体桥墩,桥台采用双线矩形空心桥

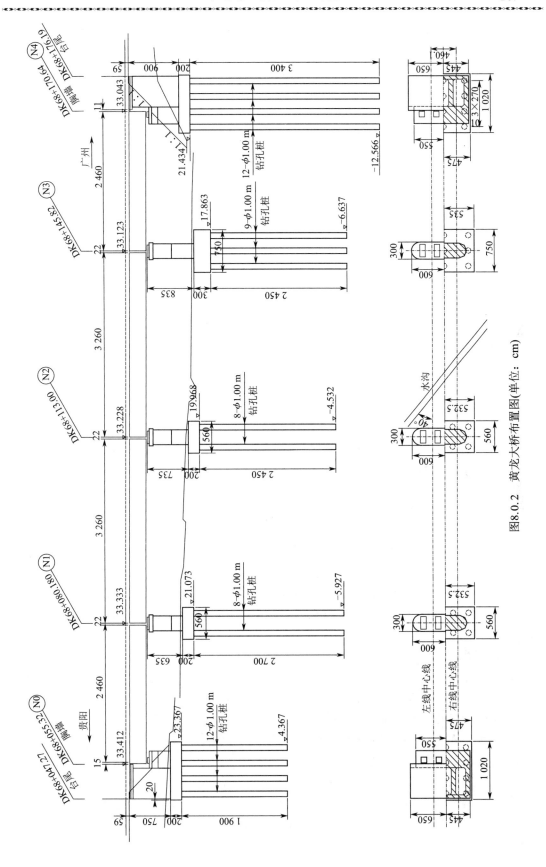

图8.0.2　黄龙大桥布置图(单位: cm)

台;地质资料参见地质柱状图。

（3）桥墩（台）图

桥墩（台）总图包括正面图、平面图、侧面图。

桥墩（台）顶构造图包括中心纵剖面、平面图、半正面半剖面、详图。

（4）施工图阅读方法

按照先整体后局部的顺序结合相关施工设计说明进行施工图阅读。

首先看标题栏和文字说明:图名、图号、绘图比例、尺寸单位、施工技术要求;然后弄清楚表达方案:用到了多少张图,相互之间的联系,每张图中用到几个视图,视图之间的对应关系;最后逐步读懂各部形状和大小、材料:按照投影关系和形体分析法划分子部分(构造)。

3. 施工组织设计

施工组织设计是组织工程施工总的指导性文件,主要包括编制依据、工程概况及特点、项目管理组织机构、施工准备和平面布置、施工方案、施工进度计划、资源供应计划、质量管理、安全管理、工程劳务分包管理、信息管理和资料移交、文明施工和环境保护、成本管理和控制等内容。它体现了基本建设计划和设计的要求,提供了各阶段的施工准备工作内容,协调施工过程中各施工单位、各施工工种、各项资源之间的相互关系。

黄龙桥施工工序包括钻孔灌注桩、承台、墩柱、帽梁、预制安装空心板梁、桥面系。测量人员应明确和熟练在各施工环节的工作职责、施工要求、定位方法和定位精度,并应注意以下几个方面:

（1）按照设计和相关规范进行施工。

（2）施工单位进场后,应根据设计图纸,认真核对地形地貌、墩台里程、断面高程等,若发现与设计不符时,应及时与设计单位取得联系,作出变更设计后,以变更设计为依据进行施工。

（3）施工前应探明地下各类管线位置,严禁盲目施工而危及管线安全。

（4）下部结构施工放样时,应对线路里程、桩位坐标、预偏心大小及方向等进行相互校核,确认无误后,方可开始施工。

（5）本桥墩台、支承垫石的高程、位置应准确控制(支承垫石顶高程包括 3 cm 的砂浆找平层),垫石顶表面必须平整,应按设计或支座生产厂家的要求预埋支座地脚螺栓。

（6）支座设置情况:固定支座设在每孔梁的下坡端,当位于曲线上时,则设于曲线内侧。

（7）桩基础施工:灌注的桩顶高程应比设计高出一定高度,一般为 1.0 m,以保证混凝土强度,多余部分接桩前必须凿除,残余桩头应无松散层;群桩中心在承台底面处的偏差不得大于 5 cm。

 问题导入

1. 桥梁施工测量的主要内容和工作程序是什么?

2. 桥梁控制网如何布设与施测?

3. 施工测量前如何复核设计资料?

4. 桥梁施工测量的主要内容是什么?

8.1　桥梁构造与施工测量

8.1.1　桥梁构造

桥梁是铁路、公路跨越河流、深谷以及其他障碍的架空建筑物。桥梁由上部结构、下部结构和附属结构组成(图8.1.1)。上部结构包括桥面铺装、桥面系、承重结构、连接部件。下部结构包括桥墩、桥台、基础。桥梁上下部之间常用支座连接。附属结构包括锥体护坡、检查台阶、导流堤、丁坝等。

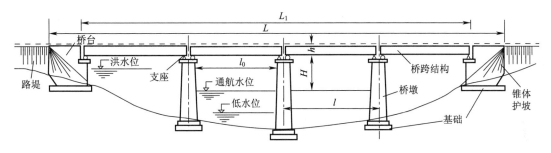

图 8.1.1　桥梁立面图

1. 主要尺寸和名称术语

(1)跨度或跨径。跨度是表征桥梁技术水平的重要指标。

①净跨径 l_0:梁式桥的净跨径是设计洪水位上两相邻桥墩(或桥台)之间的净距。

②总跨径 $\sum l_0$:多孔桥梁中各孔净跨径的总和,也称桥梁孔径,反应了桥下宣泄洪水的能力。

③计算跨径 l:梁式桥的计算跨径指两相邻支座中心的距离。

(2)桥长 L_1。桥长是两桥台胸墙之间的距离,是桥梁规模的划分指标,见表8.1.1。

桥全长 L:桥全长是两桥台台尾之间的距离。

表 8.1.1　桥梁涵洞按跨径分类

桥涵分类	公路桥涵		铁路桥涵
	多孔跨径总长 L_1(m)	单孔跨径 l(m)	桥长 L_1(m)
特大桥	$L_1 \geqslant 500$	$l \geqslant 100$	$L_1 > 500$
大　桥	$L_1 \geqslant 100$	$l \geqslant 40$	$100 < L_1 \leqslant 500$
中　桥	$30 < L_1 < 100$	$20 < l < 40$	$20 < L_1 \leqslant 100$
小　桥	$8 \leqslant L_1 \leqslant 30$	$5 \leqslant l < 20$	$L_1 \leqslant 20$
涵　洞	$L_1 < 8$	$l < 5$	见标注

注:一般指 $L_1 < 6$ m 且顶上有填土者。

(3)桥梁高度。指桥面与低水位(或桥下路面)之间的距离。

建筑高度 h:行车路面(或轨顶)至桥跨结构最下缘之间的距离。

桥下净空高度 H:桥跨结构最下缘至设计洪水位(或计算通航水位)之间的距离。

2. 桥梁墩台

(1)桥墩

桥墩是桥的中间支撑结构,两侧均支撑桥跨结构,作用是将桥跨结构传来的荷载及其自重传给地基。

桥墩的类型(以墩身横断面的形状分类)包括圆端形桥墩、圆形桥墩、矩形桥墩、尖端形桥墩等。桥墩的构造包括基础(分为扩大基础、沉井基础和桩基础等类型)、墩身、墩帽(托盘、顶帽和垫石)等,如图 8.1.2 所示。

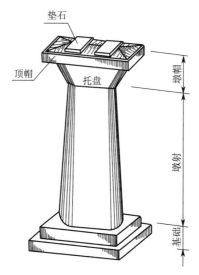

图 8.1.2　圆端形桥墩

(2)桥台

桥台位于桥的两端,是边支承结构,前端支撑桥跨结构,将桥跨结构传来的荷载及其自重传给地基;后端与路基相连,起着支承台后路基填土,并把桥跨结构与路基衔接起来的作用。

桥台的类型包括 T 形桥台、U 形桥台、矩形桥台等。桥台的构造包括基础(三层扩大基础)、台身(纵墙、横墙、托盘)、台顶(顶帽、台顶纵墙、道砟槽),如图 8.1.3 所示。

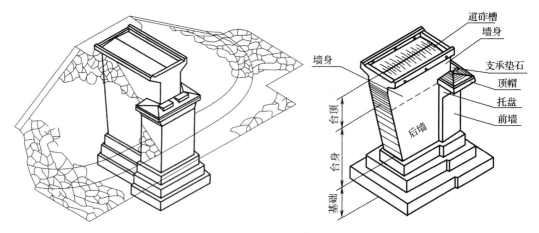

图 8.1.3　T 形桥台

8.1.2　桥梁的平面布置

1. 直线桥梁的平面布置

桥梁位于线路直线段时,线路中心线、桥梁中心线、桥梁工作线三线重合,桥梁墩台中心位于同一轴线上,如图 8.1.4 所示。

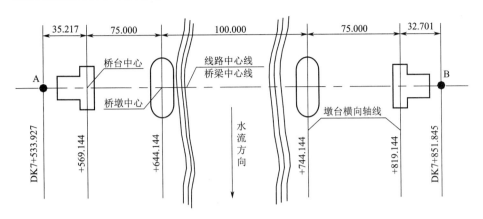

图 8.1.4 　直线桥梁的平面布置

2. 曲线桥梁的平面布置

曲线桥在设计时,根据施工工艺可设计成预制板装配曲线桥或现浇曲线桥。

(1)预制板装配曲线桥的平面布置

对于预制板装配曲线桥,由于路线中线是曲线,而所用的梁板是直线,因此路线中线与梁的中线不能完全一致,如图 8.1.5 所示。

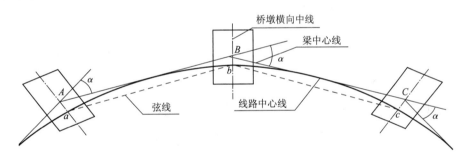

图 8.1.5 　预制安装曲线桥梁桥墩纵横轴线图

(注意:图中未标出偏距 E)

①桥梁工作线:在曲线上的桥,各孔梁中心线的连接线是一条折线,称为桥梁工作线,与线路中心线不一致。如图所示 $\overline{AB}-\overline{BC}$ 是桥梁工作线,$\overparen{abc}$ 为线路中心线。

②桥墩中心:两相邻梁中心线的交点是桥墩中心,即图中的 A、B、C 各点。

③桥墩的横、纵向轴线:过桥墩中心作一直线平分相邻两孔梁中心线(桥梁工作线)的夹角,这条直线就是桥墩横向轴线,如图中的 $\overline{Bb}$ 和 $\overline{Cc}$;过桥墩中心与横向轴线相垂直的直线为桥墩纵向轴线。

④桥墩中心里程:桥墩横向轴线与线路中心线的交点称为桥墩中心在线路中心线上的对应点,如图 8.1.5 中的 a、b、c 点,桥墩的中心里程即以其对应点的里程表示之。

⑤偏距 E:桥墩中心与其在线路中心线上的对应点之间的距离称为偏距。在曲线桥梁设计中,由于相邻两跨梁的偏角很小,认为偏距就是线路中线与桥墩横轴线的交点至桥墩中心的距离,如图中的 $\overline{Aa}$、$\overline{Bb}$ 和 $\overline{Cc}$。

⑥偏角:两相邻梁中心线(桥梁工作线)的转向角称为偏角,如图中 α 角。

⑦交点距 L：指相邻桥跨中心线交点之间的距离，如图中的 $\overline{AB}$、$\overline{BC}$；对边孔而言，交点距是指桥台胸墙中心与相邻桥跨中心线交点的距离。

当桥墩未设横向预偏心时，桥墩中心位于相邻两孔梁中心线的交点上，如图 8.1.6(a)所示。

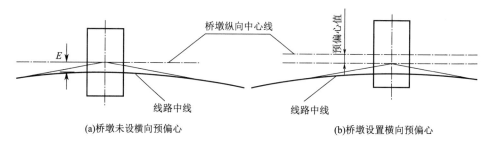

(a)桥墩未设横向预偏心   (b)桥墩设置横向预偏心

图 8.1.6   桥墩与线路的关系

当桥墩设有横向预偏心时，由两相邻梁中心线的交点沿桥墩横向中心线向曲线外移动一个预偏心值，才是桥墩中心，基础、墩身、墩帽均应照此施工，如图 8.1.6(b)所示。但墩帽上的支承垫石应照桥梁工作线的要求施工，需特别注意(图 8.1.7)。

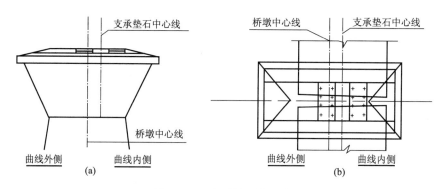

图 8.1.7   支承垫石中心线

墩台放样时，可根据墩台标准跨径计算墩台横轴线与线路中线的交点坐标，放出交点后，再沿横轴线方向量取偏距 E 得墩台中心位置，或者直接计算墩台中心的坐标，直接放样墩台中心位置；对于现浇曲线桥，因为路中线与桥墩台中心重合，可以计算墩台中心的坐标，根据坐标放样墩台中心位置。

（2）现浇曲线桥的平面布置

对于现浇曲线桥，桥墩台中心与路线中线重合，在放样时要特别注意，如图 8.1.8 所示。

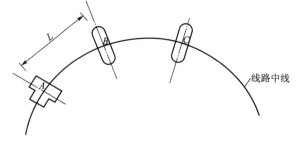

图 8.1.8   现浇曲线桥梁桥墩纵横轴线图

8.1.3   桥梁施工测量内容

桥梁施工阶段的测量工作可概括为：桥轴线长度测量，施工控制测量，墩、台中心的定位，墩、台细部放样以及梁部放样等，桥梁施工测量工作流程如图 8.1.9 所示。

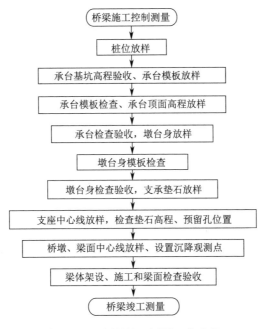

图 8.1.9　桥梁施工测量工作流程

8.2　桥梁平面控制网测设

　　桥梁施工应建立桥梁施工专用控制网(简称为桥梁控制网)。对于跨越宽度小于 500 m 的桥梁,也可利用勘测阶段所布设的等级控制点,但必须经过复测,并满足桥梁控制网的等级和精度要求。桥梁施工控制测量包括桥梁平面控制测量和高程控制测量。

　　桥梁平面控制测量应进行精度估算,以确保施测后能满足桥轴线长度和桥梁墩台中心定位的精度要求。

　　桥梁高程控制测量应提供具有统一高程系统的施工控制点,使两端线路高程准确衔接,同时满足高程放样的需要。

8.2.1　桥梁平面控制网的布设形式

　　为确保桥轴线长度和墩台定位的精度,大桥、特大桥必须布设专用的施工平面控制网。按观测要素的不同,桥梁控制网可布设成三角形网、边角网、精密导线网、卫星定位测量控制网等(图 8.2.1)。在常用的图形中,与跨河的中线端点相连的基线边长一般为中线(跨河)长度的0.7～0.5 倍,且尽可能与轴线垂直,图形以双大地四边形或大地四边形带一三角形的情况居多。

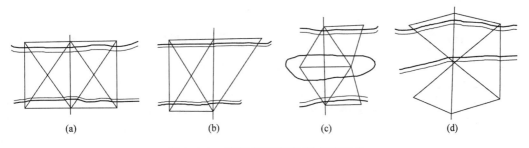

图 8.2.1　桥梁平面控制网的布设形式

在选定三角网的这些控制点时,应注意下列一些问题:

(1)三角网的控制点必须能控制全桥及与之相关的重要附属工程。

(2)桥轴线一般是控制网中的一条边。

(3)所有控制点都必须选定在开阔、安全、稳固和便于引用的地方。

(4)控制点构成的图形,应有较好的图形强度。

(5)控制网必须有足够的精度,以保证网的扩展和墩台定位的精度。

(6)有长大引桥的特大桥平面控制网宜采用分级控制,但应保证全桥连接的整体性,并方便施工定位放样和减少工作量。

8.2.2 桥梁平面控制网坐标系和投影面的选择

为了施工放样时计算方便,桥梁控制网常采用独立坐标系统,其坐标轴采用平行或垂直桥轴线方向,坐标原点选在测区的西南角上,使坐标值始终为正值,这样桥轴线上两点间的长度可以方便地由坐标差求得。

对于曲线桥梁,坐标轴可选为平行或垂直于一岸轴线点(控制点)的切线。若施工控制网与测图控制网发生联系时,应进行坐标换算,统一坐标系。

桥梁控制网平差应选择桥墩顶平面作为投影面,以使平差计算获得放样所需的控制点之间的实际距离。在平差之前,包括起算边长和观测边长及水平角观测值都要化算到桥墩的平面上。

8.2.3 平面控制网的精度估算

建立控制网的目的是满足施工放样桥轴线测设和梁墩台定位的精度要求。

桥梁控制网可用多种方法测设,无论以什么方法测出的控制网,总是希望网中所有的控制点都有较高的点位精度,即使是用网中最弱的点或边去进行墩台定位时,其自身的误差给墩台位置造成的影响也是极小的或是可忽略不计的。要达到这样的效果,事前必须对控制网的测量精度进行正确的估算。下面介绍常用的估算方法。

1. 混凝土梁及钢筋混凝土梁

桥轴线长度中误差 m_L:

$$m_L=\pm\frac{\Delta_D}{\sqrt{2}}\cdot\sqrt{N} \qquad (8.2.1)$$

式中,N 为联(跨)数;Δ_D 为墩中心点位放样限差(±10 mm)。

2. 钢板梁及短跨($l\leqslant64$ m)简支钢桁梁

两桥台间长度中误差 m_l:

$$m_l=\pm\frac{1}{2}\sqrt{\left(\frac{l}{5\ 000}\right)^2+\delta^2} \qquad (8.2.2)$$

式中,l 为梁长;δ 为支座安装限差(±7 mm);$l/5\ 000$ 为梁长制造限差。

多跨等跨梁: $\qquad m_L=\pm m_l\cdot\sqrt{N} \qquad (8.2.3)$

多跨不等跨梁: $\qquad m_L=\pm\sqrt{m_{l1}^2+m_{l2}^2+\cdots} \qquad (8.2.4)$

3. 连续梁及长跨($l>64$ m)简支钢桁梁

单联(跨): $\qquad m_l=\pm\frac{1}{2}\sqrt{n\Delta_1^2+\delta^2} \qquad (8.2.5)$

多联(跨)等联(跨)： $$m_L = \pm m_1 \cdot \sqrt{N} \tag{8.2.6}$$

多联(跨)不等联(跨)： $$m_L = \pm \sqrt{m_{l1}^2 + m_{l2}^2 + \cdots} \tag{8.2.7}$$

式中，Δ_1 为节间拼装限差(± 2 mm)；n 为每联(跨)节间数。

根据以上各种计算式可估算出桥轴线长度的中误差，再除以桥长 L，即得桥长相对中误差。有了这个数据，便可从表 8.2.1 中查取所需测量精度，决定该网按什么等级施测。桥梁控制网分为四个等级，见表 8.2.1。

表 8.2.1　控制测量等级和精度要求

跨河桥长 L(m)	大跨径桥梁主跨 L_1(m)	测量等级	跨河桥轴线边的边长相对中误差
$2\,500 < L \leqslant 3\,500$	$800 < L_1 \leqslant 1\,000$	一等	$\leqslant 1/350\,000$
$1\,500 < L \leqslant 2\,500$	$500 < L_1 \leqslant 800$	二等	$\leqslant 1/250\,000$
$1\,000 < L \leqslant 1\,500$	$300 < L_1 \leqslant 500$	三等	$\leqslant 1/150\,000$
$L \leqslant 1\,000$	$L_1 \leqslant 300$	四等	$\leqslant 1/100\,000$

例如，某桥长 1 800 m，主桥孔为一联 180 m + 216 m + 180 m，节间数 $n = 32$；北端为二联 162 m + 162m + 162 m，节间数 $n = 27$；南端为一联 126 m + 126 m，节间数 $n = 14$。试求桥轴线误差及相对中误差(节间长 18 m)。

根据以上已知条件有

主孔 $$m_{l1} = \pm \frac{1}{2} \sqrt{32 \times 2^2 + 7^2}$$

北端 $\quad m_{l2} = \pm \frac{1}{2} \sqrt{27 \times 2^2 + 7^2} \cdot \sqrt{2}$，　南端 $\quad m_{l3} = \pm \frac{1}{2} \sqrt{14 \times 2^2 + 7^2}$

$$m_L = \pm \sqrt{m_{l1}^2 + m_{l2}^2 + m_{l3}^2} = \pm 12.21 \text{(mm)}$$

$$m_L / L = 1 : 147\,000$$

桥梁控制网的测量等级应根据跨河桥长、大跨径桥梁的主跨跨距及桥型桥式、施工精度要求等因素，经过综合分析确定，并不得低于表 8.2.1 的规定值。

8.2.4　桥梁平面控制测量的外业工作

桥梁控制网经设计估算能达到施工放样的精度后，就可以进行控制网的外业测量工作。外业测量工作包括实地选点、造标埋石及水平角测量和边长测量等工作。

1. 水平角测量

(1)用于特大桥控制三角网测量的全站仪，开测前必须进行检查和校正。

(2)桥梁三角网水平角观测一般采用全圆方向法观测。

(3)桥梁三角网一般边长较短，为了减小仪器对中和照准觇标的偏心误差，测站上的仪器对中和照准点上的觇标对中尽可能采取强制归心的办法安置，尽可能不用偏心观测。

(4)当全站仪对中器对中时，在完成一半的测回数之后，应将全站仪的底座转 180°，重新置平对中，与此同时，各照准点上的照准标志也旋转 180°后置平对中，再完成余下的测回数。有时也可采取在完成全部测回的 1/3 时，将经纬仪底座转 120°，再置平、对中、观测，全部观测工作分 3 次完成。对于对中器固定在全站仪底座上的仪器来说，上述措施尤为重要。

(5)桥梁三角网的精度明确后，所需的测回数可参照表 8.2.2。

表 8.2.2　三角形网测量的主要技术要求

等级	测角中误差 (″)	三角形最大闭合差(″)	测边相对中误差	最弱边边长相对中误差	测　回　数		
					0.5″级仪器	1″级仪器	2″级仪器
二等	1.0	3.5	1/250 000	1/120 000	6	9	—
三等	1.8	7.0	1/150 000	1/70 000	4	6	9
四等	2.5	9.0	1/100 000	1/40 000	2	4	6

(6)测角精度评定

①三角形闭合差:

$$w_i = (\alpha_i + \beta_i + \gamma_i) - 180° \qquad (8.2.8)$$

式中　w——三角形闭合差;

　　　i——三角形编号;

$\alpha_i, \beta_i, \gamma_i$——第 i 个三角形的三个内角。

三角形闭合差的限差应满足表 8.2.3 的规定。

表 8.2.3　三角形闭合差的限差(″)

三角形等级	二	三	四
限　差	±3.5	±7.0	±9.0

②测角中误差:

$$m = \pm \sqrt{\frac{[w_i w_i]}{3n}} \quad (″) \qquad (8.2.9)$$

式中　w——第 i 个三角形内角和闭合差;

　　　n——三角形的个数。

测角中误差应满足《铁路工程测量规范》对应等级测角中误差要求。

2. 光电测距的距离改化与归算

光电测距技术在桥梁施工中应用普遍,光电测距仪在野外测得的长度,必须加入若干项改正,才是需要的标准长度。这些改正有:气象改正、周期改正、常数改正、倾斜改正;归算至桥梁轨底(墩顶)平面的改正。

桥梁控制三角网中,以光电测距仪测得若干条边长,其高程是各不相同的,与桥梁轨底(墩顶)的平均高程也不相同,在参与平差计算前,每一条已测边都应化算成轨底或墩顶平均高程平面上的长度,然后才能参与平差。归算公式如下:

$$D_d = D \cdot \left(1 + \frac{H_d - H}{R}\right) \qquad (8.2.10)$$

式中　D_d——轨底(墩顶)平均高程平面上的平距;

　　　D——往、返测棱镜平均高程上的平距;

　　　H_d——轨底或墩顶的平均高程;

　　　H——边长两端棱镜高程的平均值;

　　　R——地球曲率半径,取 6 371 km。

光电测距的边长精度估算如下:

一次测量的观测值中误差　　　　　$m_0 = \pm\sqrt{\dfrac{[dd]}{2n}}$　　　　　　　(8.2.11)

往返观测值平均值中误差　　　　　$M_D = \pm\dfrac{1}{\sqrt{2}}\sqrt{\dfrac{[dd]}{2n}}$　　　　　(8.2.12)

式中　d——化算至同一高程面的每对平距之差；

　　　n——差值 d 的个数。

8.3　桥梁高程控制网测设

8.3.1　桥梁高程控制网布设

在桥梁的施工阶段,应建立高程控制,即在河流两岸建立若干个水准基点。这些水准基点除用于施工外,也可作为以后变形观测的高程基准点。

水准基点布设的数量视河宽及桥的大小而异。一般小桥可只布设一个;在 200 m 以内的大、中桥,宜在两岸各布设一个;当桥长超过 200 m 时,由于两岸连测不便,为了在高程变化时易于检查,每岸至少设置两个。

水准基点是永久性的,必须十分稳固。除了它的位置要求便于保护外,根据地质条件,可采用混凝土标石、钢管标石、管柱标石或钻孔标石。在标石上方嵌以凸出半球状的铜质或不锈钢标志。

为了方便施工,也可在附近设立施工水准点,由于其使用时间较短,在结构上可以简化,但要求使用方便,也要相对稳定,且在施工时不致破坏。

桥梁水准点与线路水准点应采用同一高程系统。与线路水准点联测的精度不需要很高,当包括引桥在内的桥长小于 500 m 时,可用四等水准连测,大于 500 m 时可用三等水准进行测量。但桥梁本身的施工水准网,则宜用较高精度,因为它直接影响桥梁各部放样精度。当跨河距离大于 200 m 时,宜采用过河水准法连测两岸的水准点。跨河点间的距离小于 800 m 时,可采用三等水准;大于 800 m 时,则采用二等水准进行测量。

8.3.2　跨河水准测量

当水准路线需要跨越较宽的河流或山谷时,因跨河视线较长,超过了规定的长度,使水准仪 i 角的误差、大气折光和地球曲率误差均增大,且读尺困难。所以必须采用特殊的观测方法,这就是跨河水准测量方法。

进行跨河水准测量时,首先是要选择好跨河地点,如选在江河最窄处,视线避开草丛沙滩的上方,仪器站应选在开阔通风处,跨河视线离水面 2～3 m 以上。跨河场地仪器站和立尺点的位置如图 8.3.1 所示。当使用两台水准仪作对向观测时,宜布置成图 8.3.1 中的(a)或(b)

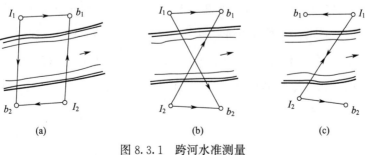

(a)　　　　　　　　　　　　(b)　　　　　　　　　　　　(c)

图 8.3.1　跨河水准测量

的形式。图中 I_1、I_2 为仪器站，b_1、b_2 为立尺点，要求跨河视线尽量相等，岸上视线 I_1b_1、I_2b_2 不少于 10 m 并相等。当用一台水准仪观测时，宜采用图 8.3.1 中(c)的形式，此时图中 I_1、I_2 既是仪器站又是立尺点。最后通过观测数据求出 b_1b_2 的高差。

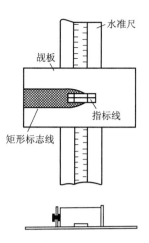

图 8.3.2　觇板构造

跨河水准测量的跨河视线在 500 m 以下时，通常用精密水准仪，以光学测微法进行观测。由于跨河视线较长，需要特制一觇板供照准和读数之用。觇板构造如图 8.3.2 所示。觇板上的照准标志用黑色绘成矩形，其宽度为视线长的 1/2.5 万，长度为宽度的 5 倍。觇板中央开一小口，并在中央安装一水平指标线，指标线应平分矩形标志的宽度。

采用光学测微法的观测方法如下：

(1)观测本岸近标尺。直接照准标尺分划线，用光学测微器读数两次。

(2)观测对岸标尺。照准标尺后使气泡精密符合，测微器读旋到 50。指挥对岸持尺者将觇板沿标尺上下移动，使觇板指标线置于水平视线附近，并精确对准标尺上的基本分划线，记下标尺读数，每次读数差不大于 $0.1S$(mm)，S 为视线长(m)，如此构成一组观测。然后移动觇板重新对准标尺分划级，按同样顺序进行第二组观测。

以上(1)、(2)两步操作，称一测回的上半测回。

(3)上半测回完成后，立即将仪器迁至对岸，并互换两岸标尺。然后进行下半测回观测。下半测回应先测远尺再测近尺，观测每一标尺的操作与上半测回相同。由上、下半测回组成一测回。

用两台仪器观测时，应从两岸同时作对向观测。由两台仪器各测的一测回组成一个双测回。三、四等跨河水准测量应测两个双测回。各双测回互差的限值按下式计算：

$$d=4M_\Delta\sqrt{N\cdot S}\quad(mm)\tag{8.3.1}$$

式中　M_Δ——每千米高差中数的偶然中误差，三等水准为 ±3 mm，四等水准为 ±5 mm；

N——双测回测回数；

S——跨河视线长(km)。

当用一台水准仪进行跨河水准测量时，测回数应加倍。

8.3.3　高程控制网的平差计算

桥梁高程控制网可采用各种形式，除了闭合水准路线、附合水准路线外，还可以采用多个结点水准网的形式，其成果整理和平差方法也不相同。常用的闭合水准路线、附合水准路线前面已经介绍了，以下将介绍多个结点水准网的平差方法——等权代替法作结点水准网平差。

在图 8.3.3 中 A、B、C、D 为已知高程的水准点，E、F 为结点，Z_i 为各段水准路线，其相应长度为 L_i，各高差观测值的权为 p_i，故 $p_i=\dfrac{C}{L_i}$(C 为任意定权常数)。首先根据 A、B 两点的高程及 Z_1、Z_2 两线路的观测高程 $H_{E(1)}$ 和 $H_{E(2)}$，用求加权平均值的方法计算出 E 点的局部加权平均值：

$$H_{E(1,2)}=\frac{p_1H_{E(1)}+p_2H_{E(2)}}{p_1+p_2}\tag{8.3.2}$$

而 $H_{E(1,2)}$ 的权 $p_{(1,2)}=p_1+p_2$。现在用一条虚拟的路线 $Z_{(1,2)}$ 来代替水准路线 Z_1 和 Z_2。由虚拟路线求出的 E 点高程为 $H_{E(1,2)}$，故虚拟路线高差的权为 $p_{(1,2)}$，虚拟路线的长度则为 $L_{(1,2)}=\dfrac{C}{p_{(1,2)}}$。这样图 8.3.3 的水准网可用图 8.3.4 的形状来代替。在图 8.3.4 中只有一个结点 F，所以可用求加权平均值的方法来求出它的最或然值了。这种方法就称为等权代替法。

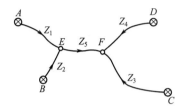 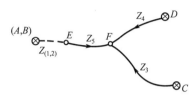

图 8.3.3　两个以上的结点水准网　　　　　图 8.3.4　虚拟的水准网

下面用一个算例来说明具体的做法。仍用图 8.3.3 的图形，观测数据和已知数据见表 8.3.1。

表 8.3.1　结点水准网观测数据和已知数据

路　线	观测高差(m)	线路长度(km)	水准点	高程(m)
Z_1	+9.279	25	A	34.260
Z_2	−9.262	20	B	52.780
Z_3	+1.108	40	C	47.776
Z_4	−12.169	30	D	61.073
Z_5	+5.386	25		

由 A、B 点经由 Z_1、Z_2 两条路线算出的 E 点高程及其权分别为

$$H_{E(1)}=H_A+h_1=34.260+9.279=43.539(\text{m}),\quad p_1=\frac{100}{L_1}=\frac{100}{25}=4$$

$$H_{E(2)}=H_B+h_2=52.780-9.262=43.518(\text{m}),\quad p_2=\frac{100}{L_2}=\frac{100}{20}=5$$

式中，定权常数 C 取 100。

E 点高程的局部加权平均值：

$$H_{E(1,2)}=\frac{p_1H_{E(1)}+p_2H_{E(2)}}{p_1+p_2}=\frac{4\times43.539+5\times43.518}{4+5}$$

$$=43.500+\frac{4\times0.039+5\times0.018}{4+5}=43.527(\text{m})$$

虚拟路线高差的权为　　　$p_{(1,2)}=p_1+p_2=9$

虚拟路线的长度为　　　$L_{(1,2)}=\dfrac{C}{p_{(1,2)}}=\dfrac{100}{9}=11.11(\text{km})$

现在可按图 8.3.4 的形状进一步计算。首先分别由三条路线计算 F 点的高程。

由 $(A、B)$ 点经 $Z_{(1,2)}$ 及 Z_5 计算 F 点的高程及其权：

$$H_{F(1,2+5)}=H_{E(1,2)}+h_5=43.527+5.386=48.913(\text{m})$$

路线长　　　$L_{(1,2+5)}=L_{(1,2)}+L_5=11.11+25=36.11(\text{km})$

$H_{F(1,2+5)}$ 的权　　　$p_{(1,2+5)}=\dfrac{C}{L_{(1,2+5)}}=\dfrac{100}{36.11}=2.77$

由 C、D 点经 Z_3、Z_4 计算 F 点的高程及其权：

$$H_{F(3)}=H_C+h_3=47.776+1.108=48.884(\text{m}), \quad p_3=\frac{100}{L_3}=\frac{100}{40}=2.5$$

$$H_{F(4)}=H_D+h_4=61.073-12.169=48.904(\text{m}), \quad p_4=\frac{100}{L_4}=\frac{100}{30}=3.33$$

故 F 点的最或然高程为

$$H_F=\frac{p_{(1,2+5)}H_{F(1,2+5)}+p_3H_{F(3)}+p_4H_{F(4)}}{p_{(1,2+5)}+p_3+p_4}$$

$$=48.000+\frac{2.77\times0.913+2.5\times0.884+3.33\times0.904}{2.77+2.5+3.33}=48.901(\text{m})$$

这就是结点 F 平差后的高程。

下面接着要计算 E 点的最或然高程。由 $(A、B)$ 点经 $Z_{(1,2)}$ 及 Z_5 计算出 F 点的高程为 $H_{F(1,2+5)}=48.913$ m，故在线路 $Z_{(1,2+5)}$ 上高程闭合差为

$$f=H_{F(1,2+5)}-H_F=48.913-48.901=+0.012(\text{m})$$

闭合差 f 可按线路长度 $L_{(1,2)}$ 和 L_5 进行分配，在 $Z_{(1,2)}$ 线段上改正数为

$$v_{(1,2)}=-f\frac{S_{(1,2)}}{S_{(1,2)}+S_5}=-0.012\times\frac{11.11}{36.11}=-0.004(\text{m})$$

故 E 点的最或然高程为

$$H_E=H_{E(1,2)}+v_{(1,2)}=43.527-0.004=43.523(\text{m})$$

这就是结点 E 平差后的高程。

8.4 桥梁控制网的复测

一般在控制网施测一年后或经受一个汛期、雨季或大潮期的影响后，应进行全桥控制网的复测。

复测后，以复测成果的中误差（m_f）和原测成果的中误差（m_y）为依据，计算复测成果与原测成果比较的相互差的限差（δ）。

$$\delta=\pm2\sqrt{\frac{m_f^2+m_y^2}{2}} \tag{8.4.1}$$

如复测成果与原测成果同一个量（可以是方向、角度、边长、高差或点位的中误差）的互差小于 δ，说明原测成果无问题或是互差在允许范围内；如互差大于 δ，则应考虑原测网已有问题，或者是原测网的控制点已发生变化沉陷、位移或倾斜等。

8.5 桥梁施工资料复核

8.5.1 施工定位前的准备及复核

桥梁设计图纸由桥梁平面布置图、纵断面设计图、结构物设计图、标准图、数据表及设计说明等几部分组成，每项工程开工前都应进行图纸复核，图纸复核包括内业设计资料复核和现场核对。

内业设计资料复核主要包括以下内容：

(1)审查施工图纸的张数、编号、与图纸目录是否相符。

(2)施工图纸、施工图说明、设计总说明是否齐全，规定是否明确，三者有无矛盾。

（3）平、纵断面所注里程、高程与各分项工程标注是否相符。

（4）复核工程各部位的尺寸、高程、线型及所用材料标准是否正确。

（5）工程数量审核，即将各单位工程图纸设计数量按照设计尺寸计算复核（土石方依据测量作出的实际地面线进行计算），依据设计图纸细目分项整理。

现场核对主要是对照图纸查看核对现场原地面、构造物原地面、工程地质、征地拆迁、大小临时工程及构造物设置的位置、规模、数量等情况。现场核对内容如下：

1. 桥梁工程现场核对内容

桥式结构设置、桥位位置的合理性，墩台位置（含桥台高度）、孔跨布置（有无增加或减少孔跨的可能）、基础类型的合理性（含其顶面与原地面的高差），弃土位置是否合理、是否处于岩堆或滑坡上，通航条件、公铁立交情况，与地方既有道路、水系关系（高程及平面位置），台后路堤有无特殊措施，墩台基坑、边坡防护是否合理，地址补勘工作情况等。

2. 涵洞工程现场核对内容

基础类型及基底处理方案情况，是否处于岩堆、滑坡上，弃土是否合理，孔跨布置，与相邻路基排水情况，附近有无增减（合并）的可能，进、出口有无与地方既有道路、水系关系（标高及平面），地质补勘工作情况等。

8.5.2　施工设计资料复核

曲线桥施测之前应充分熟悉图纸，对计算资料和平面布置图进行复核，其内容有梁（台）缝、交点距、墩台里程、偏距、偏角、桥台布置和全桥总偏角等。

1. 交点距 L 的计算（图 8.5.1）

交点距的计算公式为

$$L = L' + 2F \tag{8.5.1}$$

式中，F 为墩中心至相邻梁端的距离（可根据梁缝和偏角计算得到），L' 为预制梁长。

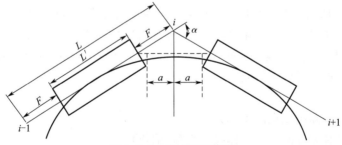

图 8.5.1　交点距示意图

2. 偏距 E 的计算

（1）平分中矢布置：梁中线位于弦长中矢（f）的平分线上，梁中线到跨中线路中线的距离 $f_1 = f/2$，如图 8.5.2 所示。

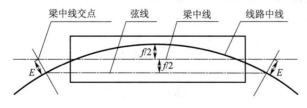

图 8.5.2　平分中矢布置

(2)切线布置:梁中线位于跨线路中线的切线上,即 $f_1=0$,如图 8.5.3 所示。

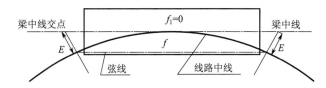

图 8.5.3　切线布置

偏距 E 的计算公式如下:

(1)圆曲线

切线布置时
$$E=\frac{L^2}{8R}\quad(m) \tag{8.5.2}$$

平分中矢布置时
$$E=\frac{L^2}{16R}\quad(m) \tag{8.5.3}$$

式中　R——圆曲线半径;

　　　　L——交点距。

(2)缓和曲线

切线布置时
$$E=\frac{L^2 t}{8Rl_0}\quad(m) \tag{8.5.4}$$

平分中矢布置时
$$E=\frac{L^2 t}{16Rl_0}\quad(m) \tag{8.5.5}$$

式中　l_0——缓和曲线长;

　　　　t——计算点至 ZH(HZ)点距离。

3. 偏角 α 的计算

梁工作线偏角主要由两部分组成:一是工作线交点所对应之线路中线的弦线偏角,二是由于各墩台 E 值不等所引起的外移偏角。桥梁工作线偏角计算的常用方法有偏角法和坐标法。

用坐标法计算桥梁工作线偏角,较之偏角法有其独特的优点:一是计算方法简单,不需考虑桥梁跨直缓、缓圆等诸多因素,因而不容易出错;二是计算出来的各墩台线路中线点坐标,为全站仪用极坐标法放线提供了方便。

(1)计算步骤

①计算各墩台线路中线点的坐标;

②根据坐标计算相邻两坐标点连线的交角(偏角);

③计算外移偏角;

④工作线偏角即为交角和外移偏角之和。

(2)计算公式

①坐标计算公式(以 ZH 或 HZ 为坐标原点)

在缓和曲线范围内
$$x=l-\frac{l^5}{40R^2 l_0^2} \tag{8.5.6}$$

$$y=\frac{l^3}{6Rl_0}-\frac{l^7}{336R^3 l_0^3} \tag{8.5.7}$$

式中　R——圆曲线半径;

l_0——缓和曲线长度；

l——计算点至 ZH(或 HZ)的长度。

在圆曲线范围内

$$x = R\sin\left(\frac{180^\circ}{\pi R}S + \beta_0\right) + m \tag{8.5.8}$$

$$y = (R+p) - R\cos\left(\frac{180^\circ}{\pi R}S + \beta_0\right) \tag{8.5.9}$$

式中　m——切线延伸量(曲线起终点沿切线向外延伸距离)；

　　　p——圆曲线内移量(自切线向内移动距离)；

　　　β_0——缓和曲线角；

　　　S——计算点至 HY(或 YH)的长度。

②坐标换算

当以 ZH(HZ)为坐标原点时,另一端缓和曲线上的点的坐标如需换算成统一坐标,可按下式计算：

$$X = T + (T-x)\cos\alpha - y\sin\alpha \tag{8.5.10}$$

$$Y = (T-x)\sin\alpha + y\cos\alpha \tag{8.5.11}$$

式中　X,Y——新坐标(以一端 ZH 或 HZ 为坐标原点的统一坐标)；

　　　x,y——原坐标(以另一端 HZ 或 ZH 为坐标原点的坐标)；

　　　T——切线长；

　　　α——曲线转向角。

③交角计算公式

相邻两坐标点连线的交角(偏角)按以下公式计算(图 8.5.4)：

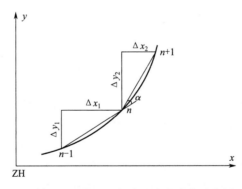

图 8.5.4　相邻两坐标点连线的交角示意图

当以 ZH 为坐标原点时,令

$$\Delta x_1 = x_n - x_{(n-1)}, \quad \Delta y_1 = y_n - y_{(n-1)}$$

$$\Delta x_2 = x_{(n+1)} - x_n, \quad \Delta y_2 = y_{(n+1)} - y_n$$

当以 HZ 为坐标原点时,令

$$\Delta x_1 = x_n - x_{(n+1)}, \quad \Delta y_1 = y_n - y_{(n+1)}$$

$$\Delta x_2 = x_{(n-1)} - x_n, \quad \Delta y_2 = y_{(n-1)} - y_n$$

$$\alpha = \arctan\frac{\Delta y_2}{\Delta x_2} - \arctan\frac{\Delta y_1}{\Delta x_1} \tag{8.5.12}$$

④外移偏角计算公式

$$\alpha_c = \left(\frac{E_n - E_{(n-1)}}{l_{(n-1)\sim n}} - \frac{E_{(n+1)} - E_n}{l_{n\sim(n+1)}} \right) \frac{180°}{\pi} \tag{8.5.13}$$

式中　$l_{(n-1)\sim n}$——$n-1$ 号墩(台)至 n 号墩(台)的线路长;

　　　$l_{n\sim(n+1)}$——n 号墩(台)至 $n+1$ 号墩(台)的线路长。

所以工作线偏角为

$$\alpha_n = \alpha + \alpha_c \tag{8.5.14}$$

8.6　墩台定位及轴线测设

　　准确地测设桥梁墩台的中心位置和它的纵横轴线,是桥梁施工阶段最主要的工作之一,这个工作称为墩台定位和轴线测设。

　　对于直线桥梁,根据墩台中心的桩号和岸上桥轴线控制桩的桩号,求出其距离就可定出墩中心的位置。对于曲线桥梁,由于墩台中心不在线路中线上,首先需要计算墩台中心坐标,然后再进行墩台中心定位和轴线的测设。

　　曲线桥梁的线路中心为曲线,而梁本身却是直的,线路中心与梁的中线不能完全吻合。桥墩的中心位于工作线转折角的顶点上,墩台中心定位,就是测设这些转折角的顶点位置。

　　墩台的横轴线是指垂直于线路方向的轴线,而纵轴线是指平行于线路方向的轴线。测设墩台的纵横轴线,可作为放样墩台细部的依据。

8.6.1　极坐标法墩台定位

　　此方法须首先计算出各墩台桥梁工作线交点的坐标,实地测量并计算置镜点坐标,再进行坐标反算,求得置镜点至各墩台工作线交点的距离和方位角(或与后视点间的夹角),最后自置镜点实地测设各墩台工作线交点的位置。

　　1. 工作线交点坐标计算

　　(1)坐标系统的建立

　　根据桥梁在曲线上的平面位置,可以 ZH 为坐标原点,ZH 到 JD 为 x 轴的正方向;也可以 HZ 为坐标原点 HZ 至 JD 为 x 轴的正方向;如桥梁跨越整个曲线时,也可以同时采用两个坐标系统分别测设。

　　(2)缓和曲线上的墩台工作线交点坐标计算

　　如图 8.6.1 所示,A 号墩在缓和曲线上,A 为工作线交点,A' 为桥墩横向轴线与线路中线的交点。

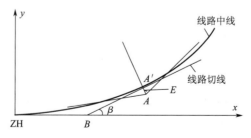

图 8.6.1　缓和曲线上墩台工作线交点坐标计算

首先计算 A' 的坐标,计算公式为

$$x_{A'}=l-\frac{l^5}{40R^2l_0^2} \tag{8.6.1}$$

$$y_{A'}=\frac{l^3}{6Rl_0}-\frac{l^7}{336R^3l_0^3} \tag{8.6.2}$$

式中　R——圆曲线半径;

　　　l_0——缓和曲线全长;

　　　l——计算点至 ZH(或 HZ)的曲线长。

令 A' 点的切线与 x 轴的交角为 β,则

$$\beta=\frac{90l^2}{\pi Rl_0}\quad(°) \tag{8.6.3}$$

如图 8.6.2 所示,A 点的坐标可按下式求得

$$x_A=x_{A'}+\Delta x=x_{A'}+E\sin\beta \tag{8.6.4}$$

$$y_A=y_{A'}+\Delta y=y_{A'}+E\cos\beta \tag{8.6.5}$$

上式中的符号,$x_{A'}$、Δx 始终为正;在第一象限,$y_{A'}$ 为正,Δy 为负;在第四象限,$y_{A'}$ 为负,Δy 为正,如图 8.6.2 所示。

(3)圆曲线上的墩台工作线交点坐标计算

如图 8.6.3 所示,C 为工作线交点,C' 为交点所对应之线路中线点。C' 至 HY 弧长 S 所对的圆心角 $\theta=\frac{180°}{\pi R}S$。

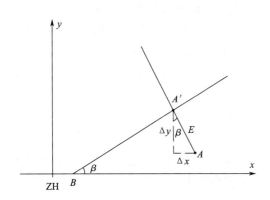

图 8.6.2　墩台工作线交点坐标计算

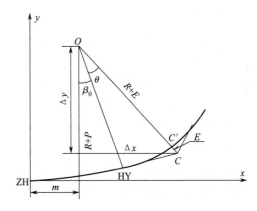

图 8.6.3　圆曲线上墩台工作线交点坐标计算

工作线交点 C 的坐标按下式计算:

$$x_{C'}=R\sin(\beta_0+\theta)+m \tag{8.6.6}$$

$$y_{C'}=(R+P)-R\cos(\beta_0+\theta) \tag{8.6.7}$$

$$x_C=x_{C'}+E\sin(\beta_0+\theta) \tag{8.6.8}$$

$$y_C=y_{C'}+E\cos(\beta_0+\theta) \tag{8.6.9}$$

在第一象限 y_C 为正值;在第四象限 y_C 为负值。

2. 置镜点的测定及墩台定位

跨越河流的正桥大多为直线桥,山区铁路曲线桥一般是旱桥,只要置镜点位置选择适当,一次置镜便可进行全部墩台位置的测设。置镜点应尽可能利用切线上的转点或副交点,这些

点一般通视良好,而且又在坐标轴上,计算简便。若切线上没有合适的置镜点位置时,可将置镜点选择在与线路转点联测方便,又能与全桥墩台通视的位置。

如图 8.6.4 所示,将置镜点选择在 Q 点,待测设墩台工作线交点为 C 点。线路贯通测量时,已测定 ZD_3 到 HZ 点的距离 $S_1 = 23.768$ m。置镜点在 ZD_3 测得 $\angle\theta = 178°51'39''$,并测得 ZD_3 至 Q 点的距离 $S_2 = 98.835$ m。Q 点的坐标计算见以下算例。

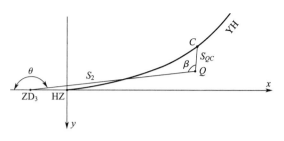

图 8.6.4 置镜点的测定及墩台定位

算出置镜点坐标后,尚需按下列公式进行坐标反算,求得前视方位角 α_{QC},放样距离 S_{QC} 及放样角 β。

$$\alpha_{QC} = \arctan\left(\frac{y_C - y_Q}{x_C - x_Q}\right) = \arctan\frac{\Delta y}{\Delta x} \tag{8.6.10}$$

$$S_{QC} = \sqrt{\Delta x^2 + \Delta y^2} \tag{8.6.11}$$

$$\beta = \alpha_{QC} - \alpha_{Q\sim ZD_3} \tag{8.6.12}$$

式中,x_C、y_C 表示欲测设墩台工作线交点 C 的坐标;$\alpha_{Q\sim ZD_3}$ 为置镜点至后视点的方位角。

3. 放样后的检测

用极坐标测设的各墩台中心(交点)是彼此独立的,若一旦出现较大误差或错误则不易发觉,因此在定位后必须进行检测。

检测工作一般可沿工作线交点置镜,检查相邻两工作线偏角和相邻墩台的交点距。

交点距的检测如地形允许,可用经检定的钢卷尺丈量。工作线偏角的检测,可采用拨角的方法观测。这种方法比较直观,误差大小容易判断。交点距丈量检测时,长度差值在 10 mm(限差)以内,拨角检测的横向偏差在 $2\sim 3$ mm 内时可认为定位正确,其误差可在邻近墩台内作适当调整。否则,应查明原因。

在检测正确的基础上,同时定出墩台纵、横十字线方向桩。

4. 计算示例

图 8.6.5 为某线黄龙岗大桥曲线布置示意图。其中 N3 墩、N4 台在缓和曲线上,其余墩台在圆曲线上。采用极坐标法测设墩台位置时的计算步骤如下:

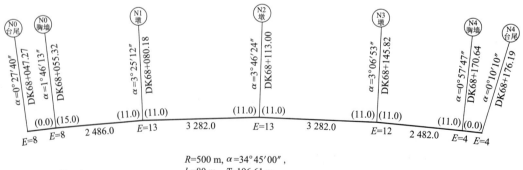

$R = 500$ m, $\alpha = 34°45'00''$,
$l_0 = 80$ m, $T = 196.61$ m,
$L = 383.25$ m, ZH DK67+833.73, HY DK67+913.73

图 8.6.5 黄龙岗大桥曲线布置示意图

（1）选定坐标原点

根据桥位特点，选定 HZ 为坐标原点，HZ 至 JD 的切线为 x 轴的正方向。

（2）计算

①求缓和曲线函数

查表或计算得，$m=39.9915$ m，$p=0.5332$ m，$\beta_0=4°35'01.2''$。

②求 l 及 β 角（缓和曲线上墩台）

3 号墩至 HZ 点的曲线长

$$l_3=71.16 \text{ m}, \quad \beta=\frac{90\times(71.16)^2}{\pi R l_0}=3°37'35.9''$$

4 号台胸墙至 HZ 点的曲线长

$$l_{4胸}=46.34 \text{ m}, \quad \beta_{4胸}=1°32'16.7''$$

$$l_{4尾}=40.79 \text{ m}, \quad \beta_{4尾}=1°11'29.9''$$

③求 S 及 θ 角（圆曲线上墩台）

$$S_2=23.98 \text{ m}, \quad \theta_2=\frac{180}{\pi R}\times23.98=2°44'52.5''$$

$$S_1=56.80 \text{ m}, \quad \theta_1=6°30'31.7''$$

$$S_{0胸}=81.66 \text{ m}, \quad \theta_{0胸}=9°21'27.2''$$

$$S_{0尾}=89.71 \text{ m}, \quad \theta_{0尾}=10°16'48.0''$$

④坐标计算分别见表 8.6.1～表 8.6.3。

表 8.6.1　缓和曲线上墩台线路中心点坐标计算表

墩台号	l_i(m)	$x_A'=l_i-l_i^5/40R^2l_0^2$	$y_A'=(l_i^3/6Rl_0-l_i^7/336R^3l_0^3)$	附　注
N3 墩	71.16	71.1315	−1.5014	第四象限 y 为负
N4 台胸墙	46.34	46.3367	−0.4146	第四象限 y 为负
N4 台尾	40.79	40.7882	−0.2828	第四象限 y 为负

表 8.6.2　缓和曲线上墩台桥梁工作线交点坐标计算表

墩台号	$x_{A'}$(m) $y_{A'}$(m)	E(m)	β	$x_A=x_{A'}+E\sin\beta$(m) $y_A=y_{A'}+E\cos\beta$(m)	备　注
N3 墩	71.132 −1.501	0.12	3°37'35.9''	71.1391 −1.3816	
N4 台胸墙	46.337 −0.415	0.04	1°32'16.7''	46.3378 −0.3746	
N4 台尾	40.788 −0.283	0.04	1°11'29.9''	40.7890 −0.2428	

表 8.6.3　圆曲线上墩台桥梁工作线交点坐标计算表

墩台号	$x_{A'}$(m) $y_{A'}$(m)	E(m)	θ	$x_A=x_{A'}+E\sin(\beta_0+\theta)$(m) $y_A=y_{A'}+E\cos(\beta_0+\theta)$(m)	备　注
N2 墩	103.797 −4.621	0.13	2°44'52.5''	103.8138 −4.4921	第四象限 y 为负
N1 墩	136.188 −9.874	0.13	6°30'31.7''	136.2130 −9.7467	

续上表

墩台号	$x_{A'}$ (m) $y_{A'}$ (m)	E(m)	θ	$x_A = x_{A'} + E\sin(\beta_0 + \theta)$ (m) $y_A = y_{A'} + E\cos(\beta_0 + \theta)$ (m)	备　　注
N0 台胸墙	160.455 −15.262	0.08	9°21′27.2″	160.474 0 −15.183 9	
N0 台尾	168.251 −17.264	0.08	10°16′48.0″	168.272 0 −17.186 4	

注:表中 $R = 500$ m,$p = 0.533\ 2$ m,$\beta_0 = 4°35′01.2″$,$m = 39.991\ 5$ m。

⑤Q 点坐标计算

$$x_Q = 98.835 \times \cos1°08′21″ - 23.768 = 75.047\ 5\ (\text{m})$$

$$y_Q = -98.835 \times \sin1°08′21″ = -1.964\ 9\ (\text{m})$$

⑥桥梁墩台放样数据计算

数据计算见表 8.6.4。前视方位角的象限应按 Δx 及 Δy 的符号确定。测设角 β 始终用前视方位角减后视方位角,不够减时加 360°,这样算出的是顺拨角度。

⑦桥梁工作线交点距及偏角复核(表 8.6.5)

表 8.6.4　桥梁墩台放样数据计算表

置镜点(n)名称:Q,$x_n = 75.047\ 5$(m),$y_n = -1.964\ 9$(m)

后视点(n−1)名称:ZD_3,$x_{n-1} = -23.768\ 0$(m),$y_{n-1} = 0$,后视方位角 $\alpha_{n\sim n-1} = 178°51′39″$

测设点(n−1)名称	N0 台尾	N0 台胸墙	N1 墩	N2 墩	N3 墩	N4 台胸墙	N4 台尾
x_{n+1}	168.272 0	160.474 0	136.213 0	103.813 8	71.139 1	46.337 8	40.789 0
y_{n+1}	−17.186 4	−15.183 9	−9.746 7	−4.492 1	−1.381 6	−0.374 6	−0.212 8
$\Delta x_{n\sim n+1}$	93.224 5	85.426 5	61.165 5	28.766 3	−3.908 4	−28.709 7	−34.258 5
$\Delta y_{n\sim n+1}$	−15.221 5	−13.219 0	−7.781 8	−2.527 2	+0.583 3	+1.590 3	+1.722 1
测设边长 $S_{n\sim n+1}$	94.459 0	86.443 2	61.658 5	28.877 1	3.951 7	28.753 7	34.301 8
前视方位角 $\alpha_{n\sim n+1}$	350°43′36″.1	351°12′13″.5	352°44′58″.1	354°58′45″.4	171°30′42″.0	176°49′46″.1	177°07′20″.2
测设角 β	171°51′57″.1	172°20′34″.5	173°53′19″.1	176°07′06″.4	352°39′03″.0	357°58′07″.2	358°15′07″.2
示意图							

注:表中 $\Delta x_{n\sim n+1} = x_{n+1} - x_n$,$\Delta y_{n\sim n+1} = y_{n+1} - y_n$,$S_{n\sim n+1} = \sqrt{\Delta x_{n\sim n+1}^2 + \Delta y_{n\sim n+1}^2}$,$a_{n\sim n+1} = \arctan\left(\dfrac{\Delta y_{n\sim n+1}}{\Delta x_{n\sim n+1}}\right)$,$\beta = a_{n\sim n+1} - a_{n\sim n-1}$。

表 8.6.5　桥梁工作线交点距及偏角复核计算表

点名	坐　标		坐标增量		工作线交点 距 S	工作线方位 角 α	工作线偏角 α_i
	x	y	Δx	Δy		° ′ ″	° ′ ″
N0 台尾	168.272 0	−17.186 4	(m)	(m)	(m)		
N0 台胸墙	160.474 0	−15.183 9	−7.798 0	+2.002 5	8.051	165 35 52.2	1 46 12.6
N1 墩	136.213 0	−9.746 7	−24.261 0	+5.437 2	24.863	167 22 04.8	3 25 11.2
N2 墩	103.813 8	−4.492 1	−32.399	+5.254 6	32.823	170 47 16.0	3 46 27.4
N3 墩	71.139 1	−1.381 6	−32.674 7	+3.110 5	32.822	174 33 43.4	3 06 46.3
N4 台胸墙	46.337 8	−0.374 6	−24.801 3	+1.007 0	24.822	177 40 29.7	0 57 51.8
N4 台尾	40.789 0	−0.242 8	−5.548 8	+0.131 8	5.550	178 38 21.5	

注:表中 $\Delta x = x_{i+1} - x_1$,$\Delta y = y_{i+1} - y_1$,$S = \sqrt{\Delta x^2 + \Delta y^2}$,$\alpha = \arctan\dfrac{\Delta y}{\Delta x}$,$\alpha = T_{i+1} - T_i$。

8.6.2 交会法墩台定位

当桥墩位于深水中或桥梁跨越大河而又不能直接定出墩位时,可采用交会法测量。采用交会法测量时,可利用原测设的三角网图形或另布置基线进行。

1. 图形选择和施工交会的一般要求

(1)图形应力求简单,点位稳定可靠,通视良好,且便于交会。每个墩位应有三个或三个以上交会方向。如为直线桥时,其中一个方向最好为桥轴线方向,以保证墩位在线路中线方向上。

(2)基线与桥轴线方向尽量垂直。为保证交会精度,基线长度取桥轴线长度的 0.7 倍为宜,困难时亦不宜短于 0.5 倍。

(3)当一个方向为桥轴线时,另两交会线的夹角 γ,当置镜点位于桥中线两侧时,宜在 90°~150°之间;当置镜点位于桥中线一侧时,宜在 60°~110°之间。

(4)交会的示误三角形的最大边长在允许范围时,以三角形的重心作为桥墩中心;如其中一个方向为桥轴线方向(直线桥)时,则以另两方向所得交点投影至桥轴线上的点位作为桥墩中心。

(5)由于交会角 γ 有一定的要求,当某些墩位的交会角不能满足这个要求时,可在基线方向上增设辅助点位,如图 8.6.6 中的 $C'D'$ 点。

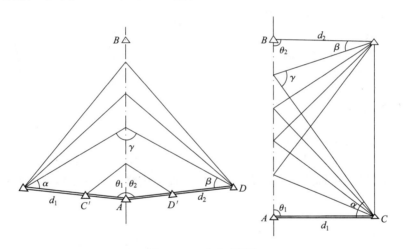

图 8.6.6 交会观测角

2. 交会观测角的计算

为了满足交会角 γ 的要求,以便增设辅助点位,如图 8.6.6(右图中 $AC=d_1$)所示,交会观测角 α 和 β 可按下式估算:

$$\alpha = \arctan \frac{l\sin\theta_1}{d_1 - l\cos\theta_1} \tag{8.6.13}$$

$$\beta = \arctan \frac{l\sin\theta_1}{d_2 - l\cos\theta_2} \tag{8.6.14}$$

式中　l——计算墩位至控制桩 A(或 B)的距离;

　d_1,d_2——基线长度;

　θ_1,θ_2——基线与桥轴线的夹角。

3. 曲线桥墩位的交会

用交会法测设曲线桥的墩位时,由于交会误差的影响,交会出来的墩位偏离线路中线(横向误差)较直线大。为了尽量减小交会误差,所用仪器精度和测量精度都应比直线桥墩位交会高。

(1)坐标系统的建立

交会法测设曲线桥墩位的控制点(三角网点、导线点、基线点等)要与被测设墩位的线路中线采用统一的坐标系统,以便于计算。因此,这些控制点必须与线路上的控制桩发生联系。一般情况下,坐标系统采用直线(或切线)上的控制桩作为坐标原点。以 ZH(HZ)~JD 为 x 轴的正方向。

(2)基线的布置

如无三角点或导线点可利用时,应布设基线作为交会控制点。基线的一个端点应与直线(切线)或曲线上的某一点发生联系,如图 8.6.7 中的 A、B 点,以便坐标推算。基线的选择和布置要求同直线。

(3)坐标和交会角的计算

由于控制点与线路发生了联系,如图 8.6.7 中的 A 点位于切线上,B 点是曲线上的一个点,可以方便地算出各控制点 A、B、C、D 的坐标,并算出 AC、BD 或 AB、CD 的坐标方位角。

各个需交会墩位的坐标可按线路坐标计算公式计算。如墩位位于另一端缓和曲线上,需换算成统一坐标系统。

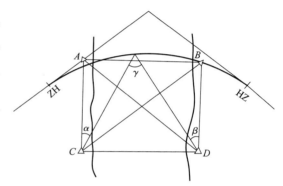

图 8.6.7 曲线桥墩位的交会

8.6.3 墩台轴线测设

为了进行墩、台施工的细部放样,需要测设其纵、横轴线。墩台轴线设置如图 8.6.8 和图 8.6.9 所示。纵轴线是指过墩、台中心平行于线路方向的轴线;横轴线是指过墩、台中心垂直于线路方向的轴线;桥台的横轴线是指桥台的胸墙线。

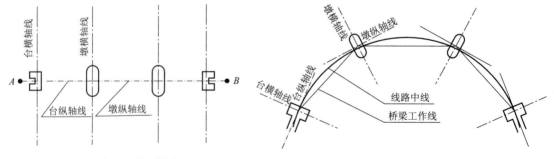

图 8.6.8 直线桥墩台轴线设置   图 8.6.9 曲线桥墩台轴线设置

1. 直线桥

在直线桥上,墩台的纵轴线与线路中心线重合,而且各墩台一致。所以可以利用桥轴线两端控制桩来标志纵轴线的方向,而不再另行测设标志桩。

在墩台中心置镜,自线路中线方向测设 90°角,即为横轴线的方向。

2. 曲线桥

墩台纵轴线位于桥梁偏角 α 的分角线上。在墩、台中心架设仪器,照准相邻的墩、台中心,测设 $\alpha/2$ 角,即为纵轴线的方向。自纵轴线方向测设 90°角,即为横轴线方向。

3. 纵横轴线的护桩

墩、台中心的定位桩在基础施工过程中要被挖掉,实际上,随着工程的进行,原定位桩常被覆盖或破坏,但又经常需要恢复以便于指导施工。因而需在施工范围以外钉设护桩,以方便恢复墩台中心的位置。

所谓护桩即在墩、台的纵、横轴线上,于两侧各订设至少两个木桩,因为有两个桩点才可恢复轴线的方向。为防破坏,可以多设几个。曲线桥上的护桩纵横交错,在使用时极易弄错,所以在桩上一定要注明墩台编号。

在一般情况下,墩台护桩十字线的交点为梁工作线交点,墩的横向护桩方向为相邻两跨梁工作线夹角 α 的平分线;台的横向护桩方向为胸墙线(即与胸墙的 E 值点和台尾 E 值点的连线垂直),如图 8.6.10 和图 8.6.11 所示。

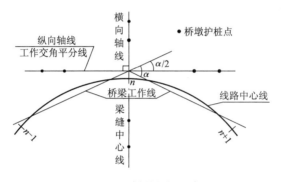

图 8.6.10　桥墩护桩示意图

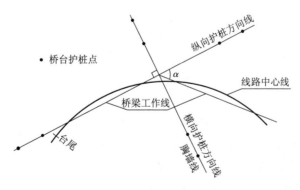

图 8.6.11　桥台护桩示意图

在水中的桥墩,因不能架设仪器,也不能钉设护桩,则暂不测设轴线,等到筑岛、围堰或沉井露出水面以后,再利用它们钉设护桩,准确地测设出墩台中心及纵横轴线。

8.7 桥梁施工放样及竣工测量

桥梁施工放样主要包括墩台基础、墩台身、顶帽和支撑垫石施工放样工作;竣工测量是在墩台施工完成后检查墩台各部尺寸、平面位置及高程的测量工作。

8.7.1 基础施工放样

中小型桥梁的基础,最常用的是明挖基础和桩基础。明挖基础的构造如图 8.7.1 所示,它是在墩、台位置处挖出一个基坑,将坑底平整后,再灌注基础及墩身。桩基础的构造如图 8.7.2所示,它是在基础的下部打入基桩,在桩群的上部灌筑承台,使桩和承台连成一体,再在承台以上修筑墩身。

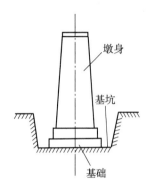

图 8.7.1　明挖基础

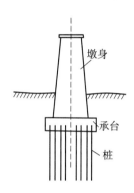

图 8.7.2　桩基础

1. 明挖基础的施工放样

基础开挖前,首先根据墩台的纵横向护桩在实地交出十字线,并在十字线的两个方向上的稳固位置分别钉设两个固定桩,然后根据十字线并根据基础的长度和宽度(基础灌筑需立模时,还应考虑模板厚度及背后支撑的宽度)及施工开挖的要求(垂直开挖或倾斜开挖的深度和坡度)放出基础的四个转角点 A、B、C、D(矩形基础),如图 8.7.3 所示。

应当注意:在通常情况下,十字线的中心并不一定是基础的中心。所以在基础放样时,应仔细查看设计资料,以免放样错误。

在地形较为平坦、土质较稳固、基础埋置不深,且不需建立模板时,图 8.7.3 中 A、B、C、D 的连线即为基础长度和宽度。当土质不稳固或基础埋置较深,且需立模板时,则应考虑放宽尺度。此时的实际开挖线应从 $ABCD$ 各边向外移动一个距离 Δ。

$$\Delta = h \times n \qquad (8.7.1)$$

式中　h——坑底与地面的高差;

　　　n——开挖坡度系数的分母。

当基础的开挖面积较大,且地形条件较不利时,为了正确地放出基坑开挖边桩,可在四个转角点上分别定出与各边延长线成45°角的方向线,如图 8.7.4 中

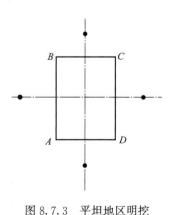

图 8.7.3　平坦地区明挖
基础施工放样

的 AT、BP、CQ、DV。测出 A、B、C、D 及 O 点的高程,并计算各点至基底设计高程的开挖深度 h。然后沿纵、横轴线及 AT、BP、CU 及 DY 方向测绘断面线。

如果选取纵横轴线方向上的开挖坡度为 $1:n$,因分角线为两坡的交线,所以其坡度为 $1:\sqrt{2}n$,分别绘出断面图(图 8.7.5),从图上量出 O 点至开挖边桩(横向)的距离 OF' 及 OG' 及地面点 B 至边桩 B' 的距离 BB'。同理在其他断面图上量得边桩的放样距离。在实地,分别沿断面方向测设出相应的距离,即可定出四个转角方向及纵横轴线方向上的开挖边桩。

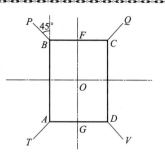

图 8.7.4　地形复杂明挖
基础施工放样

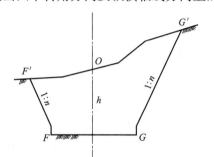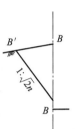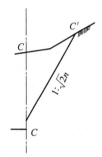

图 8.7.5　断面图

当基坑挖至设计高程并清理平整后,即可进行立模前的放样。此时可利用在基础开挖前钉设的十字线固定桩(应确认开挖后该桩没有移动)测设十字线,并根据基础尺寸及十字线的关系进行基础放样。

2. 桩基础的施工放样

桩基础一般分为打入桩、钻孔桩和挖孔桩等数种。

桩基的测量工作主要是:测设桩基的纵横十字线、各桩的中心点,以及承台模板的放样等。桩基的纵横十字线的测设和承台模板的放样与明挖基础相同。各桩中心位置的测定是以十字线为坐标轴进行的。其具体作法按各桩的纵横坐标值钉出十字线的平行线,然后用弦线交会各桩,各弦线的交会中心即为各桩中心;也可以分别计算各桩中心坐标,采用坐标放样的方法确定桩中心,但一定要检查各桩中心相对位置是否符合设计要求,如图 8.7.6 所示。

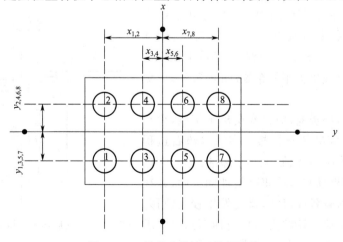

图 8.7.6　桩基础的施工放样检核

8.7.2 墩台身的施工放样

墩台身的施工放样是指在基础顶面或已灌筑的墩台身每一节顶面测设出纵横中心线,作为立模的依据。立模时,除模板下部的位置与十字线间的相对尺寸应符合设计要求外,模板顶部的位置也应符合要求。因此,在模板壁顶部前后及左右,需标出纵横中心线方向点(如在上面钉设小铁钉),并在十字线方向上架设全站仪,校准模板,使顶面标记与十字线方向一致。

在利用护桩恢复墩台的纵横轴线时,为保证精度,宜置镜墩台一侧的护桩上,后视另一侧的护桩。避免置镜点和后视点都用同一侧的护桩,以免后视距离过近或点位有微小移动时,使恢复的轴线产生较大的方向误差。当墩台身升高而不能满足上述要求时,可在两侧点位尚能通视时,预先在已灌筑好的墩台身前后及两侧用油漆作好标记,以此标记作为墩台身升高时测设轴线的后视点。

在墩、台帽模板安装到位后应再一次进行复测,确保墩、台帽位置符合设计要求。模板位置中心的偏差不得大于 1 cm,并在模板上标出墩顶高程,以便控制灌注混凝土的高程。当混凝土灌注至墩帽顶部时,在墩的纵横轴线及墩的中心处可埋设中心标志,在纵轴线两侧的上下游埋设两个水准点,并测定出中心标志的坐标和水准点的高程,作为大致安置支承垫石的参考依据,如图 8.7.7 所示。对于支座垫石的位置及高程的确定,由于牵涉桥梁荷载的设计和传递,应慎重对待,必须重新对其进行测量、放样,以避免误差的积累。

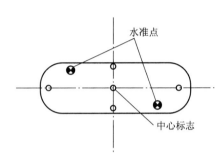

图 8.7.7 在墩顶埋设中心及水准点标志

墩台各部分的高程,一般是通过设在墩、台身或围堰上的临时水准点来控制的,可直接由临时水准点用钢尺向上或向下量取距离来确定所需的高程,也可以采用水准仪,从已浇注的临近墩台上设置的临时水准点测量来控制。但是在墩台顶的最后施工阶段,应该采用水准仪直接施测来控制高程。

8.7.3 顶帽及支承垫石的施工放样

当墩身灌筑离顶帽约 30 cm 时,可根据十字线护桩在墩顶面交出十字线,作为立模的依据。如前所述,应注意弄清基础中心线、墩中心线和梁工作线之间的关系,尤应注意前后不等跨桥墩顶帽和梁端布置(图 8.7.8)以及直线上、曲线上顶帽对于每片梁的双支座或单支座的布置(图 8.7.9),以免放线错误。

安装支承垫石挡板前,应再次交出十字线,检查各部尺寸,并据此安装垫石挡板。在灌筑垫石过程中,由于混凝土的压力和流动性,挡板极易发生位移,在灌筑前应用钢筋和衬块将挡板加固牢固,并在灌筑过程中随时检查各部尺寸,避免发生较大位移。同一片钢筋混凝土梁一端两支承垫石顶面高差要求不超过 3 mm,所以在垫有混凝土灌筑接近设计高程

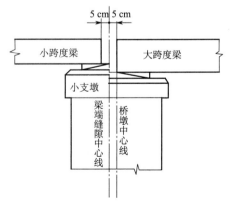

图 8.7.8 前后不等跨桥墩顶帽和梁端布置

时,应架设水准仪控制垫石顶面高程,以免超过限差,造成修凿困难。

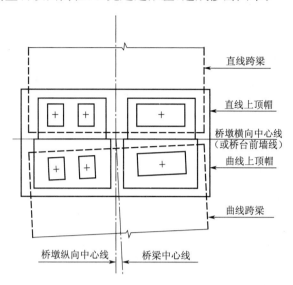

图 8.7.9　顶帽对于每片梁的双支座或单支座的布置

8.7.4　竣工测量

桥梁竣工后,为检查墩台各部尺寸、平面位置及高程正确与否,并为竣工资料提供数据,需进行竣工测量。

竣工测量的主要内容是:

(1)测定各墩台间的跨度;

(2)丈量墩台各部尺寸;

(3)测定支承垫石顶面高程。

由于桥梁竣工后,各墩台上已标注了工作线交点、墩中心点等,所以跨度测量可依据工作线的交点测定。

墩台各部尺寸检查主要是丈量墩台前后、左右宽度和支承垫石的平面位置,锚栓孔的位置及大小尺寸是否符合要求。这些检查均以墩台顶面已标注的纵横轴线和曲线桥梁上的梁工作线为依据进行。

墩台顶面高程检查时,自桥梁一端的一个水准点开始,逐墩进行,并闭合于另一端的一个水准点。这样测定的高程才具有连续性。测量时还须注意前后视的视线长度应大致相等。

桥梁墩台各部尺寸的施工允许误差,应满足表 8.7.1 规定,竣工测量时应准确测量这些数据。

表 8.7.1　墩台施工允许误差

项　　目	允许误差
墩台前后、左右边缘距设计中心线的尺寸 采用滑模施工的墩身部分:	±20 mm
1. 桥墩前后、左右边缘距设计中心线的尺寸	±30 mm
2. 桥墩平面扭角	2°
墩台支承垫石顶面高程	±10 mm

续上表

项　目		允许误差
简支钢筋混凝土梁	1. 每片钢筋混凝土梁一端两支承垫石顶面高差	3 mm
	2. 每孔钢筋混凝土梁一端两支承垫石顶面高差	5 mm
	3. 无支座梁垫石顶面高差	5 mm
简支钢梁	1. 钢梁一端两支承垫石顶面高差	钢梁宽度的 1/1 500
	2. 每一主梁两端支承垫石顶面高差 　　跨度≤55 m 　　跨度>55 m	5 mm 计算跨度的 1/10 000 并≤10 mm
	3. 前后两孔钢梁在同一墩顶支承垫石顶面高差	≤5 mm

注:连续钢梁,整孔钢筋混凝土梁或采用橡胶支座的垫石顶面高差,另按各有关规定办理。

8.8 涵洞施工测量

8.8.1 涵洞定位及轴线测设

涵洞定位在线路复测后进行。涵洞定位即定出涵洞在线路方向上的中心里程点。定位方法同普通中线测量一样,可用直线延伸法、偏角法或极坐标法进行。

涵洞纵轴线即为涵洞出入口的中心线。涵洞分正交涵和斜交涵两种。正交涵洞的纵轴线与所在线纵轴线路中线(或切线)垂直,斜交涵的纵轴线与线路中线(或切线)有一交角,如图 8.8.1 所示。

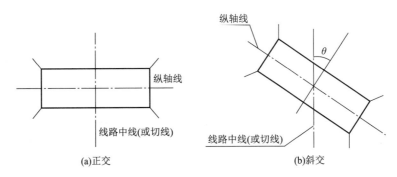

图 8.8.1　正交和斜交涵的纵轴线

定出涵洞的线路中线点后,即可根据该点测设涵洞轴线。具体作法:置镜于线路中线点上,并拨角定出该点的切线方向,如为正交涵洞,此方向即为涵洞的横向轴线方向,如为斜交涵洞,则在此方向上偏转一个 θ 角(依据设计确定是左偏还是右偏),即为涵洞的横向轴线方向。与横向轴线方向成 90°的方向为纵向轴线方向,并在纵、横轴线方向上钉设固定桩,作为施工放样的护桩。

8.8.2 施工放样

涵洞的基础放样是依据纵、横轴线测设的。由于涵洞各部的尺寸不一,每节基础的深度也可能不同,在基础放样时,应根据设计图先定出各部基础的轮廓线,并在转折处钉出标志桩,然后再根据各部分的开挖深度和开挖坡度等,自轮廓线向外移动一个距离定出开挖线。

基坑开挖后,在基坑内恢复纵横轴方向线,涵洞基础和其他各部分的砌筑或立模均依据此方向线测定。

8.9　计算机技术在桥梁施工中的应用

Excel、AutoCAD 软件是较为常用的办公软件,在桥涵施工测量中灵活的使用这两种软件可显著的提高工作效率。

Excel 是微软公司出品的 Office 系列办公软件中的一个组件,可以用来制作电子表格、完成许多复杂的数据运算,进行数据的分析和预测并且具有强大的制作图表的功能。在工程施工中,在 Excel 中可以复核计算坐标是否有误,在计算公式中随时插入需放样点里程,直接得出放样坐标,避免临时计算出错,并极大地节约了计算时间。

在 AutoCAD 中能形象直观地复核各构造物间的相互关系,复核施工图纸,进一步复核在 Excel 中计算的坐标值。也可以利用 AutoCAD 软件的查询功能,在绘制好的平面图中,查询各线路的长度、构造物的面积以及需放样点的坐标等。

利用 Excel 软件的计算功能和 AutoCAD 软件的绘图功能,经过一些简单的操作就能形象直观地将工程平面放样图在 AutoCAD 中直接显示出来。

1. Excel 测量数据计算与编辑

利用 Excel 软件的计算功能,经过一些简单的操作就能完成测量数据采集记录、计算处理、成果输出。鉴于篇幅限制,仅以四等水准测量为例介绍 Excel 应用。

(1)打开 Excel 软件,按照四等水准测量标准表格制作电子记录表表头,如图 8.9.1 所示。

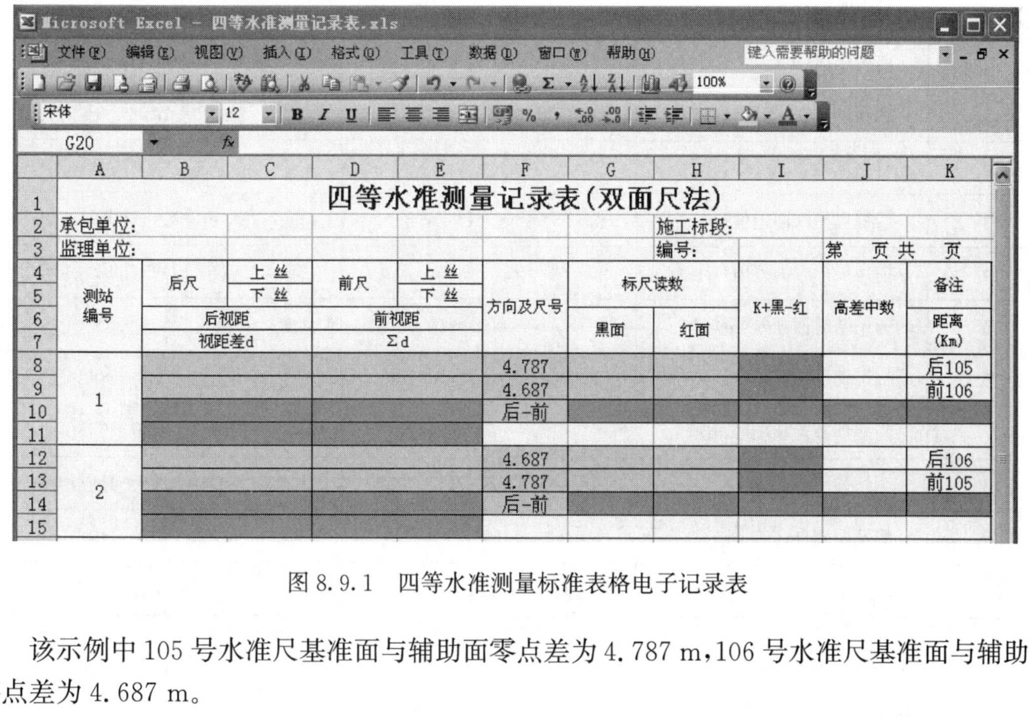

图 8.9.1　四等水准测量标准表格电子记录表

该示例中 105 号水准尺基准面与辅助面零点差为 4.787 m,106 号水准尺基准面与辅助面零点差为 4.687 m。

(2)输入计算公式(图 8.9.2),完成记录表的自动计算。

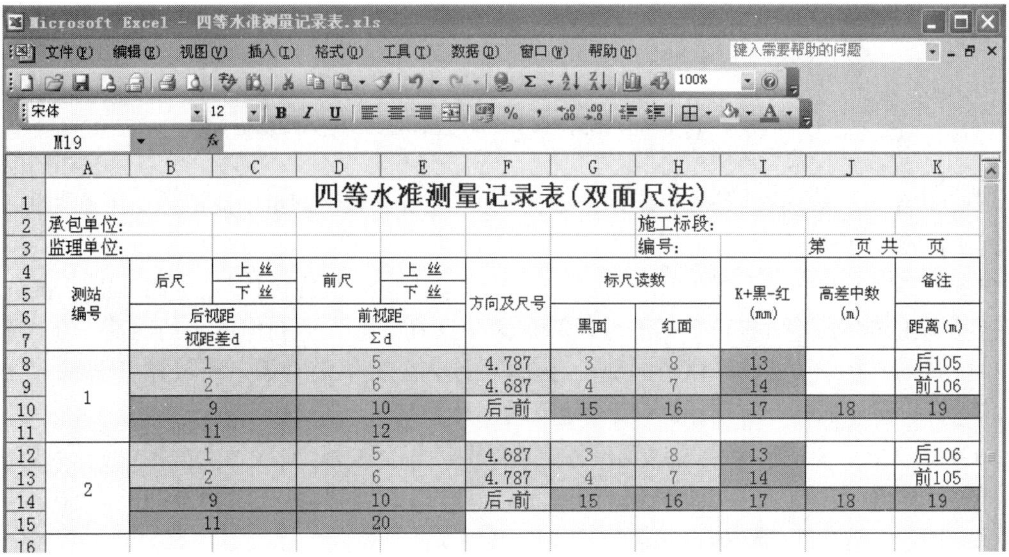

图 8.9.2 输入四等水准计算公式

在图 8.9.1 所示电子表格的数据标号中输入相应的计算公式,操作方法见表 8.9.1。

表 8.9.1 四等水准计算公式

表格位置	属 性	计 算 公 式	操 作 方 法
1~8	外业原始数据(m)		直接输入数据
9	后视距离(m)	(9)=(1)-(2)	输入"=100 * (B8-B9)"
10	前视距离(m)	(10)=(5)-(6)	输入"=100 * (D8-D9)"
11	视距差(m)	(11)=(9)-(10)	输入"=B10-D10"
12	首站视距差(m)	(12)=(11)	输入"=B11"
13	后视尺黑红面差值(mm)	(13)=K_1+(3)-(8)	输入"=(F8+G8-H8) * 1 000"
14	前视尺黑红面差值(mm)	(14)=K_2+(4)-(7)	输入"=(F9+G9-H9) * 1 000"
15	标尺基准面高差(m)	(15)=(3)-(4)	输入"=G8-G9"
16	标尺辅助面高差(m)	(16)=(8)-(7)	输入"=H8-H9"
17	高差计算检核项(mm)	(17)=(13)-(14)	输入"=I8-I9"
18	测站高差中数(m)	(18)=(15)-(17)/2/1 000	输入"=G10-0.5 * I10/1 000"
19	测站距离(m)	(19)=(9)+(10)	输入"=B10+D10"
20	测站累计视距差(m)	(20)=(12)+(11)	输入"=D11+B15"

(3)生成记录计算表格

采用选中单元表格下拖的方法生成电子记录表格,如图 8.9.3 所示。

	A	B	C	D	E	F	G	H	I	J	K
1						四等水准测量记录表（双面尺法）					
2	承包单位：							施工标段：			
3	监理单位：							编号：		第　页共　页	
4	测站编号	后尺	上　丝	前尺	上　丝	方向及尺号	标尺读数		K+黑-红(mm)	高差中数(m)	备注
5			下　丝		下　丝						
6		后视距		前视距			黑面	红面			距离(m)
7		视距差d		Σd							
8	1					4.787			4787		后105
9						4.687			4687		前106
10		0		0		后-前	0.000	0.000	100	-0.0500	0
11		0		0							
12	2					4.687			4687		后106
13						4.787			4787		前105
14		0		0		后-前	0.000	0.000	-100	0.0500	0
15		0		0							
16											
17	第一步选择下拖	第二步　选择下拖				第三步选择按Ctrl下拖			第四步　选择下拖		第五步选择按Ctrl下拖
18											
19											
20											

图 8.9.3　生成电子记录表格

生成后的四等水准测量电子记录表格如图 8.9.4 所示。

四等水准测量电子记录表示例数据如图 8.9.5 所示。

2. 设置坐标系统

AutoCAD 软件中采用笛卡尔坐标系统，该坐标系统是数学上常用的平面直角坐标系，方向为上 Y 右 X，而工程施工测量坐标系采用的是高斯坐标系统，方向为上 X 右 Y，二者 X、Y 正好相反。因此，在 AutoCAD 软件应用到施工测量时，必须对坐标系进行旋转并平移原点，完成施工测量坐标系的设置，或者通过 X 和 Y 坐标互换，直接应用到 AutoCAD 绘图。

	A	B	C	D	E	F	G	H	I	J	K
1						四等水准测量记录表（双面尺法）					
2	承包单位：							施工标段：			
3	监理单位：							编号：		第　页共　页	
4	测站编号	后尺	上　丝	前尺	上　丝	方向及尺号	标尺读数		K+黑-红(mm)	高差中数(m)	备注
5			下　丝		下　丝						
6		后视距		前视距			黑面	红面			距离(m)
7		视距差d		Σd							
8	1					4.787			4787		后105
9						4.687			4687		前106
10		0		0		后-前	0.000	0.000	100	-0.0500	0
11		0		0					0		
12	2					4.687			4687		后106
13						4.787			4787		前105
14		0		0		后-前	0.000	0.000	-100	0.0500	0
15		0		0					0		
16	3					4.787			4787		后105
17						4.687			4687		前106
18		0		0		后-前	0.000	0.000	100	-0.0500	0
19		0		0					0		
20	4					4.687			4687		后106
21						4.787			4787		前105
22		0		0		后-前	0.000	0.000	-100	0.0500	0
23		0		0					0		
24	5					4.787			4787		后105
25						4.687			4687		前106
26		0		0		后-前	0.000	0.000	100	-0.0500	0
27		0		0					0		
28	6					4.687			4687		后106
29						4.787			4787		前105
30		0		0		后-前	0.000	0.000	-100	0.0500	0
31		0		0					0		
32	测量：		记录：			监理工程师：			日期：		

图 8.9.4　四等水准计算表格

4 5 6 7	测站编号	后尺 上丝 下丝 后视距 视距差d	前尺 上丝 下丝 前视距 Σd	方向及尺号	标尺读数 黑面	红面	K+黑-红 (mm)	高差中数 (m)	备注 距离(m)
8		1.571	0.739	4.787	1.384	6.171	0		后105
9	1	1.197	0.363	4.687	0.551	5.239	-1		前106
10		37.4	37.6	后-前	0.833	0.932	1	0.8325	75
11		-0.2	-0.2						
12		2.121	2.196	4.687	1.934	6.621	0		后106
13	2	1.747	1.821	4.787	2.008	6.796	-1		前105
14		37.4	37.5	后-前	-0.074	-0.175	1	-0.0745	74.9
15		-0.1	-0.3						
16		1.914	2.055	4.787	1.726	6.513	0		后105
17	3	1.539	1.678	4.687	1.866	6.554	-1		前106
18		37.5	37.7	后-前	-0.140	-0.041	1	-0.1405	75.2
19		-0.2	-0.5						
20		1.965	2.141	4.687	1.832	6.519	0		后106
21	4	1.700	1.874	4.787	2.007	6.793	1		前105
22		26.5	26.7	后-前	-0.175	-0.274	-1	-0.1745	53.2
23		-0.2	-0.7						

图8.9.5 四等水准计算表格算例

在AutoCAD软件绘图之前,应该在使用向导的高级设置中,对绘图的数值精确度、角度及坐标系等进行设置,例如单位采用小数(精度为小数点后4位以上),角度采用度/分/秒,角度起始方向采用N(北),角度方向采用顺时针,最后对绘图区域进行设置。

3. 绘制线路中线

在绘制线路中线之前,应在Excle中编辑线路中线点的坐标数据,并进行坐标合并。首先,在Excel中坐标X、Y列的后一列输入"=C1&","&B1"后出现了对应的1个坐标对。利用鼠标选择拖动的方法生成所有桩号的坐标对,见表8.9.2。

表8.9.2 坐标数据编辑表

	A 桩号	B X(m)	C Y(m)	D Y,X
1	桩号	X(m)	Y(m)	Y,X
2	K0+000	4221030.714	517355.386	517355.386,4221030.714
3	K0+020	4221029.551	517375.352	517375.352,4221029.551
4	K0+040	4221028.513	517395.325	517395.325,4221028.513
5	K0+060	4221027.524	517415.301	517415.301,4221027.524
6	K0+080	4221025.829	517435.223	517435.223,4221025.829
7	K0+100	4221021.399	517454.694	517454.694,4221021.399
8	K0+120	4221012.316	517472.425	517472.425,4221012.316
9	K0+140	4220998.05	517486.31	517486.31,4220998.05
10	K0+160	4220980.026	517494.762	517494.762,4220980.026
11	K0+180	4220960.228	517496.852	517496.852,4220960.228
12	K0+200	4220940.837	517492.35	517492.35,4220940.837
13	K0+220	4220923.986	517481.75	517481.75,4220923.986
14	K0+240	4220911.53	517466.22	517466.22,4220911.53
15	K0+260	4220904.842	517447.47	517447.47,4220904.842
16	K0+280	4220904.657	517427.563	517427.563,4220904.657
17	K0+300	4220910.995	517408.692	517408.692,4220910.995
18	K0+320	4220923.159	517392.933	517392.933,4220923.159
19	K0+340	4220939.809	517382.021	517382.021,4220939.809
20	K0+360	4220959.022	517376.683	517376.683,4220959.022
21	K0+380	4220978.968	517375.565	517375.565,4220978.968
22	K0+400	4220998.938	517376.613	517376.613,4220998.938
23				

复制表 8.9.6 中选择区域的坐标对,打开 AutoCAD,在命令行处键入 spline(画曲线命令),出现提示:"Object/:",再在此位置处点击鼠标右键,弹出菜单,在菜单中选择 Paste 命令,这样在 Excel 中的坐标值就传送到了 AutoCAD 中,并自动连接成曲线,单击鼠标右键,取消继续画线状态,完成曲线绘制,如图 8.9.6 所示。

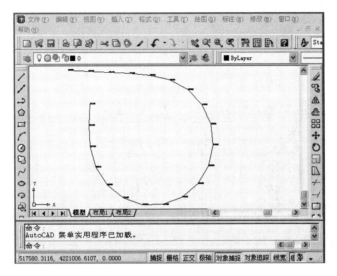

图 8.9.6 线路中线绘制

4. 从平面图中获得放样点坐标

平面图绘制完毕后,就可以直接得到每个点的平面坐标,对于一些弧形物体,比如曲线桥梁中线加密点、防撞栏分段点的坐标,可以用 divide 命令或者采用菜单栏"绘图—点—定数等分(或定距等分)"命令将曲线分成许多小段(如 5 m),形成曲线分散点,通过 ID 命令或坐标标注命令查询点坐标,如图 8.9.7 和图 8.9.8 所示。

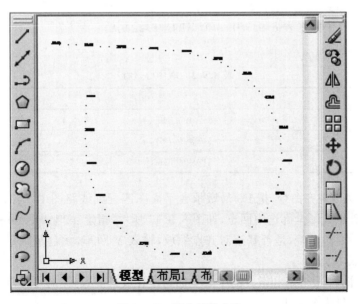

图 8.9.7 平分线路中线

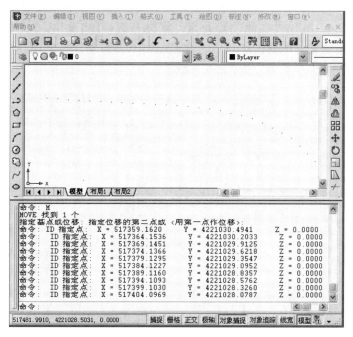

图 8.9.8　获取中线点坐标

5. 绘制构造物平面图

根据设计图纸给出的结构物平面结构图,以轴线为基准,分析构造物各条特征构造线与轴线的关系,根据相互之间的关系对轴线进行偏移、剪切、旋转等操作,绘制出整个构造物的平面结构。某现浇桥 D3 号墩承台平面如图 8.9.9所示。

根据线路设计参数,分别计算 D2、D3、D4 桥墩中心坐标,并在 AutoCAD 中依据表 8.9.3 中 3 个点的坐标绘制桥梁工作线(图 8.9.10)。

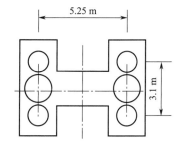

图 8.9.9　现浇梁承台平面结构图

表 8.9.3　墩中心坐标

墩　　　号	X	Y
D2	517 490.349	4 220 989.331
D3	517 495.727	4 220 970.465
D4	517 494.636	4 220 950.878

使用 AutoCAD 对齐命令,把 D3 号墩承台平面图匹配到线路图中。在命令行输入 align回车,将承台基础平面图全部选中回车,如图 8.9.11 所示,指定 a 与 A 为第一源点,指定 b 与 B 为第二源点,并回车,提示是否基于对齐点缩放,输入 Y 回车,承台基础平面图自动匹配到线路图中(图 8.9.12)。

通过坐标查询,4 根桩基和墩柱的中心坐标与设计成果一致,同时可提取承台四角的坐标或其他相关数据,见表 8.9.4。

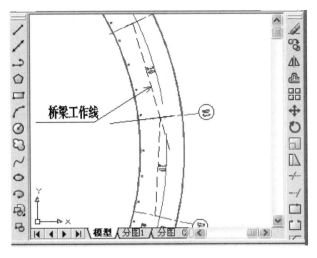

图 8.9.10　绘制桥梁工作线

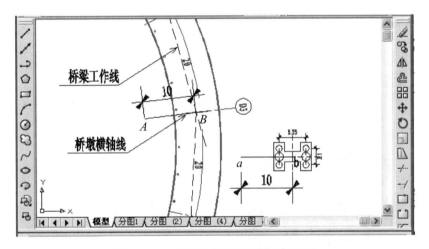

图 8.9.11　墩承台平面图匹配到线路图

图 8.9.12　墩承台平面图匹配到线路图结果

表 8.9.4　承台四角的坐标

	X(m)	Y(m)
D3 墩桩基中心	4 220 971.715	517 492.946
	4 220 968.634	517 493.290
	4 220 972.297	517 498.164
	4 220 969.216	517 498.507
D3 墩墩柱中心	4 220 970.174	517 493.118
	4 220 970.756	517 498.336
D3 墩承台四角	4 220 972.686	517 491.731
	4 220 967.419	517 492.318
	4 220 973.512	517 499.135
	4 220 968.244	517 499.723

6. 绘制构造物三维图

通过 AutoCAD 平台软件进行桥梁的三维建模,创建桥梁结构三维立体图形,如图 8.9.13 所示。

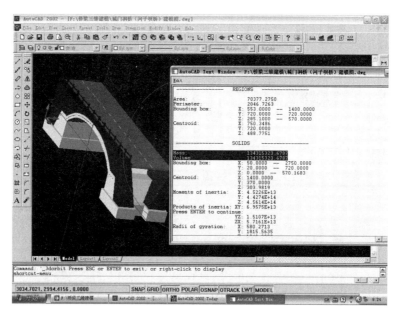

图 8.9.13　构造物三维图

8.10　桥梁施工和运营期间的变形监测

8.10.1　桥梁变形监测概述

桥梁变形按其类型可分为静态变形和动态变形。静态变形是指变形观测的结果只表示在某一期间内的变形值,它是时间的函数。动态变形是指在外力影响下而产生的变形,它是以外力为函数来表示的对于时间的变化,其观测结果是表示桥梁在某个时刻的瞬时变形。桥梁墩台的变形一般来说是静态变形,包括各墩台的垂直位移观测和水平位移观测,而桥梁结构的挠度变形则是动态变形。

桥梁变形观测就是对桥梁墩台在空间的位置（即对各桥梁墩台上的观测点的三维坐标）和桥跨结构的挠度,进行周期性的重复观测,求得其在两个观测周期间的变化值和瞬时变形值。依此正确反映桥梁的变化情况,达到监视其安全运营和了解其变形规律的目的。

桥梁变形观测的方法需根据桥梁变形的特点、变形量的大小、变形的速度等因素合理选用,目前桥梁变形观测的方法有四种:一是常规地面测量方法,它是变形观测的主要手段,其主要优点是能够提供桥墩台和桥跨越结构的变形情况,能够以网的形式进行测量并对测量结果进行精度评定;二是特殊测量方法,包括倾斜测量和激光准直测量;三是地面立体摄影测量方法;四是 GNSS 动态监测方法。后三种测量方法与前者相比,具有外业工作量少、容易实现连续监测和自动化等优点。

桥梁变形观测的频率要求观测次数既能反映出变化的过程,又不遗漏变化的时刻。一般在建造初期,变形速度比较快,观测频率要大一些;经过一段时间后,变形逐步稳定,观测次数可逐步减少。在掌握了一定的规律或变形稳定后,可固定其观测周期;在桥梁遇到特殊情况,如遇洪水、船只碰撞时,应及时观测。

由变形观测的分析中可归纳出桥梁变形的过程、变形的规律和幅度,分析变形的原因。判断变形是否异常。如发现异常,应采取措施,防止事故发生,并改善营运方式,以保证安全。其次,可以验证地基与基础的计算方法,桥梁结构的设计方法,对不同的地基与工程结构规定合理的允许变形值,为桥梁设计、施工、管理和科学研究工作提供资料。

桥梁变形监测可以通过对变形观测网的观测来实现。变形观测网由基准点、工作基点和观测点组成。基准点位于桥梁承压范围之外,被视为稳定不动的点。工作基点位于承压区之内,用以直接测定观测点变形。观测点布设在桥梁墩台选定的位置上,根据观测点在垂直方向和水平方向的位移值即可分析研究桥梁的变形情况。

8.10.2　垂直位移观测

桥梁垂直位移观测是研究桥梁墩台在垂直方向上的变化,其中包括各墩台沿水流方向(或垂直于桥轴线方向)和沿桥轴线方向的倾斜观测。

1. 垂直位移监测网

在布设基准网时,为了使选定的基准点稳定牢固,基准点应尽量选在桥梁承压区之外,但又不宜离桥梁墩台太远,以免加大实测工作量及增大测量的累积误差,一般来说,以不远于桥梁墩台 1~2 km 为宜。

工作基点一般选在桥台上,以便于观测布设在桥梁墩上的观测点,测定各桥墩相对于桥台的变形。而工作基点的垂直变形可由基准点测定,以求得观测点相对于稳定点的绝对变形。

观测点的布设应遵循既要均匀又要有重点的原则。均匀布设是指在每个墩台上都要布设观测点,以便全面判断桥梁的稳定性;重点布设是指对那些受力不均匀、地基基础不良或结构的重要部分,应加密观测点,例如主桥墩台上的观测点,应在墩台顶的上下游两端的适宜位置处各埋设一个,以便研究沉降与非均匀沉陷(即倾斜变形)。

2. 垂直位移观测

垂直位移观测是指定期测量布设在桥墩台上的观测点相对于基准点的高差,以求得观测点的高程,利用不同时期观测点的高程求出墩台的垂直位移值。

基准点观测通常采用水准测量方法进行观测,每年定期进行一次或两次,各次观测的条件应尽可能相同,以减少外界条件对成果的影响。水准测量应执行的等级依据变形观测的精度要求而定。一般大型桥梁应按一等水准测量施测,它能满足变形观测精度 1 mm 的要求。

工作基点观测要求与邻近的基准点联测,通常采用水准测量方法。

观测点观测包括引桥观测点观测和水中桥墩观测点的观测,由于引桥观测点在岸上,其施测方法可参照工作基点的施测方法进行。这里主要说明水中桥墩观测点的施测方法。

对水中桥墩观测点观测时通常采用跨墩水准测量,即把仪器设站于一墩上,而观测后面和前面两个相邻的桥墩,形成跨墩水准测量。按跨墩水准测量施测时,考虑到其照准误差、大气折光误差等急剧增加,因而对跨墩水准测量的作业,应采取一定的措施来提高观测精度。这些措施有:

(1)选用 i 角变化小的仪器,这样在前、后视等距时可抵消其影响。

(2)仪器与水准尺应置于观测墩上,当采用 3 m 水准尺时,必须将尺固定于测点上,以保持仪器和标尺的稳定。

(3)增加观测测回数,测回间变动仪器高,测回互差严于跨河水准测量的规定。

在桥墩面上,由于其使用空间有限,变形观测点应遵循一点多用的原则,既是垂直位移的观测点,也是横向位移、纵向位移及倾斜观测点。观测点可采用观测墩及强制归心装置。

8.10.3 水平位移观测

桥梁各墩台的水平位移观测包含两部分,其中对各墩台在上、下游方向的水平位移观测称为横向位移观测;对各墩台沿桥轴线方向的水平位移观测称为纵向位移观测。两者中,以横向位移观测更为重要。

1. 工作基点布设

工作基点一般处于桥台上或附近不远处,因很难保证稳定不动,所以要定期测定工作基点的位移,以改正观测点测定的结果。工作基点位移可按如下方法测定:

(1)边角网。在桥址附近建立一短边三角网,将此网起算点选择在变形区域以外,此网包括基准线的端点或前方交会的测站点,定期对该网进行观测,求出各工作基点在不同时期的坐标值,据此求出各工作基点的位移值;对工作基点进行稳定性检验,当检验出工作基点不稳定时,对因工作基点位移引起的观测点的位移值进行改正。

(2)后方交会法。在地形与地质条件适宜的地区,可以在基准线端点四周的稳定基岩上选择几个检核点,利用这些点用后方交会法来测定基准线端点的位移值。但必须注意的是,基准线端点不能位于三个照准点所在的圆(危险圆)的附近。

(3)检核基准线法。在墩台面上布设的基准线延长线上,选择地基稳定处设置观测墩,以形成检核方向线,用此方向线来检核基准线端点在垂直于基准线方向的位移。

(4)GNSS网。利用 GNSS 网测定工作基点的稳定性,由于基准点不需要与工作基点通视,可以很方便地在桥梁承压区范围之外选择稳定的基准点,因此建网的工作量很小。

2. 水平位移观测

测定相对位移的方法与桥梁的形状有关,对于直线形桥梁,一般采用基准线法、测小角法等;对于曲线形桥梁,一般采用前方交会法、导线测量法等。

(1)基准线法。对直线形的桥梁测定桥墩台的横向位移时基准线法最为有利,而纵向位移可用高精度测距仪直接测定。大型桥梁包括主桥和引桥两部分,可分别布设三条基准线,主桥一条,两端引桥各一条。

（2）测小角法。测小角法是精密测定基准线方向（或分段基准线方向）与测站到观测点之间的小角。由于小角观测中仪器和觇牌一般置于钢筋混凝土结构的观测墩上，观测墩底座部分要求直接浇筑在基岩上，以确保其稳定性。

（3）前方交会法。若桥梁难以直接用距离测量法和基准线法测定位移时，可用前方交会法。该法能求得纵、横向位移值的总量，投影到纵、横方向线上，即可获得纵、横向位移量。

（4）导线测量法。对桥梁水平位移监测还可采用导线测量法，这种导线两端连接于桥台工作基点上，每一个墩上设置一导线点，它们也是观测点。这是一种两端不测连接角的无定向导线，由两期观测成果比较可得到观测点的位移。

8.10.4　桥梁挠度观测

桥梁挠度测量是桥梁检测的重要组成部分。桥梁建成后，桥梁承受静荷载和动荷载，必然会产生挠曲变形。在交付使用之前或交付使用后应对梁的挠度变形进行观测。

桥梁挠度观测分为桥梁的静荷载挠度观测和动荷载挠度观测。静荷载挠度观测测定桥梁自重和构件安装误差引起的桥梁的下垂量；动荷载挠度观测测定车辆通过时在其重力和冲量作用下桥梁产生的挠曲变形。

目前，挠度观测的常用方法有精密几何水准法、全站仪观测法、GNSS 观测法、静力水准观测法、专用挠度仪观测法等。不同的仪器和方法其观测的精度和速度有一定的差异，荷载试验应根据理论计算结果和规范的规定，选择适当的方法和仪器。

1. 精密几何水准法

精密几何水准是桥梁挠度测量的一种传统方法，该方法利用布置在稳固处的基准点和桥梁结构上的水准点，观测桥体在加载前和加载后的测点高程差，从而计算桥梁检测部位的挠度值。

近年来电子水准仪已在许多工程中开始应用，其观测、记录和数据处理更方便简捷，大大提高了测量的工作效率。由于大多数桥梁的跨径都在 1 km 以内，所以利用水准测量方法测量挠度，一般能达到 ±1 mm 以内的精度。

2. 全站仪观测法

该方法的实质是利用光电测距三角高程法进行观测。在三角高程测量中，大气折光是一项非常重要的误差来源，但桥梁挠度观测一般在夜里，这时的大气状态较稳定，且挠度观测不需要绝对高差，只需要高差之差，因此，只有大气折光的变化对挠度有影响，而该项误差相对较小。当仅考虑测距和测角误差时，利用 TC2003 全站仪（$0.5''$，$1\ mm+1×10^{-6}$）在 1 km 以内，可以达到 ±3 mm 左右的精度。

3. GNSS 观测法

目前 GNSS 测量主要有三种模式：静态、准动态和动态，各种测量模式的观测时间和测量精度有明显的差异。在通常情况下，静态测量的精度最高，一般可达毫米级的精度，但其观测时间一般要 1 h 左右。准动态和动态测量的精度一般较低，大量的实测资料表明，在观测条件较好的情况下，其观测精度为厘米级。因此，对于大挠度的桥梁，应用 GNSS 观测还是可以考虑的。

4. 静力水准观测法

静力水准仪的主要原理为连通管，利用连通管将各测点连接起来，以观测各测点间高程的相对变化。目前，静力水准仪的测程一般在 20 cm 以内，其精度可达 ±0.1 mm 以上，该方法还可实现自动化的数据采集和处理。

5. 专用挠度仪观测法

在专用挠度仪中,以激光挠度仪最为常见。该仪器的主要原理为:在被检测点上设置一个靶标,在远离桥梁的适当位置安置检测仪器,当桥上有荷载通过时,靶标随梁体振动的信息可通过红外线传回检测头的成像面上,通过分析将其位移分量记录下来。该方法的主要优点是可以全天候工作,受外界条件的影响较小。

8.11　锥体护坡测量

桥(涵)台锥体护坡一般在平面上呈 1/4 椭圆形,立面呈锥体,其边坡根据路堤填土高低可有两种坡率或只有一种坡率,按规定小于 6 m 时只设一种坡率,大于 6 m 就需设置两种坡率,底层较缓,上层可以较陡,中间有变坡点。锥坡护坡放样时,应先求出坡脚椭圆形的轨迹线,再将轨迹线测设到地面上。

锥体护坡及坡脚放样方法很多,如支距法、图解法、坐标值量距法、经纬仪设角法、放射线式放样法等。对于斜桥锥坡还应考虑到斜度系数,可以采用纵横等分图解法进行放样。

以上方法均需先求出坡脚椭圆形的轨迹线,测设到地面上,然后再按规定的边坡放出样线,据以施工。这里只对常用的支距放样法、纵横图解法进行介绍。

1. 支距放样法

适用于锥坡不高、地势平坦、桥位中线与水流正交的情况,如图 8.11.1 所示。

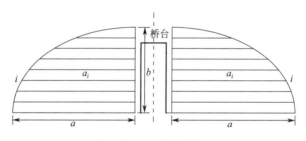

图 8.11.1　支距放样法

将 b 分为 n 等分(一般为 10 或 8 等分),则可求得各点对应的支距 a_i 值,然后根据各点在 b 方向的分量和在 a 方向的分量 a_i 值可在现场放出各点。

2. 纵横等分图解法

纵横等分图解法放样如图 8.11.2 所示,按 a 和 b 的长度引一平行四边形;将 a' 和 b' 均分为 10 等分,并将各点顺序编号;由 b' 之 0 点连 a' 之 1 点,由 b' 之 1 点连 a' 之 2 点……依此类推,最后由 b' 之 9 点连 a' 之 10 点,即形成锥坡之底线。

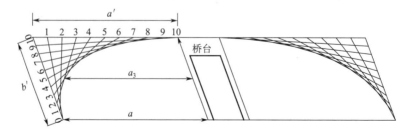

图 8.11.2　纵横等分图解法

放出样线,主要是为在锥坡挖基、修筑基础以及砌筑坡面时,便于悬挂准绳,使铺砌式样尺寸符合标准。在施工过程中应随时防止样线走动或脱开样线铺砌,要进行必要的检查复核工作。

🔑 知识拓展——港珠澳大桥彰显中国奋斗精神

伶仃洋上"作画",大海深处"穿针"。历时 9 年建设,全长 55 km,集桥、岛、隧于一体的港珠澳大桥横空出世。汇众智、聚众力,数以万计建设者百折不挠、不懈奋斗,用心血和汗水浇筑成了横跨三地的"海上长城"。

从早期设想到最终落成,港珠澳大桥的建设过程,正是中国国力不断向上攀升的过程。从中国高铁迈入时速 350 km,到中国大飞机"三兄弟"蓝天聚首;从神舟九号"上九天揽月",到蛟龙号"下五洋捉鳖",十年之间,中国在航空、铁路、桥梁等领域不断取得重大成果。港珠澳大桥正是中国经济、科技、教育、装备、技术、工艺工法发展到一定程度时集成式创新的结果。

港珠澳大桥更是中国特色社会主义制度优越性的集中体现。由 33 节巨型沉管组成的沉管隧道是目前世界最长的海底深埋沉管隧道,在深达 40 m 的水下,每一次沉管对接犹如"海底穿针"。受基槽异常回淤影响,E15 节在安装过程中经历三次浮运两次返航。紧要关头,广东省政府果断下令在附近水域采取临时性停止采砂,为大桥建设保驾护航,彰显了中国集中力量办大事的制度优势。

十几年来,中国建设者以"走钢丝"的慎重和专注,经受了无数没有先例的考验,交出了出乎国内外专家预料的答卷。追求卓越、力求完美,将港珠澳大桥打造成为世纪工程、景观地标的共同追求,成就了港珠澳大桥这个中国桥梁界的丰碑和旗帜。

逢山开路、遇水架桥,这是一个国家的奋斗精神。施工水域每天有 4 000 艘船只航行,台风、大雾、强对流天气致使每年有效作业时间只有 200 天左右。面对防洪、防风、海事、航空限高等各种复杂建设难题,全国各地的建设精英们夙兴夜寐、顺境不骄、逆境不馁,以"功成必定有我"的责任感、自豪感,竖起中国桥梁的高峰,再度刷新了世人对中国工程的印象。

港珠澳大桥是科技工程,也是人心工程,再好的方案和技术最终都需要人去完成。大桥每一个节点的进展、每一次攻关、每一次创新,都蕴含着可经受历史考验的中国工匠精神。差之毫厘、谬之千里。在高温、高湿、高盐的环境下,一线建筑工人舍身忘我,以"每一次都是第一次"的初衷,焊牢每一条缝隙,拧紧每一颗螺丝,筑平每一寸混凝土路面,在日复一日年复一年的劳作中,将大桥平地拔起。正是他们的默默付出,让港珠澳大桥从图纸变成了实体。

中国人对桥情有独钟,它连接着过去与未来,向更远处延伸。中国已经开启"交通强国"新征程,中国桥梁人恰逢其时,奇迹将继续在神州大地上演!

 项目实训

1. 项目名称

墩台及桩基测量。

2. 测区范围

100 m×100 m。

3. 项目要求

(1)某曲线桥设计图纸参数如下:

（2）计算曲线桥的墩台所对应的线路中线坐标；

（3）根据设计资料计算 1 号墩、2 号墩、3 号墩中心坐标，并放样；

（4）根据设计图纸，计算桩基中心坐标，并放样。

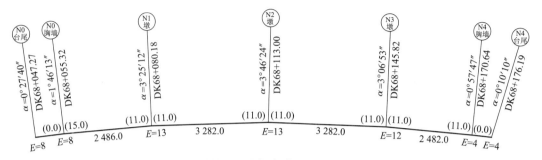

R=500 m, α=34°45′00″,
l₀=80 m, T=196.61 m,
L=383.25 m, ZH DK67+833.73, HY DK67+913.73

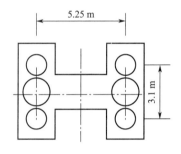

4. 注意事项

（1）组长要切实负责，合理安排，使每个人都有练习机会；组员之间要团结协作，密切配合，以确保实习任务顺利完成；

（2）每项测量工作完成后应及时检核，原始数据、资料应妥善保存；

（3）测量仪器和工具要轻拿轻放，爱护测量仪器，禁止坐仪器箱和工具；

（4）时刻注意人身和仪器安全。

5. 编写实习报告

实习报告要在实习期间编写，实习结束时上交，内容包括：

（1）封面——实训名称、实训地点、实训时间、班级名称、组名、姓名；

（2）前言——实训的目的、任务和技术要求；

（3）内容——实训的项目、程序、测量的方法、精度要求和计算成果；

（4）结束语——实训的心得体会、意见和建议；

（5）附属资料——观测记录、检查记录和计算数据。

 复习思考题

8.1 桥梁施工控制测量的作用是什么？

8.2 桥梁施工控制测量的内容有哪些？

8.3　桥梁施工平面控制的方法有哪些?

8.4　何为桥轴线长度? 它的需要精度是怎样确定的? 测定桥轴线长度的目的是什么?

8.5　桥梁施工控制网有什么特点? 布设桥梁平面控制网时,应满足哪些要求? 通常采用哪些形式?

8.6　桥梁平面控制网的坐标系是怎样建立的? 为什么要建立这样的坐标系?

8.7　什么是桥梁工作线、桥梁偏角、桥墩偏距? 为什么要有桥墩偏距?

8.8　基坑附近一水准点的高程为 235.463 m,基坑底面设计标高为 228.300 m,挖基坑时如何测设它,并绘图说明。

8.9　椎体护坡的作用是什么? 试述如何测设椎体护坡的边线?

项目 9　隧道施工测量

 项目描述

本项目依据隧道工程施工程序,介绍隧道施工各环节的测量放样工作,主要包括隧道施工方法和施工测量基本知识、隧道施工控制测量方法、隧道贯通误差估算、隧道施工测量方法、隧道施工监控量测等内容,旨在锻炼学生在隧道施工过程中的识图、分析计算和仪器操作等技能,培养学生能够从事隧道施工测量的能力。

 学习目标

1. 素质目标

(1)培养学生团队协作能力;

(2)培养学生在学习过程中的主动性、创新性意识;

(3)培养学生“自主、探索、合作”的学习方式;

(4)培养学生可持续的学习能力。

2. 知识目标

(1)掌握隧道施工图纸和资料的复核检算方法;

(2)掌握隧道施工中常用仪器的使用方法;

(3)掌握隧道各施工环节的施工程序和放样方法;

(4)掌握隧道施工中监控量测的方法;

(5)掌握隧道施工验收检测事项和精度要求。

3. 能力目标

(1)能设计和制定隧道施工测量的实施方案;

(2)能从事隧道施工过程中的各项测量工作;

(3)能分析和解决在隧道施工过程中测量工作遇到的问题。

 相关案例——某线光山庄隧道

隧道设计资料是隧道施工的主要依据,主要包括线路设计参数,控制测量成果,隧道平面图,隧道纵断面图,隧道进口平面、纵断面、横断面,隧道出口平面、纵断面、横断面,进出口弃渣场设计图,隧道设计说明,建筑物详图和其他相关资料。

1. 隧道案例概况

某线光山庄隧道设计为单洞双线隧道,线间距为 5 m。隧道进口里程 DK190+240,出口里程 DK192＋980，全长 2 740 m。

　　隧道进口、出口均位于直线上，隧道洞身 DK190＋417.16～DK192＋227.555 位于半径 8 000 的线路上。隧道内设人字坡，自进口至 DK191＋300 为 13‰的上坡，自 DK191＋300 至出口为 4‰的下坡，隧道最大埋深 123.15 m，进出口附近均有乡村道路。

　　隧道处于低中山区，进出口位于斜坡上，自然坡度约 30°；地势起伏较大，隧道顶部植被稀疏。

　　2. 隧道控制测量资料

　　隧道控制测量资料涵盖内容与线路和桥梁相似。光山庄隧道控制测量成果汇总表见表 9.0.1。

表 9.0.1　线路控制测量成果汇总表

点　　名	X 坐标(m)	Y 坐标(m)	高程(m)	备　　注
…	…	…	…	…
G209	4 226 721.240	382 788.327	1 002.598	C 级
光山北	4 227 068.021	382 699.88	982.234	C 级
G208	4 227 006.011	383 001.309	988.012	C 级
光山	4 226 571.856	383 029.878	984.387	C 级
…	…	…	…	…

　　光山庄隧道标段平面控制测量采用北京 54 坐标系成果，控制网按照 C 级 GPS 控制网精度布设和观测；高程控制测量采用 85 年高程系统成果，按照国家三等水准测量精度施测。

　　3. 设计资料

　　(1)隧道平面图

　　光山庄隧道平面图如图 9.0.1 所示，主要包含以下信息：隧道所处的地理位置、周边地形、地物、交通等状况；平面控制点和高程控制点布设状况；隧道线路的设计参数(线路里程、交点桩号、曲线设计半径、缓和曲线长、线路转向角、切线长、曲线长)；隧道进出口所在位置；其他相关信息。

　　(2)隧道纵断面图

　　光山庄隧道纵断面图如图 9.0.2 所示，通过纵断面图、高程尺和信息列表配合使用，可以判读以下信息：围岩级别、工程地质、水文地质、地下水情况、衬砌类型及长度、施工方法、埋深、轨面设计高程、设计坡度、地面高程、公里桩和加桩、平面示意等。

　　(3)隧道进洞口平、纵、横断面图

　　光山庄隧道进洞口洞门采用喇叭口形洞门，隧道进洞口平面如图 9.0.3 所示，洞口纵断面如图 9.0.4 所示，洞口横断面如图 9.0.5 所示。

　　隧道进洞口施工注意事项：

　　①本图尺寸除里程、高程以 m 计外，其余均以 cm 计。

　　②洞口段 15 m 结构整体施工。

　　③洞口施工前应先做好截(排)水沟，清除洞口危石，以免危及施工与运营安全。

　　④开挖线外 5～10 m 设截水天沟，天沟长 104.7 m。

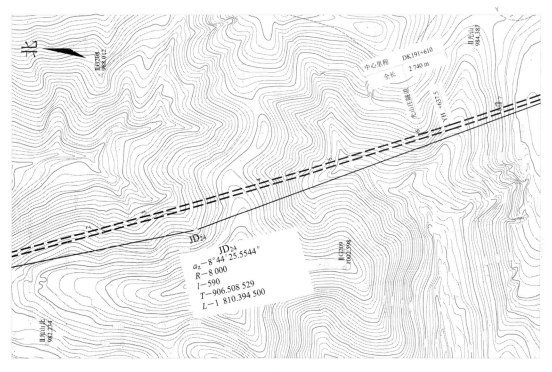

图 9.0.1　光山庄隧道平面图

(4)施工图阅读方法

按照先整体后局部的顺序结合相关施工设计说明进行施工图阅读。

首先看标题栏和文字说明:图名、图号、绘图比例、尺寸单位、施工技术要求;然后弄清楚表达方案:用到了多少张图,相互之间的联系,每张图中用到几个视图,视图之间的对应关系;最后逐步读懂各部形状和大小、材料:按照投影关系和形体分析法划分子部分(构造)。

4.施工组织设计

(1)本隧道严格按照设计和铁路相关规范施工。

(2)施工方法

Ⅲ级围岩采用台阶法施工;Ⅳ级围岩浅埋地段采用三台阶法施工,深埋地段采用短台阶法(必要时增设临时仰拱)施工;Ⅴ级围岩采用三台阶法或双侧壁导坑法施工。

(3)洞口施工

洞口施工时,先开挖洞门仰坡及路堑土石方,做截水天沟,再施做洞门结构,洞口环节衬砌需与洞门结构同时施工。

(4)监控量测

现场监控量测是监视围岩稳定状态、修正初期支护参数、判断二次衬砌施作时机和及时调整施工方法的重要手段,亦是保证安全施工、提高经济效益的重要条件,隧道进口段 DK190＋270～DK190＋385 区段处于黄土地段,应加强监控量测。

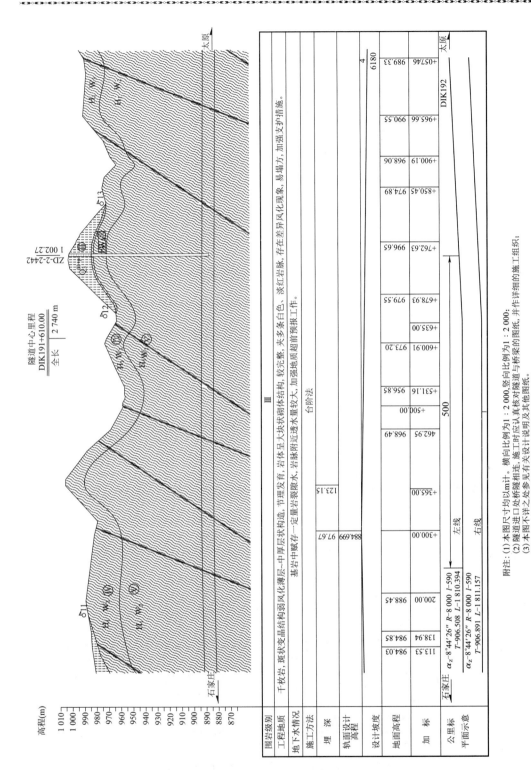

图9.0.2　光山庄隧道纵面图

附注：(1) 本图尺寸均以m计。横向比例为1：2 000,竖向比例为1：2 000;
(2) 隧道进口处与桥隧相连,施工时应认真核对桥梁的图纸,并作详细的施工组织;
(3) 本图不详之处参见有关设计说明及其他图纸。

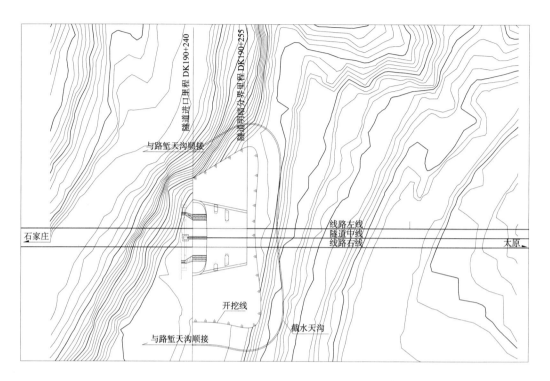

图 9.0.3　1∶500 进洞口平面图

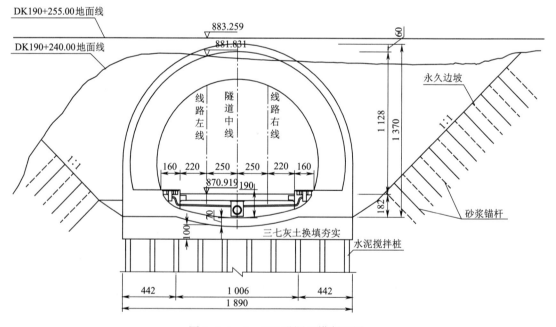

图 9.0.4　1∶200 进洞口横断面图

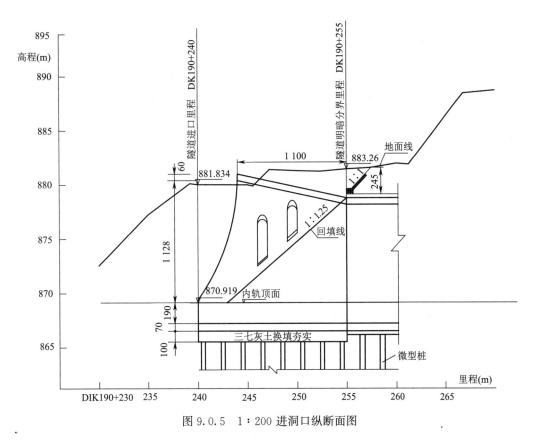

图 9.0.5　1∶200 进洞口纵断面图

问题导入

1. 隧道施工工艺如何? 测量人员如何在各种施工工艺中配合其他工种开展工作?

2. 根据隧道进口平、纵、横断面图,如何绘制洞口三维实体图?

3. 隧道施工测量的主要内容和工作程序是什么?

4. 隧道控制网如何布设与施测?

5. 隧道洞内如何控制开挖方向和尺寸?

6. 隧道施工测量的内业计算与实施方法?

9.1　隧道工程施工概述

熟悉隧道工程施工工艺是科学施工与测量的前提,常用的隧道施工方法有暗挖法、明挖法和盖挖法等。

9.1.1　暗挖法施工

暗挖隧道的主要施工工法有:全断面开挖法、台阶法、分部开挖法。

1. 全断面开挖法

全断面法采用全断面一次开挖成形的施工方法,即按照设计轮廓一次爆破成形,然后修建衬砌的施工方法。主要应用于双线隧道Ⅰ、Ⅱ级围岩和斜井Ⅱ、Ⅲ级围岩的施工。循环进尺宜控制在 3.0~4.0 m。

2. 台阶法

先开挖上半断面,待开挖至一定长度后同时开挖下半断面,上下半断面同时并进的施工方法。主要应用于正洞Ⅱ、Ⅲ级围岩及横洞Ⅳ、Ⅴ级围岩的施工。台阶法施工现场参如图 9.1.1 所示,台阶法施工工艺流程如图 9.1.2 所示,台阶法施工工序如图 9.1.3 所示。

图 9.1.1　台阶法施工现场

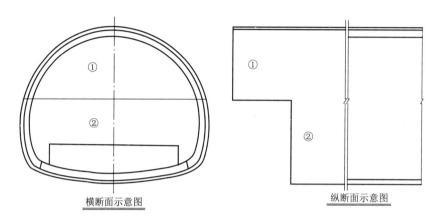

横断面示意图　　　　　　　　纵断面示意图

图 9.1.2　台阶法施工工艺流程

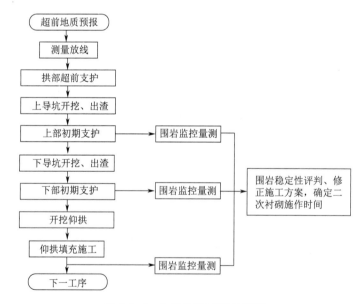

图 9.1.3　台阶法施工工艺流程

3. 分部开挖法

分部开挖法适用于大断面隧道和软弱破碎地层隧道开挖,主要包括中隔壁法(CD 法)、交叉中隔壁法(CRD 法)、侧壁导坑法、弧形导坑预留核心土法、中洞法等,各种施工工序如图 9.1.4~图 9.1.8 所示。

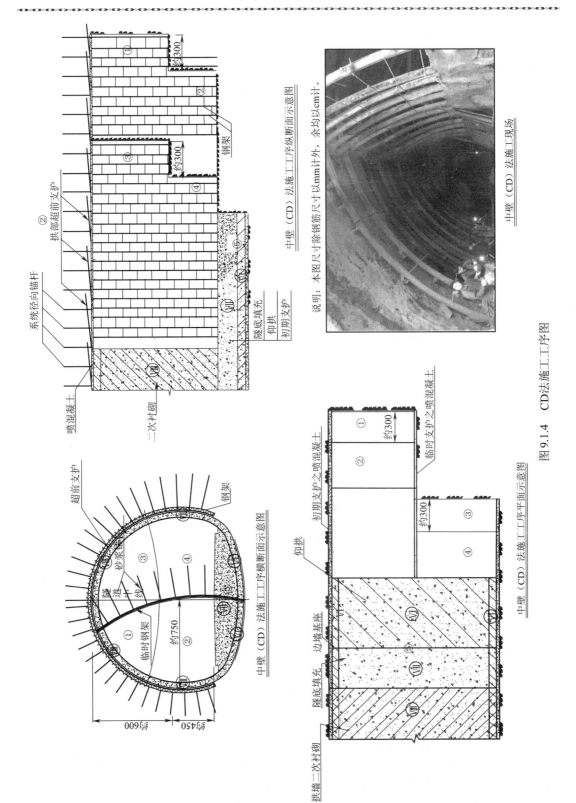

图 9.1.4　CD法施工工序图

图 9.1.5 中壁交叉（CRD）法施工现场

图 9.1.6 双侧壁导坑法施工现场

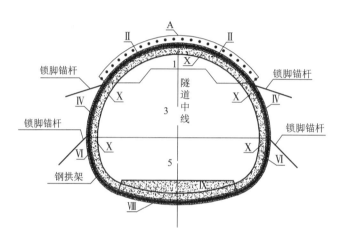

施工工序正面示意图

说明：

（1）本图为弧形导坑预留核心土台阶法。

（2）具体施工顺序如下：

A—拱部小导管超前支护；

1—上部环形导坑开挖；

Ⅱ—上部环形导坑初期支护；

3—核心土及中部台阶开挖；

Ⅳ—中部台阶初期支护；

5—下部台阶开挖；

Ⅵ—下部台阶初期支护；

7—底部开挖；

Ⅷ—底部仰拱支护及衬砌；

Ⅸ—仰拱填充；

Ⅹ—边拱二次衬砌。

（3）必要时增设临时仰拱；黄土隧道以核心土为基础设立2根临时钢架竖撑以支撑拱顶，核心土根据围岩量测结果适当滞后开挖。

图 9.1.7 岩石隧道弧形导坑预留核心土法施工工序图

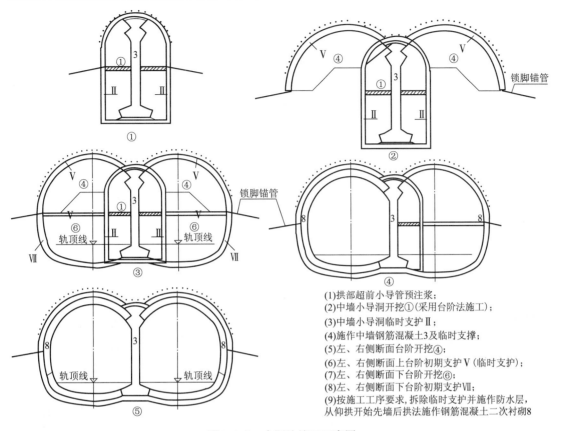

(1)拱部超前小导管预注浆;
(2)中墙小导洞开挖①(采用台阶法施工);
(3)中墙小导洞临时支护Ⅱ;
(4)施作中墙钢筋混凝土3及临时支撑;
(5)左、右侧断面台阶开挖④;
(6)左、右侧断面上台阶初期支护Ⅴ(临时支护);
(7)左、右侧断面下台阶开挖⑥;
(8)左、右侧断面下台阶初期支护Ⅶ;
(9)按施工工序要求,拆除临时支护并施作防水层,
从仰拱开始先墙后拱法施作钢筋混凝土二次衬砌8

图 9.1.8　中洞法施工工序图

9.1.2　明挖法施工

　　浅埋隧道常采用明挖法和盖挖法施工。明挖法是先将隧道部分的岩(土)体全部挖除,然后修建洞身、洞门,再进行回填的施工方法。明挖法施工工序见图 9.1.9。

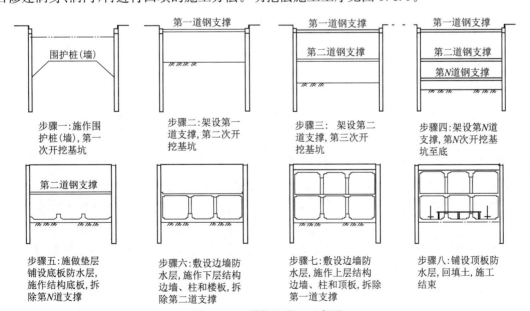

图 9.1.9　明挖法施工工序图

9.1.3　盖挖法施工

盖挖法是由地面向下开挖至一定深度后,将顶部封闭,其余的下部工程在封闭的顶盖下进行施工。盖挖法分为盖挖顺作法与盖挖逆作法,盖挖逆作法均采用先短期占路,作支护结构和顶盖或临时顶盖的施工工艺。盖挖顺作法施工工序如图 9.1.10 所示,盖挖逆作法施工工序如图 9.1.11 所示。

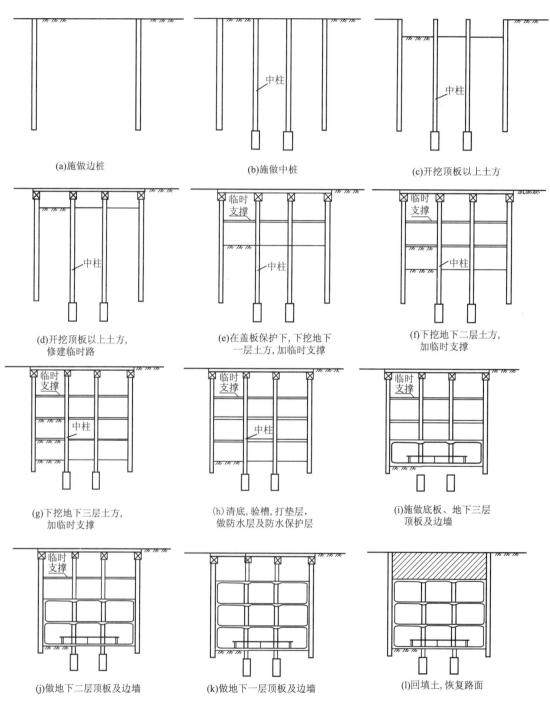

(a)施做边桩　　　　　　　　(b)施做中桩　　　　　　　　(c)开挖顶板以上土方

(d)开挖顶板以上土方,
修建临时路

(e)在盖板保护下,下挖地下
一层土方,加临时支撑

(f)下挖地下二层土方,
加临时支撑

(g)下挖地下三层土方,
加临时支撑

(h)清底,验槽,打垫层,
做防水层及防水保护层

(i)施做底板、地下三层
顶板及边墙

(j)做地下二层顶板及边墙

(k)做地下一层顶板及边墙

(l)回填土,恢复路面

图 9.1.10　盖挖顺作法施工工序

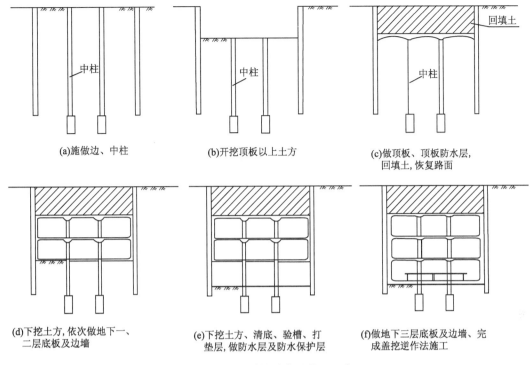

(a)施做边、中柱　　　(b)开挖顶板以上土方　　　(c)做顶板、顶板防水层,
　　　　　　　　　　　　　　　　　　　　　　　　　　回填土,恢复路面

(d)下挖土方,依次做地下一、　(e)下挖土方、清底、验槽、打　(f)做地下三层底板及边墙、完
二层底板及边墙　　　　　　　垫层,做防水层及防水保护层　　成盖挖逆作法施工

图 9.1.11　盖挖逆作法施工工序

9.1.4　隧道测量的内容和作用

隧道测量的主要目的是保证隧道相向开挖时,能按规定的精度正确贯通,并使各建筑物的位置和尺寸符合设计规定,不侵入建筑限界,以确保运营安全。

1. 隧道施工测量工作内容

(1)洞外控制测量:在洞外建立平面和高程控制网,测定各洞口控制点的位置;

(2)进洞测量:将洞外的坐标、方向和高程传递到隧道内,建立洞内、洞外统一坐标系统;

(3)洞内控制测量:包括隧道内的平面和高程控制测量;

(4)隧道施工测量:根据隧道设计要求进行施工放样、指导开挖;

(5)监控量测:在隧道施工中对围岩、地表、支护结构的变形和稳定状态进行监测,确保施工安全;

(6)竣工测量:测定隧道竣工后的实际中线位置和断面净空及各建、构筑物的位置尺寸。

2. 隧道贯通测量的含义

在长大隧道施工中,为加快进度,常采用多种措施增加开挖工作面。两个相邻的掘进面,按设计要求在预定地点彼此接通,称为隧道贯通,为此而进行的相关测量工作称为贯通测量。由于测量误差的影响,导致相向开挖的隧道中线在贯通面上不能准确衔接,其错位的空间距离 δ 称为贯通误差(图 9.1.12)。δ 在线路中线方向的投影长度 δ_t 称为纵向贯通误差,δ 在水平面内垂直于中线方向的投影长度 δ_u 称为横向贯通误差,在铅垂面内的投影长度 δ_h 称为高程贯通误差。

纵向贯通误差影响隧道中线的长度,只要它不低于路线中线测量的精度,就不会影响到路线纵坡。高程贯通误差影响到隧道的纵坡,一般应采用水准测量的方法测定,限差容易满足。

横向贯通误差的精度至关重要,如果横向贯通误差过大,就会引起隧道中线几何形状的改变,严重者会使衬砌部分侵入到建筑限界内,影响施工质量,造成经济损失。

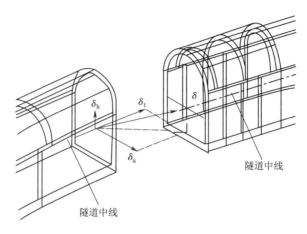

图 9.1.12　隧道贯通误差

9.2　隧道洞外控制测量

9.2.1　洞外控制测量概述

1. 隧道洞外控制测量的目的

在各开挖洞口之间建立一精密的控制网,以便据此精确地确定各开挖洞口的掘进方向和开挖高程,使之正确相向开挖,保证准确贯通。洞外控制测量主要包括平面控制测量和高程控制测量两部分。

2. 隧道施工测量坐标系统建立

隧道施工平面控制网坐标系宜采用隧道内线路的平均高程面为基准面,以隧道长直线或曲线隧道切线(或公切线)为坐标轴的施工独立坐标系,坐标轴的选取应便于施工使用。高程系统应与线路高程系统相同。

3. 洞外控制测量相关规定

控制网宜布设成自由网,并根据线路测量的控制点进行定位和定向。在每个洞口应测设不少于 3 个平面控制点(包括洞口投点及其相联系的三角点或导线点)和 2 个高程控制点。隧道洞外控制测量应在隧道开挖前完成。

洞外控制网的布设应符合下列规定:

①洞外平面控制网应沿两洞口连线方向布设成多边形组合图形,构成闭合检核条件。进、出口控制点应以直接观测边连接,构成长边控制网,增强图形强度。

②控制点应布设在视野开阔、通视良好、土质坚实、不易被破坏的地方。

③观测视线应距离障碍物 1 m 以上。通过水域、沙滩时,应适当增加视线高度。

④地形困难、树林茂密的山岭测站,场地应进行清理和平整,以利于观测。

洞口控制点布设应符合下列规定:

①每个洞口平面控制点和水准点布设,均不应少于 3 个。

②向洞内传递方向的洞外联系边长度宜大于 500 m,困难时不宜短于 300 m。

③GNSS 控制网进洞联系边最大俯仰角不宜大于 5°,导线网、三角形网的最大俯仰角不宜大于 15°。

④洞口 GNSS 控制点应方便用常规测量方法检测、加密、恢复和向洞内引测。

⑤洞口附近的水准点宜与隧道洞口等高,两水准点间高差以水准测量 1～2 站即可联测为宜。

4.洞外控制测量方法

隧道平面控制测量应结合隧道长度、平面形状、辅助坑道位置及线路通过地区和环境条件,采用中线法、GNSS 测量、导线测量、三角形网测量及其组合测量方法。

高程控制测量可采用水准测量、光电测距三角高程测量。

9.2.2　洞外控制测量实施

1.中线法

所谓中线法,就是将隧道线路中线的平面位置按定测的方法先测设在地表上,经反复核对无误后,才能把地表控制点确定下来,施工时就以这些控制点为准,将中线引入洞内。

一般在直线隧道短于 1 000 m,曲线隧道短于 500 m 时,可以采用中线作为控制。

如图 9.2.1 所示,A、C、D、B 作为在 A、B 之间修建隧道定测时所定中线上的直线转点。由于定测精度较低,在施工之前要进行复测,其方法为:以 A、B 作为隧道方向控制点,将仪器安置在 C′ 点上,后视 A 点,正倒镜分中定出 D′ 点;再置镜 D′ 点,正倒镜分中定出 B′ 点。若 B′ 与 B 不重合,可量出 B′B 的距离,则

$$D'D = \frac{AD'}{AB'} \cdot B'B$$

图 9.2.1　中线法

自 D′ 点沿垂直于线路中线方向量出 D′D 定出 D 点,同法也可定出 C 点。然后再将经纬仪分别安在 C、D 点上复核,证明该两点位于直线 AB 的连线上时,即可将它们固定下来,作为中线进洞的方向。

若用于曲线隧道,则应首先精确标出两切线方向,然后精确测出转向角,将切线长度正确地标定在地表上,以切线上的控制点为准,将中线引入洞内。

中线法简单、直观,但其精度不太高。

2.GNSS 测量

目前,具有精度高、操作简便和全天候等特点的卫星定位测量技术被广泛应用于隧道施工控制网的建立,利用卫星定位测量技术,采用静态或快速静态测量方式进行测量。

隧道 GNSS 控制网的布网设计,应满足下列要求:

(1)GNSS 控制网应由洞口子网和子网之间的联系主网组成。洞口子网宜布设成大地四边形或三角形网,进洞联系边应为直接观测边。洞口间联系网可布设成四边形或大地四边形。当洞口子网采用 GNSS 测量困难时,可采用 GNSS 测量一条定向边,洞口子网的其他控制点

可采用全站仪测量。洞口控制点数量不少于 3 个。

（2）相向开挖长度超过 8 km 的隧道洞口引测边距离短于 350 m 时,应设置强制对中观测墩。

（3）隧道进洞联系边测量的后视方向不得少于 2 个。

（4）点位空中视野开阔,保证至少能接收到 4 颗卫星信号。

（5）测站附近不应有对电磁波有强烈吸收和反射影响的金属和其他物体。

3. 导线测量

随着光电测距应用的普及,具有精度高、方法灵活方便、对地形的适应性比较大等特点的导线测量在隧道洞外控制中常被采用,导线布设形式主要包括单导线、主副导线环和导线网。

（1）单导线

单导线形式如图 9.2.2 所示。图中 J、C 为隧道进出口控制点,1、2 为导线点,靠近隧道中线布设。这样 J、C、1、2 就构成了单导线。单导线本身不具备检核条件,故测角、测边均应进行往返观测,以确保测量成果的可靠性。

单导线适用于只布设少数导线点的短隧道。

（2）主、副导线环

如图 9.2.3 所示,在隧道进出口控制点 J、C 之间,沿隧道中线布设主导线 J、1、2、3、C,在其一侧布设副导线 J、$1'$、$2'$、C,构成主副导线环。观测闭合环的所有内角,进行角度校核;只测主导线的边长而不测副

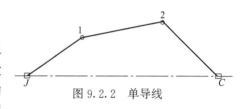

图 9.2.2 单导线

导线的边长,因此不构成坐标闭合条件,可靠性不及闭合导线。闭合环的边数不宜过多,如果主导线较长时,可每隔 2～4 条边构成一个闭合环,形成连续的主副导线环,如图 9.2.4 所示。

对于只有一个闭合环的主副导线环,在计算坐标时,在角度闭合差不超限的情况下,可先将角度闭合差反号平均分配至各内角上,然后沿主导线利用调整后的内角值及边长观测值计算主导线点坐标。

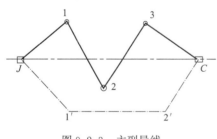

图 9.2.3 主副导线

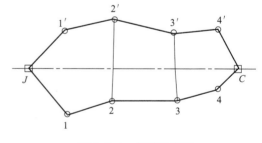

图 9.2.4 主副导线环

如果是多个闭合环所组成的主副导线环,则可按多边形平差法求取各环内角的平差值,然后沿主导线计算主导线各点的坐标。

主副导线的形式由于精度的原因主要用于较短的隧道控制。

（3）导线网

如图 9.2.5 所示,导线网一般由数个条件闭合环连接而成,在隧道两洞口之间,沿纵向布设。每个环中导线点的数目不能太多,环的横向连接一般应设在有辅助坑道的地方。导线边长也不宜相差太大,应避免设置过短的边,一般情况下,边长不应小于 200 m。

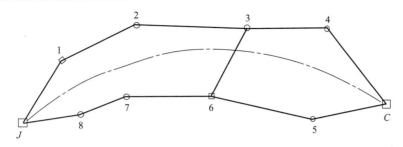

图 9.2.5 导线网

导线网一般布设成闭合图形,测量全部内角和边长,构成角度和坐标闭合条件,可有效地对导线测量成果进行校核。

较短的隧道可布设成单一闭合导线;长隧道或者有斜井、横洞等辅助坑道的隧道,可布设成由闭合环组成的导线网。

隧道导线网的平差,对于较短的隧道,一般网形小,可采用近似平差的方法。对于较长的隧道,则应采用严密平差的方法进行平差,如条件平差、坐标平差等。

(4)导线水平角的观测

导线水平角的观测宜采用方向观测法,技术要求应符合表 9.2.1 的规定。

表 9.2.1 水平角方向观测法的主要技术要求

等　级	仪器等级	半测回归零差 (″)	一测回内各方向 2C 互差(″)	同一方向值各测 回较差(″)
四等 及以上	0.5″级仪器	4	8	4
	1″级仪器	6	9	6
	2″级仪器	8	13	9
一级 及以下	1″级仪器	8	13	9
	2″级仪器	12	18	12
	6″级仪器	18	—	24

注:当观测方向的垂直角超过±3°的范围时,该方向 2C 互差可按各测回同方向进行比较,其值应满足表中一测回内各方向 2C 互差的限值。

当水平角为两方向时,则以总测回数的奇数测回和偶数测回分别观测导线的左角和右角。左、右角分别取中数后按式(9.2.1)计算圆周角闭合差 Δ,其值应符合表 9.2.2 的规定。再将它们统一换算为左角或右角后取平均值作为最后结果,这样可以提高测角精度。

$$\Delta = [左角]_{中} + [右角]_{中} - 360° \qquad (9.2.1)$$

表 9.2.2 测站圆周角闭合差的限差 (″)

导线等级	二等	三等	四等	一级
Δ	2.0	3.6	5.0	8.0

导线环角度闭合差,应不大于按下式计算的限差:

$$f_{\beta限} = 2m\sqrt{n} \qquad (9.2.2)$$

式中　m——设计所需的测角中误差(″);

　　　n——导线环内角的个数。

导线的实际测角中误差应按下式计算,并应符合控制测量设计等级的精度要求。

$$m_\beta = \pm \sqrt{\frac{\left[f_\beta^2 / n \right]}{N}} \qquad (9.2.3)$$

式中　f_β——每一导线环的角度闭合差(″);

　　　　n——每一导线环内角的个数;

　　　　N——导线环的总个数。

(5)光电测距长度归算

光电测距仪在野外测得的长度,经过气象改正、周期改正、常数改正、倾斜改正后得到测边的标准长度,一般都应归算到隧道平均高程面上,使洞外和洞内的长度计算在同一高程面上进行,不致对贯通精度带来不利影响。

长度归算如图 9.2.6 所示。将边长测量的标准长度归算至隧道平均面上的长度:

$$L_0 = L \cdot \left(1 + \frac{H_0 - H}{R} \right) \qquad (9.2.4)$$

式中　L——边长测量的标准长度(m);

　　　　H_0——隧道平均高程(m);

　　　　H——测边的高程(m);

　　　　R——地球曲率半径,采用 6 371 km。

关于隧道平均高程的取值,隧道的线路纵坡为人字形坡道时,一般可按变坡点和进、出口洞门三点的线路设计高程取平均值;当洞内有两个以上变坡点时,可取所有变坡点和两端洞门高程的平均值。

测边的高程,一般取两端测点高程的平均值。测边的平均高程取位至 m 即可。

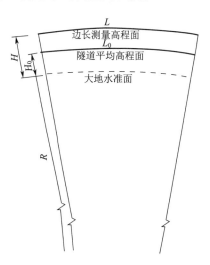

图 9.2.6　长度归算

4. 三角形网测量

三角测量适用于长大隧道的地面控制,一般布设成三角锁,是通过观测相联系三角形内各水平角,并利用已知起始边长、方位角和起始点坐标确定其他各三角点水平位置的测量技术和方法。随着高精度光电测距设备在工程建设中的普及,也可采用测全部边长的三边网或者采用边角网。

三角网在布设控制点时应尽可能布设成与贯通面相垂直的直伸三角锁,并且使三角锁的一侧靠近隧道线路中线,如图 9.2.7 所示。此外还应将隧道两端洞外的主要控制点纳入网中。这样布设可以减少起始点、起始方向以及测边误差对横向贯通的影响。三角锁的图形一般为三角形,传距角一般不小于 30°。每个洞口附近应布设不少于 3 个三角点。

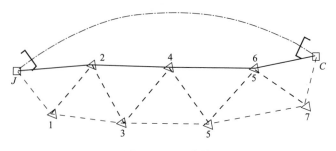

图 9.2.7　三角锁

5. 高程控制测量

洞外高程控制测量的任务,是按照设计精度施测两相向开挖洞口附近水准点之间的高差,以便将整个隧道的统一高程系统引入洞内,保证按规定精度在高程方面正确贯通,并使隧道工程在高程方面按要求的精度正确修建。

高程控制的二、三等应采用水准测量。四、五等可采用水准测量,当山势陡峻采用水准测量困难时,亦可采用光电测距三角高程的方法测定各洞口高程。每一个洞口应埋设不少于 2个水准点,两水准点之间的高差,以安置一次水准仪即可测出为宜。

根据《铁路工程测量规范》(TB 10101—2018),各等级高程控制网的技术要求应符合表 9.2.3。

表 9.2.3　高程控制网的技术要求

水准测量等级	每千米水准测量偶然中误差 M_Δ(mm)	每千米水准测量全中误差 M_W(mm)	附合路线或环线周长的长度(km)	
			附合路线长	环线周长
一等	≤0.45	≤1	—	≤1 600
二等	≤1	≤2	≤400	≤750
精密水准	≤2	≤4	≤150	≤200
三等	≤3	≤6	≤150	≤200
四等	≤5	≤10	≤80	≤100
五等	≤7.5	≤15	≤30	≤30

9.3　隧道进洞关系计算与联系测量

9.3.1　进洞关系计算

洞外控制测量完成以后,应把各洞口的线路中线控制桩(洞口投点)和洞外控制网联系起来。由于控制网和线路中线两者的坐标系不一致,应首先把洞外控制点和中线控制桩的坐标纳入同一坐标系统内,故必须先进行坐标变换计算,得到控制点在变换后的新坐标。一般在直线段以线路中线作为坐标轴,曲线上则以一条切线方向作为坐标轴,用线路中线点和控制点的坐标,反算两点的距离和方位角,从而确定进洞测量的数据。由于隧道洞口所处线路平面形状不同(可能在直线、圆曲线或缓和曲线上进洞),有的隧道还需要通过平行导坑、横洞和斜井进洞,因此洞口投点及进洞关系计算也很不相同。

1. 直线隧道进洞关系计算

(1) 移桩法

如图 9.3.1 所示,洞口两端线路控制点 A、B、C、D 是按定测精度测设的,它们并不是严格位于同一条直线上。经精测 A、B、C、D 后,可以 A 为原点,AB 方向为纵轴,计算出 C、D 两点相应的偏离值 y_c、y_d 和 β 角,将经纬仪分别安置在 C 和 D 上,拨角量出垂线 y_C 和 y_D,即可移桩定出 C' 和 D' 点,再将经纬仪安置于 D' 点,照准 C' 即得进洞方向。当偏移量较大时,为保持原设计的线路平面位置和方向的一致性,可用洞口两端的 A、D 两点连线作纵轴,将 B、C 移至中线上。

(2) 拨角法

如图 9.3.2,当以 AD 为坐标纵轴时,可根据 A、B 及 C、D 点的坐标,反算出水平夹角 α 和

β,即可得到进洞方向。通常为了施工测量方便,亦可将 B、C 两点移到中线上的 B'、C' 点上。

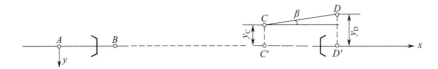

图 9.3.1   移桩法

图 9.3.2   拨角法

2.曲线隧道进洞关系计算

曲线隧道两端洞口的每条切线上已有两个投点的坐标在控制网中,如图 9.3.3 中的 A、G 和 D、E。经坐标变换后,以 A 点为坐标系原点,AG 的切线方向为 y 轴,其进洞关系的计算步骤如下:

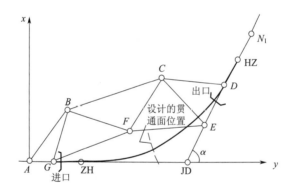

图 9.3.3   曲线隧道进洞示意图

(1)坐标变换后,得到 A、G、D、E 各点的新坐标。根据这些新坐标反算得到 AG、DE 的方位角;两方位角相减得到曲线精测的转向角 α,它的精度较之定测角值精确,并与各点的坐标相一致。

$$\alpha = \alpha_{AG} - \alpha_{ED}$$

(2)计算交点的坐标。因为 AG 切线与 y 轴重合或平行,故 JD 的 x 坐标为零或选定值,只需计算出 JD 的 y 坐标值即可。

$$y_{JD} = \frac{x_{JD} - x_E}{x_E - x_D}(y_E - y_D) + y_E \tag{9.3.1}$$

(3)根据精测算得的 α、选定的曲线半径 R 和缓和曲线长 l_0,计算出曲线要素 T、L、β_0、p、m、x_0、y_0。

(4)选定洞口外面一个中线控制桩的里程,使其和定测里程一致,例如选定 A 点,从 A 推算隧道范围内其他中线控制点的里程,由于精测长度和定测长度不一致使隧道另一端洞口外的中线控制点上出现断链,这种里程称为隧道施工里程。

(5)计算任一中线点的坐标。以曲线控制桩的施工里程为准,利用线路中线坐标计算方法计算任意中线桩坐标。

(6)进洞测设。计算出测设中线点的坐标后,再根据控制网点的坐标,反算出两点间的距离和方位角,利用极坐标法即可确定洞门的位置和进洞方向。如图 9.3.4 所示,H 为出口洞门的设计位置,D、E 为切线方向的控制点,根据 D、H 点坐标可以算出距离 S_{DH} 及方位角 α_{DH};根据 D、E 坐标可以算出方位角 α_{DE},根据两方位角之差可以求得水平角 β。将全站仪安置在 D 点,后视 E 点,转一角度 β,沿此方向丈量距离 S_{DH},即可定出洞门出口位置 H 点。

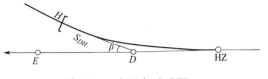

图 9.3.4 极坐标法进洞

9.3.2 联系测量

隧道施工中,除了进出洞口之外,还会用斜井、横洞或竖井来增加施工开挖面。为了保证地下各方向的开挖面能准确贯通,必须将洞外控制网中的点位坐标、方位和高程传递到洞内,使洞外、内形成统一的坐标系统,从而确定线路中线,这项工作称为隧道联系测量。联系测量按进洞测量方式分为联系导线测量和竖井联系测量。

1. 联系导线测量

联系导线适用于由进出洞口、斜井、横洞等形式进洞测量。在隧道进出洞口、斜井、横洞等位置布设导线,把洞外导线的方向和坐标传递给洞内导线,构成一个洞内、外统一的控制系统,这种导线称为联系导线。

(1)方向和坐标联系测量

如图 9.3.5 所示,联系导线布设为支导线形式,将洞外导线的方向和坐标传递到洞内,计算 A 和 B 点坐标。该方法由于缺少检核条件,施测中测角误差和边长误差直接影响隧道的横向贯通精度,故使用中必须多次精密测定,反复校核,确保无误。

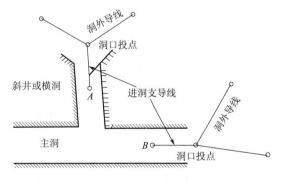

图 9.3.5 联系导线

(2)高程联系测量

经由进出洞口、斜井或横洞传递高程时,根据施工精度要求和洞口地形情况,可以采用水准测量或三角高程测量方式。

2. 竖井联系测量

竖井联系测量适用于通过竖井形式进洞测量,可以采用联系三角形定向、光学垂准法投点、陀螺全站仪定向的方法来传递坐标和方位。

（1）方向和坐标联系测量

① 联系三角形定向

联系三角形定向测量工作包括定向投点和井上、井下联系测量。图 9.3.6 表示三角形法联系测量的示意图，与两垂线 O_1、O_2 连测的点 A、A_1 为连接点，地面（井上）连接测量是在连接点 A 安置全站仪，将 D 点与两垂线方向连测，并由近井点 D 测设地面连接导线至 A 点，以求出两垂线的坐标及其连线的坐标方位角。井下连接测量是在井下连接点 A_1 安置仪器，将 D_1 点与两垂线方向连测，并同时测井下导线，求出定向基点 D_1 的坐标和 A_1D_1 边的坐标方位角，从而完成定向任务。

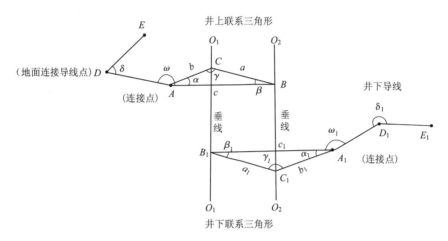

图 9.3.6　井上、下联系三角形及连接导线示意图

联系三角形定向测量应符合下列规定：

a. 每次定向应独立进行三次测量，取三次的平均值作为一次定向成果。

b. 井上、井下联系三角形，两悬吊钢丝间的距离不应小于 5 m，井上、井下测站点至两钢丝方向的夹角宜小于 1°，井上、井下测站点到较近钢丝点的距离与两钢丝间的距离之比宜小于 1.5。

c. 联系三角形边长可用全站仪测量，也可用检定过的钢尺测量。钢尺测量估读至 0.1 mm。每次应独立测量三测回，每测回读数三次，各测回间较差井上应小于 0.5 mm，井下应小于 1.0 mm。井上、井下测量两钢丝间的距离较差应小于 2 mm。

d. 水平角应采用 2″级及以上全站仪按方向观测法观测四测回，测角中误差应小于 4″。

e. 各测回测定的井下起始边方位角较差不应大于 20″，方位角平均值中误差不应超过 ±12″。

②光学垂准法投点

采用光学垂准仪投点与陀螺全站仪测量井下方位，使设备和作业大为简化，从而占用竖井时间短，提高了工效，精度也是可靠的。

在井口盖板上所选定的点位（一般为 3 个）处挖 30 cm×30 cm 的方孔，将仪器置于该处，另搭木架（与井盖脱离）供观测者站立，仪器整平、对准孔心后，瞄准井底觇标（移动觇标中心对准视准轴）。投点时，平转照准部，90° 为一盘位，全圆测四盘位，每一盘位测一投点，取四盘位投点的重心为一测回投点位置，如图 9.3.7(a) 所示。每个投点观测四测回，并取四测回的四个点位所构成图形的重心为井下采用投点位置，如图 9.3.7(b) 所示。然后再将井下点位顺视线引至井盖定出相应的点位。

③陀螺全站仪定向

用陀螺全站仪观测定向边的陀螺方位角时,首先将仪器置于井下测站,对中整平,并使全站仪正镜位置时的视准轴大致指向北方,以进行近似指北观测,然后进行精确指北观测。确定待定边的陀螺子午线方向角。

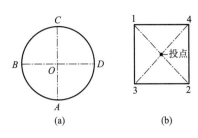

图 9.3.7　光学垂准法投点

(2)高程联系测量

经由竖井传递高程时,可以采用钢卷尺导入法和光电测距导高法。

① 钢卷尺导入法

在井上悬挂一根经过检定的钢尺(或钢丝),尺零点下端挂一标准拉力的重锤,如图 9.3.8 所示,在井上、井下各安置一台水准仪,同时读取钢尺读数 l_1 和 l_2,然后再读取井上、井下水准点的尺读数 a、b,由此可求得井下水准点 B 的高程:

$$H_B = H_A + a - [(l_1 - l_2) + \Delta t + \Delta k] - b \qquad (9.3.2)$$

式中　H_A——井上水准点 A 的高程;

a,b——井上、井下水准尺读数;

l_1,l_2——井上、井下钢尺读数;

Δt——钢尺温度改正数,$\Delta t = \alpha L(t_{均} - t_0)$,其中 α 为钢尺膨胀系数,取 $1.25 \times 10^{-5}/℃$,$t_{均}$ 为井上、井下平均温度,t_0 为钢尺检定时的温度;

Δk——钢尺尺长改正数,$\Delta k = (L \div l) \times \Delta l$,$l$ 和 Δl 分别是钢尺的名义长度和它的尺长改正数,$L_1 = l_1 - l_2$。

②光电测距导高法

在井上装配一托架,安装上光电测距仪,使照准头向下直接瞄准井底的反光镜测出井深 D_h,然后在井上、井下用两台水准仪,同时分别测定井上水准点 A 与测距仪照准头转动中心的高差($a_上 - b_上$)、井下水准点 B 与反射镜转动中心的高差($b_下 - a_下$),即可求得井下水准点 B 的高程 H_B,如图 9.3.9 所示。

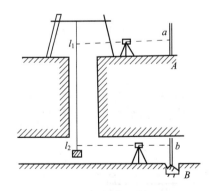

图 9.3.8　钢卷尺导入法

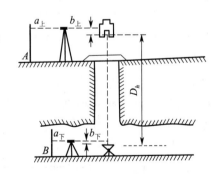

图 9.3.9　光电测距导高法

$$H_B = H_A + (a_上 - b_上) + (b_下 - a_下) - D_h \qquad (9.3.3)$$

式中,H_A 为井上水准点 A 的已知高程。

用光电测距仪测井深的方法远比悬挂钢尺的方法快速、准确,尤其是对于 50 m 以上的深井测量,更显现出其优越性。

9.4　隧道洞内控制测量

在隧道施工中,随着开挖的延伸进展,需要不断给出隧道的掘进方向。为了防止误差积累,保证最后的准确贯通,应进行洞内控制测量。洞内控制测量包括洞内平面控制测量和洞内高程控制测量。

9.4.1　洞内平面控制测量

隧道洞内平面控制测量应结合洞内施工特点进行。由于场地狭窄,施工干扰大,故洞内平面控制常采用中线测量或导线测量两种形式。

1. 中线测量

中线测量是以洞口投点为依据,向洞内直接测设隧道中线点,并不断延伸作为洞内平面控制。一般以定测精度测设出待定中线点,其距离和角度等放样数据由理论坐标值反算。这种方法一般适用于小于 500 m 的曲线隧道和小于 1 000 m 的直线隧道。若将上述测设的中线点,辅以高精度的测角、量距,可以计算出新点实际的精确点位,和理论坐标相比较,根据其误差,再将新点移到正确的中线位置上,这种方法也可以用于较长的隧道。

2. 导线测量

导线测量是指隧道洞内平面控制采用布设精密导线进行。导线控制的方法较中线形式灵活,点位易于选择,测量工作也较简单,而且具有多种检核方法;当组成导线闭合环时,角度经过平差,还可提高点位的横向精度。导线控制方法适用于长隧道。

洞内导线与洞外导线比较,具有以下特点:洞内导线随着隧道的开挖逐渐向前延伸,故只能敷设支导线或狭长形导线环,而不可能将全部导线一次测完;导线的形状完全取决于坑道的形状;导线点的埋石顶面应比洞内地面低 20～30 cm,上面加设护盖并填平地面,以免施工中遭受破坏。

洞内导线一般常采用下列几种形式。

(1)单导线

导线布设灵活,但缺乏检测条件。测量转折角时最好半数测回测左角,半数测回测右角,以加强检核。施工中应定期检查各导线点的稳定情况。

(2)导线环

如图 9.4.1 所示,导线环是长大隧道洞内控制测量的首选形式,有较好的检核条件,而且每增设一对新点,如 5 和 5′ 点,可按两点坐标反算 5～5′ 的距离,然后与实地丈量的 5～5′ 距离比较,这样每前进一步均有检核。

图 9.4.1　导线环

(3)主、副导线环

如图 9.4.2 所示,图中双线为主导线,单线为副导线。主导线既测角又测边长,副导线只测角不测边,增加角度的检核条件。在形成第二闭合环时,可按虚线连接构成闭合环方式,例

如 A、1、2、3、$2'$、$1'$ 构成第一个闭合环，2、3、4、$5'$、$4'$、$3'$ 构成第二个闭合环，以便主导线在 3 点处能以平差角传算 3～4 边的方位角。主副导线环可对测量角度进行平差，提高了测角精度，对提高导线端点的横向点位精度非常有利。

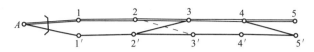

图 9.4.2　主、副导线环

此外，还有交叉导线、旁点闭合环等布线方式。

当有平行导坑时，还可利用横通道形成正洞和导坑联系起来的导线闭合环，重新进行平差计算，进一步提高导线的精度。

洞内导线的布设应符合下列要求：

①洞内导线边长应按测量设计的长度布设，当边长短于 200 m 时，应采取补强措施。

②洞内导线宜布设成多边形闭合环，每个导线环由 4～6 条边构成。长隧道宜布设成交叉双导线环，交叉双导线的点位宜前、后错位布设。

③导线点应布设在施工干扰小、稳固可靠、便于设站及保存的地方。视线应旁离洞壁或洞内设施 0.2 m 以上。

④平行双洞隧道宜在两隧道间横通道处布设导线点进行联测，构成导线网。

斜井、横洞、平导等通过短边向正洞传递方位时宜采取强制归心、网形补强等措施，也可采用多公共点侧方边角交会的形式传递短边方位，有条件时按竖井定向测量要求加测陀螺定向边。

洞内平面控制网也可采用隧道洞内 CPⅡ 自由测站边角交会测量方法施测。

导线测量应符合下列要求：

①洞口测站观测宜在夜晚或阴天进行。

②洞内观测宜采用仪器和棱镜多次置中、变换仪器高和棱镜高的方法进行。交叉导线测量时，左右棱镜宜采用高低棱镜架设。

③仪器和棱镜面无水雾，棱镜应有适度的照明、目标清晰，避免光线从旁侧照射目标。

高瓦斯隧道洞内测量时应采取安全可靠的防爆措施，必要时采用防爆仪器进行观测。

洞内导线应随施工进度分期、分段布设。建立新一期导线前，应对原导线点进行检测。

隧道单向掘进每隔 5 km 左右宜采用不低于 5″级的陀螺仪加测定向边，当陀螺边方位角与洞内导线边坐标方位角之差大于 15″ 时，应进行分析检查。

洞内导线平差计算后，应计算并测设开挖面附近的临时中线点，纠正施工中线。

隧道仰拱施工后应恢复洞内测量控制点，每 1 km 至少保留 1 个洞内施工控制导线点供洞内 CPⅡ 测量使用。

9.4.2　洞内高程测量

洞内高程控制测量宜采用水准测量进行往返观测，并应每隔 200～500 m 设置一对水准点，测量设计的洞内高程控制精度在三等及以下时，可采用光电测距三角高程测量。洞内高程应由洞外高程控制点向洞内测量传算，结合洞内施工特点，每隔 200 m 至 500 m 设立两个高程点以便检核；为便于施工使用，每隔 100 m 应在拱部边墙上设立一个水准点。

采用水准测量时应往返观测，视线长度不宜大于 50 m；采用光电测距三角高程测量时，应进行对向观测，注意洞内的除尘、通风排烟和水气的影响。限差要求与洞外高程测量的要求相同。洞内高程点为施工高程的依据，必须定期复测。

当隧道贯通之后，求出相向两支水准的高程贯通误差，并在未衬砌地段进行调整。所有开挖、衬砌工程应以调整后的高程指导施工。

9.5　隧道贯通误差估算

隧道施工过程中，应严格控制横向贯通误差的精度，影响横向贯通误差的因素有洞外和洞内的平面控制测量误差、洞外与洞内之间的联系测量误差。

《铁路工程测量规范》规定，洞外、洞内控制测量误差，对每个贯通面上产生的横向中误差不应超过表 9.5.1 的规定。

表 9.5.1　隧道贯通允许误差

项　　目	横向贯通允许误差							高程贯通允许误差
相向开挖隧道长度(km)	$L<4$	$4{\leqslant}L<7$	$7{\leqslant}L<10$	$10{\leqslant}L<13$	$13{\leqslant}L<16$	$16{\leqslant}L<19$	$19{\leqslant}L<20$	
洞外贯通中误差(mm)	30	40	45	55	65	75	80	18
洞内贯通中误差(mm)	40	50	65	80	105	135	160	17
洞内外综合贯通中误差(mm)	50	65	80	100	125	160	180	25
贯通限差(mm)	100	130	160	200	250	320	360	50

注：本表不适用于利用竖井贯通的隧道。

9.5.1　导线测量误差影响值的估算

1. 导线测角误差引起的横向贯通中误差计算

$$m_{y\beta} = \pm \frac{m_\beta}{\rho} \sqrt{\sum R_x^2} \qquad (9.5.1)$$

式中　m_β——导线测角中误差(″)；

　　　ρ——弧秒，取用 206 265″；

　　　$\sum R_x^2$——导线各测角点至贯通面的垂直距离的平方总和(m^2)。

2. 导线测边误差引起的横向贯通中误差计算

$$m_{yl} = \pm \frac{m_l}{l} \sqrt{\sum d_y^2} \qquad (9.5.2)$$

式中　$\dfrac{m_l}{l}$——导线测边相对中误差；

　　　$\sum d_y^2$——导线各边长在贯通面上的投影长度的平方总和(m^2)。

3. 单导线测量误差对横向贯通精度的总影响值计算

$$m = \pm \sqrt{m_{y\beta}^2 + m_{yl}^2} \qquad (9.5.3)$$

在测量设计时，一般可根据所用仪器、观测方法和测回数，确定相应的测角、测边精度 m_β、m_l/l；贯通点的位置由施工组织设计查取；R_x 和 d_y 可利用隧道的线路平面设计图或绘制 1：10 000 控制网布网图，从图上量取。在导线施测完成后估算时，m_β 和 m_l/l 应用实测精度或实测统计精度。

4. 导线估算示例

某曲线隧道长 1 539 m,隧道中线及洞外控制导线如图 9.5.1 所示。

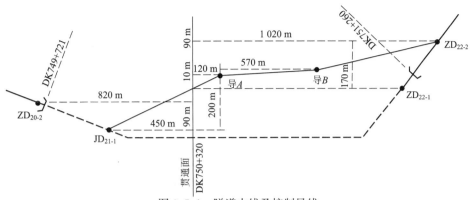

图 9.5.1 隧道中线及控制导线

贯通误差估算 R_x、d_y 值见表 9.5.2。

表 9.5.2 贯通误差估算 R_x、d_y 值

导线点	R_x	R_x^2	导线边	d_y	d_y^2
ZD$_{20-2}$	0	0	ZD$_{20-2}$~JD$_{21-1}$	90	8 100
JD$_{21-1}$	450	202 500	JD$_{21-1}$~导 A	200	40 000
导 A	120	14 400	导 A~导 B	10	100
导 B	570	324 900	导 B~ZD$_{22-2}$	90	8 100
ZD$_{22-2}$	1 020	1 040 400	ZD$_{22-2}$~ZD$_{22-1}$	170	28 900
ZD$_{22-1}$	0				
Σ		1 582 200			85 200

设导线测角中误差 $m_\beta=\pm2.5''$,测边相对中误差 $\frac{m_l}{l}=\frac{1}{20\,000}$,则测角误差引起的横向贯通中误差:

$$m_{y\beta}=\pm\frac{2.5}{206\times10^3}\times\sqrt{1\,582\times10^3}=\pm15.3(\text{mm})$$

测边误差引起的横向贯通中误差:

$$m_{yl}=\pm\frac{1}{20\,000}\times\sqrt{852\times10^2}=\pm14.6(\text{mm})$$

导线测量误差对横向贯通精度的总影响值:

$$m=\pm\sqrt{15.3^2+14.6^2}=\pm21.1(\text{mm})$$

按表 9.5.1 中规范要求,两开挖洞口间的长度小于 4 km 时,洞外控制测量误差引起的横向贯通中误差应小于±30 mm,现估算值为±21.1 mm,故可认为洞外控制测量设计的施测精度能够满足隧道横向贯通精度的要求,设计是合理的。

本例中,进口端导线点 ZD$_{20-2}$ 可直接向洞内测量,在洞外导线中无测角影响;出口端限于地形条件 ZD$_{22-2}$ 与洞口不能通视,而将导线终点测至 ZD$_{22-1}$,再与洞口联系。因此,估算时 ZD$_{22-2}$ 的导线角和 ZD$_{22-2}$~ZD$_{22-1}$ 导线边均对贯通误差产生影响。

9.5.2 主副导线环测量误差影响值的估算

1. 主副导线示意图(图 9.5.2)

0—1—2—···(n−1)—n 表示主导线,共有(n+1)个点,0—1′—2′—···k′—n 表示副导线,共有 k' 个点。主导线既测角又测边,副导线只测角不测边,β_i 表示 i 站的内角,l_i 表示导线边长。

为了估算的方便,设 y 轴通过贯通点并与贯通面方向一致。E 点为预计贯通点,该导线进出洞口端联系角在副导线上,β_{J} 为进口端进洞联系角,β_{C} 为出口端进洞联系角,$0\sim E$ 和 $n\sim E$ 分别为进出口洞内虚拟导线。

2. 估算方法

主副导线环测量误差对贯通精度的影响值按下式计算:

$$m=\pm\sqrt{\left(\frac{m_l}{l}\right)^2\sum_1^n d_{yi}^2+\left(\frac{m_\beta}{\rho}\right)^2\frac{1}{p_\beta}} \tag{9.5.4}$$

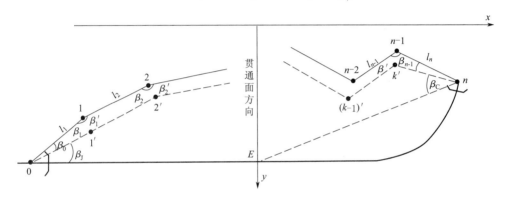

图 9.5.2 主副导线示意图

式中　$\dfrac{m_l}{l}$——主导线测边相对中误差;

　　　m_β——导线测角中误差($''$);

　　　d_{yi}——主导线各边在贯通面上的投影长(m);

　　　$\dfrac{1}{p_\beta}$——导线环平差角对贯通影响的权倒数。

权倒数 $\dfrac{1}{p_\beta}$ 按式(9.5.5)计算:

$$\frac{1}{p_\beta}=[R_x^2]-\frac{[R_x]^2}{(n+1)+k'} \tag{9.5.5}$$

式中　　　R_x——主导线各点至贯通面的垂距(m);

(n+1)+k′——主副导线环测角站总数。

假设各点 $x_i=R_{xi}$,代入式(9.5.5)后,权倒数如下:

$$\frac{1}{p_\beta}=[x_0^2+x_1^2+\cdots+x_{n-1}^2+x_n^2]-\frac{(x_0+x_2+\cdots+x_{n-1}+x_n)^2}{(n+1)+k'} \tag{9.5.6}$$

用式(9.5.6)计算时,如果进口联系方向在主导线上,则没有 x_0 项;如果出口联系方向在主导线上,则没有 x_n 项;如果进出口联系方向都在主导线上,则 x_0 和 x_n 都没有,分母始终不变。

3. 估算示例

现仍以图 9.5.1 的隧道为例,加测了副导线组成闭合环,如图 9.5.3 所示。

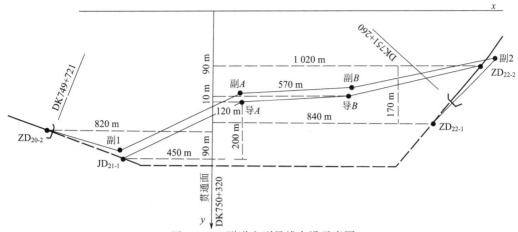

图 9.5.3 　隧道主副导线布设示意图

假设两端洞口均联系副导线进洞,$(n+1)=6,k'=4,m_\beta=\pm2.5'',\dfrac{m_l}{l}=\dfrac{1}{20\,000},R_x$ 和 d_y 如图 9.5.3 所示。导线环平差角对贯通影响的权倒数,按式(9.5.6)计算:

$$\frac{1}{p_\beta}=[820^2+450^2+120^2+570^2+1\,020^2+840^2]-\frac{(-820-450+120+570+1\,020+840)^2}{10}$$
$$=296\times10^4-164\times10^3=280\times10^4$$

$$\sum d_y^2=852\times10^2$$

导线环测量误差对贯通的总影响值,按式(9.5.4)计算,即

$$m=\sqrt{\left(\frac{1}{20\,000}\right)^2\times852\times10^2+\left(\frac{2.5''}{206\times10^3}\right)^2\times280\times10^4}=\pm25.0(\text{mm})$$

假设两端均联系主导线进洞,则

$$\frac{1}{p_\beta}=[450^2+120^2+570^2+1\,020^2]-\frac{(-450+120+570+1\,020)^2}{10}$$
$$=158\times10^4-159\times10^3=142\times10^4$$

$$m=\sqrt{\left(\frac{1}{20\,000}\right)^2\times852\times10^2+\left(\frac{2.5''}{206\times10^3}\right)^2\times142\times10^4}=\pm20.5(\text{mm})$$

可见,联系主导线方向进洞,对贯通精度有利。

9.5.3 　三角测量误差影响值的估算

三角测量误差对贯通误差影响值的估算可以按导线测量的误差公式计算。其方法是选取三角网中沿中线附近的连续传算边作为一条导线进行计算,但在式(9.5.1)和式(9.5.2)中:

m_β——由三角网闭合差求算的测角中误差('');

$\sum R_x^2$——所选三角网中连续传算边形成的导线上各转折点至贯通面的垂直距离的平方总和(m^2);

$\dfrac{m_l}{l}$——三角网最弱边的相对中误差;

d_y——在贯通面上的投影长度；

$\sum d_y^2$——所选三角网中连续传算边形成的导线各边在贯通面上的投影长度的平方总和(m^2)。

9.6　隧道施工测量

9.6.1　洞门的施工测量

洞数据通过坐标反算得到后，应在洞口投点安置全站仪，测设出进洞方向，并将此掘进方向标定在地面上，并测设洞口投点的护桩。然后，在洞口的山坡面上标出中垂线位置，按设计坡度指导劈坡工作。劈坡完成后，在洞帘上测设出隧道断面轮廓线，就可以进行洞门的开挖施工了。

9.6.2　洞内中线测量

隧道衬砌后两个边墙间的中心各点连线即为隧道中心轴线，其在直线部分与线路中线重合；在曲线部分由于隧道断面的内、外侧加宽值不同，所以线路中心线与隧道中心线并不重合。为了方便施工，在开挖面上应标示线路中线位置和隧道中心轴线位置。

隧道洞内掘进施工以线路中线为依据来进行。施工中线分为永久中线和临时中线，永久中线应根据洞内导线测设，较短隧道可采用中线法测设。如图 9.6.1 所示，A、B、C 为洞内导线点，a、b、c、d、e 为永久中线点，1、2、3、4 为临时中线点。隧道施工永久中线点间距应符合表 9.6.1 的规定。

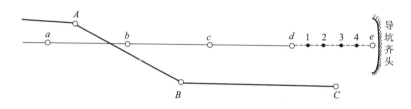

图 9.6.1　隧道中线测量

表 9.6.1　永久中线点间距(m)

中线测量	直线地段	曲线地段	中线测量	直线地段	曲线地段
由导线测设中线	150～250	100～200	独立的中线法	不小于 100	不小于 50

1. 由导线测设中线

用精密导线进行洞内控制测量时，应根据导线点位的实际坐标和中线点的理论坐标，反算出距离和角度，用极坐标法测设出中线点。为方便使用，中线桩可同时埋设在隧道的底部和顶板，底部宜采用混凝土包木桩，桩顶钉一小钉以示点位；顶板上的中线桩点可灌入拱部混凝土中或打入坚固岩石的钎眼内，且应能悬挂垂球线以标示中线。测设完成后应进行检核，确保无误。

2. 独立的中线法

对于较短隧道，可采用中线法进行洞内控制测量，在直线隧道内应用正倒镜分中法延伸中线；在曲线隧道内一般采用偏角法，也可采用其他曲线测设方法延伸中线。

3. 洞内临时中线的测设

为了隧道的掘进延伸和衬砌施工应测设临时中线。随着隧道掘进的深入，平面测量的控制工作和中线测量也需紧随其后。当掘进的延伸长度不足一个永久中线点的间距时,应先测设临时中线点,如图 9.6.1 中的 1、2 等,点间距离一般直线上不大于 30 m,曲线上不大于 20 m。为方便开挖面的施工放样,当点间距小于此长度时,可采用串线法延伸标定简易中线,超过此长度时,应该用仪器测设临时中线,当延伸长度已大于永久中线点的间距时,就可以建立一个新的永久中线点,如图中的 e。永久中线点应用导线或用独立中线法测设,然后根据新设的永久中线点继续向前测设临时中线点。当采用全断面法开挖时,导线点和永久中线点都应紧跟临时中线点,这时临时中线点要求的精度也较高;供衬砌使用的临时中线点,直线上应采用正倒镜压点或延伸,曲线上可用偏角法、长弦支距法等方法测定,宜每10 m加密一点。

9.6.3　腰线的测设

在隧道施工中,为了方便控制洞底的高程,以及进行断面放样,通常在隧道侧面岩壁上沿中线前进方向每隔一定距离(5~10 m)标出比洞底设计地坪高出 1 m 的抄平线,称为腰线。由于隧道有一定的设计坡度,因此腰线也按此坡度变化,它和隧道底设计地坪高程线是平行的。腰线标定后,对于隧道断面的放样和指导开挖都十分方便。

洞内测设腰线的临时水准点应设在不受施工干扰、点位稳定的边墙处,每次引测时都要和相邻点检核,确保无误。

9.6.4　掘进方向指示

应用激光定向经纬仪或激光指向仪来指示掘进方向。利用它发射的一束可见光,指示出中线及腰线方向或它们的平行方向。激光指向仪具有直观性强、作用距离长,测设时对掘进工序影响小,便于实现自动化控制的优点。如采用机械化掘进设备,则可配以装在掘进机上的光电跟踪靶,当掘进方向偏离了指向仪的激光束时,光电接收装置将会通过指向仪表给出掘进机的偏移方向和偏移量,并能为掘进机的自动控制提供信息,从而实现掘进定向的自动化。激光指向仪可以被安置在隧道顶部或侧壁的锚杆支架上,如图 9.6.2 所示,以不影响施工和运输为宜。

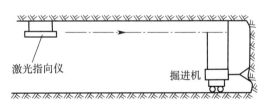

图 9.6.2　激光指向仪

掘进方向还可应用极坐标的方法测设,即根据导线点和待定点的坐标反算数据测设出掘进方向。

9.6.5　开挖断面的放样

开挖断面的放样是在中垂线和腰线基础上进行的,包括两侧边墙、拱顶、底板(仰拱)三部分。可根据设计图纸给出的断面宽度、拱脚和拱顶的高程、拱曲线半径等数据放样,常采用断面支距法测设断面轮廓,如图 9.6.3 所示。

全断面开挖的隧道,当衬砌与掘进工序紧跟时,两端掘进至距预计贯通点各 100 m 时,开挖断面可适当加宽,以便于调整贯通误差,但加宽值不应超过该隧道横向预计贯通误差的一半。

9.6.6 结构物的施工放样

在结构物施工放样之前,应对洞内的中线点和高程点加密。中线点加密的间隔视施工需要而定,一般为 5～10 m 一点,加密中线点应以线路定测的精度测设。加密中线点的高程,均以五等水准精度测定。

在衬砌之前,还应进行衬砌放样,包括立拱架测量、边墙及避车洞和仰拱的衬砌放样,洞门砌筑施工放样等一系列的测量工作。由于篇幅所限,在此不再详述。

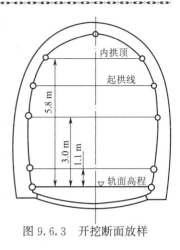

图 9.6.3 开挖断面放样

9.7 隧道施工监控量测

监控量测是指在隧道施工中对围岩、地表、支护结构的变形和稳定状态,以及周边环境动态进行的经常性观察和量测工作。隧道监控量测项目分为必测项目和选测项目,必测项目是隧道工程应进行的日常监控量测项目,具体监控量测项目见表 9.7.1,以下主要介绍必测项目的实施。

表 9.7.1 监控量测必测项目

序 号	监控量测项目	常用量测仪器	备 注
1	洞内、外观察	现场观察、数码相机、罗盘仪	
2	拱顶下沉	水准仪、钢挂尺或全站仪	
3	净空变化	收敛计、全站仪	
4	地表沉降	水准仪、铟瓦尺或全站仪	隧道浅埋段

9.7.1 洞内、外观察

隧道施工过程中应进行洞内、外观察。

洞内观察可分开挖工作面观察和已施工地段观察两部分。开挖工作面观察应在每次开挖后进行,及时绘制开挖工作面地质素描图、数码成像,填写开挖工作面地质状况记录表,并与勘查资料进行对比。已施工地段观察,应记录喷射混凝土、锚杆、钢架变形和二次衬砌等的工作状态。

洞外观察重点应在洞口段和洞身浅埋段,记录地表开裂、地表变形、边坡及仰坡稳定状态、地表水渗漏情况等,同时还应对地面建(构)筑物进行观察。

9.7.2 浅埋隧道地表沉降量测

浅埋隧道通常位于软弱破碎岩层,稳定性较差,施工中往往出现拱部围岩受拉区连通,这种拉裂破坏成为洞体稳定的主要威胁。实践表明,对浅埋隧道变形控制不力,将出现围岩迅速松弛,极易发生冒顶坍方或地表有害下沉,当地表有建筑物时会危及其安全。因此有必要进行地表沉降监控量测,这对及时预报洞体稳定状态、修正设计与施工、保护洞顶附近房屋,保证施工安全以及为类似工程提供设计和施工依据等都是不可缺少的。

地表沉降是通过定期测量观测点与高程点之间的高差,通过数据处理,得出下沉量及其变化情况的资料。测量高差最常用的方法是水准测量,也可采用同等精度的光电测距三角高程。常用仪器包括水准仪、铟钢尺或全站仪。

1. 沉降观测点及高程点的布置

(1)观测点的布置

观测点是指设置在观测体上(或内部),能反映其特征,可作为变形、位移、应力或应变测量用的固定标志。

在沉降观测范围内,沿线路中线按每 5～100 m 设一个断面,一座隧道至少设两个断面。地表沉降测点横向间距为 2～5 m。在隧道中线附近测点应适当加密,隧道中线两侧量测范围不应小于 H_0+B(H_0 为隧道埋深,B 为隧道开挖宽度),地表有控制性建(构)筑物时,量测范围应适当加宽。地表横向测点布置如图 9.7.1 所示。

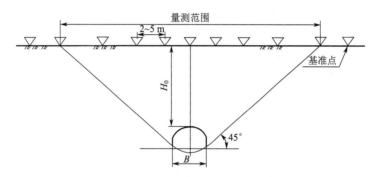

图 9.7.1　地表沉降横向测点布置示意

设在地面上的测标,一般用混凝土包圆头螺栓或铁路道钉制成,圆头朝上,标头露出混凝土表面 0.5～1.0 cm;设在侧壁上的测标,可用铁路道钉埋设在距地面约 0.5 m 高的坚固石墙、砖墙或基础上,安装时使钩头朝上,如图 9.7.2 所示。在珍贵的古迹或豪华建筑物墙面不允许埋入测标时,可在墙的勒脚上面用油漆给出标志,如图 9.7.3 所示。

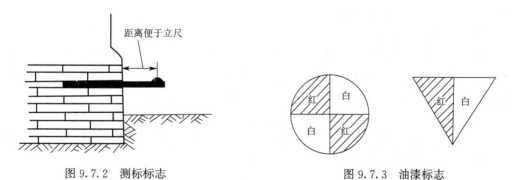

图 9.7.2　测标标志　　　　　　　　　　图 9.7.3　油漆标志

(2)工作基点的布置

为了在沉降观测中保持整个观测期间的高程参考基准不变,要在不受沉降影响、离观测范围尽可能近的稳固地方布设 3 个工作基点。3 个工作基点布设在一个圆弧上或组成一个边长约 100 m 的等边三角形。观测时,于圆弧的圆心或三角形的中心设置固定测站,由此测站在不调焦的条件下,观测三点间的高差,便于检查水准点高程有无变动。

（3）水准基点的布置

水准基点是建在稳定的岩层或原土层或构（建）筑物上的经确认固定不动的点。工作基点高程的变化情况，是用水准基点与工作基点的联测来检核的。一般作为高程依据的水准基点是设立在离变形区较远的有岩石露头的稳定基岩上。在计算测标沉降值时，要把工作基点的沉降考虑在内。如果条件有利，在变形区附近容易找到岩石露头，则可不另设水准基点，而将工作基点与水准基点统一起来，即只设一级控制。总之在开工前建立施工控制网时就要予以规划，选择适宜的位置埋设。

2. 沉降观测

观测内容包括两部分：一是水准基点与工作基点联测，称为基准点观测；二是根据工作基点测定观测点的沉降量（下沉或隆起），称为观测点观测。

为减少外界条件对观测成果的影响并使观测中的系统误差影响减到最小，每次观测时，须符合下列要求：

（1）采用相同的观测路线和观测方法；

（2）使用固定的仪器和标尺，对水准仪和水准尺应进行检定；

（3）固定观测人员，在基本相同的环境和条件下工作。

基准点观测每年进行一次或两次。基准点观测的水准路线必须构成环线，水准环分段（每段 1 km 左右）观测，按二或三等水准测量操作规定进行施测，每次的往返观测值均要加标尺长度改正，环闭合差按各测段路线长度（或测站数）进行分配，然后由水准基点高程推算工作基点（或沿线各水准点）的高程，再与各点的首次观测高程比较，即得各工作基点（或各水准点）高程的变化值。

观测点观测的水准路线，多敷设成两工作点之间的附合路线，按四等水准施测，每次观测值均要加标尺长度改正，对附合路线的闭合差，可采用按测段的站数进行分配，将每次观测求得的各观测点的高程与第一次观测高程相比，即得该次所求得的各观测点的沉降量。当工作基点发生下沉时，还应同时考虑工作基点的下沉量。

第一次沉降观测，应在隧道开挖以前进行，以获得观测点的原始高程。隧道开挖以后，随着工程逐步开展，即按上述方法周期性进行重复水准测量，以查明每个观测点的沉陷，沉降值等于重复测量的高程减去初次测量的原始高程。

3. 监控量测频率

监控量测频率应根据测点距开挖面的距离及位移速度分别按表 9.7.2 和表 9.7.3 确定。在由位移速度决定的监控量测频率和由距开挖面的距离决定的监控量测频率之中，原则上采用较高的频率值。出现异常情况或不良地质时，应增大监控量测频率。

表 9.7.2　按距开挖面距离确定的监控量测频率

量测断面距开挖工作面距离（m）	量测频率
（0～1）B	2 次/d
（1～2）B	1 次/d
（2～5）B	1 次/（2～3）d
＞5B	1 次/7 d

注：B 为隧道开挖宽度。

表 9.7.3　按位移速度确定的监控量测频率

变形速度(mm/d)	量测频率
≥5	2 次/d
1~5	1 次/d
0.5~1	1 次/(2~3)d
0.2~0.5	1 次/3 d
<0.2	1 次/7 d

4. 观测精度评定

(1)基准点观测

水准环各测段观测值加标尺长度改正后,再计算往返测高差的较差。较差合格后,根据改正后的往返测高差计算高差中数,再计算环线闭合差。将环线闭合差按各测段路线长度进行分配(如果水准环路线不长,工作点或沿线各水准点之间的距离相差不大,则环闭合差也可按测站平均分配)。

基准点闭合环每千米高差中数的中误差按式(9.7.1)计算:

$$\left.\begin{aligned} \mu_{km} &= \pm \sqrt{\frac{\sum\limits_{i=1}^{n} P_i d_i^2}{4n}} \\ p_i &= \frac{1}{R_i} \quad (i=1,2\cdots n) \end{aligned}\right\} \tag{9.7.1}$$

式中　n——水准路线的测段数;

R_i——各测段的线路长度,以 km 计;

d_i——各测段往返测高差的较差,以 mm 计。

离水准基点最远的工作基点高程的中误差为

$$m_{远} = \pm \mu_{km} \sqrt{R_{远}} \tag{9.7.2}$$

式(9.7.2)应满足 $m_{远} \leqslant \pm 3$ mm 的精度要求。

(2)观测点观测

附合水准路线上一测站高差中数的中误差按式(9.7.3)计算:

$$\left.\begin{aligned} \mu_{站} &= \pm \sqrt{\frac{\sum\limits_{i=1}^{n} P_i d_i^2}{4n}} \\ p_i &= \frac{1}{N_i} \quad (i=1,2,\cdots,n) \end{aligned}\right\} \tag{9.7.3}$$

式中　n——附合水准路线的测段数;

d_i——各测段往返测高差的较差,以 mm 计,权为 $p_i/2$;

N_i——各测段的测站数。

离工作基点最远的观测点,其高程的测定精度最低。

最弱点相对于工作基点的高程中误差为

$$\left.\begin{aligned} m_{弱} &= \pm \mu_{站} \sqrt{K} \\ K &= \frac{K_1 \cdot K_2}{K_1 + K_2} \end{aligned}\right\} \tag{9.7.4}$$

式中，K_1、K_2是由两工作基点分别到最弱点的测站数。

沉陷量是两次观测高程之差，因而最弱点沉陷量的测定中误差为

$$m_沉＝±\sqrt{2}·m_弱 \tag{9.7.5}$$

式(9.7.5)应满足$m_沉≤±5$ mm的精度要求。

9.7.3　净空变化量测与拱顶下沉量测

隧道施工过程中，为确定围岩稳定状况和支护效果，对预先设计支护参数进行确认或修正，对施工方法进行验证和改进，在每个量测断面处需进行净空变化量测与拱顶下沉量测。

1. 测点布置

拱顶下沉测点和净空变化测点应布置在同一断面上，断面设置间距见表9.7.4。量测断面测点数量和位置的布设应根据施工方法确定，例如全断面法施工地段每个量测断面处设置一个拱顶下沉测点及两个水平净空收敛测点（图9.7.4）；两台阶法施工地段每个量测断面处设置一个拱顶下沉测点和四个水平净空收敛测点（图9.7.5）。

表 9.7.4　必测项目监控量测断面间距

围岩级别	断面间距(m)
V～VI	5～10
IV	10～30
III	30～50

注：II级围岩视具体情况确定间距。

2. 净空变化量测

隧道净空变化指设在洞周壁上两点间相对位置的变化，两测点之间的连线称为测线。根据围岩条件和施工工艺埋设测点，并按规定频率进行量测测线长度。

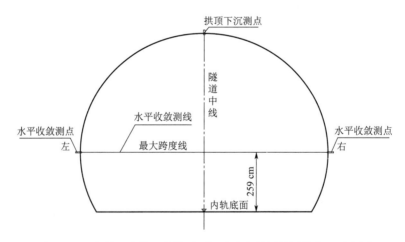

图 9.7.4　全断面法施工段拱顶下沉及净空量测的测线布置示意图

隧道净空变化量测可采用接触量测和非接触量测两种方法，其中接触量测主要用收敛计进行量测，非接触量测则主要用全站仪进行。

用收敛计（图9.7.6）进行隧道净空变化量测方法相对比较简单，即通过布设于洞室周边

上的两固定点,每次测出两点的净长 L,求出两次量测的增量(或减量) ΔL,即为此处净空变化值。读数时应该读三次,然后取其平均值,具体记录表格见表 9.7.5。

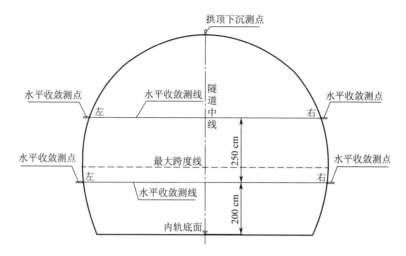

图 9.7.5　两台阶法施工段拱顶下沉及净空量测的测线布置示意图

图 9.7.6　隧道收敛计

采用全站仪进行隧道净空变化量测时,有自由设站(图 9.7.7)和固定设站两种方法。非接触量测的测点采用一种膜片式反射器作为测点靶标,反射膜片贴在隧道测点处的预埋件上,通过对比不同时刻测点的三维坐标 $[x(t),y(t),z(t)]$,可获得该测点在该时段的三维位移变化量(相对于某一初始状态)。在三维位移矢量监控量测时,必须保证后视基准点位置固定不动,以保证测量精度。与传统接触式监控量测方法相比,该方法具有快速、省力、数据处理自动化程度高等特点。

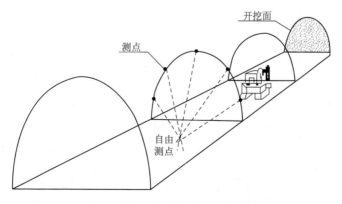

图 9.7.7　全站仪自由设站法测量示意图

表 9.7.5 隧道净空变化量测记录表

桩号	DK190+260	施工方法		埋设日期		光山庄隧道		2010年6月13日		备注
测量编号	量测时间 年 月 日 时	温度 ℃	观测值 第一次 / 第二次 / 第三次 / 平均值 m	温度修正值 mm	修正后观测值 mm	相对初次变化值 mm	相对上次变化值 mm	间隔时间 d	变化速率 mm/d	距开挖面距离 m
1	2010 6 13 16	22	4.323 32 / 4.323 31 / 4.323 35 / 4.323 33	−0.071	4.323 398	0	0	0	0	0.5
	2010 6 14 16	24	4.320 19 / 4.320 17 / 4.320 17 / 4.320 18	−0.142	4.320 318	3.08	3.08	1	3.08	1.7
	2010 6 15 16	22	4.318 43 / 4.318 46 / 4.318 42 / 4.318 44	−0.071	4.318 508	4.89	1.81	1	1.81	2.3
	2010 6 16 16	21	4.317 31 / 4.317 30 / 4.317 34 / 4.317 32	−0.035	4.317 352	6.05	1.16	1	1.16	2.9
	2010 6 17 16	23	4.316 29 / 4.316 28 / 4.316 32 / 4.316 30	−0.106	4.316 403	6.99	0.95	1	0.95	3.5

测读者 　　 计算者 　　 检核者

表 9.7.6 隧道拱顶下沉量测记录表

桩号	DK190+260	施工方法		埋设日期		光山庄隧道		2010年6月13日		距开挖面距离
测量编号	量测时间 年 月 日 时	实测温度 ℃	测量高程 第一次 / 第二次 / 第三次 / 平均值 m	温度修正值 mm	修正后测点高程 m	相对初次下沉值(Δu) mm	相对上次下沉值 mm	时间间隔 d	下沉速率 mm/d	m
1	2010 7 14 16	26	881.002 6 / 881.002 5 / 881.002 6 / 881.002 55	0.00	881.002 55	0.00	0.00	0	0	0.0
	2010 7 15 16	25	881.000 3 / 881.000 4 / 881.000 4 / 881.000 35	0.00	881.000 35	2.20	2.20	1	2.20	1.1
	2010 7 16 16	25	880.998 7 / 880.998 8 / 880.998 8 / 880.998 75	0.00	880.998 75	3.80	1.60	1	1.60	1.7
	2010 7 17 16	22	880.997 9 / 880.997 8 / 880.997 9 / 880.997 85	0.00	880.997 85	4.70	0.90	1	0.90	2.3
	2010 7 18 16	21	880.997 1 / 880.996 9 / 880.997 0 / 880.997 00	0.00	880.997 00	5.55	0.85	1	0.85	2.9

测读者 　　 计算者 　　 检核者

3. 拱顶下沉量测

拱顶下沉是指隧道拱顶测点的绝对沉降,最能直接反映围岩和初期支护的工作状态。

目前拱顶下沉量测大多数采用精密水准仪和铟钢挂尺等。拱顶下沉监控量测测点的埋设,一般在隧道拱顶轴线处设 1 个带钩的测桩(为了保证量测精度,常常在左右各增加一个测点,即埋设三个测点),吊挂铟钢挂尺,用精密水准仪量测隧道拱顶绝对下沉量。测标的安设可用 $\phi 6$ mm 钢筋弯成三角形钩,用砂浆固定在围岩或混凝土表层,能保证爆破后 24 h 内和下一次爆破之前测量初次读数,并安设在距开挖工作面 2 m 的范围内。除了测标,在位移区 50 m 以外还应设立稳固的水准点(或工作基点),要求一次安置水准仪就可测得观测点的高程,测标和水准点(或工作基点)的高差以四等水准观测。拱顶下沉量测示意如图 9.7.8 所示。

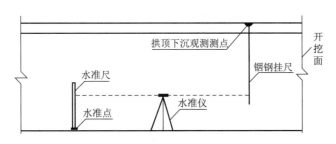

图 9.7.8 拱顶下沉量测示意图

拱顶下沉量的确定比较简单,即通过测点不同时刻相对高程 h,求出两次量测的差值 Δh,即为该点的下沉值。读数时应该读三次,然后取其平均值。具体记录表格见表 9.7.6。

拱顶下沉量测也可以用全站仪进行非接触量测,特别对于断面高度比较高的隧道,非接触量测更方便,其具体量测方法与三维位移量测方法类似。

9.7.4 观测成果及资料整理

现场监测取得第一手资料后,还必须进行观测资料的整理,编制变形量成果表以及对某些测标绘制位移—时间曲线图等,分析变形规律和趋势,作为指导工程安全施工和改进施工工艺的依据。

监控量测数据的分析应包括以下主要内容:

(1)根据量测值绘制时态曲线;

(2)选择回归曲线,预测最终值,并与控制基准进行比较;

(3)对支护及围岩状态、工法、工序进行评价;

(4)及时反馈评价结论,并提出相应工程对策建议。

由于偶然误差的影响使监控量测数据具有离散性,根据实测数据绘制的位移随时间而变化的散点图可能出现上下波动,很不规则,难以据此进行分析,必须应用数学方法对监控量测所得的数据进行回归分析,找出位移随时间变化的规律,以判断围岩和支护结构的稳定,为优化设计并指导施工提供科学依据。监控量测数据可采用指数模型、对数模型、双曲线模型等进行分析。

某隧道初期支护后 DK190+200 断面监控量测示意图如图 9.7.9 所示,拱顶量测数据见表 9.7.7,实测拱顶沉降曲线如图 9.7.10 所示,拱顶沉降函数回归曲线如图 9.7.11 所示。

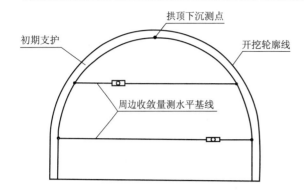

图 9.7.9　DK190＋200 断面监控量测示意图

表 9.7.7　DK190＋200 断面拱顶量测数据

测量间隔(d)	沉降量(mm)	沉降速率(mm/d)
1	2.25	2.25
5	5.73	0.87
10	7.20	0.29
30	8.28	0.05
40	8.68	0.04

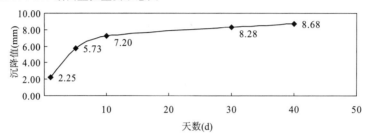

图 9.7.10　实测拱顶沉降曲线

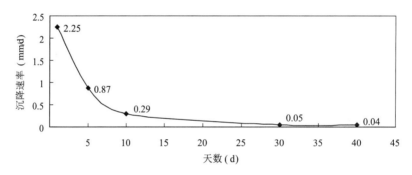

图 9.7.11　拱顶沉降函数回归曲线

通过整理分析测量数据,DK190＋200 拱顶下沉测量时间 40 d,总下沉量 8.68 mm,下沉速率 0.04 mm/d,拱顶下沉速率小于 0.15 mm/d,符合二次衬砌的施作要求。

知识拓展——大连湾海底隧道工程:"海底穿针"! 6 万吨"大家伙"的毫米级精准对接

在大连湾海底隧道沉管安装船上,安装团队每个人紧盯着测控系统显示的数据。"经过 13 个多小时的安装,E12 管节与 E11 管节完成对接。"中交一航局大连湾海底隧道安装团队成员田普江说,"每个标准沉管管节重约 6 万吨,海底管节间的对接要达到毫米级别。"

11 月 27 日凌晨,大连湾海风刺骨。大连湾海底隧道工程施工现场,拖轮编队起航,E12 管节开始浮运安装。E12 管节到达指定地点后,施工人员将安装船上的 12 根缆绳系泊在沉管上,操作人员通过手柄操控绞缆机,根据测控系统显示的数据控制缆绳。

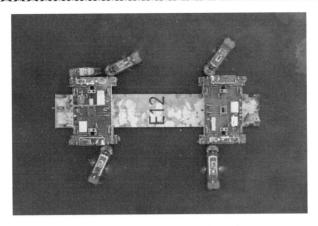

据介绍,E12 管节沉放水深约 25 m,缆绳绞移速度需严格控制,为了保证施工质量,最后10 cm 对接用时 1.5 h。为实现毫米级的对接精度,安装团队需要根据沉管轴线偏差实时调整安装船与沉管的姿态。

狭小水域施工、临近航道施工、寒冷条件下水上作业……安装团队成员王殿文说:"沉管管节安装中克服了诸多困难,海流、波浪等千变万化,每分每秒都需要全神贯注,以应对随时可能出现的突发情况。"

大连湾海底隧道工程施工的海域地质情况复杂、海底礁石较多。为确保沉管管节的精准对接安装,项目团队经过三年多的技术攻关,采取整平船漂浮在海面上进行基床整平。自去年12 月 9 日首节沉管安装成功,已完成安装 12 个沉管管节。

大连湾海底隧道是我国北方首条跨海沉管隧道工程,全长 5.1 km,由 18 节沉管组成。工程建成后,将为大连市新增一条纵贯南北的快速通道,对缓解大连中心城区交通拥堵、拓展城市发展空间、推动大连湾两岸一体化建设具有重要意义。

 项目实训

(1)项目名称

隧道洞内控制测量模拟实训。

(2)项目内容

选择 20 m×500 m 测区,设计洞内平面控制网和高程控制网布设方案并进行施测。控制网形式如下图所示。

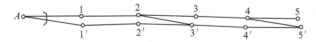

(3)实训项目要求

①平面控制选用主副导线和导线环测量方法;

②高程控制采用水准测量方法;

③学生以小组为单位查阅规范,制定布网方案,并分别编写施测方案;

④结合观测数据成果,估算不同形式控制测量对贯通误差的影响值,分析提高隧道控制测量精度的措施;

⑤以小组为单位施测,施测过程中实行岗位轮换;

⑥以小组为单位进行内业数据处理。

(4)注意事项

①组长要切实负责,合理安排,使每个人都有练习机会;组员之间要团结协作,密切配合,以确保实习任务顺利完成;

②每项测量工作完成后应及时检核,原始数据、资料应妥善保存;

③测量仪器和工具要轻拿轻放,爱护测量仪器,禁止坐仪器箱和工具;

④时刻注意人身和仪器安全。

(5)编写实习报告

实习报告要在实习期间编写,实习结束时上交,内容包括:

a. 封面——实训名称、实训地点、实训时间、班级名称、组名、姓名;

b. 前言——实训的目的、任务和技术要求;

c. 内容——实训的项目、程序、测量的方法、精度要求和计算成果;

d. 结束语——实训的心得体会、意见和建议;

e. 附属资料——观测记录、检查记录和计算数据。

 复习思考题

9.1 隧道施工测量的目的是什么?

9.2 在隧道施工中,主要的测量工作有哪几项?

9.3 何谓隧道贯通测量、贯通误差? 贯通误差有哪几个分量? 其中哪个分量对隧道施工影响更大?

9.4 隧道控制网有何特点? 为什么要进行隧道洞内、外施工控制测量?

9.5 隧道洞外控制有哪些主要方法? 各适用于什么情况?

9.6 进行线路进洞关系计算的目的是什么? 为什么不直接使用定测资料进行隧道开挖?

项目 10　建筑施工测量

项目描述

　　建筑施工测量项目以某一住宅项目为引导,按照建筑工程施工的不同阶段介绍测量工作的内容,具体讲述了建筑施工控制网的建立及应用;建筑物的测设方法;在施工过程中轴线的投测及高程的引测;工业厂房的施工测量。本项目旨在结合具体施工案例,培养学生对建筑测量工作的兴趣,提高学生学习的积极主动性。

学习目标

　　1. 素质目标

　　(1)培养学生团队协作能力;

　　(2)培养学生在学习过程中的主动性、创新性意识;

　　(3)培养学生"自主、探索、合作"的学习方式;

　　(4)培养学生的可持续学习能力。

　　2. 知识目标

　　(1)掌握建筑施工控制网的建立方法;

　　(2)掌握轴线和高程的测设方法;

　　(3)掌握高层建筑轴线投测和标高传递;

　　(4)掌握工业厂房施工测量;

　　(5)掌握建筑物的变形观测等。

　　3. 能力目标

　　(1)能够独立完成建筑施工测量技术方案的编制;

　　(2)能够独立完成建筑施工测量各阶段的各项测量工作;

　　(3)能够完成竣工测量的各项工作。

相关案例——工程测量技术在某建筑工程中的应用

　　1. 工程概况

　　某项住宅工程由 1、2、3 号三栋高层住宅楼及一层纯地下车库组成,其中 3 号楼地下二层为五级人防层,平时作为库房;1、2 号楼地下一、二层及 3 号楼地下一层为非燃品库房。地下车库与 3 号住宅楼地下二层连为一体,地上部分各自独立,从平面布置看,该工程呈一个"三"字型,地上最北侧为 1 号住宅楼,中间为 2 号住宅楼,最南侧为 3 号住宅楼,东西长 137.6 m,南北长 132.98 m。3 栋住宅楼主体为现浇钢筋混凝土剪力墙结构,车库为板柱结构体系,基础均为筏板基础。本工程±0.000＝42.100 m,1号住宅楼地上12层,建筑高度为36 m;2、3号住宅楼地上10层,建筑高度为29.8 m;总建筑面积为66 114 m²。工程项目效果图见图10.0.1。

图10.0.1　某住宅项目效果图

2. 测量前的准备工作

施工测量准备工作是保证施工测量全过程顺利进行的重要环节,包括图纸的审核,测量定位依据点的交接与校核,测量仪器的检定与校核,测量方案的编制与数据准备,施工场地测量等。

(1)检查各专业图的平面位置高程是否有矛盾,预留洞口是否有冲突,及时发现问题并向有关人员反映。

(2)对所有进场的仪器设备及人员进行初步调配,并对所有进场的仪器设备重新进行检定。

(3)复印测量人员的上岗证书,由主任工程师进行技术交底。

(4)根据图纸条件及工程内部结构特征,确定轴线控制网形式。

3. 施工过程的测量内容

(1)场区平面控制网的测设;

(2)高程控制网的建立;

(3)基础施工测量;

(4)内控点建立及轴线投测;

(5)高程引测及传递;

(6)建筑物变形观测;

(7)竣工测量。

问题导入

1.从事建筑施工测量技术工作,需要关心哪些知识?

2.建筑施工测量控制网布设有几种形式?

3.高层建筑轴线是如何向上传递的?

10.1　建筑工程测量准备工作

10.1.1　建筑工程测量的目的和内容

建筑工程测量的目的是将设计的建（构）筑物的平面位置和高程，按设计要求以一定的精度测设在地面上，作为施工的依据。并在施工过程中进行一系列的测量工作，以衔接和指导各工序间的施工。

建筑工程测量贯穿于整个施工过程中。施工测量前，应收集有关测量资料和施工设计图纸，应明确施工方法和放样精度要求，并应制定施工测量方案。从场地平整、建筑物定位、基础施工，到建筑物构件的安装等，都需要进行施工测量，才能使建（构）筑物各部分的尺寸、位置符合设计要求。有些工程竣工后，为了便于维修和扩建，还必须测出竣工图。有些高大或特殊的建（构）筑物建成后还要定期进行变形观测，以便积累资料，掌握变形的规律，为今后建（构）筑物的设计、维护和使用提供资料。

10.1.2　建筑工程测量的原则

施工现场上有各种建（构）筑物，且分布较广，往往又不是同时开工兴建。为了保证各个建（构）筑物在平面和高程位置都符合设计要求，互相连成统一的整体，建筑工程测量和测绘地形图一样，也要遵循"从整体到局部，先控制后碎部"的原则。即先在施工现场建立统一的平面控制网和高程控制网，然后以此为基础，测设出各个建（构）筑物的位置。

建筑工程测量的检核工作也很重要，必须采用各种不同的方法加强外业和内业的检核工作。

10.1.3　建筑工程测量的特点和要求

测绘地形图是将地面上的地物、地貌测绘在图纸上；而测设则和它相反，是将设计图纸上的建（构）筑物按其设计位置测设到相应的地面上。

测设精度的要求取决于建（构）筑物的大小、材料、用途和施工方法等因素。一般高层建筑物的测设精度应高于低层建筑物，钢结构厂房的测设精度应高于钢筋混凝土结构厂房，装配式建筑物的测设精度应高于非装配式建筑物。

建筑工程测量工作与工程质量及施工进度有着密切的联系。测量人员必须了解设计的内容、性质及其对测量工作的精度要求，熟悉图纸上的尺寸和高程数据，了解施工的全过程，并掌握施工现场的变动情况，使施工测量工作能够与施工密切配合。

另外，施工现场工种多，交叉作业频繁，并有大量土、石方填挖，地面变动很大，又有动力机械的震动，因此各种测量标志必须埋设稳固且在不易破坏的位置，还应做到妥善保护，如有破坏应及时恢复。

10.2　建筑场地上的施工控制测量

在勘测阶段所建立的控制网，主要是为满足测图的需要，未考虑建筑物的分布和测设的要求。另外，在场地平整时大多数控制点会遭受破坏，即使被保留下来，也往往不能通视，无法满足施工测量的要求。为了便于建筑物施工测设以及进行竣工测量，施工项目宜先建立场区控制网，再分别建立建筑物施工控制网；小规模或精度高的独立施工项目可直接布设建筑物施工控制网。

10.2.1　施工控制测量的一般规定

场区控制网应利用勘察阶段已有平面和高程控制网。原有平面控制网的边长应归算到场区的主施工高程面上,并应进行复测检查。精度满足施工要求时,可作为场区控制网使用,精度不满足要求时,应重新建立场区控制网。

新建立场区控制网应符合下列规定:

(1)平面控制网宜布设为自由网;

(2)平面控制网的观测数据不宜进行高斯投影改化,观测边长宜归算到测区的主施工高程面上;

(3)自由网可利用原控制网中的点组进行定位,小规模场区控制网也可选用原控制网中一个点的坐标和一条边的方位进行定位;

(4)控制网的平面坐标和高程系统宜与规划设计阶段保持一致。

建筑物施工控制网应根据场区控制网进行定位、定向和起算,控制网的坐标轴应与工程设计所采用的主副轴线一致,建筑物的±0高程面应根据场区水准点测设。控制网点应根据设计总平面图和施工总布置图布设,并应满足建筑物施工测设的需要。施工控制网包括平面控制网和高程控制网。

10.2.2　施工测量的平面控制

场区平面控制网可根据场区的地形条件和建(构)筑物的布置情况,布设成建筑方格网、卫星定位测量控制网或导线网等形式。场区平面控制网应根据工程规模和工程需要分级布设。对于建筑场地大于 1 km 的工程项目或重要工业区,应建立一级及以上精度等级的平面控制网;对于场地面积小于 1 km² 的工程项目或一般建筑区,可建立二级精度的平面控制网,下面主要介绍建筑方格网。

1. 建筑方格网的一般规定

建筑方格网的建立应符合下列规定:

①建筑方格网测量的主要技术要求应符合表 10.2.1 的规定。

表 10.2.1　建筑方格网测量的主要技术要求

等级	边长	测角中误差	测距相对中误差
一级	100～300	5	≤1/30 000
二级	100～300	8	≤1/20 000

②建筑方格网点的布设应与建(构)筑物的设计轴线平行,并应构成正方形或矩形格网。

③建筑方格网的测设方法可采用布网法或轴线法。采用布网法时,宜增测方格网的对角线;采用轴线法时,长轴线的定位点不得少于 3 点,点位偏离直线应在 5″ 以内,短轴线应根据长轴线定向,直角偏差应在 5″ 以内。水平角观测的测角中误差不应大于 2.5″。

2. 建筑方格网的布设

(1)建筑方格网的布置和主轴线的选择

建筑方格网的布置,应根据建筑设计总平面图上各建筑物、道路及各种管线的布设情况,结合现场的地形情况拟定。如图 10.2.1 所示,布置时应先选定建筑方格网的主轴线 MN 和 CD,然后再布置方格网。方格网的形式可布置成正方形或矩形,大型建筑场地的建筑方格网可分Ⅰ、Ⅱ两级布设。Ⅰ级可采用"十"字形、"口"字形或"田"字形,然后根据施工的需要,在Ⅰ级方格网的基础上分期加密Ⅱ级方格网。对于规模较小的建筑场地,则应尽量布置成全面方格网。

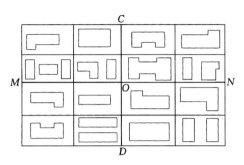

图 10.2.1　方格网的主轴线的布设

建筑方格网的主轴线是扩展整个方格网的基础。布网时方格网的主轴线应尽量设在建筑场地的中央,并与主要建筑物的基本轴线平行,其长度应能控制整个建筑场地。方格网的折角应严格成 90°(图 10.2.3)。正方形格网的边长一般为100～200 m;矩形方格网的边长视建筑物的大小和分布而定,为了便于使用,边长尽可能为50 m或它的整倍数。方格网的边应保证通视且便于测角和量距,点位应能长期保存。

(2)确定主点的施工坐标并将其换算成测量坐标

当场地较大、主轴线很长时,一般只测设其中的一段,如图 10.2.2 中的 $AO'B$ 段,该段上 A、O'、B 点是主轴线的定位点,称主点。主点间的距离不宜过短,以便使主轴线的定向有足够的精度。

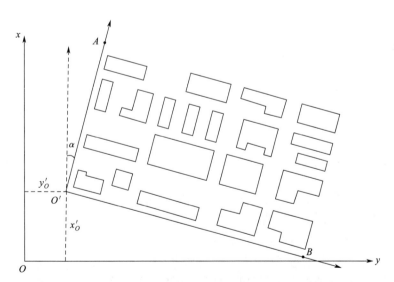

图 10.2.2　主轴线的布设

在设计和施工部门,为了工作上的方便,常采用一种独立坐标系统,称为施工坐标系或建筑坐标系。施工坐标系的纵轴通常用 A 表示,横轴用 B 表示,因此施工坐标系也称 A、B 坐标系。主点的施工坐标一般由设计单位给出,也可在总平面图上用图解法求得一点的施工坐标后,再按主轴线的长度推算其他主点的施工坐标。当施工坐标系与测量坐标系不一致时,还应进行坐标换算,将主点的施工坐标换算为测量坐标,以便求算测设数据。

如图 10.2.3 所示,设已知 P 点的施工坐标为 $(A_P$、$B_P)$,换算为测量坐标 $(x_P$、$y_P)$ 时,可按下式计算:

$$\begin{cases} x_P = x_0' + A_P\cos\alpha - B_P\sin\alpha \\ y_P = y_0' + A_P\sin\alpha + B_P\cos\alpha \end{cases} \quad (10.2.1)$$

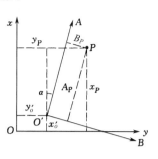

图 10.2.3　施工坐标系与
测量坐标系的转换

3. 建筑方格网的测设

(1)主轴线的测设

图 10.2.4 中的 1、2、3 点是测量控制点,A、O、B 为主轴线的主点。首先将 A、O、B 三点的施工坐标换算成测量坐标,再根据它们的坐标反算出测设数据 D_1、D_2、D_3 和 β_1、β_2、β_3,然后按极坐标法分别测设出 A、O、B 三个主点的概略位置,如图 10.2.7 所示,以 A'、O'、B' 表示,并用混凝土桩把主点固定下来。混凝土桩顶部常设置一块 $10\text{ cm}\times10\text{ cm}$ 的铁板,供调整点位使用。由于主点测设误差的影响,致使三个主点一般不在一条直线上,因此需在 O' 点上安置经纬仪,精确测量 $\angle A'O'B'$ 的角值 β,β 与 $180°$ 之差超过限差时应进行调整。调整时,各主点应沿 AOB 的垂线方向移动同一改正值 δ,使三主点成一直线。δ 值可按式(10.2.2)计算。图 10.2.5 中,u 和 r 角均很小,故

$$u = \frac{2\delta}{a}\rho, \quad r = \frac{2\delta}{b}\rho$$

$$180° - \beta = u + r = \left(\frac{2\delta}{a} + \frac{2\delta}{b}\right)\rho = 2\delta\left(\frac{a+b}{ab}\right)\rho$$

$$\delta = \frac{ab}{2(a+b)}\frac{1}{\rho}(180° - \beta) \quad (10.2.2)$$

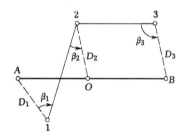

图 10.2.4　建筑方格网主轴线的测设

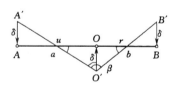

图 10.2.5　建筑方格网主轴线的测设(1)

移动 A'、O'、B' 三个主点之后再测量 $\angle AOB$,如果测得的结果与 $180°$ 之差仍超限,应再进行调整,直到误差在允许范围之内为止。

A、O、B 三个主点测设好后,如图 10.2.6 所示,将经纬仪安置在 O 点,瞄准 A 点,分别向左、向右转 $90°$,测设出另一主轴线 COD,同样用混凝土桩在地上定出其概略位置 C' 和 D',再精确测量出 $\angle AOC'$ 和 $\angle AOD'$,并按垂线改正法进行改正。

(2)方格网点的测设

主轴线测好后,分别在主轴线端点上安置全站仪,均以 O 点为起始方向,分别向左、向右测设出 $90°$ 角,这样就交会出"田"字形方格网点。为了进行校核,还要安置全站仪于方格网点上,测

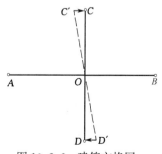

图 10.2.6　建筑方格网
主轴线的测设(2)

量其角值是否为 90°角,并测量各相邻点间的距离,看它是否与设计边长相等,误差均应在允许范围之内。此后再以"田"字形方格网点为基础,加密方格网中其余各点。

4. 用导线测量法建立施工平面控制网

导线测量法能根据建筑物定位的需要灵活的布置网点,便于控制点的使用和保存。导线测量常用于扩建或改建的建筑区,新建亦可采用导线测量法建网。

场区导线网应按设计总平面图布设,布设的基本要求如下:

①根据建筑物本身的重要性和生产系统性适当地选择导线的线路,各条导线应均匀分布于整个场区,每个环形控制面积应尽可能均匀。

②各条导线应尽可能布成直伸导线,导线网应构成互相联系的环形,构成严密平差图形。

③导线网相邻边的长度比不宜超过 1:3,场区导线测量的主要技术要求应符合表 10.2.2 的规定。

表 10.2.2　场区导线测量的主要技术要求

等级	导线长度 (km)	平均边长 (m)	测角中误差 (″)	测距相对中误差	测回数		方位角闭合差 (″)	导线全长相对闭合差
					2″级仪器	6″级仪器		
一级	2.0	100~300	5	1/30 000	3	—	$10\sqrt{n}$	≤1/15 000
二级	1.0	100~200	8	1/14 000	2	4	$16\sqrt{n}$	≤1/10 000

注:n 为测站数。

10.2.3　施工测量的高程控制

场区的高程控制网应布设成闭合环线、附合路线或结点网,水准点的密度应尽可能满足安置一次仪器即可测设出所需的高程点。而测绘地形图时敷设的水准点往往是不够的,因此,还需增设一些水准点。在一般情况下,建筑方格网点也可兼作高程控制点。只要在方格网点桩面上中心点旁边设置一个突出的半球状标志即可。此外,在施工场地,由于各种因素的影响,水准点的位置可能会变动,故需要在施工场地不受震动的地方,埋设一些供检核用的水准点。在一般情况下,采用四等水准测量方法测定各水准点的高程,大中型施工项目的场区高程测量精度不应低于三等水准。

水准点可单独布设在场地稳定的区域,也可设置在平面控制点的标石上。水准点间距宜小于 1 km,距离建(构)筑物不宜小于 25 m,距离回填土边线不宜小于 15 m。施工中,高程控制点标石不能保存时,应将控制点高程引测至稳固的建(构)筑物上,引测的精度不应低于原控制点的精度等级。

为了测设方便和减少误差,在每幢建筑物的内部或附近还应专门设置±0.000 水准点(其高程为每幢建筑物的室内地坪高程)。±0.000 水准点的位置多选在比较稳定的建筑物的墙、柱侧面,以红漆绘成倒三角形。

10.3　民用建筑施工中的定位测量

民用建筑一般是指住宅、办公楼、食堂、俱乐部、医院和学校等建筑物。施工测量的任务是按照设计的要求,把建筑物的位置测设到地面上,并配合施工进度以保证工程质量。

10.3.1 测设前的准备工作

1. 熟悉图纸。设计图纸是施工测量的依据,在测设前,应熟悉建筑物的设计图纸,了解施工的建筑物与相邻地物的相互关系,以及建筑物的尺寸和施工的要求等。测设时必须具备下列图纸资料:

(1)总平面图(图 10.3.1)是施工测设的总体依据,建筑物就是根据总平面图上所给的尺寸关系进行定位的。

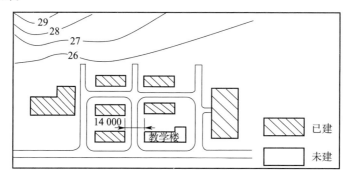

图 10.3.1　建筑总平面图(单位:mm)

(2)建筑平面图(图 10.3.2)给出建筑物各定位轴线间的尺寸关系及室内地坪高程等,它是放样的基础资料。

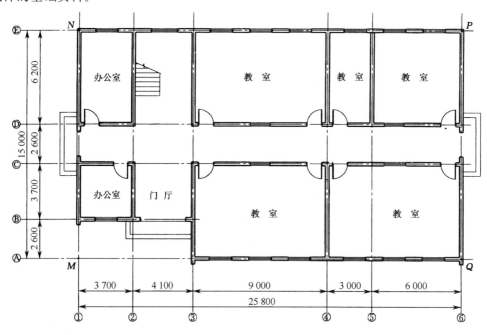

图 10.3.2　建筑平面图(单位:mm)

(3)基础平面图给出基础轴线间的尺寸关系和编号,是基础轴线测设的主要依据。

(4)基础详图(即基础大样图)给出基础设计宽度、形式及基础边线与轴线的尺寸关系。

(5)立面图和剖面图给出基础、地坪、门窗、楼板、屋架和屋面等设计高程,是高程测设的主要依据。

2. 现场踏勘。目的是了解现场的地物、地貌和原有测量控制点的分布情况,并调查与施工测量有关的问题。

3. 平整和清理施工现场,以便进行测设工作。

4. 拟定测设计划和绘制测设草图,对各设计图纸的有关尺寸及测设数据应仔细核对,以免出现差错。

10.3.2　民用建筑物的定位

建筑物的轴线是指墙基础或柱基础沿纵横方向的定位线。它们相互之间一般是相互平行或垂直的,有时也呈一定角度(30°、45°等)。通常将控制建筑物整体形状的纵横轴线称为建筑物的主轴线。建筑物的定位就是把建筑物的主轴线按设计要求测设于地面。

如图 10.3.3 所示,首先用钢尺沿着宿舍楼的东、西墙,延长出一小段距离 l(通常为 1~2 m)得 a、b 两点,用小木桩标定之。将经纬仪安置在 a 点上,瞄准 b 点,并从 b 沿 ab 方向量出 19.120 m 得 c 点(因教学楼的外墙厚 24 cm,轴线居中,离外墙皮 12 cm),再继续沿 ab 方向从 c

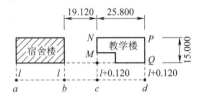

图 10.3.3　民用建筑物的定位(单位:m)

点起量 25.800 m 得 d 点。然后将经纬仪分别安置在 c、d 两点上,后视 a 点并转 90°沿视线方向量出距离 $l+$

0.120 m,得 M、Q 两点,再继续量出 15.000 m 得 N、P 两点。M、N、P、Q 四点即为教学楼主轴线的交点。最后,检查 NP 的距离是否等于 25.800 m,$\angle N$ 和 $\angle P$ 是否等于 90°,误差在 1/5 000 和 ±1′ 之内即可。

10.3.3　民用建筑物的放线

建筑物的放线是根据已定位出的建筑物主轴线(即角桩)详细测设建筑物其他各轴线交点桩(桩顶钉小钉,简称中心桩)。再根据角桩、中心桩的位置,用白灰撒出基槽边界线。

由于基槽开挖后,角桩和中心桩将被破坏。施工时为了能方便地恢复各轴线的位置,一般是把轴线延长到安全地点,并作好标志。延长轴线的方法有两种:龙门板法和轴线控制桩法。

龙门板法适用于一般小型的民用建筑物,为了方便施工,在建筑物四角与隔墙两端基槽开挖边线以外约 1.5~2 m 处钉设龙门桩(图 10.3.4)。桩要钉得竖直、牢固,桩的外侧面与基槽平行。

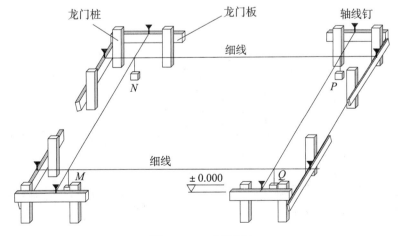

图 10.3.4　龙门板法

根据建筑场地的水准点,用水准仪在龙门桩上测设建筑物±0.000高程线。根据±0.000高程线把龙门板钉在龙门桩上,使龙门板的顶面在一个水平面上,且与±0.000高程线一致。安置仪器于各角桩、中心桩上,将各轴线引测到龙门板顶面上,并以小钉表示,称为轴线钉。

轴线控制桩(也称引桩)设置在基槽外基础轴线的延长线上,作为开槽后各施工阶段确定轴线位置的依据(图10.3.5)。轴线控制桩一般设在基槽开挖边线以外2～4 m处。如果附近有已建的建筑物,也可将轴线投测在建筑物的墙上。

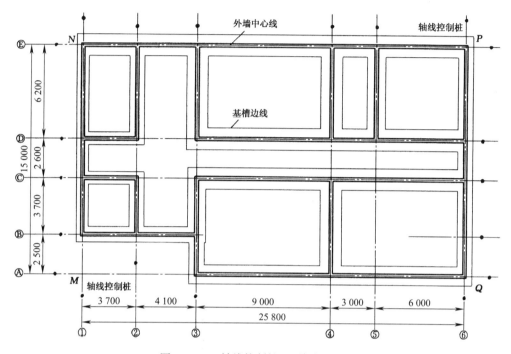

图10.3.5 轴线控制桩法(单位:mm)

10.3.4 基础施工的测量工作

开挖边线标定之后,就可进行基槽开挖。在开挖过程中,不得超挖基底,要随时注意挖土的深度,当基槽挖到离槽底0.300～0.500 m时,用水准仪在槽壁上每隔2～3 m和拐角处钉一个水平桩,如图10.3.6所示,用以控制挖槽深度及作为清理槽底和铺设垫层的依据。

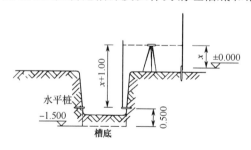

图10.3.6 基坑水平桩测设

垫层打好后,利用控制桩或龙门板上的轴线钉,在垫层上放出墙和基础边线,并进行严格校核。然后立好基础皮数杆,即可开始砌筑基础。当墙身砌筑到±0.000高程的下一层砖时,可做防潮层并立皮数杆,再向上砌筑。

10.4　高层建筑物的竖向测量和高程传递

高层建筑物的特点是建筑物层数多、高度大、建筑结构复杂、设备和装修标准较高。因此,在施工过程中对建筑物各部位的水平位置、垂直度及轴线尺寸、高程等的精度要求都十分严格。

10.4.1　高层建筑物的竖向测量

竖向测量亦称垂准测量。竖向测量是工程测量的重要组成部分,应用比较广泛,适用于大型工业工程的设备安装、高耸构筑物(高塔、烟囱、筒仓)的施工、矿井的竖向定向,以及高层建筑施工和竖向变形观测等。在高层建筑施工中竖向测量常用的方法如下:

1. 吊线坠法

一般用于高度为 50～100 m 的高层建筑施工中,可用 10～20 kg 重的特制线坠,用直径 0.5～0.8 mm 钢丝悬吊,在 ±0.000 首层地面上以靠近高层建筑结构四周的轴线点为准,逐层向上悬吊引测轴线和控制结构的竖向偏差。如南京金陵饭店主楼就是采用吊线坠法作竖向测量的。北京电视台播出楼也是采用吊线坠法作竖向测量,效果亦很好。在用此法施测时,如用铅直的塑料管套着线坠线,并采用专用观测设备,则精度更高。

2. 激光铅垂仪法

激光铅垂仪是一种铅垂定位专用仪器,适用于高层建筑的铅垂定位测量。该仪器可以从两个方向(向上或向下)发射铅垂激光束,用它作为铅垂基准线,精度比较高,仪器操作也比较简单。

激光铅垂仪主要由氦氖激光器、竖轴发射望远镜、水准管、基座等部分组成。激光器通过两组固定螺钉固定在套筒内。竖轴是一个空心筒轴,两端用螺扣来连接激光器套筒和发射望远镜,激光器装在下端,发射望远镜装在上端,即构成向上发射的激光铅垂仪。倒过来安装即成为向下发射的激光铅垂仪。仪器配有专用激光电源。使用时必须熟悉说明书。用此方法必须在首层面层上作好平面控制,并选择四个较合适的位置作控制点(图 10.4.1)或用中心"+"字控制,在浇筑上升的各层楼面时,必须在相应的位置预留 200 mm×200 mm 与首层层面控制点相对应的小方孔,保证能使激光束垂直向上穿过预留孔。在首层控制点上架设激光铅垂仪,调整仪器对中整平后启动电源,使激光铅垂仪发射出可见的红色光束,投射到上层预留孔的接收靶上,查看红色光斑点离靶心最小之点,此点即为第二层上的一个控制点。其余的控制点用同样方法作向上传递。

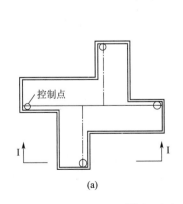
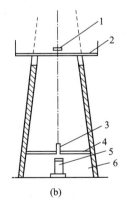

(a)　　　　　　　　　　(b)

图 10.4.1　轴线传递

1—中心靶;2—滑模平台;3—通光管;4—防护棚;5—激光铅垂仪;6—操作间

10.4.2 高层建筑物的高程传递

高层建筑物的底层室内地坪±0.000 高程点,可依据建筑场地附近的水准点来测设。±0.000以上各层的高程一般都沿建筑物外墙、边柱或楼梯口等用钢尺向上量取。一幢高层建筑物至少要由三个底层高程点向上传递。由下层传递上来的同一层几个高程点,必须用水准仪进行校核,看是否在同一水平面上,其误差不得超过±3 mm。

10.5 工业厂房施工测量

工业厂房一般采用预制构件在现场装配的方法施工。厂房的预制构件主要有柱子(有时也现场浇铸)、吊车梁、吊车车轨和屋架等。因此,工业厂房施工测量的主要工作是保证这些预制构件安装到位。其主要工作包括:厂房控制网测设、厂房柱列轴线测设、柱基测设、厂房预制构件安装测量等。

10.5.1 厂房控制网的测设

厂房与一般民用建筑相比,它的柱子多、轴线多,且施工精度要求高,因而对于每幢厂房还应在建筑方格网的基础上,再建立满足厂房特殊精度要求的厂房矩形控制网,作为厂房施工的基本控制。下面着重介绍依据建筑方格网,采用直角坐标法进行定位的方法。图 10.5.1(a)中,M、N、P、Q 为厂房最外边的四条轴线的交点,其设计坐标已知。T、U、R、S 为布置在基坑开挖范围以外的厂房矩形控制网的四个角点,称为厂房控制桩。

根据已知数据计算出 $H\text{-}I$、$J\text{-}K$、$I\text{-}T$、$I\text{-}U$、$K\text{-}S$、$K\text{-}R$ 等各段长度。首先在地面上定出 I、K 两点。然后,将全站仪分别安置在 I、K 点上,后视方格网点 H,用盘左盘右分中法向右测设 90°角。沿此方向用钢尺精确量出 $I\text{-}T$、$I\text{-}U$、$K\text{-}S$、$K\text{-}R$ 等四段距离,即得厂房矩形控制网 T、U、R、S 四点,并用大木桩标定之。最后,检查 $\angle U$、$\angle R$ 是否等于 90°,$U\text{-}R$ 是否等于其设计长度。对一般厂房来说,角度误差不应超过±10″,边长误差不得超过 1/10 000。

对于小型厂房,也可以采用民用建筑的测设方法,即直接测设厂房四个角点,然后,将轴线投射至轴线控制桩或龙门板上。

对于大型或设备基础复杂的长房,应先测设厂房控制网的主轴线,在根据主轴线测设厂房矩形控制网。如图 10.5.1(b)所示,以定位轴线Ⓑ轴和⑤轴为主轴线,T、U、R、S 是厂房矩形控制网的四个主点。

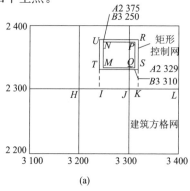

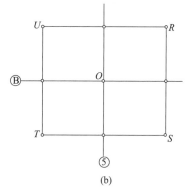

(a)　　　　　　　　　　　　　　　(b)

图 10.5.1　厂房控制网测设

10.5.2 柱列轴线的测设

如图 10.5.2 所示,Ⓐ、Ⓑ、Ⓒ和①、②、③等轴线均为柱列轴线。检查厂房矩形控制网的精度符合要求后,即可根据厂房跨间距和柱间距用钢尺沿矩形网各边定出各轴线控制桩的位置,并打入大木桩,钉上小钉,作为测设基坑和施工安装的依据。

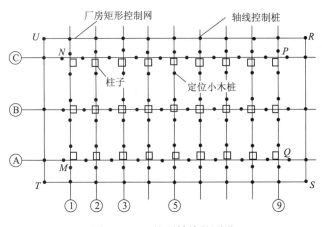

图 10.5.2 柱列轴线的测设

10.5.3 柱基的测设

1. 柱基定位

柱基定位就是根据基础平面图和基础大样图的有关尺寸,把基坑开挖的边线用白灰标示出来以便挖坑。具体作法是安置两架全站仪在相应的轴线控制桩(如图 10.5.2 中的Ⓐ、Ⓑ、Ⓒ和①、②等点)上交出各柱基的位置(即定位轴线的交点)。如图 10.5.3 所示是杯形基坑大样图。按照基础大样图的尺寸,用特制的角尺,沿定位轴线Ⓐ和⑤上放出基坑开挖线,用灰线标明开挖范围,并在坑边缘外侧一定距离处订设定位小木桩,钉上小钉,作为修坑及立模板的依据。

2. 基坑的高程测设

当基坑挖到一定深度时,应在坑壁四周离坑底设计高程 0.300~0.500 m 处设置几个水平桩,如图 10.5.4 所示,作为基坑修坡和清底的高程依据。此外还应在基坑内测设出垫层的高程,即在坑底设置小木桩,使桩顶面恰好等于垫层的设计高程。

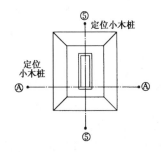

图 10.5.3 杯形基坑大样图

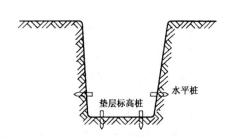

图 10.5.4 基坑的高程测设

3. 基础模板的定位

打好垫层之后,根据坑边定位小木桩,用拉线的方法,吊垂球把柱基定位线投到垫层上,用墨斗弹出墨线,用红漆画出标记,作为柱基立模板和布置基础钢筋网的依据。立模时,将模板底线对准垫层上的定位线,并用垂球检查模板是否竖直。最后将柱基顶面设计高程测设在模板内壁,供柱子安装和修平杯底之用。

10.5.4 厂房构件的安装测量

装配式单层工业厂房主要由柱、吊车梁、屋架、天窗架和屋面板等构件组成。一般工业厂房都采用预制构件在现场安装的办法施工。在吊装每个构件时,有绑扎、起吊、就位、临时固定、校正和最后固定等几道操作工序。下面着重介绍柱子、吊车梁及吊车轨道等构件在安装时的校正工作。

1. 柱子安装测量

(1)吊装前的准备工作

柱子吊装前,首先应根据轴线控制桩,把定位轴线投测到杯形基础的顶面上,并用红油漆画上"▼"标明(图 10.5.5),同时还要在杯口内壁,测出一条高程线,从高程线起向下量取一整分米数即到杯底的设计高程,作为杯底找平的依据。

然后,在柱子的三个侧面弹出柱中心线,每一面又需分为上、中、下三点,并画小三角形"▼"标志,以便安装校正。

最后还应进行柱长检查与杯底找平。通常,柱底到牛腿顶面的设计长度加上杯底高程应等于牛腿顶面的高程(图 10.5.6),即 $H_2 = H_1 + l$。但柱子在预制时,由于模板制作和模板变形等原因,不可能使柱子的实际尺寸与设计尺寸一样,为了解决这个问题,往往在浇注基础时把杯形基础底面高程降低 2~5 cm,然后用钢尺从牛腿顶面沿柱边量到柱底,根据这根柱子的实际长度,用 1:2 水泥沙浆在杯底进行找平,使牛腿顶面符合设计高程。

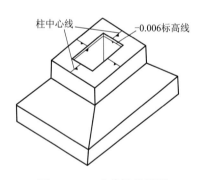

图 10.5.5 定位轴线投测

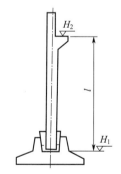

图 10.5.6 牛腿顶面高程检查

(2)安装柱子时的竖直校正

柱子插入杯口后,首先应使柱身基本竖直,再令其侧面所弹的中心线与基础轴线重合,其偏差不超过 ±5 mm。用木楔或钢楔初步固定,然后进行竖直校正。校正时用两架全站仪分别安置在柱基纵横轴线附近,如图 10.5.7(a)所示,离柱子的距离约为柱高的 1.5 倍。先瞄准柱子中心线的底部,然后固定照准部,再仰视柱子中心线顶部。如重合,则柱子在这个方向上就是竖直的。如果不重合,应进行调整,直到柱子两个侧面的中心线都竖直为止。按规范规定柱子竖直度允许偏差为:5 m 高以下不超过 ±5 mm,5 m 高以上不超过 ±10 mm。柱子校正好以后,应立即灌浆,以固定柱子的位置。

实际安装时,为了提高速度,常把成排的柱子都竖起来,然后逐个进行校正。通常把仪器安置在纵轴的一侧,在此方向上,安置一次仪器可校正数根柱子,如图 10.5.7(b)所示。

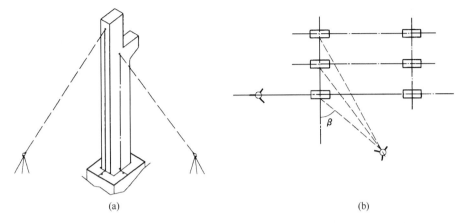

图 10.5.7　柱子垂直校正

2. 吊车梁及吊车轨道的安装测量

(1)吊车梁的安装测量

吊车梁的安装测量主要是保证吊装后的吊车梁中心线与吊车轨道的设计中心线在同一竖直面内以及梁面高程与设计高程一致。安装前先弹出吊车梁顶面中心线和吊车梁两端中心线,要将吊车轨道中心线投到牛腿面上。其步骤是:如图 10.5.8 所示,利用厂房中心线 A_1A_1,

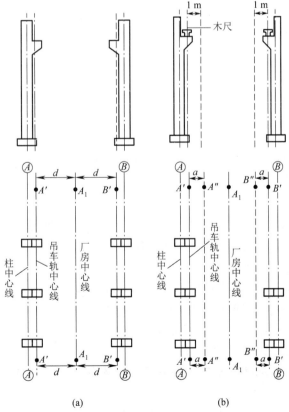

图 10.5.8　吊车梁及吊车轨道的安装测量

根据设计轨距在地面上测设出吊车轨道中心线 $A'A'$ 和 $B'B'$。然后分别安置全站仪于吊车轨中线地一个端点 A' 上,瞄准另一端点 A',仰起望远镜,即可将吊车轨道中心线投测到每根柱子的牛腿面上并弹以墨线。然后,根据牛腿面上的中心线和梁端中心线,将吊车梁安装在牛腿上。吊车梁安装完后,应检查吊车梁的高程,可将水准仪安置在地面上,在柱子侧面测设 +50 cm 的高程线,再用钢尺从该线沿柱子侧面向上量出至梁面的高度,检查梁面高程是否正确,然后在梁下用铁板调整梁面高程,使之符合设计要求。

(2)吊车轨道的安装测量

安装吊车轨道前,须先对梁上的中心线进行检测,此项检测多用平行线法。如图 10.5.8 所示,首先在地面上从吊车轨中心线向厂房中心线方向量出长度 $a(1 \text{ m})$,得平行线 $A''A''$ 和 $B''B''$。然后安置全站仪于平行线一端 A'' 上,瞄准另一端点,固定照准部,仰起望远镜投测。此时另一人在梁上移动横放的木尺,当视线正对准尺上 1 m 刻划时,尺的零点应与梁面上的中线重合。如不重合应予以改正,可用撬杠移动吊车梁,使吊车梁中心线至 $A''A''$(或 $B''B''$)的间距等于 1 m 为止。

吊车轨道按中心线安装就位后,可将水准仪安置在吊车梁上,水准尺直接放在轨顶上进行检测,每隔 3 m 测一点高程,与设计高程相比较,误差应在 ±3 mm 以内。还要用钢尺检查两吊车轨道间的跨距,与设计跨距相比较,误差不得超过 ±5 mm。

10.6 建筑物的变形观测

随着工程建筑物的修建,建筑物的基础和地基所承受的荷载不断增加,可能引起基础及其四周地层的变形,而建筑物本身因基础变形及其外部荷载与内部应力的作用,也要发生变形。这种变形在一定范围内可视为正常现象,但如果超过某一限度就会影响建筑物的正常使用,严重的还会危及建筑物的安全。为了建筑物的安全使用,在建筑物施工和运营管理期间需要进行建筑物的变形观测。通过对建筑物的变形观测所取得的数据,可分析和监视建筑物变形的情况,当发现有异常变化时,可以及时分析原因,采取有效措施,以保证工程质量和安全生产,同时也为今后的设计积累资料。

10.6.1 沉降观测

沉降观测又称垂直位移观测。目的是测定基础和建筑物本身在垂直方向上的变化。在施工初期,基坑开挖使地表失去平衡,荷载减少会使基底产生回弹现象,随着基础施工的进展,荷载又不断增加,使基础产生下沉;加上地下水或打桩影响及气温变化,使基础连同上部建筑在垂直方向均会产生变化。所以,沉降观测应在基坑开挖之前就要进行,并贯穿整个施工过程之中,直至竣工使用若干年后,通过观测证明位移现象停止,地基基本稳定后,方可停止观测。

1. 水准点的布设及其高程测定

建筑物的沉降观测,是指定期地测定建筑物上设置的观测点相对于建筑物附近的水准点(作为不变高程点)的高差变化量。水准点应布设在地基受震、受压区域以外的安全地点,并应尽量靠近观测点(一般不超过 100 m),以保证观测的精度。为了对水准点进行相互校核,防止其本身产生变化,水准点的数目应不少于 3 个。

水准点的高程应根据水准基点测定,它可布设成闭合环、结点或附合水准路线等形式。

2. 观测点的设置和要求

观测点就是设置在待测建筑物上,作为沉降观测的永久性标志。观测点的位置和数量应根据基础的构造、荷载以及工程地质和水文地质的情况而定。高层建筑物应沿其周围每隔15～30 m 设一点,房角、纵横墙连接处以及沉降缝的两侧均应设置观测点。工业厂房的观测点可布置在基础柱子、承重墙及厂房转角、大型设备基础及较大荷载的周围。桥墩则应在墩顶的四角或垂直平分线的两端设置观测点,以便于根据不均匀沉降,了解桥墩的倾斜情况。总之,观测点应设置在能表示出沉降特征的地点。

观测点的标志通常采用角钢、圆钢或铆钉,其高度应高出地面 0.5 m 左右,以便竖立水准尺。

3. 沉降观测的时间和次数

沉降观测的时间和次数应根据工程性质、工程进度、地基土质情况及基础荷重增加情况等决定。

(1)在施工期间的沉降观测:

①在较大荷重增加前后(如基础浇灌、回填土、安装柱子、房架砖墙每砌筑一层楼、设备安装、设备运转、工业炉砌筑期间、烟囱每增加 15 m 左右等)均应进行观测;

②如施工期间中途停工时间较长,应在停工时和复工前进行观测;

③当基础附近地面荷重突然增加,周围大量积水及暴雨后,或周围大量挖方等均应观测。

(2)工程投产后的沉降观测:

工程投入生产后,应连续进行观测,观测时间的间隔,可按沉降量大小及速度而定,在开始时间隔应短一些,以后随着沉降速度的减慢,可逐渐延长观测时间,直到沉降稳定为止。

4. 沉降观测工作的要求

沉降观测是一项较长期的系统观测工作,为了保证观测成果的正确性,应尽可能做到四定:

(1)固定人员观测和整理成果;

(2)固定使用的水准仪及水准尺;

(3)使用固定的水准点;

(4)按规定的日期、方法及路线进行观测。

5. 对使用仪器的要求

对于一般精度要求的沉降观测,要求仪器的望远镜放大率不得小于 24 倍,气泡灵敏度不得大于 15″/2 mm(有符合水准器的可放宽一倍)。可以采用适合四等水准测量的水准仪。但对精度要求较高的沉降观测,应采用相当于 N2 或 N3 级的精密水准仪。

6. 确定沉降观测的路线并绘制观测路线图

在进行沉降观测时,因施工或生产的影响,可能会造成通视困难,往往为寻找设置仪器的适当位置而花费时间。因此对观测点较多的建筑物(构筑物)进行沉降观测前,应到现场进行规划,确定安置仪器的位置,选定若干较稳定的沉降观测点或其他固定点作为临时水准点(转点),并与永久水准点组成环路。最后,应根据选定的临时水准点、设置仪器的位置以及观测路线,绘制沉降观测路线图,以后每次都按固定的路线观测。采用这种方法进行沉降测量,不仅避免了寻找设置仪器位置的麻烦,加快施测进度;而且由于路线固定,比任意选择观测路线可以提高沉降测量的精度。但应注意必须在测定临时水准点高程的同一天内同时观测其他沉降观测点。

7. 沉降观测点的首次高程测定

沉降观测点首次观测的高程值是以后各次观测用以进行比较的根据,如初测精度不够或存在错误,不仅无法补测,而且会造成观降工作中的矛盾现象,因此必须提高初测精度。如有条件,最好采用 N2 或 N3 类型的精密水准仪进行首次高程测定。同时每个沉降观测点首次高程,应在同期进行两次观测后决定。

8. 作业中应遵守的规定

(1)观测应在成像清晰、稳定时进行。

(2)仪器离前、后视水准尺的距离要用皮尺丈量,或用视距法测量,视距一般不应超过 50 m。前后视距应尽可能相等。

(3)前、后视观测最好用同一根水准尺。

(4)前视各点观测完毕以后,应回视后视点,最后应闭合于水准点上。

10.6.2 沉降观测的精度及成果整理

沉降观测的精度一般应符合下列规定:

(1)连续生产设备基础和动力设备基础、高层钢筋混凝土框架结构及地基土质不均匀的重要建筑物,沉降观测点相对于后视点高差测定的容差为 ±1 mm(即仪器在每一测站观测完前视各点以后,再回视后视点,两次读数之差不得超过 1 mm)。

(2)一般厂房、基础和构筑物,沉降观测点相对于后视点高差测定的容差为 ±2 mm。

(3)每次观测结束后,要检查记录计算是否正确,精度是否合格,并进行误差分配,然后将观测高程列入沉降观测成果表中,计算相邻两次观测之间的沉降量,并注明观测日期和荷重情况。为了更清楚地表示沉降、时间、荷重之间的相互关系,还要画出每一观测点的时间与沉降量的关系曲线及时间与荷重的关系曲线。

时间与沉降量的关系曲线,系以沉降量 S 为纵轴,时间 T 为横轴,根据每次观测日期和每次下沉量按比例画出各点,然后将各点连接起来,并在曲线的一端注明观测点号。

时间与荷重的关系曲线,系以荷载的重力 P 为纵轴,时间 T 为横轴,根据每次观测日期和每次的荷载重力画出各点,然后将各点连接起来。

两种关系曲线合画在同一图上,以便能更清楚的表明每个观测点在一定时间内,所受到的荷重及沉降量。

10.6.3 沉降观测中常遇到的问题及其处理

在沉降观测工作中常遇到一些矛盾现象,并在沉降与时间关系曲线上表现出来。对于这些问题,必须分析产生的原因,予以合理的处理。兹将常见的几种现象分述如下。

1. 曲线在首次观测后即发生回升现象

在第二次观测时即发现曲线上升,至第三次观测后,曲线又逐渐下降。发生此种现象,一般都是由于初测精度不高,而使观测成果存在较大误差所引起的。

在处理这种情况时,如曲线回升超过 5 mm,应将第一次观测成果作废,而采用第二次观测成果作为初测成果;如曲线回升在 5 mm 以内,则可调整初测高程与第二次观测高程一致。

2. 曲线在中间某点突然回升

发生此种现象的原因,多半是因为水准点或观测点被碰动所致;而且只有当水准点碰动后低于被碰前的高程及观测点被碰后高于被碰前的高程时,才有出现回升现象的可能。

由于水准点或观测点被碰撞,其外形必有损伤,比较容易发现。如水准点被碰动时,可改用其他水准点来继续观测。如观测点被碰后已活动,则需另行埋设新点;若碰后点位尚牢固,则可继续使用。但因为高程改变,对这个问题必须进行合理的处理,其办法是:选择结构、荷重及地质等条件都相同的邻近另一沉降观测点,取该点在同一期间内的沉降量,作为被碰观测点的沉降量。此法虽不能真正反映被碰观测点的沉降量,但如选择适当,可得到比较接近实际情况的结果。

3. 曲线自某点起渐渐回升

产生此种现象一般是由于水准点下沉所致,如采用设置于建筑物上的水准点,由于建筑物尚未稳定而下沉;或者新埋设的水准点,由于埋设地点不当,时间不长,以致发生下沉现象。水准点是逐渐下沉的,而且沉降量较小,但建筑物初期沉降量较大,即当建筑物沉降量大于水准点沉降量时,曲线不发生回升。到了后期,建筑物下沉逐渐稳定,如水准点继续下沉,则曲线就会发生逐渐回升现象。

因此在选择或埋设水准点时,特别是在建筑物上设置水准点时,应保证其点位的稳定性。如已查明确系水准点下沉而使曲线渐渐回升,则应测出水准点的下沉量,以便修正观测点的高程。

4. 曲线的波浪起伏现象

曲线在后期呈现波浪起伏现象,此种现象在沉降观测中最常遇到。其原因并非建筑物下沉所致,而是测量误差所造成的。曲线在前期波浪起伏所以不突出,是因下沉量大于测量误差之故;但到后期,由于建筑物下沉极微或已接近稳定,因此在曲线上就出现测量误差比较突出的现象。

处理这种现象时,应根据整个情况进行分析,决定自某点起,将波浪形曲线改成为水平线。

5. 曲线中断现象

由于沉降观测点开始是埋设在柱基础面上进行观测,在柱基础二次灌浆时没有埋设新点并进行观测;或者由于观测点被碰毁,后来设置的观测点与原先的观测点绝对高程不一致,而使曲线中断。

为了将中断曲线连接起来,可按照处理曲线在中间某点突然回升现象的办法,估求出未作观测期间的沉降量;并将新设置的沉降点不计其绝对高程,而取其沉降量,一并加在旧沉降点的累计沉降量中去(图 10.6.1)。

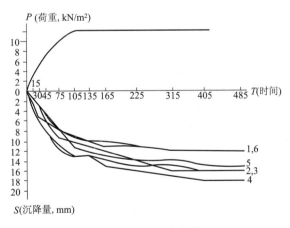

图 10.6.1　沉降曲线

6. 沉降观测的注意事项

(1)在施工期间,经常遇到的是沉降观测点被毁,为此一方面可以适当地加密沉降观测点,对重要的位置如建筑物的四角可布置双点。另一方面观测人员应经常注意观测点的情况,如有损坏及时设置新的观测点。

（2）建筑物的沉降量一般应随着荷重的加大及时间的延长而增加,但有时却出现回升现象,这时需要具体分析回升现象的原因。

（3）建筑物的沉降观测是一项较长期的系统的观测工作,为了保证获得资料的正确性,应尽可能地固定观测人员,固定所用的水准仪和水准尺,按规定日期、方式及路线从固定的水准点出发进行观测。

10.6.4　倾斜观测

对圆形建筑物和构筑物(如烟囱、水塔等)的倾斜观测,是在两个垂直方向上测定其顶部中心 O' 点对底部中心 O 点的偏心距,这种偏心距称为倾斜量,如图 10.6.2(a)中的 OO'。其具体作法如下。

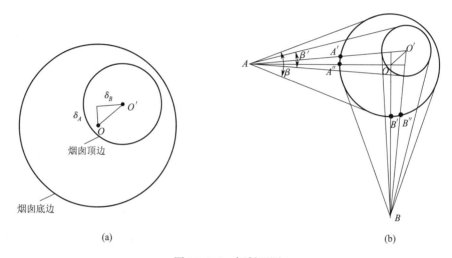

图 10.6.2　倾斜观测

如图 10.6.2(b)所示,在烟囱附近选择两个点 A 和 B,使 AO、BO 大致垂直,且 A、B 两点距烟囱的距离尽可能大于 $1.5H$(H 为烟囱高度)。先将经纬仪安置在 A 点上,整平仪器后测出与烟囱底部断面相切的两个方向所夹的水平角 β,平分 β 所得的方向即为 AO 方向,并在烟囱筒身上标出 A' 的位置。仰起望远镜,同法测出与顶部断面相切的两个方向所夹的水平角 β',平分 β' 所得的方向即为 AO' 方向,然后将 AO' 方向投影到下部,标出 A'' 的位置。量出 $A'A''$ 的距离,令 $\delta_{A'}=A'A''$,那么 O' 点的垂直偏差 δ_A 为

$$\delta_A=\frac{L_A+R}{L_A}\cdot\delta_{A'}$$

同法得到

$$\delta_B=\frac{L_B+R}{L_B}\cdot\delta_{B'}$$

式中　R——烟囱底部半径,可量出圆周计算 R 值;

　　　L_A——A 点至 A' 点的距离;

　　　L_B——B 点至 B' 点的距离。

δ_A 与 BO 同向取"＋"号,反之取"－"号;δ_B 与 AO 同向取"＋"号,反之取"－"号。

烟囱的倾斜量　　　　　　$OO'=\sqrt{\delta_A^2+\delta_B^2}$

烟囱的倾斜度

$$i = \frac{OO'}{H}$$

根据 δ_A、δ_B 的正负号可计算出倾斜量 OO' 的假定方位角:

$$\theta = \arctan \frac{\delta_B}{\delta_A}$$

设 α_{BO} 为 BO 的方位角,可用罗盘仪测出,于是烟囱倾斜方向的磁方位角为 $\alpha_{BO} + \theta$。

10.7 竣工总平面图的编绘

竣工总平面图是设计总平面图在施工后实际情况的全面反映。由于在施工过程中设计的临时变更,使建(构)筑物竣工后的位置与设计位置不完全一致。为了反映工程竣工后的实际情况,同时也给工程竣工投产后营运中的管理、维修、改建或扩建等提供可靠的图纸资料,一般应编绘竣工总平面图。竣工总平面图及附属资料,也是考查和研究工程质量的依据之一。

新建企业的竣工总平面图最好是随着工程的陆续竣工相继进行编绘。一面竣工、一面利用竣工测量成果进行编绘。如发现问题,特别是地下管线的问题,应及时到现场查对,使竣工总平面图能真实地反映实地情况。

10.7.1 竣工测量

建(构)筑物竣工验收时进行的测量工作,称为竣工测量。竣工测量可以利用施工期间使用的平面控制点和水准点进行施测。如原有控制点不够使用时,应补测控制点。对于主要建筑物的墙角、地下管线的转折点、道路交叉点、架空管线的转折点、结点、交叉点及烟囱中心等重要地物点的竣工测量,应根据已有控制点采用极坐标法或直角坐标法实测其坐标;对于主要建(构)筑物的室内地坪、上水道管顶、下水道管底、道路变坡点等,可用水准测量的方法测定其高程;一般地物、地貌则按地形图要求进行编绘。

10.7.2 竣工总平面的编绘

编绘竣工总平面图的依据是:设计总平面图、单位工程平面图、纵横断面图和设计变更资料;施工放线资料、施工检查测量及竣工测量资料;有关部门和建设单位的具体要求。

竣工总平面图应包括测量控制点、厂房、辅助设施、生活福利设施、架空与地下管线、道路等建(构)筑物的坐标、高程,以及场区内净空地带和尚未兴建区域的地物、地貌等内容。

场区建(构)筑物一般应绘在一张竣工总平面图上,当线条过于密集时,可分类编图,如综合竣工总平面图、交通运输竣工总平面图、管线竣工总平面图等。竣工总平面图的比例尺通常采用 1∶1 000 或 1∶500。

10.8 激光在建筑施工测量中的应用

10.8.1 激光全站仪

激光全站仪具有非接触、高精度、超远距离等优点。目前其测角精度可达 $0.5''$,短程测距精度可达 $0.5\ mm$,工作距离最远的可大于 $1\ 000\ m$。既可以作静态测量,也可以作动态跟踪;既可以从仪器自带的屏幕上直接得到大量信息,也可以将仪器与计算机连接,以便将采集到的数据作进一步处理。

激光全站仪在工程建设中应用非常广泛,例如:隧道测量、采煤掘进、机库建设;大坝等大型建筑物的变形监测;房产测量,特别是不规则大型房屋的测量;电力线测量和电力线线路放样,如图 10.8.1 所示。

(a)隧道测量　　　　　(b)大坝变形观测　　　　　(c)房产测量　　　　　(d)电力线测量

图 10.8.1　激光全站仪的应用

10.8.2　激光准直仪

1.概述

激光具有极好的方向性,一个经过准直的连续输出的激光光束,可以看作一条粗细几乎不变的直线,因此,可以用激光光束作为空间基准线。根据上述思路制作的激光准直仪,能够测量平直度、平面度、平行度、垂直度,也可以作为三维空间的测量基准。激光准直仪与平行光管、经纬仪等一般的准直仪相比较,具有工作距离长、测量精度高、便于自动控制、操作方便等优点,所以被广泛地应用于开凿隧道、铺设管道、施工高层建筑、造桥修路、开矿以及大型设备的安装定位等方面。

激光还有极好的单色性,因此可以利用衍射原理产生便于对准的衍射光斑(如十字亮线)来进一步提高激光准直仪的对准精度,制作激光衍射准直仪。

2.激光准直仪的应用举例——高层建筑施工中控制基准的传递

如图 10.8.2 所示,在施工测量±0.000 层面上设置激光经纬仪(在高度 100 m 以内的建筑物施工中,用一台激光经纬仪,放置在轴线上,在高度 100 m 以上的楼层施工中,用 4 台激光经纬仪),将仪器整平、置中

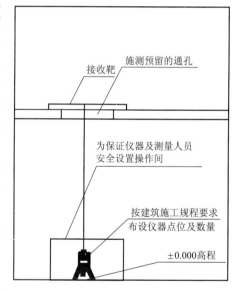

图 10.8.2　激光经纬仪在高层建筑施工中控制基准的传递中的应用

后,望远镜指向天顶位置,旋转照准部,在目标层的接收靶上,激光扫描出一圆形轨迹,其几何中心即为天顶位置。为保证测设准确度,一般还要在每一层上用其他方法进一步校核。

10.8.3　激光扫平仪

1.概述

激光扫平仪能提供一个水平或垂直的基准面,通过目视或带光敏探测器的标尺在一定范围内测设一水平或垂直平面。激光扫平仪在建筑施工中的场地平整、设备安装、室内装修等领域有广泛的应用,可替代水准仪进行人工抄平。

2. 激光扫平仪在施工中的应用

仪器扫描的激光束与墙面、地面天花板或测量杆相交,可以看到明显的红色扫描光迹——激光水平面或垂直面,该平面基准可为各工种、各操作工人提供一个共同的施工基准,不但能保证施工整体精度,而且与用光学水准仪施工相比,极大的提高了工作效率。水准仪操作至少要两人同时进行才能读取标尺高度取得高程,激光扫平仪不但操作简单,而且可以实现施工人员的实时测量,加快施工速度,保证施工质量,降低工人劳动强度。

激光扫平仪的精度较高,如在铺设水泥地面时,可以降低混凝土的消耗量,节约垫层找平材料,降低成本,加快了作业进程。激光扫平仪在建筑施工的吊顶与屋面施工、窗框及电器开关等安装和墙面装饰施工等方面得到广泛应用。利用激光扫描光迹很容易在室内墙面上得到 +50 cm 或 140 cm 的高程控制线,作为室内装饰工程的基准。如果扫平仪配合具有升降功能的脚手架,使用将更为方便。

在大规模机械化自动平整土地,如改造农田、广场和机场等大面积土地平整施工、挖掘沟道等工作中,激光扫平仪自动控制系统的应用将极大地加快施工进度,保证土地平整要求。该系统一般由三部分组成:激光扫平仪、全方位 360°激光探测器和液压控制系统。探测器安装在推土机或挖土机的平铲上,根据探测器接收到的信号,通过控制箱对平铲的液压系统进行控制,实现以激光平面为基准的机械化土地平整。

 项目实训

1. 项目名称

路基边桩及横断面测量。

2. 测区范围

100 m×100 m。

3. 项目要求

(1) 建筑物定位

根据导线点、设计点的坐标使用全站仪进行放样,根据建筑物的几何关系进行角度和距离放样,在地面上标定出建筑物的所有定位点。

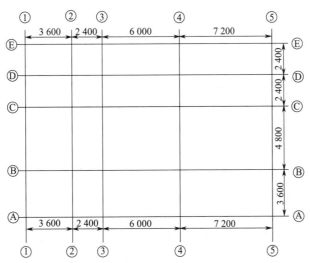

①点位放样精度≤±5 cm；

②距离放样精度不低于1/5 000。

(2)建筑物的抄平

根据水准点、设计点的高程使用水准仪进行高程测设，并标定出建筑物高程±0.000 m的位置。高程测设精度≤±2 cm。

(3)轴线投测和垂直度检查

①使用激光垂准仪把一层的某点投测到另一层上，熟练掌握激光垂准仪的使用；

②使用电子全站仪对某一转角点的垂直度进行检查，检查转角不少于4个。

4. 注意事项

(1)组长要切实负责，合理安排，使每个人都有练习机会；组员之间要团结协作，密切配合，以确保实习任务顺利完成。

(2)每项测量工作完成后应及时检核，原始数据、资料应妥善保存。

(3)测量仪器和工具要轻拿轻放，爱护测量仪器，禁止坐仪器箱和工具。

(4)时刻注意人身和仪器安全，仪器损坏和丢失后要立即报告实训指导教师并按损坏程度进行维修和赔偿。

5. 编写实习报告

实习报告要在实习期间编写，实习结束时上交。内容包括：

(1)封面——实训名称、实训地点、实训时间、班级名称、组名、姓名；

(2)前言——实训的目的、任务和技术要求；

(3)内容——实训的项目、程序、测量的方法、精度要求和计算成果；

(4)结束语——实训的心得体会、意见和建议；

(5)附属资料——观测记录、检查记录和计算数据。

 复习思考题

10.1 已知施工坐标系的原点在测量坐标系中的坐标为 $x_O = 1\,200.54$ m，$y_O = 1\,045.27$ m，某点 P 的施工坐标为 $A_P = 120.00$ m，$B_P = 140.00$ m，两坐标轴系间的夹角为 $30°00'00''$。试计算 P 点的测量坐标值。

10.2 已绘出新建筑物与原建筑物的相对位置关系(墙厚 37 cm，轴线偏里)，试述测设新建筑物的方法和步骤。

10.3 施工平面控制网有几种形式？它们各适用于哪些场合？

10.4 民用建筑施工测量包括哪些主要工作？

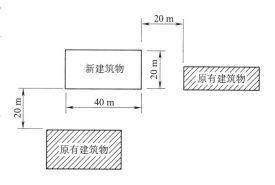

10.5 试述工业厂房控制网的测设方法。

10.6 试述柱基的放样方法。

10.7 简述吊车梁的安装测量工作。如何进行柱子的竖直校正工作？应注意哪些问题？

10.8 在烟囱施工中，如何保证烟囱竖直和收坡符合设计要求？

10.9 建筑物为什么要进行沉降观测？它的特点是什么？

参 考 文 献

[1] 王兆祥. 铁道工程测量[M]. 北京:中国铁道出版社,2010.

[2] 潘正风,程效军,成枢,等. 数字测图原理与方法[M]. 2版. 武汉:武汉大学出版社,2009.

[3] 武汉测绘科技大学测量学编写组. 测量学[M]. 3版. 北京:测绘出版社,1991.

[4] 宁津生. 测绘学概论[M]. 2版. 武汉:武汉大学出版社,2008.

[5] 杨松林. 测量学[M]. 北京:中国铁道出版社,2010.

[6] 铁道部第二勘测设计院. 铁路测量手册[M]. 北京:中国铁道出版社,1998.

[7] 李孟山,张文彦. 工程测量概论[M]. 西安:西安地图出版社,2005.

[8] 高井祥,张书毕,于文胜,等. 测量学[M]. 徐州:中国矿业大学出版社,2007.

[9] 周小安. 工程测量[M]. 成都:西南交通大学出版社,2007.

[10] 杨晓明,沙从术,郑崇启,等. 数字测图[M]. 北京:测绘出版社,2009.

[11] 张博. 数字化测图[M]. 北京:测绘出版社,2010.

[12] 王登杰. 现代路桥工程施工测量[M]. 北京:中国水利水电出版社,2009.

[13] 高井祥. 数字测图原理与方法[M]. 徐州:中国矿业大学出版社,2001.

[14] 张延寿. 铁路测量[M]. 2版. 成都:西南交通大学出版社,2008.

[15] 徐绍铨. GPS测量原理及应用[M]. 2版. 武汉:武汉大学出版社,2008.

[16] 王金玲. 测绘学基础[M]. 北京:中国电力出版社,2007.

[17] 徐忠阳. 全站仪原理与应用[M]. 北京:解放军出版社,2003.

[18] 苗景荣. 建筑工程测量[M]. 北京:中国建筑工业出版社,2003.

[19] 郑庄生. 建筑工程测量[M]. 北京:中国建筑工业出版社,1995.

[20] 谢宝柱,蒋伟. 工程测量[M]. 成都:西南交通大学出版社,2009.

[21] 国家铁路局. 铁路工程测量规范:TB 10101—2018[S]. 北京:中国铁道出版社,2018.

[22] 中华人民共和国住房和城乡建设部,国家市场监督管理总局. 工程测量规范:GB 50026—2020[S]. 北京:中国计划出版社,2020.